# Computational Engineering

Jürgen Geiser

# Computational Engineering

## Theorie und Praxis der Transportmodelle

Jürgen Geiser
Ruhr-Universität Bochum
Bochum, Deutschland

ISBN 978-3-658-18707-1     ISBN 978-3-658-18708-8 (eBook)
https://doi.org/10.1007/978-3-658-18708-8

Die Deutsche Nationalbibliothek verzeichnet diese Publikation in der Deutschen Nationalbibliografie; detaillierte bibliografische Daten sind im Internet über http://dnb.d-nb.de abrufbar.

*Für meine Frau Andrea und unsere Tochter Lilli,
die mich motiveren und unterstützen.*

Das vorliegende Buch ist aus meinen Vorlesungsschriften *Computational Engineering I* und *Computational Engineering II* entstanden, die ich als Blockvorlesungen vom Wintersemester 2013 bis Sommersemester 2017 abwechselnd gehalten habe.

Dabei habe ich darauf geachtet, dass der Leser sowohl eine theoretisch fundierte Ausarbeitung der numerischen Verfahren für den Bereich des „Computational Engineering für Transportmodelle", als auch deren praktische Anpassung von realen Problemstellungen, z. B. Multiskalenmodelle oder Multikomponenten-Transportmodelle, findet. Weiter bekommt er wichtige numerische Hintergundinformationen und algorithmische Rezepte, die er in Übungsaufgaben und seinen eigenen Anwendungen verwenden kann.

Mit dem breiten Spektrum von ingenieurswissenschaftlichen Anwendungen, wie z. B. reaktiver Transport, Beschichtungsanwendungen, elektronische Anwendungen, Kopplung von elektromagnetischen Problemen und Transportproblemen, Beschichtungsprozesse mittels chemischen und physikalischen Methoden, sowie viele Anwendungen im Bereich der Plasmatechnik, soll ein Überblick zu den Anwendungsbereichen des *Computational Engineering* gegeben werden. Ich gebe einen kleinen Überblick zu Aufgabenstellungen aus dem Bereich des *Computational Engineering* und die Problemstellungen aus den verschiedenen Bereichen der Ingenieurswissenschaft, die dann in Modelle und Simulationswerkzeuge umgesetzt werden. Es wird eine theoretische und eine anwendungsorientierte Herangehensweise aufgezeigt, die sowohl einem Theoretiker, der in Forschungseinrichtungen arbeitet, wie auch einem Praktiker, der in der Industrie arbeitet, helfen soll, die passenden Verfahren und Methoden für seine speziellen Problemstellungen, die er in Modellgleichungen überführen kann, an die Hand zu geben. Besonders habe ich auf eine einfache Darstellung geachtet, damit es ein Lehrbuch für interessierte Studierende und Wissenschaftler im Bereich des *Berechnenden Ingenieurswesen* wird. Der angehende Ingenieur oder Naturwissenschaftler wird damit motiviert, sich in neue Verfahren und Methoden des *Berechnenden Ingenieurswesens* für Transportprobleme einzuarbeiten, die Ideen anzuwenden und für seine Problemstellungen zu modifizieren.

Gerade im Bereich des neuen Lehrschwerpunktes „Computational Engineering" habe ich im Gegensatz zum englischsprachigen Raum wenig deutschsprachige Bücher gefunden, und habe mich entschlossen, direkt aus meinem laufenden Vorlesungszyklus, die Schwerpunkte herauszuarbeiten und in diesem Buch zu beschreiben. Bisher findet man

viele Bücher im Bereich des wissenschaftlichen Rechnens speziell für Anwendungsbereiche, wie z. B. der berechnenden Fluiddynamik (Computational Fluid Dynamics)
oder der berechnenden Festkörpermechanik (Computational Solid Mechanics). Um die
Lücke zwischen der theoretischen und der praktischen Umsetzung des „Computational
Engineering" zu schließen, liegt mein Buch im Bereich der Modellierung, Methodik,
Algorithmen und Anwendung der Verfahren. Damit gelingt auch ein praktischerer Zugang
zu den Simulationswerkzeugen, die heute dem Ingenieur zur Verfügung stehen sollten.

Weiter habe ich oft in den englischsprachigen „Forschungsmonographien" die zwei
Extreme von rein theoretischen Büchern im Bereich der numerischen Mathematik und der
eher heuristischen ingenieurswissenschaftlichen Herangehensweise gesehen. Daher war
ich motiviert, meinen Schwerpunkt zwischen, der genügend rigorosen Herleitung von
Formeln, die zum Einstieg in das Fach und zum Verständnis wichtig sind, und einem
ebenso praktischen Bezug zur Umsetzung in Algorithmen, zu setzen.

Im Speziellen sollen die Schwerpunkte auf der Vermittlung von numerischen Verfahren
im Bereich der Multiskalenmodelle liegen, die heute immer mehr wichtiger werden,
z. B., im Bereich der Modellierung von neuen Materialien oder der Simulation von
gekoppelten klein- und großskaligen Transportproblemen. Hier ist auch ein europäischer
Forschungsschwerpunkt gelegt worden, vgl. H2020,[1] der in den nächsten Jahrzehnten die
Forschungsbereiche auch im Ingenieurswesen berühren wird. Bei den Anwendungen habe
ich meine bisherigen Forschungsschwerpunkte in der Transport- oder Strömungsmodellierung herangezogen. Dieses Buch dient der Verbindung von eher theoretischen Verfahren
aus der Numerik zu den praktischen Umsetzung für die Modellprobleme, die ich bisher
noch in Monographien vermisst habe.

Nachfolgend habe ich folgenden Kapitel- und Themenschwerpunkte gesetzt:

- Einführung in das Fach *Computational Engineering für Transportmodelle*,
- Theoretischer Überblick zu den numerischen Verfahren,
- Theoretischer Überblick zu den Modellen,
- Schwerpunkt: numerische Verfahren im Bereich der Transportmodelle,
- Schwerpunkt Multiskalenmodelle und deren Multiskalenlöser,
- Algorithmische Umsetzung der theoretischen Verfahren,
- Praktische Anwendung in ingenieurswissenschaftlichen Problemstellungen,
- Zusammenfassung.

Dallgow-Döberitz, August 2017                                             *Jürgen Geiser*

---

[1]Research and Innovation: Key Enabling Technologies,
http://ec.europa.eu/research/industrial_technologies/index_en.cfm, 2016.

# Danksagung

Zuerst bedanke ich mich bei meinen Kollegen an der Ruhr-Universität Bochum für die Möglichkeit, das Fach *Computational Engineering* an der Fakultät für Elektrotechnik und Informationstechnik zu lehren. Insbesondere möchte ich mich bei Herrn Professor Ralf-Peter Brinkmann bedanken, der mir den Einstieg in das Fach Theoretische Elektrotechnik ermöglicht hat. Dann möchte ich mich bei allen Unterstützern und Mentoren bedanken, die mich auf dem Weg zur Kombination von mathematischen Methoden und der Anwendung im Bereich des Ingenieurswesens gebracht haben. Des Weiteren haben die ideale Kombination aus theoretischen Resultaten der numerischen Mathematik, die sich oft auf Testprobleme beschränken muss, und die praktische Anwendung von Simulationsmodellen aus dem Ingenieurswesen, welche oft einfache Standardverfahren verwenden, mich motiviert, hier zu forschen und die Lücke zwischen Theorie und Praxis zu schießen.

Weiter möchte ich mich bei allen meinen Studierenden bedanken, die meine Vorlesung in Bochum besucht haben und mich zu Verbesserungen angeregt haben. Insbesondere möchte ich mich bei Herrn Karsten Bartecki, der mich bei der Programmierung unterstützt hat, und Herrn Pascal Günther, der mich bei dem Korrekturlesen der einzelnen Manuskripte unterstützt hat, bedanken.

# Inhaltsverzeichnis

Im Folgenden haben wir eine Liste von den Abkürzungen und Symbolen zusammenge-
stellt, die wir im Buch verwenden.

## Abkürzungen

| | |
|---|---|
| a | Jahre (englisch: years). |
| BCH | Baker-Campbell-Hausdorff Formel, vgl. [22]. |
| BDF | Backward Differentiation Formula (deutsch: Mehrschrittverfahren), vgl. [21]. |
| CFD | Computational Fluid Dynamics (deutsch: numerische Strömungsmechanik), vgl. [7] und [30]. |
| CFL | Courant-Friedrichs-Lewy Bedingung (Bedingung für Zeitschrittweitensteuerung), vgl. [2]. |
| CVD | Chemical Vapor Deposition (deutsch: chemische Gasphasenabscheidung), vgl. [9] und [18]. |
| DD | Domain Decomposition Methods (deutsch: Gebietszerlegungsverfahren), vgl. [35]. |
| DGL | Differentialgleichung, vgl. [23]. |
| DFT | Density Functional Theory (deutsch: Dichtefunktionaltheorie), vgl. [4]. |
| EFM | Equation Free Method (deutsch: Ab initio Multiskalenmethode), vgl. [26]. |
| FP | Fokker-Planck Gleichung, vgl. [32]. |
| FDTD | Finite Difference Finite Time Method (deutsch: Finite-Differenzen-Methode im Zeitbereich), vgl. [34]. |
| GDGL | Gewöhnliche Differentialgleichung, vgl. [23]. |
| HIPIMS | High Power Impulse Magnetron Sputtering (deutsch: Hochenergieimpulsmagnetronsputtern), vgl. [16]. |
| h | Stunden (englisch: hour). |

HMM            Heterogeneous Multiscale Method (deutsch: Heterogene Multiskalen-
               methode), vgl. [36].
HWNP           High-Weissenberg Number Problem (deutsch: große Weissenberg-
               Zahl Problem), vgl. [6].
IOS            Iterative operator splitting method (deutsch: iterative Operator-
               Splittingverfahren), vgl. [8] und [10].
LGS            Lineares Gleichungssystem (englisch: Linear Equation System), vgl.
               [20].
MD             Molecular Dynamics (deutsch: Molekulardynamik), vgl. [11, 27] und
               [3].
MHD            Magnetohydrodynamik (englisch: Magnetohydrodynamics), vgl.
               [19].
min            Minuten (englisch: minute).
MISM           Multiscale Iterative Splitting Method (deutsch: multiskalenbasiertes
               iteratives Splittingverfahren), vgl. [13].
MULTI-OPERA    Akademisches Software-Paket basierend auf MATLAB®, welches
               Multiskalenprobleme mittels Splittingverfahren löst, vgl. [14] und
               [15].
o.B.d.A.       Ohne Beschränkung der Allgemeinheit, vgl. [23].
ODE            Ordinary Differential Equation (deutsch: gewöhnliche Differential-
               gleichungen), vgl. [23].
PDE            Partial Differential Equation (deutsch: partielle Differentialgleichun-
               gen), vgl. [25] und [29].
PDGL           Partielle Differentialgleichung, vgl. [25] und [29].
PECVD          Plasma-Enhanced Chemical Vapor Deposition (deutsch: Plasmaunter-
               stützte chemische Gasphasenabscheidung), vgl [12].
PIC            Particle in Cell Method (zu deutsch etwa: kombinierte Teilchen- und
               Zellen-Methode), vgl. [24].
PM             Particle Method (deutsch: Teilchen-Methode), vgl. [24].
PVD            Physical Vapor Deposition (deutsch: physikalische Gasphasenabschei-
               dung), vgl. [17]
SDE            Stochastic Differential Equation (deutsch: stochastische Differential-
               gleichung), vgl. [28] und [31].
SDGL           Stochastische Differentialgleichung, vgl. [28] und [31].
sec            Sekunden (englisch: seconds).
SGDGL          Stochastische gewöhnliche Differentialgleichung, vgl. [28] und [31].
SODE           Stochastic Ordinary Differential Equation (deutsch: stochastische ge-
               wöhnliche Differentialgleichung), vgl. [28] und [31].
SPDE           Stochastic Partial Differential Equation (deutsch: stochastische parti-
               elle Differentialgleichung), vgl. [28] und [31].
SPDGL          Stochastische partielle Differentialgleichung, vgl. [28] und [31].

| TVD | Total Variation Diminishing (deutsch in etwa: vollständige Schwankungsverringerung), vgl. [37]. |
| --- | --- |

## Symbole

- $\lambda$ - Eigenwert.
- $A$ - im Folgenden ist $A$ eine Matrix in $\mathbb{R}^m \times \mathbb{R}^m$ und $m \in \mathbb{N}^+$ ist der Rang.
- $\lambda_i$ - $i$-ter Eigenwert von $A$.
- $\rho(A)$ - Spektralradius von $A$, vgl. [1] und [38].
- $e_i$ - $i$-ter Eigenwert von der Matrix $A$.
- $\sigma(A)$ - Spektrum der Matrix $A$.
- $Re(\lambda_i)$ - $i$-ter reeller Eigenwert von $\lambda$.

- $u_t = \frac{\partial u}{\partial t}$ - Erste partielle Ableitung in der Zeit von $u$.
- $u_{tt} = \frac{\partial^2 u}{\partial t^2}$ - Zweite partielle Ableitung in der Zeit von $u$.
- $u_{ttt} = \frac{\partial^3 u}{\partial t^3}$ - Dritte partielle Ableitung in der Zeit von $u$.
- $u_{tttt} = \frac{\partial^4 u}{\partial t^4}$ - Vierte partielle Ableitung in der Zeit von $u$.
- $u' = \frac{du}{dt}$ - Erste Ableitung in der Zeit von $u$ (d. h. bei gewöhnlichen Differentialgleichungen).
- $u'' = \frac{d^2 u}{dt^2}$ - Zweite Ableitung in der Zeit von $u$ (d. h. bei gewöhnlichen Differentialgleichungen).
- $\tau = \tau_n = t^{n+1} - t^n$ - Zeitschrittweite.
- $u^n$ - angenäherte Lösung von $u$ zur Zeit $t^n$.
- $\partial_t^+ u = \frac{u^{n+1} - u^n}{\tau_n}$ - Vorwärtsdifferenzquotient von $u$ in der Zeit, vgl. [33].
- $\partial_t^- u = \frac{u^n - u^{n-1}}{\tau_n}$ - Rückwärtsdifferenzquotient von $u$ in der Zeit.
- $\partial_t^0 u = \frac{u^{n+1} - u^{n-1}}{2\tau_n}$ - Zentralerdifferenzquotient von $u$ in der Zeit.
- $\partial_t^2 u = \partial_t^+ \partial_t^- u$ - Differenzquotient für zweite Ableitungen von $u$ in der Zeit.

- $\nabla u$ - Gradient von $u$, vgl. [5].
- $\Delta u(x, t)$ - Laplace-Operator von $u$.
- $\nabla \cdot \mathbf{u}$ - Divergenz von $\mathbf{u}$ (wobei $\mathbf{u}$ eine Vektor ist).
- $\mathbf{n}_m$ - Äußerer Normalenvektor auf $\Omega_m$.
- $\partial_x^+ u$ - Vorwärtsdifferenzquotient von $u$ in der Raumrichtung $x$, [33].
- $\partial_x^- u$ - Rückwärtsdifferenzquotient von $u$ in der Raumrichtung $x$.
- $\partial_x^0 u$ - Zentralerdifferenzquotient von $u$ in der Raumrichtung $x$.
- $\partial_x^2 u$ - Differenzquotient für zweite Ableitungen von $u$ in der Raumrichtung $x$.
- $\partial_y^+ u$ - Vorwärtsdifferenzquotient von $u$ in der Raumrichtung $y$, [33].
- $\partial_y^- u$ - Rückwärtsdifferenzquotient von $u$ in der Raumrichtung $y$.
- $\partial_y^0 u$ - Zentralerdifferenzquotient von $u$ in der Raumrichtung $y$.

- $\partial_y^2 u$ - Differenzquotient für zweite Ableitungen von $u$ in der Raumrichtung $y$.

- $e_i(t) := u(t) - u_i(t)$ - Lokale Fehlerfunktion mit der approximierten Lösung $u_i(t)$.
- $err_{\text{local}}$ - Lokaler Fehler.
- $err_{\text{global}}$ - Globaler Fehler.

- $[A, B] = AB - BA$ - Kommutator von den linearen Operatoren $A$ und $B$, vgl. [22].
- $\mathcal{O}$ - Landau-Symbol oder Landau-Operator, vgl. [33].
- $f(x) \in \mathcal{O}(g)$ - $f(x)$ wächst mit einer Ordnung von $g(x)$,
  d. h. $\exists C > 0,\ \exists \varepsilon > 0,\ \forall x \in \{x : d(x,a) < \varepsilon\} : |f(x)| \leq C|g(x)|$, wobei $x \to a < \infty$.
- $f \in \mathcal{O}(1)$ - $f(x)$ ist beschränkt.
- $f \in \mathcal{O}(\log(\Delta x))$ - $f$ wächst logarithmisch.
- $f \in \mathcal{O}(\Delta x)$ - $f$ wächst linear.
- $f \in \mathcal{O}(\Delta x^2)$ - $f$ wächst quadratisch.
- $f \in \mathcal{O}(\Delta x^n)$ - $f$ wächst polynomial.
- $\langle X \rangle$ oder $E(X)$ - Erwartungswert von $X$.
- $\langle X^2 \rangle - \langle X \rangle^2$ oder $Var(X)$ - Varianz von $X$.

## Literatur


1. Axelsson, O.: Iterative Solution Methods. Cambridge University Press, Cambridge (1996)
2. Courant, R., Friedrichs, K., Lewy, H.: Über die partiellen Differenzengleichungen der mathematischen Physik. Mathematische Annalen **100**, 32–74 (1928)
3. Deuflhard, P., Hermans, J., Leimkuhler, B., Mark, A.E., Reich, S., Skeel, R.D.: Computational Molecular Dynamics: Challenges, Methods, Ideas. Lecture Notes in Computational Science and Engineering. Springer, Berlin/Heidelberg (1999)
4. Engel, E., Dreizler, R.M.: Density Functional Theory: An Advanced Course. Theoretical and Mathematical Physics. Springer, Berlin/Heidelberg (2011)
5. Evans, L.: Partial Differential Equations. AMS, Graduate Studies in Mathematics, Providence (2010)
6. Fattal, R., Kupferman, R.: Time-dependent simulation of viscoelastic flows at high Weissenberg number using the log-conformation representation. J. Non-Newtonian Fluid Mech. **126**, 23–37 (2005)
7. Ferziger, J.H., Peric, M.: Computational Methods for Fluid Dynamics, 3. Aufl. Springer, Berlin/Heidelberg/New York (2002)
8. Geiser, J.: Iterative operator-splitting methods with higher order time-integration methods and applications for parabolic partial differential equations. J. Comput. Appl. Math. **217**, 227–242 (2008). Elsevier, Amsterdam
9. Geiser, J.: Models and Simulation of Deposition Processes with CVD Apparatus: Theory and Applications. Nova Science Publishers Inc., New York (2009)
10. Geiser, J.: Iterative Splitting Methods for Differential Equations. Numerical Analysis and Scientific Computing Series. Taylor & Francis Group, Boca Raton/London/New York (2011)

11. Geiser, J.: Coupled Navier-Stokes molecular dynamics simulation: theory and applications based on iterative operator-splitting methods. Comput. Fluids **77**(1), 97–111 (2013)
12. Geiser, J.: Multiscale modeling of PE-CVD apparatus: simulations and approximations. Polymers **5**, 142–160 (2013)
13. Geiser, J.: Recent advances in splitting methods for multiphysics and multiscale: theory and applications. J. Algoritm. Comput. Tech. **9**(1), 65–94 (2015). Multi-Science, Brentwood
14. Geiser, J.: Modelling of Langevin equations by the method of multiple scales. IFAC-PapersOnLine **48**(1), 341–345 (2015)
15. Geiser, J.: Multicomponent and Multiscale Systems: Theory, Methods, and Applications in Engineering. Springer, Cham/Heidelberg/New York/Dordrecht/London (2016)
16. Geiser, J., Blankenburg, S.: Monte Carlo simulations concerning elastic scattering with application to DC and high power pulsed magnetron sputtering for Ti3 Si C2. Commun. Comput. Phys. **11**(5), 1618–1642 (2012)
17. Geiser, J., Röhle, R.: Modeling and simulation for physical vapor deposition: multiscale model. Int. J. Phys. Math. Sci. **2**(11), 816–824 (2008)
18. Geiser, J., Buck, V., Arab, M.: Model of PE-CVD Apparatus: Verification and Simulations. Math. Probl. Eng. **2010**, 32 S. Article ID:407561 (2010)
19. Goedbloed, J.P.H., Poedts, S.: Principles of Magnetohydrodynamics: With Applications to Laboratory and Astrophysical Plasmas. Cambridge University Press, Cambridge (2004)
20. Golub, G.H., Van Loan, C.F.: Matrix Computations, 4. Aufl. Hopkins University Press, Baltimore/London (2012)
21. Hairer, E., Wanner, G.: Solving Ordinary Differential Equations II. Springer Series in Computational Mathematics, Bd. 14. Springer, Berlin/Heidelberg/New York (1996)
22. Hairer, E., Lubich, C., Wanner, G.: Geometric Numerical Integration. Springer Series in Computational Mathematics, Bd. 31. Springer, Berlin/Heidelberg/New York (2002)
23. Heuser, H.: Gewöhnliche Differentialgleichungen. Teubner-Verlag, Wiesbaden (2004)
24. Hockney, R., Eastwood, J.: Computer Simulation Using Particles. Taylor & Francis Group, New York (1988)
25. Jost, J.: Partielle Differentialgleichungen: Elliptische (und parabolische) Gleichungen. Springer-Lehrbuch Masterclass. Springer, Berlin/Heidelberg (1998)
26. Kevrekidis, I.G., Samaey, G.: Equation-free multiscale computation: Algorithms and applications. Ann. Rev. Phys. Chem. **60**, 321–344 (2009)
27. Kim, H.: Multiscale and Multiphysics Computational Frameworks for Nano- and Bio-Systems. Springer Theses. Springer, New York (2011)
28. Kloeden, P.E., Platen, E.: The Numerical Solution of Stochastic Differential Equations. Springer, Berlin (1992)
29. Knabner, P., Angermann, L.: Numerik partieller Differentialgleichungen: Eine anwendungsorientierte Einführung. Springer-Lehrbuch Masterclass. Springer, Berlin/Heidelberg (2000)
30. Noll, B.: Numerische Strömungsmechanik: Grundlagen. Springer-Lehrbuch. Springer, Berlin/Heidelberg (1993)
31. Oksendal, B.: Stochastic Differential Equations. An Introduction with Applications, 6. Aufl. Springer, New York (2003)
32. Risken, H.: The Fokker-Planck Equation: Methods of Solutions and Applications, 2. Aufl. Springer, Berlin (1996)
33. Stoer, J., Burlisch, C.: Introduction to Numerical Analysis. Texts in Applied Mathematics. Springer, Berlin/Heidelberg (2002)
34. Taflove, A., Hagness, S.C.: Computational Electrodynamics. Artech House, Boston/London (2005)

35. Toselli, A., Widlund, O.: Domain Decomposition Methods – Algorithms and Theory, no. 34. SCM, Springer, Berlin/Heidelberg/New York (2006)
36. Weinan, E.: Principle of Multiscale Modelling. Cambridge University Press, Cambridge (2010)
37. Wesseling, P.: Principles of Computational Fluid Dynamics. Springer, Berlin/New York (2001)
38. Zhang, F.: Matrix Theory: Basic Results and Techniques. Universitext, Springer, New York (1999)

**Zusammenfassung**

In der Einleitung und in dem Überblick zum vorliegenden Buch wird dem Leser ein Leitfaden an die Hand gegeben, wie das Buch strukturiert ist und wie man auch einzelne Kapitel lesen kann. Es gibt einen Überblick zu den einzelnen Themen, die für den Leser interessant sein können und die jeweils für sich durchgearbeitet werden können. Das Buch gibt eine Einführung in das Fach *Computational Engineering*, und vertieft in weiterführende Spezialthemen, wie z. B. Modellierung von Flüssigkeitstransport oder Diskretisierungs- und Lösungsverfahren für partielle Differentialgleichungen. Für die angrenzenden Fachdisziplinen, wie z. B. die Informatik, numerische Analysis usw., wird die Spezialliteratur angegeben.


## 1.1 Einleitung

Wir beschreiben theoretische und praktische Aspekte im Bereich des berechnenden Ingenieurswesens zur Lösung von umfangreichen Transportproblemen, die sowohl Multiskalen im Bereich der Raum- als auch der Zeitvariablen haben können. Im Buch werden sowohl die wichtigen mathematischen Methoden für solche Problemstellungen erläutert, wie z. B. die numerischen Verfahren zur Lösung von Differentialgleichungen und deren Erweiterung im Multiskalenbereich, als auch die praktischen Beispiele der ingenieurswissenschaftlichen Herangehensweise erklärt, wie z. B. solche Probleme konkret in Softwareprogrammen gelöst und implementiert werden können.

Es wird keine spezifische Trennung vorgenommen zwischen rein theoretischen analytischen Techniken, wie sie für Mathematiker gelehrt werden, und der rein praktischen und heuristischen Herangehensweise zur Lösung von realen Problemen, wie sie für Ingenieure oft gelehrt wird, sondern eine Balance zwischen der Theorie und der Praxis durchgeführt.


© Springer Fachmedien Wiesbaden GmbH, ein Teil von Springer Nature 2018

J. Geiser, *Computational Engineering*,

https://doi.org/10.1007/978-3-658-18708-8_1

### 1.1.1 Lösungsideen und algorithmische Motivation

Im Buch werden Lösungsideen und algorithmische Motivationen zu komplexen und umfangreiche Transportproblemen aus den Ingenieurswissenschaften beschrieben.

Dabei bestehen folgende Ideen und Techniken, die im Bereich der Zerlegung von komplexen Problemen zu einfachen Problemen liegen, die immer wieder im Buch berücksichtigt werden, vgl. auch [12] und [23]:

- Multiskalen-Probleme werden zu Einskalen-Problemen (Auftrennung in einzelne hierarchische Ebenen, z. B. mittels Multiskalenverfahren), vgl. [12] und [25].
- Multi-Operatoren-Probleme werden zu Single-Operatoren-Problemen (Auftrennung in einzelne Operatoren in der zugrundeliegenden Modellgleichung, z. B. mittels Operator-Splitting Verfahren, vgl. [10]).
- Nichtlineare Probleme werden zu linearen Problemen (Linearisierung der zugrundeliegenden Modellgleichung, z. B. mittels Iterationsverfahren [8], Newtonverfahren [16], oder Taylorreihenentwicklungen [15]).
- Kontinuierliche Probleme werde zu diskreten Problemen (Diskretisierung von partiellen und gewöhnlichen Differentialgleichungen mittels Finite-Differenzen-, Finite-Volumen- oder Finite-Elemente-Verfahren, vgl. [19, 18] und [2]).
- Zeitabhängige Variable werden zu konstanten Variablen (Laplace- und Fourier Transformation von zeitabhängigen Problemen, vgl. [5] and [22], oder sogenanntes *Einfrieren* (d. h. man verwendet eine Vorgängerlösung) von zeitabhängigen Koeffizienten mittels Iterationsverfahren, vgl. [6]).
- Multikomponenten-Probleme werden zu Einkomponenten-Problemen (Auftrennung in einzelne Komponenten, z. B. mittels Zerlegungsverfahren, vgl. [12]).
- Multiphasen-Probleme werden zu Einphasen-Problemen (Auftrennung in einzelne Phasenübergänge, z. B. mittels Operator-Splitting-Verfahren, vgl. [3, 7] und [24]).

Im vorliegenden Buch soll neben den sogenannten numerischen Rezepten, s. o. algorithmischen Ideen, auch die Umsetzung und die Entstehung solcher Ideen motiviert werden. Durch die Zerlegungsideen können Algorithmen entwickelt werden, wie z. B. durch die Annahme von mikroskopischen und makroskopischen Modellen, bei denen eine Zerlegung in unterschiedliche mikroskopische und makroskopische Skalen möglich ist. Damit kann man dann einen Multiskalen-Algorithmus entwickeln, vgl. [11]. Hierbei sind Multiskalenprobleme bei den Transportproblemen ein gutes Beispiel. Damit lassen sich unterschiedliche physikalische Verhalten in den mikroskopischen und makroskopischen Modellen untersuchen, die man so in einem Gesamtmodell nicht darstellen könnte. Solche unterschiedlichen Modelle können dann wiederum mit speziellen numerischen Methoden besser behandelt werden, als wenn man alle zugrundeliegenden Skalen mit einer einzigen numerischen Methode auflösen müsste.

Die genaue Kenntnis der unterschiedlichen Modellhierarchien ist deshalb wichtig, um die einzelnen Skalen in diesem Bereich einzuordnen. Hierarchische Modelle sind deshalb wichtig, um die Skalenebenen zu trennen und die unterschiedlichen Einflüsse zwischen den Hierarchien mittels Kopplungen, z. B. Einbettung oder Rekonstruktion (Restriktion) von der feinen in die grobere Skala oder Kompression (Interpolation) von der groben in die feine Skala, zu verbinden.

Für die praktische Umsetzung in ein Simulationsprogramm ist die Kenntnis der Modellierung eines Problems mit den unterschiedlichen Details wichtig. Hier müssen dann die speziellen Eigenschaften des Problems, wie z. B. Multiskalen-Probleme, Multikomponenten-Probleme, nichtlineare oder zeitabhängige Probleme, Multiphasen-Probleme, bekannt sein und eingebunden werden. Damit läßt sich dann eine sehr genaue Auswahl der speziellen numerischen Verfahren für das Problem treffen.

Damit die Modelle durch Simulationsverfahren dem Ingenieur nähergebracht werden und er detailierte Untersuchungen zum Verständnis durchführen kann, soll Folgendes angenommen werden:

**Annahme 1.1.** *Wird ein komplexes System (Gesamtsystem) zur Vereinfachung in besser untersuchbare Teilsysteme (Einzelsysteme) zerlegt, so kann durch Kopplung der einzelnen Systeme das komplexe Gesamtsystem wiederhergestellt werden, vgl. Ideen dazu im Bereich der Multiskalenmodellierung* [25].

Heutzutage stellt sich das Problem, dass komplexe Anforderungen sowohl auf der Seite der Modellierung, wie auch auf der Seite der Löser zu diesen Modellgleichungen stehen. Sprich, je komplexer und umfangreicher die Modellierung wird, desto mehr muss der Anwender auch in die Lösung der Modellgleichungen investieren.

Beispiele dazu sind im Bereich der stark-gekoppelten Differentialgleichungen, z. B. aus fluid-dynamischen Modellen:

- Stark steife Systeme, sprich einzelne Zeitskalen, lassen sich nicht mehr auflösen mit herkömmlichen sogenannten nichtsteifen Lösern, wie z. B. den expliziten Zeitdiskretisierungsverfahren, vgl. [13].
- Mehrskalen-Systeme blenden auf der groben Skala die feinen Skalen aus, falls sie mit einskaligen Verfahren gelöst werden, bzw. nur die grobe Skala wird für die Lösung verwendet.

  Hier muss ein mikro- und makroskopisches Modell entwickelt werden, um die einzelnen Skalen aufzulösen. Ein sogenannter Multiskalenlöser löst sowohl das mikroskopische, wie auch das makroskopische Modell mit unterschiedlichen Skalenabhängigkeiten und verbindet die einzelnen Skalenebenen mit sogenannten Kopplungsoperatoren, vgl. [11].
- Deterministische und stochastische Modell mit unterschiedlichen Skalenabhängigkeiten werden mit verschiedenen Methoden gelöst. Dabei hat man für das deterministische Modell andere Löser sogenannte Löser für gewöhnliche Differentialgleichungen und auf der anderen Seite sogenannte Löser für stochastische Differentialgleichungen.

Wiederum kann man über sogenannte Splittingverfahren die unterschiedlichen Operatoren trennen und mit den jeweils angepassten Methoden lösen.

- Mehrdimensionale Probleme lassen sich in einfachere eindimensionale Probleme aufspalten und man kann jeweils die eindimensionalen Probleme lösen und zu einem mehrdimensionalen Problem zusammmenkoppeln.

Bei allen Problemen steht der Zeitfaktor, den man für die jeweilige Lösung des komplexeren Modelles hat, im Vordergrund, so können angepasste Teilsysteme des Modells mit angepassten Verfahren schneller gelöst werden als in einem Gesamtverfahren, das z. B. den kleinsten Zeit- und Raumschritt annimmt, um Lösung des Systems zu erhalten.

Hier kann das Buch die Kluft zwischen rein numerischen Methoden, die auf ganz bestimmte Anwendungen optimiert wurden, und der Anwendung auf komplexe Ingenieursanwendungen, die die Realität so gut wie möglich abbilden, schließen. Das Verfahren basiert auf der Idee, die optimalen numerischen Methoden für die speziellen Teilgleichungen anzuwenden. Im Bereich der Transportprobleme, z. B. für die Konvektion-Diffusion-Reaktion-Gleichung, kann man mittels Kopplungsverfahren (Splittingverfahren) die Lösung der einzelnen Komponenten, d. h. der Konvektion-, Diffusion- und Reaktion-Gleichung, in die komplexe Gesamtgleichung überführen.

Dabei kann der Ingenieur die einzelnen Anteile besser verstehen ohne die Gesamtkomplexität aus den Augen zu verlieren.

Das Buch ist nun in folgende Abschnitte gegliedert:

- Modellierung: Hier werden die Grundtypen für die Transport- und Strömungsmodellierung studiert. Dabei kann man schon an einfachen Test-Modellen, z. B. einem Konvektionsmodell erkennen, wie wichtig eine korrekte Diskretisierung ist, die zur Minimierung des numerischen Fehlers beiträgt. Durch den hierarchischen Ausbau der Modelle erkennt man die verschiedenen Ebenen zwischen Teilchenmodell oder kontinuierlichem Modell. Dabei kann man erkennen, welche Parameter aus dem sogennanten Teilchenmodell in das kontinuierliche Modell überführt werden können.
- Löser: Hier werden die Grundtypen der partiellen Differentialgleichungen numerisch mittels Diskretisierungs- und Lösungsverfahren gelöst. Man erkennt die unterschiedlichen Techniken, die wichtig sind, um die jeweiligen Grundtypen mit möglichst kleinem Approximationsfehler aufzulösen.
- Multiskalenlöser: In dem fortgeschrittenen Kapitel wird nun auf die Mehrskalenprobleme eingegangen. Es sind spezielle Verfahren notwendig, um die unterschiedlichen Skalenabhängigkeiten im Multiskalenproblem aufzulösen. Hierzu benötigt man sowohl die Kenntnis der Löser für die unterschiedlichen Ebenen, also Mikro- oder Makrolöser, als auch die Kenntnis der Kopplung im Multi-skalenlöser zwischen den unterschiedlichen Modellen.

**Abb. 1.1**  Vorgehensweise von Spezialisierung und Generalisierung von Verfahren im Bereich des berechnenden Ingenieurswesen (Computational Engineering)

Im Buch werden sowohl die wichtigen mathematischen Grundlagen besprochen, um Transportmodelle zu simulieren, die ebenso bei einer numerischen Vorlesung im Bereich der numerischen Verfahren für partielle Differentialgleichungen (PDGL) besprochen werden, als auch die praktischen Aspekte, die bei dem Verständnis eines komplexen Ingenieursproblems wichtig sind, z. B. detailliertes Auslösen der einzelnen Prozesse. Damit hat man sowohl eine fundierte theoretische Ausbildung, wie auch eine praktische Anwendung im Bereich der Industrie und der Wissenschaft abgedeckt.

Besonders die hochgradige Spezialisierung der numerischen Verfahren für vereinfachte Modelle, die in der Ausbildung besonders hervorgehoben werden, haben oft das Problem, dass der Ingenieur oder Mathematiker bei der Umsetzung zu allgemeinen und hochgradig komplexen Problemstellungen seine Schwierigkeiten hat, vgl. die Darstellung in der Abb. 1.1.

Durch die Komplexität von Ingenieursanwendungen sind die dazugehörigen Modelle ebenfalls von hoher Komplextität. Eine Vereinfachung zum besseren Verständnis ist deshalb notwendig.

Folgende Vereinfachungen stehen zur Verfügung:

- Modellreduktion: Reduzierung des Modells auf ein einfacheres Modell, bei dem bestimmte Bereiche aufgrund von Annahmen, z. B. schnelle Prozesse können entfallen, wegfallen, vgl. [4] und [9].
- Modellzerlegung: Zerlegung des Modells in Submodelle, die wiederum für sich besser analysisert werden können, vgl. [8].
- Multiskalen-Modellierung: Zerlegung von einem Gesamtmodell in unterschiedliche skalenabhängige Modelle, die wiederum für sich analysiert werden können, vgl. [25].

Für die Vereinfachung lassen sich folgende mathematische Methoden zuordnen, die je nach Anwendung angepasst und speziell erweitert werden müssen:

- Modellreduktion: Reduzierung von Gesamtmodellen mittels Analyse der Eigenwerte vom Gesamtsystem, vgl. [4] und [9].
- Modellzerlegung: Splittingverfahren zum Zerlegen von Modellgleichungen, vgl. [8].
- Multiskalen-Modellierung: Multiskalenmethoden zum Lösen von verschiedenen Mikro- und Makromodellen, vgl. [25].

Zudem brauchen komplexe Ingenieursprobleme eine sehr gute Herangehensweise an die verwendeten Modelle und deren mathematische Umsetzung in ein Simulationsprogramm, z. B. MATLAB®.

Hier in diesem Buch soll besonders auf die Behandlung von Multiskalenproblemen eingegangen werden, die mathematische Grundlagen im Bereich von Zerlegungsverfahren benötigt, vgl. [8].

Gerade eine Trennung der unterschiedlichen Zeit- und Raumskalen muss verstanden werden und dabei müssen die Einflüsse der jeweils unterdrückten Skala mittels Kopplungsoperatoren in dem jeweiligen mikroskopischen oder makroskopischen Modell erkennbar sein.

Wir diskutieren deshalb folgende Schwerpunkte im Bereich der Multiskalenmodellierung und Multiskalenlöser:

- Allgemeine Prinzipien für Multiskalensysteme, d. h. Trennbarkeit der Skalen, Unterteilung in unterschiedliche Modelle (Mikro- und Makromodell), Kopplung zwischen den einzelnen Ebenen (Restriktions- und Interpolationsoperatoren).
- Multiskalen-Analysis, d. h. mathematische Ansätze und Ideen, wie Homogenisierung, multiple Zeitskalen, heterogene Ansätze.
- Mathematische und numerische Methoden für die jeweiligen Skalenbereiche.

Im Bereich der numerischen Lösung von Multiskalenproblemen stehen Ideen im Bereich der heterogenen Behandlung, d. h. man unterscheidet zwischen Skalenbereichen, z. B. Mikro- und Makroskala, und verbindet die Skalen mittels eines Verfahrens. Weiter gibt

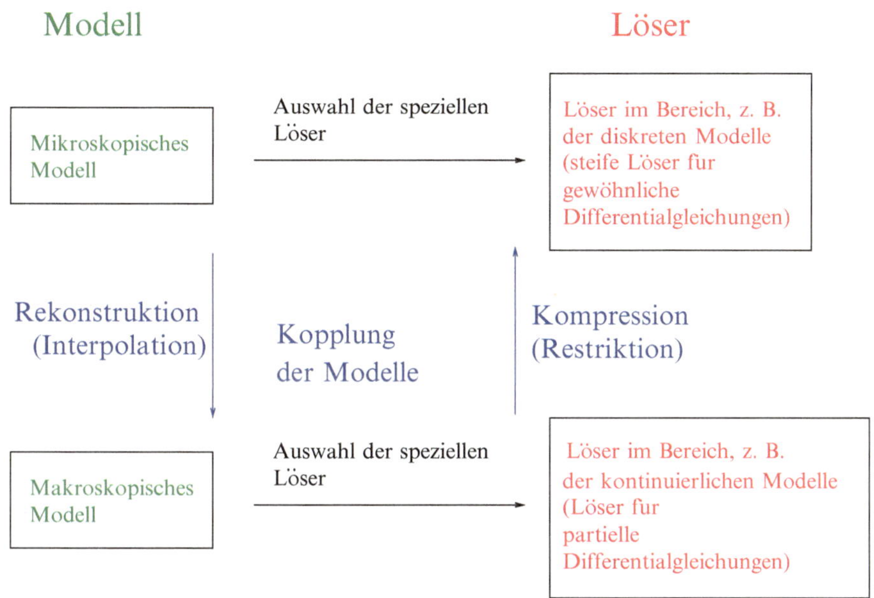



**Abb. 1.2** Numerische Löser für Multiskalenproblem: Ansätze (Erweiterungen für Löseransätze)

es aber auch Homogenisierungsansätze, welche eine Einbindung der Mikroskala in die Makroskala, z. B. aufgrund besonderer mikroskopischer Strukturen, vgl. [20], durchführt. Je nach Komplexität des Problems, oder weil z. B. Grundstrukturen (periodische Probleme) in dem mikroskopischen Bereich fehlen, muss eine umfangreiche Auflösung des mikroskopischen Bereichs durchgeführt werden, der dann in den makroskopischen Bereich eingebunden werden kann, vgl. [25] und [17].

Als Grundlage der mikroskopischen und makroskopischen Modelle dienen Differentialgleichungen, diese müssen im Vorfeld bekannt oder hergeleitet werden und mit entsprechend optimalen numerischen Verfahren gelöst werden.

Dabei ist eine Grundlage von solchen fortgeschrittenen Verfahren das Grundverständnis zur Lösung von Differentialgleichungen, z. B., gewöhnliche wie auch partielle Differentialgleichungen, siehe [1] und [14] und die Abb. 1.2.

Zur Erweiterung der Löseransätze kommen verschiedene Ideen zum Einsatz:

- Additive Methoden oder
- Iterative Methoden

die die jeweiligen Ansätze additiv oder iterativ einbetten, vgl. [12].

Damit lässt sich das neuentwickelte Softwarepaket als sogenanntes Analyse-Tool sowohl als Mikroskop für die kleinskaligen Bereiche anwenden als auch als Makroskop für die großskaligen Bereiche.

Das Lehrbuch kann auch für die aktuellen Herausforderungen zur Untersuchung von des Multiskalenansatzes und deren Lösung im Bereich der Materialmodellierung hergenommen werden, vgl. Ausschreibung von Horizon 2020.[1]

Hier wird besonders auf die Verbindung der verschiedenen Modelle eingegangen:

- Multi-Skalierung: Verschiedene Zeit- und Raumskalen von den physikalischen Prozessen werden in unterschiedlichen Modellen, d. h. Mikro- oder Makromodell, dargestellt und die Resultate zwischen den Modellen transferiert.
- Multi-Modellierung: Verschiedene physikalische und chemische Eigenschaften sind gekoppelt in derselben Skala und die Modelle werden zu denselben Zeit- und Raumskalen angewendet, sprich hier müssen Gleichungsoperatoren diese unterschiedlichen Eigenschaften abbilden. Später zur Lösung kann man dann Zerlegungsverfahren hernehmen.

Solche neue Modellierungsbereiche sind heutzutage wichtig und sind deshalb auch in den Lösern integriert.

Deshalb kann der Schwerpunkt auf unterschiedliche Verfahren gelegt werden:

- Multi-Skalierung: Hier verwendet man sogenannte Multiskalenlösern, die ein Auftrennen von Mikro- oder Makromodell beinhalten.
- Multi-Modellierung: Hier hat man eine Modellgleichung, in der alle Eigenschaften der Modelle enthalten sind. Man versucht diese mittels Splittingverfahren zu lösen, d. h. ein großes System von Differentialgleichungen unterschiedlicher Typen, d. h. gewöhnliche, partielle, stochastische oder diskrete, werden aufgeteilt und in Untergleichungen schneller gelöst.

Wir haben folgende Anwendungsbeispiele im Buch:

- Navier-Stokes und molekulardynamische Prozesse (Mikro- und Makro-Zeitskala), vgl. Abschn. 5.1.4,
- Konvektions-Reaktions-Prozesse (Multimodelle, die man mit einer Zeit- und Raumskala löst), vgl. Abschn. 5.2.1.1,
- Deterministische und stochastische Prozesse (Mikro- und Makro-Zeitskala), vgl. Abschn. 5.6.3.

---

[1]European Commission, Research & Innovation-Key Enabling Technologies, Modelling Material, http://ec.europa.eu/research/industrial_technologies/modelling-materials_en.html.

Multiskalen-Modellierung mit dem gleichen physikalischen Modell und verschiedenen Skalen

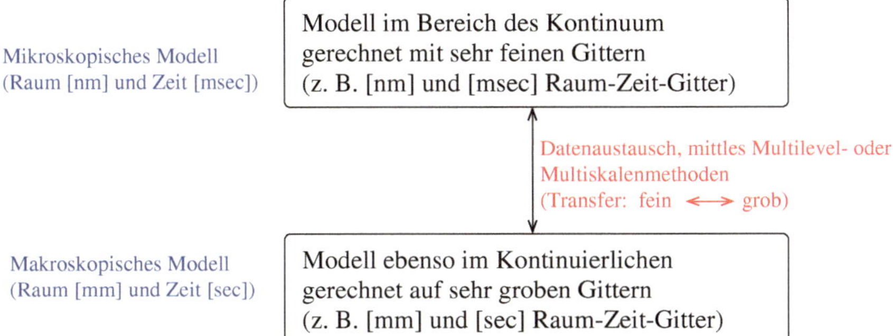


**Abb. 1.3**  Erste Interpretation der Multiskalenmodellierung (oft auch klassisch in den Ingenieurs-anwendungen vertreten)

Multiskalen-Modellierung (Verbindung von unterschiedlichen physikalischen Modellen)

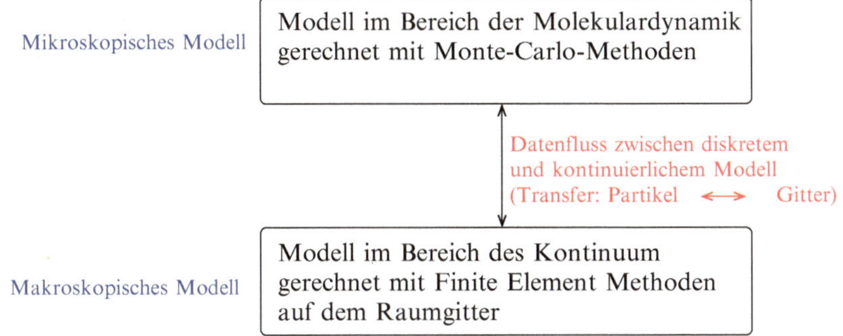


**Abb. 1.4**  Zweite Ansatz von Multiskalenmodellierung, bei dem man die einzelnen Modellhierar-chien einbezieht (Moderne Materialmodellierung)

In Abb. 1.3 präsentieren wir die erste Interpretation, d. h. das gleiche physikalische Modell wird mit unterschiedlichen Zeit- un Raumskalen betrachtet.

In Abb. 1.4 präsentieren wir die zweite Interpretation, d. h. ein unterschiedliches Modell wird auf verschiedenen Zeit- und Raumskalen betrachtet.

Die Grundlagen des Buchs sollen nun eine Brücke zwischen der reinen theoretischen Methodenbeschreibung bis hin zu der anwendungsorientierten Beschreibung und der Modifikation von Standardverfahren zu den Spezialanwendungen bilden.

Damit hat man die limitierenden Faktoren, die derzeit noch in kommerziellen Soft-warepaketen vorhanden sind, z. B. die Verwendung von Standardverfahren anstatt von Multiskalenverfahren, behoben. Durch die neuen Multiskalenverfahren kann man komplexere Ingenieursprobleme besser auflösen und damit besser verstehen, vgl. [21].

## Literatur


1. Amann, H.: Gewöhnliche Differentialgleichungen, 2. Aufl. De Gruyter Lehrbücher, Berlin/New York (1995)
2. Braess, D.: Finite Elements: Theory, Fast Solvers, and Applications in Solid Mechanics, 3. Aufl. Cambridge University Press, Cambridge (2007)
3. Brennen, C.E.: Fundamentals of Multiphase Flow. Cambridge University Press, Cambridge (2009)
4. Chiavazzo, E., Karlin, I.V., Gorban, A.N., Boulouchos, K.: Coupling of the model reduction technique with the lattice Boltzmann method for combustion simulations. Combust. Flame **157**(10), 1833–1849 (2010)
5. Daubechies, I.: Ten Lectures on Wavelets. SIAM, Philadelphia (1992)
6. Geiser, J.: Iterative operator-splitting methods with higher order time-integration methods and applications for parabolic partial differential equations. J. Comput. Appl. Math. **217**, 227–242 (2008). Elsevier, Amsterdam
7. Geiser, J.: Decomposition Methods for Partial Differential Equations: Theory and Applications in Multiphysics Problems. Numerical Analysis and Scientific Computing Series. Taylor & Francis Group, Boca Raton/London/New York (2009)
8. Geiser, J.: Iterative Splitting Methods for Differential Equations. Numerical Analysis and Scientific Computing Series. Taylor & Francis Group, Boca Raton/London/New York (2011)
9. Geiser, J.: Model order reduction for numerical simulation of particle transport based on numerical integration approaches. Math. Comput. Modell. Dyn. Syst. **20**(4), 317–344 (2014)
10. Geiser, J.: Coupled Systems: Theory, Models, and Applications in Engineering. Numerical Analysis and Scientific Computing Series. Taylor & Francis Group, Boca Raton/London/New York (2014)
11. Geiser, J.: Recent Advances in Splitting Methods for Multiphysics and Multiscale: Theory and Applications. J. Algoritm. Comput. Technol. Multi-Science Brentwood **9**(1), 65–94 (2015)
12. Geiser, J.: Multicomponent and Multiscale Systems: Theory, Methods, and Applications in Engineering. Springer, Cham/Heidelberg/New York/Dordrecht/London (2016)
13. Hairer, E., Wanner, G.: Solving Ordinary Differential Equations II, no. 14. SCM, Springer, Berlin/Heidelberg/New York (1996)
14. Jost, J.: Partielle Differentialgleichungen: Elliptische (und parabolische) Gleichungen. Springer-Lehrbuch Masterclass, Springer, Berlin/Heidelberg (1998)
15. Kelley, C.T.: Iterative Methods for Linear and Nonlinear Equations. SIAM Frontiers in Applied Mathematics, no. 16. SIAM, Philadelphia (1995)
16. Kelley, C.T.: Solving Nonlinear Equations with Newton's Method. Fundamentals of Algorithms. SIAM, Philadelphia (2003)
17. Kevrekidis, I.G., Samaey, G.: Equation-free multiscale computation: algorithms and applications. Ann. Rev. Phys. Chem. **60**, 321–344 (2009)
18. LeVeque, R.J.: Finite Volume Methods for Hyperbolic Problems. Cambridge Texts in Applied Mathematics. Cambridge University Press, Cambridge (2002)
19. LeVeque, R.J.: Finite Difference Methods for Ordinary and Partial Differential Equations, Steady State and Time Dependent Problems. Society for Industrial and Applied Mathematics (SIAM), Philadelphia (2007)
20. Pavliotis, G.A., Stuart, A.M.: Multiscale Methods: Averaging and Homogenization. Springer, Heidelberg (2008)

21. Rosso, L., de Baas, A.F.: Review of Materials Modelling: What makes a material function? Let me compute the ways. European Commision, General for Research and Innovation Directorate, Industrial Technologies, Unit G3 Materials. http://ec.europa.eu/research/industrial_technologies/modelling-materials_en.html (2014)
22. Staff, E.B., Staff, E.B., Snider, A.D.: Fundamentals of Complex Analysis with Applications to Engineering, Science, and Mathematics. Prentice Hall, Upper Saddle River (2003)
23. Strang, G.: Computational Science and Engineering. Wellesley-Cambridge Press, Wellesley (2007)
24. Sun, S., Geiser, J.: Multiscale discontinuous Galerkin and operator-splitting methods for modeling subsurface flow and transport. Int. J. Multiscale Comput. Eng. 6(1), 87–101 (2008)
25. Weinan, E.: Principle of Multiscale Modelling. Cambridge University Press, Cambridge (2010)

**Zusammenfassung**

In der Einleitung soll ein Überblick zum Fach *Computational Engineering* gegeben werden. Das Fach soll eine Schnittstelle zwischen numerischer Mathematik, wissenschaftlichem Rechnen, Informatik und den angewandten Ingenieurswissenschaften sein. Das Fach kann erweitert werden zu dem Fach *Computional Sciences*, falls man noch die angewandten Naturwissenschaften hinzunimmt.

## 2.1 Einleitung und Zusammenfassung

Die rechnerunterstützte Lösung von Modellgleichungen für Ingenieursprobleme findet man heutzutage in allen gängigen Softwareplattformen, vgl. COMSOL®,[1] ANSYS®,[2] speziell auch bei MATLAB®.[3] Der Bedarf an gut ausgebildeten Ingenieuren, die in den Bereichen der Modellierung, Simulation und Analyse von Simulationsergebnissen arbeiten können, hat stark zugenommen.

Die Grundlagen für die Simulation von Modellproblemen, die man als Modellgleichungen beschreiben kann, sind im Bereich der angewandten Mathematik angesiedelt. Wir beschränken uns auf den Bereich der Transportprobleme, die man mit den sogenannten Evolutionsgleichungen, d. h. den gewöhnlichen und den partiellen Differentialgleichungen, darstellen kann, vgl. [23].

Zur Lösung solcher Evolutionsgleichungen kann man sowohl numerische Approximationsverfahren als auch analytische Verfahren verwenden. Die analytischen Verfahren

---

[1] Mathworks, *Software zur Simulation physikalischer Vorgänge*, https://www.comsol.de/, 2017.

[2] Mathworks, *ANalysis SYStem*, http://www.ansys.com/de-DE/, 2017.

[3] Mathworks, *The language of technical computing*, http://www.mathworks.com/, 2015.

© Springer Fachmedien Wiesbaden GmbH, ein Teil von Springer Nature 2018

J. Geiser, *Computational Engineering*,

https://doi.org/10.1007/978-3-658-18708-8_2

werden besonders in der Ingenieuersausbildung verwendet, z. B. die Laplace- oder die Fouriertransformation, die zur Bestimmung von Lösungen von Differentialgleichungen verwendet werden. Wir konzentrieren uns auf die numerischen Approximationsverfahren im Bereich von Transportproblemen. Dabei können wir in den nachfolgenden Kapiteln die Approximationsverfahren von der theoretischen Herleitung bis hin zu der praktischen Umsetzung in Algorithmen verfolgen. Diese Algorithmen werden dann in mathematische Software-Pakete, z. B. MATLAB®, programmiert und getestet.

Die Motivation zum Buch kommt sowohl aus den theoretischen Grundlagen der Mathematik, die Standardverfahren, z. B. Diskretisierungs- oder Löserverfahren, hernimmt, um diese für die Modellgleichung anzupassen, als auch aus der praktischen Umsetzbarkeit von Algorithmen aus den Ingenieurswissenschaften, die speziell für die Lösung des Problems hergeleitet wurden. Gerade dieses Spannungsfeld zwischen Theorie und Praxis erfordert auf der einen Seite die Anpassung eines theoretischen Rahmens an praktische Spezialfälle, aber auch eine mögliche Verallgemeinerung von praktischen Details, die man dann später in der Theorie einbinden und analysieren kann. Solche Verfahren habe ich im Bereich von meinen Projekten aus der Materialphysik (Beschichtungsprobleme), der Hydrogeologie (Transport und Strömung durch poröse Medien), der Plasmaphysik (Teilchentransport durch geladene Medien und deren Wechselwirkung) und aus den dynamischen und stochastischen Systemen (Pendelbewegungen und gyroskopsiche Probleme) kennengelernt und musste jeweils die zugehörigen mathematischen Standardverfahren zum Lösen solcher Probleme anpassen, vgl. [8, 9, 12] und [14].

Besonders im Bereich der Überlagerung von verschiedenen physikalischen Prozessen, z. B. Interfaces (Beschichtungsprozesse), Wechselwirkung von verschiedenen Medien (Plasmaphysik), Mikro- und Makroebene im Bereich der heterogenen Medien (Hydrodynamik) ist es besonderes wichtig, die sogenannten Multiskalenprozesse, die auf unterschiedlichen Raum- und Zeitskalen aufbauen, abzubilden, vgl. [14].

Gerade beim Studium von Transportproblemen sind solche Multiskalenprozesse als Spezialfälle wichtig, da diese den Transport nachhaltig beeinflussen, z. B. mikroskopisch kleine Änderungen im Strömungsverhalten können sich auf die Gesamtströmung (makroskopisches Verhalten) auswirken, vgl. [26].

In diesem Buch soll deshalb ein Schwerpunkt auf solche Multiskalenprobleme gelegt sein, da diesen Problem wiederum mathematisch bestimmte Lösungsverfahren, z. B. aus dem Bereich der Zerlegungsverfahren, zugeordnet werden können. Damit kann man detailliert die Subsysteme, die aus der Zerlegung entstehen, studieren und besonders effektiv lösen, da man sich auf die jeweiligen Raum- und Zeitskalen des Subsystems konzentrieren kann, vgl. [8]. Darüberhinaus kann man durch die Kopplung des Gesamtsystems das physikalische Verhalten studieren und deshalb die Wechselwirkungen zwischen den Subsystemen und dem Gesamtsystem sehen, vgl. [12].

Es gibt hier zwei Vorgehensweisen:

- Die Zerlegungsverfahren, nachfolgend auch Operator-Splitting-Verfahren genannt, nehmen eine Modellgleichung her und zerlegen diese in Subsysteme mit unterschiedlichen skalenabhängigen Operatoren. Dabei entstehen Subsysteme, die man dann in den angepassten Zeit- und Raumskalen getrennt voneinander lösen kann, vgl. [9].

- Die Multiskalenverfahren verwenden unterschiedliche Modellgleichungen, z. B. bei zwei Ebenen hat man eine Modellgleichung in der mikroskopischen Ebene und eine in der makroskopischen Ebene. Die beiden Ebenen sind mit Kopplungsoperatoren verbunden, z. B. die Mikroebene liefert die Diffusionsparameter für die Makroebene und die Makroebene initialisiert die Werte in der Mikroebene. Durch die Kopplungsoperatoren, auch Interface genannt, können dann die einzelnen Ebenen jeweils für sich getrennt gelöst werden, vgl. [26].

Für die zwei Vorgehensweisen gibt es verschiedene Anwendungsmöglichkeiten, so ist die Splittingforschung im Bereich der Zerlegung von Vektorfeldern (z. B. Strömungsfelder) und von Operatoren (z. B. Matrizen) angesiedelt mit:

1. den linearen Operatoren und linearen Feldern, vgl. [17],
2. den linearen und nichtlinearen Operatoren, vgl. [9] und [10]
3. den Zerlegungen von elektromagnetischen Feldern (Kopplung magnetisches und elektrisches Feld), vgl. [24].

Weiter ist die Multiskalenforschung im Bereich der Einbettung, Homogenisierung, Mittelung (Averaging) von Operatoren angesiedelt mit:

1. Averaging und Homogenisierung von Operatoren, vgl. [19],
2. Einbettung von Operatoren, vgl. [13],
3. Mittelung zwischen den Operatoren (Heterogeneous Multiscale methods), vgl. [26].

In einem weiteren Schwerpunkt soll die theoretische Arbeit für die Lösung von Differentialgleichungen, die aus den Transportprozessen kommen, behandelt werden. Dabei kommt man dann von der Modellierung der unterschiedlichen Transportprozesse bis zu den mathematischen Näherungsverfahren, die in der Numerik zur Lösung solcher Modellgleichungen verwendet und entwickelt wurden.

In einem praktischen Schwerpunkt soll die Umsetzung der hergeleiteten Differentialgleichungen erfolgen, so z. B. für

- die mathematische Modellierung für Ingenieursanlagen,
- die Unterstützung von Simulationsmodellen für Ingenieursprobleme,
- die Entwicklung von mathematischen Ansätzen zur Analyse von Ingenieursproblemen, die physikalisch nicht mehr oder nur noch schwer messbar sind, z. B. Transport- und Flussprozesse auf der Nano- und Mikroebene.

Im folgenden Abb. 2.1 soll die Idee der Entscheidungshilfe illustriert werden und für die Ingenieursanwendungen motiviert werden.

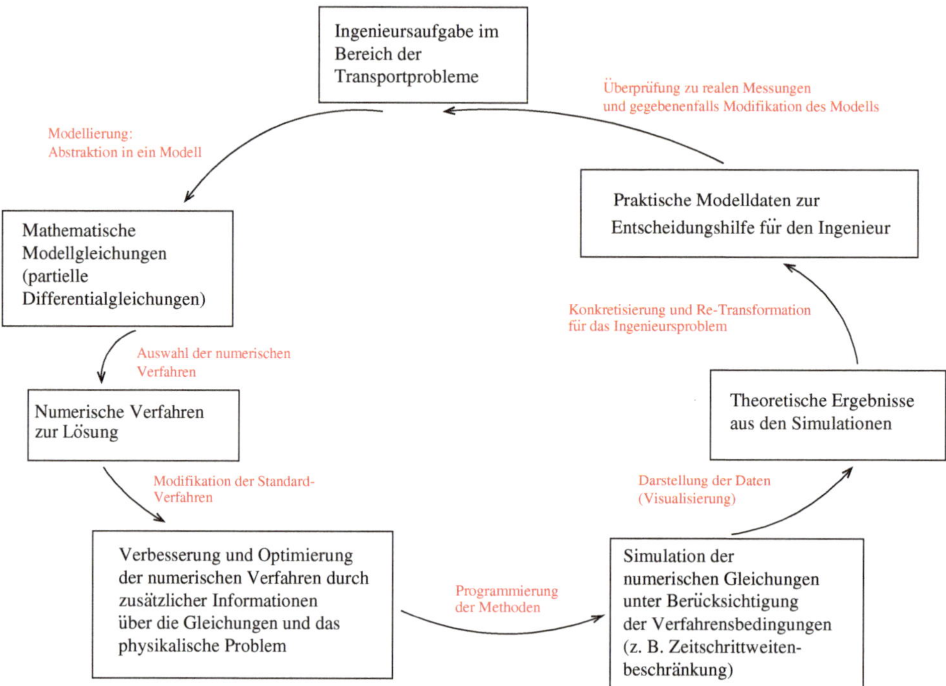



**Abb. 2.1**   Vorgehensweise und Prozesse von der Modellierung bis zur Simulation von rechnerge-stützten Ingenieursanwendungen

Hier soll dem Ingenieur der Elektrotechnik ein Methodenkonzept, das auf mathemati-schen Verfahren basiert, an die Hand gegeben werden, mit denen er die Modellgleichungen am Rechner lösen kann. Damit ist er in der Lage, theoretische und praktische Erkenntnisse aus den hergeleiteten Modelle über Simulationen am Rechner zu bekommen.

Zuerst ist die Herangehensweise theoretischer Natur, da ein Modell entworfen werden muss, welches für das Ingenieursproblem am besten geeignet ist. Der Ingenieur muss die Annahmen des Modells festlegen und den Rahmen kennen, in welchem diese Annahmen noch für das Real-Life-Problem gültig sind. Bei unseren Transport- und Flussproblemen wollen wir uns auf Modellprobleme beschränken, die man mit sogenannten partielle Differentialgleichungen lösen kann.

Weiter setzten wir numerische Methoden voraus, die man zur angenäherten Lösung von solchen partiellen Differentialgleichungen hernimmt.

Durch die Problemstellungen, die im Bereich von gekoppelten Prozessen sind, wollen wir uns bei der Lösung auf die Entkoppelung von solchen umfangreichen Differentialglei-chungssystemen vertiefen.

Beispiele sind hierzu unterschiedliche Zeit- und Raumskalen, die sich in den Gleichun-gen schon apriori zeigen, wie in:

- Langskaligere Prozesse, z. B. langsame Gasflüsse.
- Kurzskaligere Prozesse, z. B. schnelle Reaktionen.

Damit kann der Ingenieur mittels zusätzlicher Informationen, z. B. aus den Gleichungen oder den physikalischen Voraussetzungen, neue mathematische Lösungsverfahren entwickeln, die für sein Problem effizienter sind. Damit verfügt er über ein weiteres theoretisches Hilfsmittel, mit dem er die bisher praktischen Experimente oder auch seine Gedankenexperimente überprüfen kann.

Damit kann er qualitative und quantitative Aussagen machen, die seine Gedankenexperimente unterstützen und zu Entscheidungen im Entwicklungsprozess solcher Prozesse und Anlagen führen.

In den folgenden Abschnitten wird die Einbettung des Computational Engineering in die schon bestehenden Fachgebiete vorgenommen. Hierbei kann man das neue Fachgebiet Computational Engineering als Schnittstelle zwischen der Methodenlehre, d. h. der praktischen Umsetzung zur Lösung und Analyse von Ingenieursproblemen, und der abstrakten und theoretischen Methodenanalyse, d. h. der Grundlagenforschung der Methoden aus der Mathematik und Informatik, sehen.

Beide Bereich beeinflussen sich gegenseitig, so dass die theoretischen Methoden durch die Anwendung in praktischen Beispielen modifiziert werden oder auch praktische Anwendungen durch Modelle und Methoden verstanden und modifiziert werden können.

## 2.2  Computational Engineering

Das Computational Engineering ist ein englischer Ausdruck und wird oft im Deutschen als wissenschaftliches Rechnen oder Simulationswissenschaft übersetzt. Da hier der Fokus bei den Ingenieurswissenschaften liegt, soll es sich von dem allgemeineren wissenschaftlichen Rechnen abheben, und eben Methoden und Verfahren aus der Mathematik zur Lösung für die speziellen ingenieurswissenschaftlichen Problemstellung bereitstellen.

Allgemein basiert die Forschung in den Natur- und Ingenieurwissenschaften auf den Bereichen der Theorie und der praktischen Umsetzung in Experimente, bzw. der praktischen Anwendungen im Alltag. Sprich man versucht, eine Theorie zu erstellen und durch ein Experiment zu verifizieren, oder ein Experiment wird gemacht und man sucht das entsprechende Verständnis in einem geeigneten theoretischen Rahmen zu finden.

Beim dem Computational Engineering soll nun über das wissenschaftlichen Rechnen die Verbindung zwischen den beiden Bereichen hergestellt werden. Ein reales Experiment aus den Ingenieurswissenschaften soll durch *billige* Computerexperimente ersetzt werden, damit die Anzahl von realen und teuren Experimenten eingespart werden kann. Dabei muss nun aber das reale Experiment und das Computerexperiment aneinander angeglichen werden, man muss ein Modell erstellen, das dem realen Experiment entspricht. Weiter muss man das Modell mit mathematischen Hilfsmitteln lösen und die Ergebnisse darstellen. Genau in diesem Bereich ist das Computational Engineering zu sehen eine

Schnittstelle zwischen bisherigem realen Experiment und dem Computerexperiment herzustellen.

Nachfolgend wird der Studiengang *Computational Engineering* beschrieben, der an einigen Universitäten schon angeboten wird:

- „In den letzten Jahren ist das Interesse an der Überlappung von Studieninhalten zwischen den Ingenieurswissenschaften und der Mathematik und Informatik mehr und mehr wichtig geworden, da die Probleme alleine von einem Spezialisten in den Ingenieurswissenschaften nicht mehr zu lösen sind".[4]
- „Als Computational Engineering wird die rechnergestützte Modellierung, Analyse und Simulation physikalischer und technischer Systeme in den Ingenieurwissenschaften bezeichnet. Die Computersimulation hat sich in der jüngeren Vergangenheit neben den klassischen Methoden Theorie und Experiment als dritte Variante des wissenschaftlichen Erkenntnisgewinns etabliert. Der Studiengang Computational Engineering (CE) an der TU Darmstadt ist in hohem Maße interdisziplinr ausgerichtet. Er stellt eine Kooperation der Fach- und Studienbereiche Mathematik, Mechanik, Bauingenieurwesen und Geodäsie, Maschinenbau, Elektrotechnik und Informationstechnik, Informatik und des Darmstädter Zentrums für Wissenschaftliches Rechnen dar".[5]
- „Hier hat sich in den letzten Jahren ein Bedarf aufgetan, der die Komponenten aus den einzelnen Fakultäten bündelt und in einen neuen Studiengang überführt, der gerade in der Elektrotechnik eine interdisziplinäre Ausbildung an der Schnittstelle zwischen den Ingenieurswissenschaften, der Mathematik und der Informatik anbietet".[6]

Im folgenden Abb. 2.2 wird das interdisziplinäre Zusammenkommen mit anderen Fachgebieten für das Computational Engineering dargestellt.

Durch das Computational Engineering wird dem Ingenieur eine weitere Möglichkeit an die Hand gegeben, Aufgabenstellungen, z. B. im Bereich der Elektrotechnik mit Computertechnologie, zu modellieren, und zu simulieren.

Für die theoretischen Grundlagen sind besonders die mathematischen Grundkenntnisse, z. B. die Herleitung und Analyse der numerischen Methoden, notwendig. Im Bereich der numerischen Lösung von partieller Differentialgleichungen können dann die Kenntnisse über die numerischen Verfahren angewendet werden, um die Simulationen am Rechner erfolgreich durchzuführen.

Im Bereich von Strömungs-, Transport- und elektrodynamischen Prozessen haben sich die numerischen Methoden der finite Differenzen und finite Volumen mit der Kombination

---

[4]Auszug aus der Webseite, http://portal.mytum.de/studium/studiengaenge/computational_science_and_engineering_master, TU München, 2011.

[5]Auszug aus der Webseite, http://www.tu-darmstadt.de/studieren/abschluesse/bachelor/computational-engineering-bsc.de.jsp, TU Darmstadt 2015.

[6]Auszug aus der Webseite, http://de.wikipedia.org/wiki/Computational_Engineering_Science, Wikipedia, March 2011.

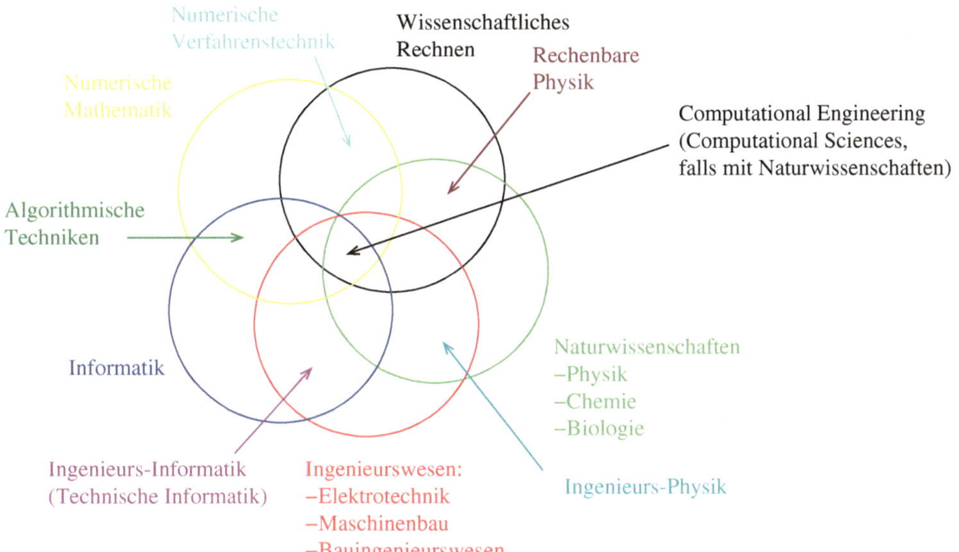


**Abb. 2.2** Überlappende Gebiete im Bereich des Computational Engineering (Computational Sciences)

von schnellen Gleichungslösern als besonderes effektive herausgestellt, vgl. [6, 7] und [11].

In diesem Bereich ist das Buch Computational Engineering eingeordnet, eine Schnittstellenarbeit zwischen der angewandten Mathematik, die sich hier speziell auf die Lösung von Differentialgleichungen für Transport-, Strömungs- und Wellengleichungen spezialisiert hat, und dem berechnenden Ingenieurswesen, die gerade für diese Modelle die Simulationsmethoden braucht, um die Lösungen dieser komplizierten Gleichungen darzustellen, z. B. zu visualisieren, vgl. [9].

## 2.2.1 Computational Engineering im Bereich der numerischen Mathematik

Im Bereich der numerischen Mathematik ist das Computational Engineering angelegt, um die Grundlagen von numerischen Methoden und das Verständnis von Stabilitäts- und Konvergenzaussagen in Verbindung mit einer zu lösenden Gleichung, z. B. im Bereich der partiellen Differentialgleichungen, zu erhalten, vgl. [4, 15].

Dabei müssen die Grundlagen der numerischen Methoden bereitgestellt werden, damit später ein Verständnis für die numerischen Fehler, der Stabilität und der Konvergenz der einzelnen Methoden existiert.

Dabei geht es um die Bereitstellung der numerischen Methoden, die später in den entsprechenden Hard- und Software-Produkten auf leistungsfähigen Rechnen umgesetzt werden. Wiederum ist die Umsetzung auf parallelen Plattformen besonders wichtig, und dafür müssen die numerischen Methoden, die oft nur seriell entwickelt wurden, auf parallele numerische Methoden erweitert werden, vgl. im Beeich der numerischen linearen Algebra [3].

Daraus ergeben sich weitere Spezialisierungen, die im Bereich der parallelen Numerik liegen, vgl. [22], und sich mit der Parallelisierung und der Analysis von Konvergenz- und Stabilitätsaussagen von parallelen Methoden beschäftigen. Sie stellen später die Grundlage für lauffähige und kontrollierbare Algorithmen dar.

Im Bereich der numerischen Mathematik werden folgende Themen für das Compuational Engineering bereitgestellt:

- Grundlagen von numerischen Verfahren:
    - Stabilität- und Konvergenzanalysis von numerischen Methoden.
    - Genauigkeit von numerischen Verfahren und Fehlerordnung.
    - Kontrolle vom numerischen Fehler und Abschätzung.
- Grundlagen im Bereich der parallelen numerischen Verfahren:
    - Serielle und Parallele Algorithmen.
    - Parallele nicht-iterative Gleichungslöser.
    - Parallele iterative Gleichungslöser.
    - Synchrone und Asynchrone Verfahren.
- Grundlagen der Parallelen Numerik:
    - Parallele Analysis
    - Analysis von synchronen und asynchronen Verfahren, vgl. [5].

Diese Bereiche können dann beliebig vertieft werden, und die numerische Analysis muss entsprechend den Gleichungen (gewöhnliche Differentialgleichungen, partielle Differentialgleichungen, stochastische Differentialgleichungen usw.) angepasst werden. Besonders die Skalierbarkeit ist sehr wichtig, d. h. die Eigenschaft der parallelen Algorithmen die Leistung durch das Hinzufügen von parallelen Rechnern proportional (z. B. linear) zu steigern, bzw. den Zeitaufwand (z. B. linear) zu reduzieren.

### 2.2.2  Computational Engineering im Bereich der Informatik (Computer Sciences)

Im Bereich der Informatik ist das Computational Engineering angelegt in den Grundlagen von Rechnerarchitekturen und der Bereitstellung von Parallelisierungsstategien, vgl. [2, 25].

Dabei geht es um die Bereitstellung der Hard- und Software, um später leistungsfähige Simulationsprogramme zu entwickeln. Hier ist die Umsetzung auf parallelen Plattformen besonders wichtig, da man heute sehr große Datenmengen und sehr komplexe Gleichungen auflöst. Dieser Bereich ist in dem *Large scale computing* (zu deutsch in etwa: Berechnungen von komplizierten und datenintensiven Computeranwendungen) zu finden, das die Resourcen für solche großen und komplexen Gleichungssysteme anbietet. Durch die parallelen Stategien kann man das aufkommende Datenvolumen und eine schnellere Verarbeitung erreichen, so dass die Simulationen durchführbar sind in einer sogenannten realen Zeitdauer *Real-Life Problems* (Realitätsnahe Probleme), d. h. damit der Praktiker die realen Probleme simulieren und die realen Daten dafür verwenden und auswerten kann.

Im Folgenden werden die Themen aus dem Bereich des *Large scale computing* aufgezählt:

- Grundlagen eines Digitalrechners:
  - Grundlagen der Architektur von Hochleistungsprozessoren:
    - GPGPU (General Purpose Computation on Graphics Processing Unit), d. h. Berechnung im Bereich der Grafikprozessoreinheiten, vgl. [16].
    - homogene und heterogene Multikern-/Vielkern-Prozessoren (engl. Multicore-Processors), vgl. [16].
- Grundlagen im Bereich der Parallelisierung:
  - Grundlagen der Parallelrechnerarchitekturen.
  - Parallelisierungsstrategien und deren Abbildung auf Architekturen.
  - Leistungsmaße im Bereich der parallelen Architekturen.
  - Grundlagen im Bereich des Grid- und Cloud-Computing.
- Grundlagen der Parallelen-Methoden:
  - Parallele Algorithmen.
  - Parallelisierungsstategien von Algorithmen, vgl. [2].

Diese Bereiche können dann beliebig vertieft werden, damit die numerischen Algorithmen für die Simulation auf speziellen Plattformen, z. B. CUDA [21] (GPU-orientiertes Programmieren) oder MPI [18] (CPU-orientiertes Programmieren), später programmiert werden können.

### 2.2.3  Computational Engineering im Bereich des Ingenieurswesens

Im Bereich der Ingenieurswissenschaften ist das Computational Engineering als Analysewerkzeug für reale Ingenieursprobleme angelegt, die man im Computer simulieren kann. Damit hat man eine Berechnungsgrundlage für komplizierte Modelle, die in der Realität nur mit sehr teuren Experimenten umzusetzen sind, z. B. in der Materialforschung mit teuren Materalien.

Die Grundlage dazu ist die Modellierung von solchen realen Ingenieursproblemen und hier setzt der Schwerpunkt ein, dass eine Transformation vom realen Experiment zur Modellgleichung stattfindet, die die realen Vorgänge abbilden kann.

Dabei geht es um die Bereitstellung der Modelle, die für das reale Experiment oder das ingenieurswissenschaftliche Problem verwendet werden.

Weiter muss die Umsetzung in eine Modellgleichung erfolgen, die den realen Prozess oder das Experiment abbildet.

Ebenfalls ist die Kenntnis der numerischen Verfahren wichtig, mit denen die Modellgleichung gelöst werden soll.

Die Grundlagen in der Hard- und Software, um später leistungsfähige Simulationsprogramme zu entwickeln, sind wichtig.

Durch die parallelen Strategien kann man das Lösen der komplizierten Modellgleichung beschleunigen.

Im Folgenden werden die Themen aus dem Bereich des Ingenieurswesens aufgezählt:

- Grundlagen der Modellierung:
  - Umsetzung von technischen Vorgängen in Gleichungen.
  - Einordnen von Ingenieursproblem in Modellstrukturen, z. B. Strömung von Flüssigkeiten in Computational Fluid Dynamics (Berechnende Fluid-dynamische Modelle).
  - Abschätzung des Modellierungsfehlers.
- Grundlagen im Bereich der numerischen Verfahren:
  - Grundlagen der numerischen Verfahren für die speziellen Modellgleichungen.
  - Abschätzung der numerischen Fehler.
- Grundlagen der Parallelen Methoden:
  - Umsetzung in Parallele Algorithmen.
  - Strategien und Implementierung in Softwarepakete, vgl. [2].

*Beispiel 2.1.* Im folgenden Beispiel aus der Materialwissenschaft ist die Anwendung des Computational Engineering aufgezeigt.

Es sollen die mechanischen Belastungen von Materialien im Bereich von Stahl untersucht werden.

Grundlagen:

- Grundlagen zur Analyse, Design und Grundlagen für Computer-Basiertes Rechnen.
- Grundlagen zur Modellierung von Materialstrukturen im Stahl.
- Grundlagen zur Balkentheorie.
- Finite Element Theorie im Bereich der Balken und Plattenelemente.
- Grundlage zum Softwarepaket.

Strukturanalyse:

- Stabilitätsverhalten.
- Geometrie der Materialien.
- Eigenwerte und Eigenform von Grundelementen.
- Numerische Verfahren zu den Plattenelementen.

### 2.2.4  Computational Engineering im Bereich der Naturwissenschaften (Computional Sciences)

Im Bereich der Naturwissenschaften ist das Computational Engineering als *Computational Sciences* angelegt. Man spricht auch von *Computational Engineering and Sciences* (CES), wenn man die ganzen Bereiche von der Ingenieurswissenschaft und der Naturwissenschaft hinzunimmt.

Zu dem fundierten klassischen Wissen aus den Bereichen Physik und Chemie, die das Verständnis für die Naturvorgänge herstellen, kommt weiter noch die Umsetzung und Abbildung in Modelle, die später mit Gleichungen berechnet werden können.

Zu der klassischen Ausbildung eines Naturwissenschaftlers kommt noch die Umsetzung in computergestützte Verfahren zur Modellierung und Lösung von naturwissenschaftlichen Problemen. Diese werden dann später in adäquate Algorithmen umgesetzt und in Software-Pakten implementiert.[7]

In diesem Bereich werden die Grundlagen zum Verständnis der naturwissenschaftlichen Probleme und der Umsetzung in adäquate Modelle und der Implementierung der Löser für die Modelle in Rechnerarchitekturen bereitgestellt, vgl. [23].

Dabei geht es um die Bereitstellung der komplizierten Modellgleichungen, die oft aus hierarchischen Modellen entstanden sind und die Multiskalenansätze und Multikomponentenansätze benötigen.

Durch solche komplexen Modellierungsstrategien muss entsprechend auch die Umsetzung in numerische Algorithmen modifiziert werden. Sprich die Standard-Methoden zur Lösung von einfachen Strukturen, wie Modellgleichungen mit einfacher Skalenabhängigkeit, müssen zu Multiskalenverfahren zur Auflösung unterschiedlicher Modellhierarchien modifiziert werden.

Weiterhin muss später die Modifikation der Methoden auf die entsprechenden Rechnerarchitekturen und Parallelisierungsmethoden umgesetzt werden.

Im Folgenden werden die Themen aus dem Bereich der Naturwissenschaften aufgezählt:

- Grundlagen der Modellierung:
  - Grundlagen von diskreten und kontinuierlichen Modellen.
  - Grundlagen von hierarchischen Modellen, vgl. zum Beispiel in der Plasmaphysik [20].
- Grundlagen im Bereich der Algorithmen:
  - Grundlagen der Algorithmen.
  - Numerische Verfahren für die jeweiligen Modellgleichungen.
- Grundlagen der Implementierung von Algorithmen:
  - Implementierung von Algorithmen in Software-Pakete.
  - Parallelisierungsstategien von numerischen Verfahren.

---

[7]Computational Sciences, https://en.wikipedia.org/wiki/Computational_science, 2015.

### 2.2.5  Computational Engineering und wissenschaftliches Rechnen

Das wissenschaftliche Rechnen wird auch als Simulationswissenschaft bezeichnet,[8] vgl. [1].

Es verwendet interdisziplinäre Ansätze, d. h. wiederum werden Fachdisziplinen aus der angewandten Mathematik, Informatik und den Natur- und Ingenieurswissenschaften verwendet, um Modelle, Algorithmen und Simulations-Software zu entwickeln.

Damit können mit Hilfe der Simulation die Problemstellungen der Modelle aus den Natur- oder Ingenieurwissenschaften analysiert, visualisiert und beantwortet werden.

Wiederum sind Parallel-Rechner, bzw. Hochleistungsrechner wichtig, um die geforderte Simulationsleistung für die komplexen Modelle zu erbringen.

Das wissenschaftliche Rechnen wird im Englischen auch *Computational Science and Engineering (CSE)* genannt. Wir haben in diesem Buch den Fokus auf den ingenieurswissenschaftlichen Anwendungen und verwenden deshalb den Begriff *Computational Engineering* oder das *berechnende Ingenieurswesen.*

### Literatur


1. Burstedde, C.: Was ist eigentlich Wissenschaftliches Rechnen? Forschung & Lehre, Ausgabe März **2013**, 216–217 (2013)
2. Culler, D.E., Singh, J.P., Gupta, A.: Parallel Computer Architecture: A Hardware/Software Approach. The Morgan Kaufmann Series in Computer Architecture and Design. Morgan Kaufmann, Burlington (1990)
3. Dongarra, J.J., Duff, I.S., Sorensen, D.C., van der Vorst, H.A.: Numerical Linear Algebra for High-Performance Computers. Series: Software, Environments and Tools. SIAM, Philadelphia (1998)
4. Dziuk, G.: Theorie und Numerik partieller Differentialgleichungen. Walter de Gruyter, Berlin/New York (2010)
5. Frommer, A., Szyld, D.B.: On Asynchronous Iterations. J. Comput. Appl. Math. **123**, 201–216 (2000)
6. Geiser, J.: Discretization methods with embedded analytical solutions for convection-diffusion dispersion-reaction equations and applications. J. Eng. Math. **57**(1), 79–98 (2007). Springer, Heidelberg
7. Geiser, J.: Iterative operator-splitting methods with higher order time-integration methods and applications for parabolic partial differential equations. J. Comput. Appl. Math. **217**, 227–242 (2008). Elsevier, Amsterdam
8. Geiser, J.: Decomposition Methods for Partial Differential Equations: Theory and Applications in Multiphysics Problems. Numerical Analysis and Scientific Computing Series. Taylor & Francis Group, Boca Raton/London/New York (2009)
9. Geiser, J.: Iterative Splitting Methods for Differential Equations. Numerical Analysis and Scientific Computing Series. Taylor & Francis Group, Boca Raton/London/New York (2011)


---

[8]Wissenschaftliches Rechnen, https://de.wikipedia.org/wiki/Wissenschaftliches_Rechnen, 2015.

10. Geiser, J.: Iterative operator-splitting methods for nonlinear differential equations and applications. Numer. Methods Partial Differ. Equ. **27**(5), 1026–1054 (2011)

11. Geiser, J.: Operator splitting method for coupled problems: transport and Maxwell equations. Am. J. Comput. Math. **1**, 163–175 (2011). Scientific Research Publishing

12. Geiser, J.: Coupled Systems: Theory, Models, and Applications in Engineering. Numerical Analysis and Scientific Computing Series. Taylor & Francis Group, Boca Raton/London/New York (2014)

13. Geiser, J.: Recent advances in splitting methods for multiphysics and multiscale: theory and applications. J. Algoritm. Comput. Tech. **9**(1), 65–94 (2015). Multi-Science, Brentwood

14. Geiser, J.: Multicomponent and Multiscale Systems: Theory, Methods, and Applications in Engineering. Springer, Cham/Heidelberg/New York/Dordrecht/London (2016)

15. Grossmann, Chr., Roos, H.G., Stynes, M.: Numerical Treatment of Partial Differential Equations. Universitext, 1. Aufl. Springer, Berlin/Heidelberg/New York (2007)

16. Kirk, D., Hwu, W.-M.: Programming Massively Parallel Processors: A Hands-On Approach. 2. Aufl. Morgan Kaufman, Cambridge (2012)

17. McLachlan, R.I., Quispel, R.: Splitting methods. Acta Numer. **11**, 341–434 (2002)

18. Pacheco, P.S.: Parallel Programming with MPI. Morgan Kaufmann, Burlington (1996)

19. Pavliotis, G.A., Stuart, A.M.: Multiscale Methods: Averaging and Homogenization. Springer, Heidelberg (2008)

20. Piel, A.: Plasma Physics: An Introduction to Laboratory, Space, and Fusion Plasmas. Springer, Berlin/Heidelberg/New York (2010)

21. Sanders, J., Kandrot, E.: CUDA by Example: An Introduction to General-Purpose GPU Programming. Addison Wesley, New York/Boston/San Francisco (2010)

22. Schwandt, H.: Parallele Numerik: Eine Einführung. Vieweg and Teubner Verlag, Wiesbaden (2003)

23. Strang, G.: Computational Science and Engineering. Wellesley-Cambridge Press, Wellesley (2007)

24. Taflove, A., Hagness, S.C.: Computational Electrodynamics Artech House, Boston/London (2005)

25. von Monien, B., Röttger, M., Schroeder, U.-P.: Einführung in Parallele Algorithmen und Architekturen. vmi Buch, Bonn (1998)

26. Weinan, E.: Principle of Multiscale Modelling. Cambridge University Press, Cambridge (2010)

# Modellierung: Transport- und Strömungsmodelle im Bereich der Multiskalenmodelle

**3**


**Zusammenfassung**

Die Modellierung von technischen Problemen ist ein Grundpfeiler im Fach *Computational Engineering*, bei dem es darum geht, technische Problemstellungen in mathematische Gleichungen zu überführen. Diese Modellgleichungen lassen sich dann später mit mathematischen Methoden lösen und mit geeigneten Software-Paketen visualisieren. Damit wird das technische Problem in eine Simulation im Computer übergeführt und das reale Experiment ist nun ein Computerexperiment geworden. Im folgenden Kapitel konzentrieren wir uns auf Transport- und Strömungsprobleme aus den Ingenieursanwendungen, wobei der Schwerpunkt im Bereich der Multiskalenmodellierung sein soll. Diese Modelle wollen wir uns mit den unterschiedlichen Skalen herleiten und in mathematische Gleichungen überführen, die man später mit geeigneten Methoden in einem Simulationsprogramm ausführen kann.


## 3.1 Einleitung und Zusammenfassung

Im Bereich der rechnerunterstützten Lösungen von Ingenieursproblemen steht die Modellierung der technischen Probleme am Anfang des Arbeitspakets, vgl. die Abbildung von der Modellierung zur Simulation 2.1.

Es muss ein geeignetes Experiment oder einen technischen Vorgang aus der Realität so modifiziert werden, dass es auf ein Modell abgebildet werden kann. Das Modell muss dabei noch die Eigenschaften von dem realen Experiment oder dem technischen Vorgang haben, den man untersuchen möchte. Weiter muss man um die Grenzen des Modelles wissen, d. h. für welche Skalenbereiche gilt das Modell und wie groß sind die Fehler, die man bei dieser Abbildung macht, vgl. die Abb. 3.1.


© Springer Fachmedien Wiesbaden GmbH, ein Teil von Springer Nature 2018
J. Geiser, *Computational Engineering*,
https://doi.org/10.1007/978-3-658-18708-8_3

**Abb. 3.1**  Abbildung von der
Realität zum Modell

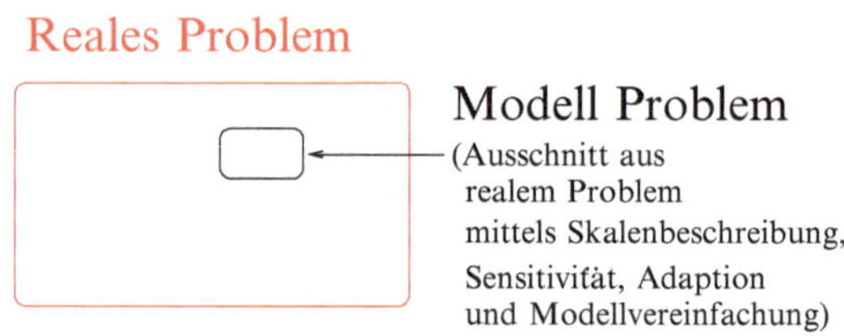



Dabei helfen folgende Schritte, um ein Modell herzuleiten:

1. Skalierung:
   Hier legt man die Skala fest, auf der das Modell wirken soll. Je nach der Dimension,
   z. B. im Raumbereich, hat man makroskopische Modelle im Bereich von $[m]$ oder eben
   mikroskopische Modelle im Bereich von $[\mu m]$. Es ändert sich dann auch die Model-
   lierungsweise, z. B. diskrete Modellierung mit einem Mikromodell und kontinuierliche
   Modellierung mit einem Makromodell.

2. Sensitivität:
   Hier wird die Sensitivität eines Systems bezüglich eines Modelloperators betrachtet.
   Anhand der Grösse (Norm) des Operators in Abhängigkeit der Lösungsvariablen,
   z. B. Zeit oder Raum, kann man feststellen, wie stark sich eine Änderung des
   Operators auf das Gleichungssystem auswirkt, z. B. relative kleine Änderung der
   Variablen hat eine große Änderung des Operators in der Modellgleichung. Damit
   lässt sich später eine Skalenabhängigkeit feststellen, d. h. man hat ein Mehrskalenproblem, bei dem einzelne Parameter oder Operatoren in der Gleichung besonders
   stark (feine Skala) oder weniger stark (grobe Skala) die Gleichung beeinflussen
   können.

3. Vereinfachung und Adaption:
   Häufig ist es in Modellen sehr wichtig, dass man Vereinfachungen oder Adaptionen
   vornimmt. Damit erreicht man oft eine Vereinfachung der numerischen Lösbarkeit.
   Gerade Terme, die die Lösung der Gleichung wenig stark beeinflussen, aber dafür die
   numerische Lösbarkeit erschweren, z. B. steife Terme, vgl. Unterkapitel 3.5.2, können
   unter bestimmten Voraussetzungen eliminiert werden.

Wenn die drei Schritte durchgeführt worden sind, kann in einem weiteren Schritt ein
Abgleich des Modells mit den Ergebnissen des realen Experiments durchgeführt werden.
Damit erhält man für den ausgewählten Skalenbereich, die Sensitivität mit den Operatoren
in den jeweiligen Gleichungen und für die entsprechende Vereinfachung zu dem realen
Modell einen Modellierungsfehler, der einem die Genauigkeit zwischen dem Modell und
dem realen Experiment angibt.

Für die nachfolgenden Modelle, die Standardmodelle aus der Literatur sind, wollen wir
hier annehmen, dass dieser Fehler besonders klein ist und wir uns im Folgenden mit den

numerischen Fehlern beschäftigen können. Numerische Fehler entstehen, wenn man ein numerisches Verfahren auf eine Modellgleichung anwendet und diese dann angenähert, anstatt exakt, löst.

Weiter wird der Begriff Modellierung auch oft mit Simulation zusammengebracht. Es sind unterschiedliche Begriffe, die wir im Folgenden durch die jeweiligen Definitionen klären wollen.

Als erstes die Definition von *Modell*:

**Definition 3.1.** Die Modellierung, lat.: modulus (ein Gebäude in einem verkleinertem Maßstab), definiert man als eine reduzierte Beschreibung eines realen technischen Systems oder Problems. Ein Modell ist deshalb eine Abbildung und eine Vereinfachung des realen Systems. Das Modell wird später für das Verständnis der *Realität* verwendet. Mit dieser Vereinfachung und Einschränkung können wir uns die reale Welt besser zugänglich machen und ein solches vereinfachtes Modell kann leichter simuliert werden. Oft wird das Modell in den ersten Ausführungen angenähert und erst viel später durch verfeinerte Modellierungsstufen auch Modellierungszyklen, durch die jeweiligen beteiligten Experten, z. B. Ingenieure, vgl. auch die Abb. 3.2, verbessert und angepasst.

Eine weitere Definition ist in diesem Kontext die Definition der *Simulation*, die in unserem Bereich des berechnenden Ingenieurswesens eine weitere zentrale Rolle spielt, vgl. Definition 3.2.

**Definition 3.2.** Die Simulation ist die Anwendung von Modellen (die bekannt sind), mit denen man Daten erzeugen kann. Mit diesen Daten kann man später mit Hilfe von experimentellen Daten (reale Daten) das Modell überprüfen und validieren. Ein validiertes Modell kann dann später Vorhersagen generieren, die man mit dem realen Experiment nicht mehr machen kann oder nur mit sehr viel Aufwand. Die Erzeugung der Daten ist wichtig und kann später zur Visualisierung am Bildschirm verwendet werden. Damit kann man auch eine graphische Validierung oder graphische Verifizierung mit den realen Daten durchführen.

Im Folgenden klären wir noch die Begriffe Verifizierung und Validierung:

- Verifizierung ist die Überprüfung, ob das Modell den Modellanforderungen entsprechend implementiert (d. h. programmiert) wurde.
- Validierung ist die Überprüfung, dass diese Modellanforderungen an das Modell erfüllt sind.

**Annahme 3.1.** *Wir beschränken uns auf technische und physikalische Modelle, die die technischen Vorgänge oder die Naturvorgänge in einem reduzierten Maßstab, z. B. Ausschnitte, abbilden. Es sind quantitative Modelle, bei denen die Quantität, z. B. Druck, Geschwindigkeit, Zeit usw., gemessen und beobachtet werden.*

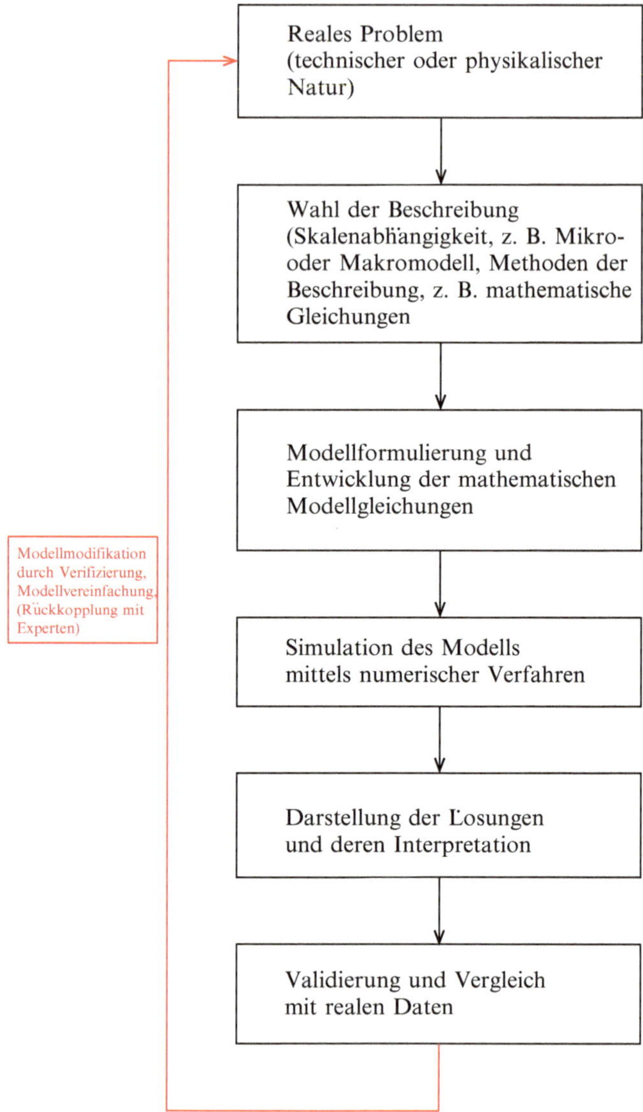


**Abb. 3.2** Modellierung und Simulation von technischen und physikalischen Problemstellungen

Vollständigkeitshalber sei darauf hingewiesen, daß es auch konzeptionelle Modelle gibt, die eher ein Konzept oder eine Idee mittels der Beschreibung von Worten und Zeichnungen darstellen. Weiter hat man auch qualitative Modelle, die prinzipiell die Struktur eines Prozesses beschreiben und eher qualitative Voraussagen, z. B. langfristige Geschwindigkeiten von Prozessen ermöglichen sollen und keine expliziten Werte über Variablen liefern. Qualitative Modelle hat man sehr oft in den Wirtschaftswissenschaften, z. B. bei dynamischen Verläufen und bei Risikoabschätzungen.

Bei uns ist folgender Kontext bei der Modellierung von den Transport- und Strömungsmodellen wichtig:

- Wichtig ist in unserem Kontext die Wahl der Skalen, d. h. ob man mikroskopische, makroskopische oder eben eine Kopplung von mikro- und makroskopischen Modellen, sog. Multiskalenmodellen, hat.
- Bei dem Versuch einen bestimmten Bereich aus dem realen Problem (ob technischer oder physikalischer Natur) nachzubilden, muss man sich auf bestimmte Zustandsgrößen dieses Systems einigen, z. B. beim makroskopischen Modell auf die kontinuierlichen Größen (z. B. Druck, Geschwindigkeit, Energie) oder beim mikroskopischen Modell auf diskrete Größen (z. B. Ort und Geschwindigkeit des Partikels), die später auch messbar sind, z. B. Durchschnittsgeschwindigkeit und Varianz der Partikel.

Im folgenden Abb. 3.2 soll die Idee der Modellierung dargestellt werden, wie man mit Hilfe von Experten von einem realen Problem hin zu einem brauchbaren Modell kommt, mit dem man Vorhersagen durchführen kann.

## 3.2 Transport- und Strömungsmodelle

Wir konzentrieren uns im folgenden auf zwei Modelle für die Modellierung unserer technischen Probleme:

- Transportmodell: Es wird in der Literatur auch oft Stofftransportmodell oder Ausbreitungsmodell genannt, vgl. [1] und [2]. Es ist ein mathematisches Modell, welches zur Beschreibung des Verhaltens und des Transportes von gelösten und ungelösten Inhaltsstoffen (z. B. Partikel, Feststoffe) in einem fluiden System (z. B. Wasser, Plasma usw.) dient. Die Grundlage dieser Modelle bilden die Transportgleichungen, d. h. Konvektions-Diffusions-Reaktionsgleichungen, vgl. [6] und [9].
- Strömungsmodell: Es wird in der Literatur auch hydrodynamisches Modell genannt, vgl. [22] und [17]. Es beschreibt die Bewegung von Fluiden im Bereich von Medien (Boden, z. B. bei Grundwasser, und Luft, z. B. bei Gasströmungen in der Atmosphäre). Ein Strömungsmodell stellt eine räumlich und zeitlich diskretisierte Bilanz des Fluid in einem Modellgebiet dar. Dabei erhält man bei den Strömungssimulationen den zeitlichen und räumlichen Verlauf der Masse, des Impulses und der Energie des Fluids. Strömungsmodelle werden eingesetzt bei der Interpretation von raum- und zeitabhängigen Fluidbilanzen, Vorhersagen über die Geschwindigkeit des Fluids und werden als Variable (d. h. der Geschwindigkeit des Fluids) bei Transportmodellen verwendet.

Dabei gibt es folgende Anwendungsbereiche für die Transport- und Strömungsmodelle:

- Transportmodell
  - Transport von Stoffen in Fluiden (Flüssigkeiten und Gasen).
  - Grundlage ist die Konvektions-Diffusions-Reaktions-Gleichung.
  - Transportgleichung erhält man, indem man die Massenbilanz der Stoffe in einem Kontrollvolumen berechnet.
- Strömungsmodell
  - Grundwasserströmung, Strömung von Gasen oder Flüssigkeiten.
  - Grundlage ist die Navier-Stokes Gleichung.
  - Bei der Strömung durch Aquifers (z. B. Boden bei Grundwasser, Membran bei Gasen) ist die Modellierung des Aquifer, z. B. ein poröses Medium, wichtig.

Oft sind die Modelle miteinander gekoppelt, vgl. Beispiele 3.2 und 3.3.

**Beispiel 3.2.** *Modellgleichungen für den Transport von Schadstoffen im Boden, vgl. [6]. Hier hat man zwei Modelle, die miteinander gekoppelt sind:*

- *Strömungsmodelle des Wassers im Boden, z. B. Aquifer.*
- *Transportgleichung der Schadstoffe, die mit dem Wasser transportiert werden.*

*Hier sind die Strömungs- und Transportgleichungen über den Geschwindigkeitsterm gekoppelt, sprich man rechnet die Strömungsgeschwindigkeit in der Strömungsgleichung durch den Aquifer aus und verwendet dann diese Geschwindigkeit in dem Konvektionsterm der Transportgleichung.*

**Beispiel 3.3.** *Die Modellgleichungen für die Plasmabeschichtung in einer Beschichtungsanlage, z. B. CVD (chemical vapor deposition) Apparatur, vgl. [10], sind wie folgt erläutert.*

*Hier hat man zwei Modelle, die miteinander gekoppelt sind:*

- *Die Trägergase, die durch die Strömungsgleichungen modelliert werden, und die in der Apparatur, die nahezu vakuumisiert ist, fließen.*
- *Die Beschichtungspartikel, die mit der Transportgleichung modelliert werden, und in der Strömung der Trägergase mittransportiert werden.*

*Hier hat man ebenfalls die Strömungs- und Transportgleichung über den Geschwindigkeitsterm gekoppelt. Man hat eine Strömungssimulation, aus der man den Geschwindigkeitsterm in die Transportsimulation eingibt. Dann kann man das Transportverhalten der Beschichtungspartikel berechnen.*

Im Folgenden besprechen wir solche Modelle, die gegenseitig gekoppelt sind und die aufgrund ihrer unterschiedlichen Raum- und Zeitskalen als Multiskalenmodelle beschrieben werden.

Diese Beschreibung erlaubt es später, auch entsprechende numerische Methoden zur Lösung von solchen skalenabhängigen Problemen zu entwickeln, vgl. [8, 9, 26] und [18].

## 3.3 Multiskalenmodelle: Überblick

Multiskalenmodelle sind in der heutigen Ingenieursmodellierung besonders wichtig, da es gerade im Bereich der Modellierung von Transport- und Strömungsmodellen durch deren Komplexität sehr oft Skalenabhängigkeiten gibt, die man in unterschiedlichen Skalenebenen auflösen muss.

Hier macht es dann Sinn, die verschiedenen Skalenebenen zu unterscheiden und auf jeder Skalenebene Modelle zu entwickeln, die einer entsprechend der Skala (z. B. $[\mu sec]$, $[\mu m]$) zugeordnet sind. Damit kann man dann Modelle entwickeln, welche den physikalischen Gegebenheiten, z. B. diskrete oder kontinuierliche Beschreibung, entsprechen.

Im Folgenden konzentrieren wir uns der Einfachheit halber auf zwei dominante Skalenbereiche:

- Mikroebene: Modellierung der kleinskaligen Bereiche.
- Makroebene: Modellierung der großskaligen Bereiche.

Diese Ebenen lassen sich aber noch weiter unterteilen, in unterschiedlich feinere Ebenen. In der Literatur, wird auch sehr oft eine Multiskalen-Modellierung mit der Einteilung in drei Ebenen vorgeschlagen: Mikro-, Meso- und Makroebene, vgl. [26].

**Beispiel 3.4.** *Gerade in der Materialmodellierung hat man noch mehrere Modellierungsebenen hinzugefügt um eine sehr feine Auflösung von den sogenannten ab-initio-Prozessen bis hin zu den kontinuierlichen Prozessen zu erreichen. Bei der Materialmodellierung nimmt man dann noch folgende Skalenbereiche hinzu: die nanoskopischen, die mikroskopischen, die mesoskopischen, bis zu der makroskopischen Ebene, vgl. Abb. 3.3.*

### 3.3.1 Überblick: Multiskalenmodelle

Multiskalenmodelle sind ein sehr neues Forschungsgebiet im Bereich der Modellierung und Kopplung von klein- und großskaligen Systemen, z. B. Strömung einer Flüssigkeit durch einen Zylinder mit Randeffekten.

Wir haben folgende Definition im Bereich der Multiskalenmodellierung aus der Literatur,[1] vgl. [21] und [9]:

---

[1] Multiscale Modelling, https://en.wikipedia.org/wiki/Multiscale_modeling, 2016.

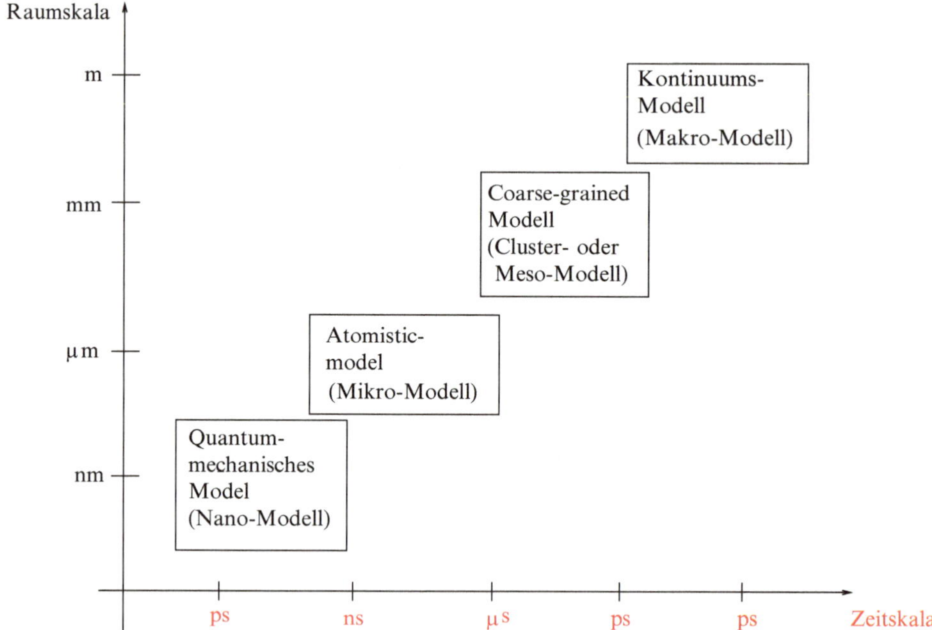


**Abb. 3.3**  Multiskalen-Modellierung im Bereich der Materialforschung

**Definition 3.3.** In dem Ingenieurswesen, der Mathematik, der Physik, der Meteorologie und der Informatik ist die Multiskalenmodellierung ein Forschungsbereich zur Lösung von Problemen, die Mehrskalen im Bereich der Raum- und Zeitvariablen verwenden. Damit können dann die skalenabhängigen Eigenschaften im Modell erkannt und simuliert werden.

Mit solchen Modelle kann man dann die Abhängigkeit im Bereich von verschiedenen Skalenebenen analysieren. So verwendet man bei Multiskalenmodellen zur Berechnung von Material- oder Flusseigenschaften verschiedene Skalenebenen. Dabei beschreibt jeder Level, z. B. Mikro- oder Makromodell, in seinem physikalischen Regime (z. B. diskret oder kontinuierlich) ein entsprechend skalenabhängiges Modellproblem. Dabei werden die fehlenden Informationen, z. B. eines Parameters aus dem Makro-Modell, mittels der Informationen aus dem Mikro-Modell ergänzt. Ebenso erhält man ein vollständigeres Zusammenspiel der einzelnen Ebenen. Damit erlaubt es einem eine bessere Vorhersage, die mehrere Skalenebenen einschließt, vorzubereiten und ein besseres Verständnis für das Verhältnis zwischen den Prozess- und den Struktur-Eigenschaften zu bekommen.[2]

---

[2]Multiskalen Modellierung, vgl. Multiscale Modelling, https://en.wikipedia.org/wiki/Multiscale_ modeling, 2016.

Die Multiskalenmodellierung hat sich historisch aus dem Bereich der komplexen Modellierung von physikalischen Vorgängen, die von sehr kleinen Skalen, z. B. im atomaren Bereich, bis in den sehr großßen Skalen, z. B. im realen Bereich (sichtbaren Bereich), ergeben. Dabei waren insbesondere die mehrskaligen Modelle für die Modellierung von Atomtests und die Materialforschung ausschlaggebend. Im Folgende haben wir kurz die Geschichte der Multiskalenmodelle aufgezeigt:

1980  Einschränkung von Atomtests (1980–1992):
Simulation von Atomtestes mittels Multiskalenansätzen wird wichtig. Dabei sind die Multiskalenmodelle als Schlüsseltechnologie zur präzisen und akkuraten Vorhersage von mehrskaligen Modellen sehr wichtig. Gerade weil man von der atomaren Ebene einen Prozess anstößt, der bis zu der kontinuierliche Ebene (reale Ebene) erscheint und damit über alle Skalen eine Wechselwirkung hat, vgl. [12].

1996  Materialmodellierung über mehrere Skalenebenen:
Hier kann mit Hilfe von Multiskalenmodellen die Vorhersage von Prozess- und Struktur-Eigenschaften eines Materials verbessert werden. Man stellt die Eigenschaften von einem atomaren (ab-initio-) Modell (quantenmechanisches Modell, d. h. Informationen über Elektronen sind enthalten) zu einem molekulardynamischen Modell (Informationen über Atome und Moleküle sind enthalten) und weiter zu einem Mesoskalenmodell (Informationen über größe Ansammlung von Atom- und Molekülverbänden) bis hin zu dem kontinuierlichen Modell (Informationen über Masse-, Impuls- und Energieerhaltung eines Kontinuums, z. B. eines Fluids) her.

2000  Fluid-dynamische und plasma-dynamische Simulationen mit mehreren Skalen-ebenen:
Hier werden ebenfalls Multiskalenmodelle hergenommen, um die komplexen Strukturen von Fluiden zu simulieren. Besonders der Einfluss an Grenzschichten, z. B. Rändern oder Interfaces (Schnittstellen) ist wichtig, da man hier Prozesse hat, die auf kleinskalige Bereiche abgebildet werden. Man stellt die Eigenschaften von einem molekulardynamischen Modell (Mikromodell: Atome und Moleküle sind enthalten) auf, um die Schnittstelle zwischen Fluid und Festkörper zu haben, und skaliert bis zu einem kontinuierlichen Modell (Makromodell: Masse-, Impuls- und Energieerhaltung eines Kontinuum), um die Eigenschaften der Randeinflüsse in dem Kontinuum zu erhalten. Ebenfalls hat man auch eine Kopplung von dem Makro- zu dem Mikromodell, z. B. die Initialisierung des Mikromodells mit den Bedingungen des Makromodells, vgl. [9].

### 3.3.2   Beispiel aus der Materialmodellierung (Skalen und Verfahren)

Im Folgenden besprechen wir ein Modell aus dem Bereich der Materialmodellierung mit den jeweiligen Skalenbereichen und den zugehörigen Verfahren.

Zu jedem Modell muss man eine entsprechendes numerische Verfahren entwickeln oder hernehmen, das die Modellgleichungen numerisch lösen kann, stabil und konsistent ist und einen entsprechend kleinen Approximationsfehler liefert, vgl. [26] und die Abb. 3.4.

- Quantendynamik: Chemische Verbindung von Elektronen und Atomen.
  Die Quantendynamik beschreibt im atomaren Bereich die chemischen Bindungen und deren Dynamik, und diese wiederum bringen später die Materialeigenschaften hervor. Diese chemischen Bindungen und deren Dynamik zu berechnen sind hochkomplex, hier verwendet man sogenannte DFT (density functional theory, vgl. [20]) Algorithmen und beschränken sich oft auf ein kleines Ensemble von wenigen Tausenden von Atomen.

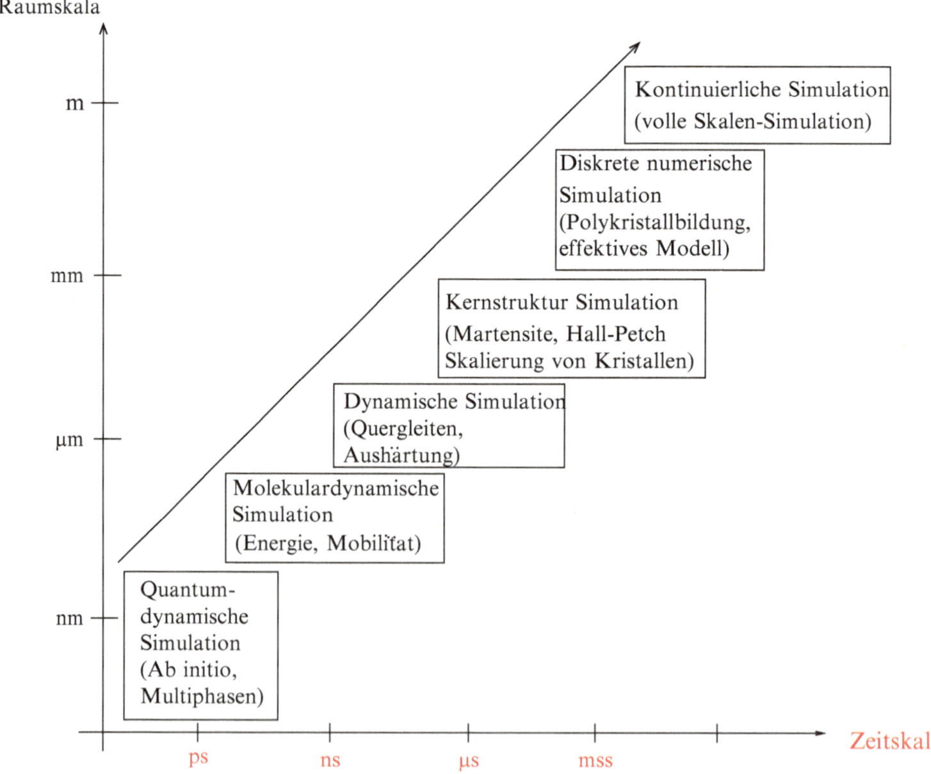


**Abb. 3.4**  Multiskalen Modelle und ihre Methoden

- Molekulardynamik: Dynamik von Tausenden von Atomen und Molekülen.
  Hier wird mit Hilfe der Gesetze aus der Elektrodynamik (elektromagnetische Wechselwirkungen) die Dynamik der Clusters (Gruppe der Atome oder Moleküle) miteinander modelliert. Hier hat man Vorgänge von der Dauer von einigen milliardstel Sekunden. Für solche diskreten Partikelgleichungen nimmt man spezielle Partikellöser her, die solche hochdimensionalen Gleichungsysteme schnell lösen können, z. B. Monte-Carlo-Verfahren, vgl. [5].
- Kinetische Verfahren: Ensemble von Millionen von Atomen oder Super-Partikeln.
  Diese Partikel werden mit Durchschnittswerten, etwa ihrer Dichte, elektrischer Ladung oder Temperatur, repräsentiert. Damit lassen sich Zeiträume von milliardstel bis millionstel Sekunden modellieren. Zu diesen Verfahren zählen die sogenannten gemischten Verfahren, d. h. man hat sogenannte PM (Particle-Mesh)-Verfahren. Man löst die elektromagnetischen Felder auf Gittern mit sogenannten Gitterlösern (Mesh-solver) und die kinetischen Vorgänge (Kollision und Transport) werden mittels Partikelverfahren (Particle-solver) gelöst. Ein spezielles Verfahren dazu ist das PIC (Particel in Cell)-Verfahren, vgl. [11], welches die Gitter- und Partikellöser miteinander kombiniert.
- Kontinuumsverfahren: Bilanzgleichungen für Teilchenanzahl, Impuls, und Energie, vgl. [16].
  Hier geht es um Begriffe wie Energie, Temperatur, Druck und Volumen. Auf dieser Ebene lassen sich etwa der Flüssigkeitsstrom oder der Wirkungsgrad einer Turbine in Echtzeit ermitteln. Hier verwendet man Finite-Elemente-Verfahren oder Finite-Volumen-Verfahren zur Diskretisierung der kontinuierlichen Gleichungen, vgl. [14] und [9].

### 3.3.3 Einteilung der Multiskalenmodelle

Um später ein einfacheres Vorgehen bei den Verfahren und der Klassifizierung der Modelle zu haben, kann man Multiskalenprobleme in zwei Klassen unterteilen, vgl. [26]:

- Typ A: Eine Multiskalenaufteilung wird nur an Schnittstellen und Interfaces vorgenommen, z. B. lokale Defekte, Singularitäten, Rand- oder Interface-Schichten.
- Typ B: Eine Multiskalenaufteilung wird global in allen Regionen vorgenommen. Das Modell muss sowohl Mikro- als auch die Makroskala für alle Regionen auflösen, also auch die Makroskala für alle Regionen auflösen. Zwischen dem mikroskopischen und dem makroskopischen Modell wird restringiert (mikro-makro) bzw. interpoliert (makro-mikro), damit man die Parameter und Lösungen zwischen den Modellebenen verwenden kann.

Im Folgenden werden wir die beiden Typen weiter veranschaulichen.

### 3.3.3.1 Multiskalenproblem: Typ A

In der Abb. 3.5 wird das Multiskalenproblem vom Typ A anhand eines typischen physikalischen Effekts beschrieben. Das Modell beschreibt ein Interface zwischen zwei Schichten und nur am Interface findet eine Reaktion zwischen den beiden Spezies statt. Deshalb hat man folgende Multiskalenmodellierung:

- Das Mikromodell (kinetisches Modell), sprich die Reaktion der einzelnen Spezies, ist nur lokal auf den Bereich des Interfaces beschränkt. Hier muss man fein auflösen und die Reaktionen genau abbilden.
- Das Makromodell (kontinuierliches Modell) wird global angewendet und es modelliert die Diffusion und den Transport in den globalen Bereichen.
- Das Mikro- und Makromodell ist nur im Bereich des Interfaces gekoppelt, hier tauschen die Modelle die Parameter, z. B. die Reaktionsparameter werden vom Mikromodell berechnet und in das Makromodell hochskaliert (up-scaling) oder die Konzentrationsunterschiede werden vom Makromodell in das Mikromodell herunterskaliert (down-scaling).

Mit diesem Modell hat man eine besonders effektive Kopplung zwischen einem diskreten und kontinuierlichen Modell und muss nur an kleinen lokalen Bereichen koppeln.

### 3.3.3.2 Multiskalenproblem: Typ B

In der Abb. 3.6 wird das Multiskalenprobleme vom Typ B anhand eines typischen physikalischen Effekte beschrieben. Das Modell beschreibt ein Material, das sowohl ein Mikro-Modell, als auch ein Makro-Modell für alle Regionen global benötigt. Beim Typ B wird die Mikroskala für alle Regionen (d. h. global) verwendet, um die Parameter für die makroskopischen Gesetze zu berechnen. Damit kann man in der Makroskala die berechneten Parameter der Mikroskala für eine Rekonstruktion der makroskopischen Gesetze hernehmen.

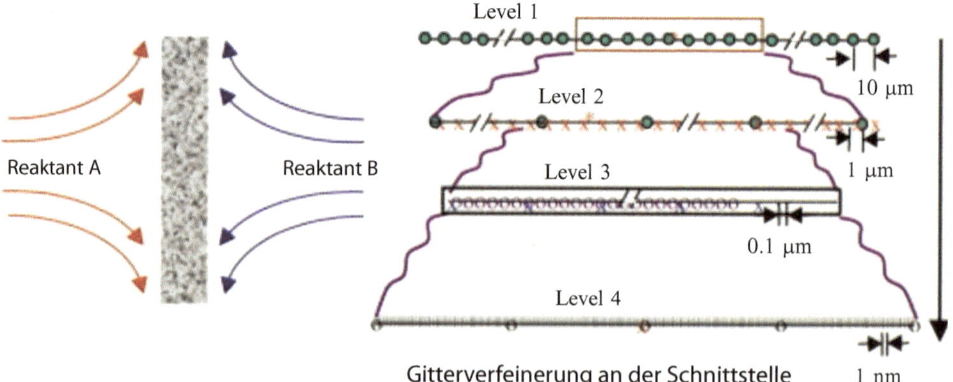


**Abb. 3.5**  Multiskalenproblem vom Typ A im Bereich einer Interface-Reaktion, vgl. [23]

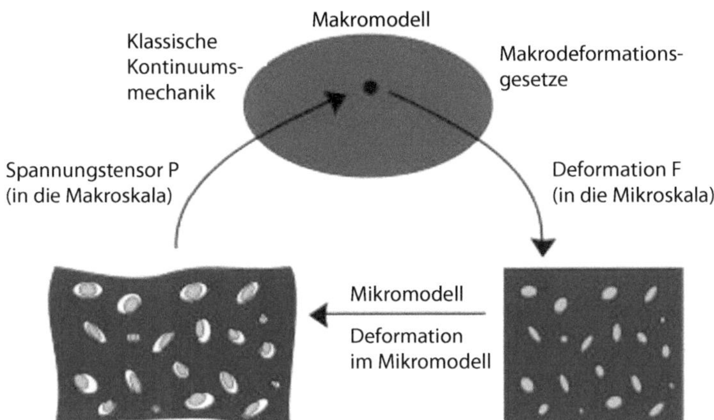


**Abb. 3.6** Multiskalenproblem vom Type B im Bereich der Materialmodellierung, vgl. [3]

Deshalb hat man folgende Multiskalenmodellierung:

- Das Mikromodell (kinetisches Modell) wird für alle Raumregionen angewandt und die mikroskopischen Gleichungen müssen global gelöst werden.
- Das Makromodell (kontinuierliches Modell) wird global angewendet und es verwendet die Parameter für die Materialgesetze aus den extrapolierten Gleichungen des Mikromodells.
- Das Mikro- und Makromodell ist über alle Regionen gekoppelt. Hier wird aus dem Mikromodell durch Extrapolation die fehlende Information für die Materialgesetze berechnet. Ebenso werden durch Interpolation aus den makroskopischen Werten die mikroskopischen Anfangswerte für eine weitere kinetische Simulation berechnet. Oft ist es notwendig, solche Rechnungen zyklisch durchzuführen, um eine Konvergenz zwischen Mikro- und Makromodell zu erreichen, vgl. [11].

## 3.4 Hydrodynamische Modellierung

Im Folgenden geben wir einen Überblick der Modellgleichungen, die wir näher betrachten. Anschließend motivieren wir ein Beispiel von unterschiedlichen Skalenbereichen einer Strömungsmodellierung, vgl. [15] und [16].

Im Folgenden wird die Hydrodynamik definiert:

**Definition 3.4.** Die Hydrodynamik, auch Fluiddynamik genannt, ist im Bereich der Strömungslehre eingeordnet, und man untersucht bewegte Fluide, d. h. Flüssigkeiten oder

Gase. Es werden die laminaren und turbulenten Strömungen in offenen und geschlossenen Systemen untersucht. Eine Grundgleichung ist die Kontinuitätsgleichung.[3]

Weiter definieren wir ein kontinuierliches Fluid für unsere Modelle mit:

**Definition 3.5.** Ein kontinuierliches Fluid ist ein stetig vom Fluid erfülltes Raumvolumen, in dem wir makroskopische Größen (Massendichte $\rho(x, t)$, Geschwindigkeit $v(x, t)$ und Druck $p(x, t)$) definieren und messen können, vgl. [15]. Das Fluid lässt sich aus Fluidelementen der Lineardimension $a$ zusammensetzen, wobei wir folgende Größenverhältnisse haben:

$$\lambda << a << L, \tag{3.1}$$

$\lambda$ ist die freie Weglänge der Atome/Moleküle und $L$ die charakteristische Ausdehnung des betrachteten hydrodynamischen Systems.

Für Strömungen wird sehr oft die Knudsen-Zahl $Kn$ hergenommen, für die man unterscheiden kann, ob man in einem kontinuierlichen Bereich oder einem diskreten Bereich ist.

**Definition 3.6.** Die Knudsen-Zahl $Kn$ wird als eine dimensionslose Kennzahl für die Dichte einer Gasströmung hergenommen.[4] Dabei wird das Verhältnis von der mittleren freien Weglänge $\lambda$ der Atome/Moleküle zu der charakteristischen Ausdehnung $L$ des hydrodynamischen Systems hergenommen, vgl.:

$$Kn = \frac{\lambda}{L}. \tag{3.2}$$

Dabei kann man folgende Unterteilung der Knudsen-Zahl $Kn$ für die unterschiedlichen physikalischen Modelle machen:

$Kn \gg 1,$ für diesen Bereich wendet man die kinetischen Gesetze der Gastheorie an (stark verdünnte Medien).

$Kn \ll 1,$ für diesen Bereich wendet man die Gesetze der Gasdynamik an (kontinuierlicher Medien).

Für die Herleitung und die Beschreibung unserer Modelle werden die folgenden Grundannahmen hergenommen:

---

[3]Fluiddynamik, https://de.wikipedia.org/wiki/Fluiddynamik, 2016.
[4]Knudsen-Zahl, https://de.wikipedia.org/wiki/Knudsen-Zahl, 2016.

**Annahme 3.5.**

1. *Wir verwenden die Hydrodynamik zur Beschreibung der Dynamik von kontinuierlichen Medien, z. B. Fluide (Flüssigkeiten, Gase).*
2. *Wir verwenden ein kontinuierliches Fluid, welches sich in einem Raumvolumen definieren und messen lässt.*

Im Folgenden werden die einzelnen Ebenen der Strömungsmodellierung beschrieben, die bei der Modellierung von dem diskreten Modell bis hin zu dem kontinuierlichen Modell vorkommen, vgl. Abb. 3.7.

Wir beschreiben nun die verschiedenen Modellierungsebenen (von der Nano/Mikro- bis zur Makroebene).

1. Vielteilchensysteme (Liouville-Gleichung):

   Hier hat man ein klassisches Ensemble von $N$ Teilchen, die durch $2N$ Hamiltonische Bewegungsgleichungen beschrieben werden:

$$\dot{\mathbf{x}}_i = \nabla_{\mathbf{v}_i} H, \tag{3.3}$$

$$\dot{\mathbf{v}}_i = -\nabla_{\mathbf{x}_i} H. \tag{3.4}$$

Damit hat man $6N + 1$ Dimensionen und daraus erhält man die Liouville-Gleichung für $\xi$ (Wahrscheinlichkeitsfunktion):

$$\partial_t \xi = \sum_{i=1}^{N} \left( \nabla_{\mathbf{x}_i} H \cdot \nabla_{\mathbf{v}_i} \xi - \nabla_{\mathbf{v}_i} H \cdot \nabla_{\mathbf{x}_i} \xi \right), \tag{3.5}$$

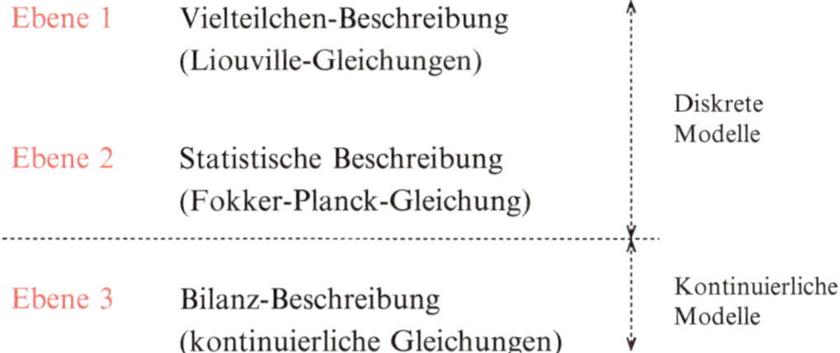


**Abb. 3.7**  Abbildung der hierarchischen Ebenen der Strömungsmodellierung (vom Mikro- zum Makromodell)

wobei $\xi(\mathbf{x}_1, \ldots, \mathbf{x}_N, \mathbf{v}_1, \ldots, \mathbf{v}_N)d^3\mathbf{x}_1, \ldots, d^3\mathbf{x}_N, d^3\mathbf{v}_1, \ldots, d^3\mathbf{v}_N$ den Anteil des Ensembles abbildet, der zur Zeit $t$ im Volumenelement $d^3\mathbf{x}_1, \ldots, d^3\mathbf{x}_N, d^3\mathbf{v}_1, \ldots, d^3\mathbf{v}_N$ des $6N$ dimensionalen Phasenraum anzutreffen ist.

Dabei hat man eine Erhaltungseigenschaft, die aussagt, dass die Ensemblemitglieder weder zerstört noch generiert werden können.

Hierbei hat man aber bei der Umsetzung eine gewisse Einschränkung:
Für große Teilchenzahlen, z. B. Mol eines Gases $\approx 10^{23}$ Teilchen, ist die vollständige mikroskopische Beschreibung nicht mehr möglich. Man berechnet solche Gleichungssysteme für ab-initio-Probleme mit ungefähr $10^{10}$ Teilchen, vgl. [4].

2. Statistische Beschreibung:
Die nächst gröbere Ebene ist die Mesoebene, bei der man statistische Beschreibungsfunktionen verwendet. Dabei verliert man natürlich durch die Mittelung Detailinformationen, dies wird im Folgenden erläutert.

- Man nimmt nun eine statistische Beschreibung der Verteilungsfunktion $\hat{f}(\mathbf{x}, \mathbf{v}, t)$ an, wobei $\hat{f}(\mathbf{x}, \mathbf{v}, t)d\mathbf{x}d\mathbf{v}$ die Wahrscheinlichkeit ist, ein Teilchen am Ort $\mathbf{x}$ mit der Geschwindigkeit $\mathbf{v}$ zu finden.
Damit kann man die Verteilungsfunktion herleiten als:

$$\partial_t \hat{f} + \frac{\partial \mathbf{x}}{\partial t} \cdot \nabla_{\mathbf{x}} \hat{f} + \frac{\partial \mathbf{v}}{\partial t} \cdot \nabla_{\mathbf{v}} \hat{f} = 0. \tag{3.6}$$

und mit Hilfe der Teilchenerhaltung (Liouville-Theorem, vgl. [19]) entlang der Trajektorien, die man angeben kann mit:

$$\frac{\partial \mathbf{x}}{\partial t} = \mathbf{v}, \ \frac{\partial \mathbf{v}}{\partial t} = \frac{\hat{\boldsymbol{F}}}{m}, \tag{3.7}$$

hat man dann die Verteilungsfunktion oder auch Boltzmann-Gleichung:

$$\partial_t \hat{f} + \mathbf{v} \cdot \nabla_{\mathbf{x}} \hat{f} + \frac{\hat{\boldsymbol{F}}}{m} \cdot \nabla_{\mathbf{v}} \hat{f} = 0. \tag{3.8}$$

Nun muss noch über das Volumenelement gemittelt werden, da man die mikroskopischen Auswirkungen von $\hat{\boldsymbol{F}}$, sprich Abhängigkeit von anderen Teilchen herausmitteln will. Man erreicht $\hat{\boldsymbol{F}} \rightarrow \mathbf{F}$. Damit erhält man dann eine makroskopische Verteilungsfunktion bei dem die Stoßraten in dem Stoßintegral auftreten.
Man erhält folgende kinetische Gleichung mit Stoßoperator:

$$\partial_t f + \frac{\mathbf{v}}{m} \cdot \nabla_{\mathbf{x}} f + \frac{\mathbf{F}}{m} \cdot \nabla_{\mathbf{v}} f = (\partial_t f)_{Coll}. \tag{3.9}$$

Dies ist eine sogenannte Integro-Differential-Gleichung mit 7 Variablen.

Die Auswertung des Stoßoperators ist sehr komplex, z. B. die Kollision zwischen geladenen Teilchen, die Kollision zwischen geladenen und neutralen Teilchen, die Kollision zwischen neutralen Teilchen usw., und in der Fusionsphysik und bei technischen Plasmen, z. B. Atmosphärendruckplasmen, sehr wichtig.

Für spezielle Anwendungen in der Plasmaphysik, z. B. in der Fusionsphysik, kann man eine Dominanz von Kollisionen von weit entfernten Teilchen annehmen. Damit kann man dann den Stoßterm der kinetischen Gleichung (Boltzmann-Gleichung) als Fokker-Planck-Term schreiben. Dies ist für die Anwendung im Bereich der Plasmasimulation sehr hilfreich, da man nun die Stoßterme einfacher berechnen kann, z. B. mittels Umschreibung zu stochastischen Differentialgleichungen.

3. Kontinuierliche Beschreibung:

Damit kann man nun die hydrodynamischen Grundgleichungen herleiten, die auf der Basis der Momente der Verteilungsfunktion:

$$\int \mathbf{v}^m \, f d^3\mathbf{v}, \ m = 0, 1, 2, \dots, \tag{3.10}$$

herrühren.

Damit kommt man dann auf makroskopische Gößen im Volumenelement, die man messen und beobachten kann, d. h.:

$\rho$ ist die Massendichte mit dem Moment $m = 0$ hergeleitet,

$\mathbf{v}$ ist die Fluidgeschwindigkeit mit dem Moment $m = 1$ hergeleitet,

$E$ ist die kinetische Energie mit dem Moment $m = 2$ hergeleitet.

Damit erhält man die Gleichungen für die Massen-, Impuls- und Energieerhaltung. Durch die Mittelung wird dann der Stoßterm gleich Null, d. h. man erhält

$$\int \left( \frac{\partial f}{\partial t} \right)_{Coll} d\mathbf{v} = 0, \ \text{Teilchenzahlerhaltung und} \tag{3.11}$$

$$\int \mathbf{v} \left( \frac{\partial f}{\partial t} \right)_{Coll} d\mathbf{v} = 0, \ \text{Impulserhaltung} \tag{3.12}$$

für eine Flüssigkeitskomponente.

a. Die Integration über die Teilchenerhaltung führt zur Kontinuitätsgleichung:

$$\frac{\partial \rho}{\partial t} + \nabla(\rho\mathbf{v}) = 0, \tag{3.13}$$

wobei $\rho = mn$ ($n$: Teilchendichte, $m$ Teilchenmasse).

b. Die Integration über die Impulserhaltung führt zur Euler-Gleichung:

$$\frac{\partial(\rho\mathbf{v})}{\partial t} = -\nabla\mathbf{p} - \mathbf{v}\cdot\nabla(\rho\mathbf{v}) + n\mathbf{F}, \tag{3.14}$$

wobei $n$ die Teilchendichte ist.

Hier hat man dann die Beschreibung der idealen Flüssigkeit (Bewegungsgleichung für eine ideale Flüssigkeit). Eine Erweiterung mit Reibungskräften, sprich eine reale Flüssigkeit, ist die Navier-Stokes-Gleichung. Sie beschreibt die *zähen Flüssigkeiten*, d. h. Eulergleichung und Zusatzterme für die Beschreibung der *Reibungskräfte*, vgl. [15].

## 3.5   Grundlagen im Bereich der Multiskalenmodellierung

Durch die hierarchische Herleitung der hydrodynamischen Gleichungen hat man den Einfluss von der mikroskopischen Ebene (z. B. der Verteilungsfunktion und Stoßterme) in die makroskopische Ebene (z. B. Momentenbildung) festgestellt.

Hier soll nun eine kleine Einführung in den Bereich der Modellierung von mehreren Skalenebenen gegeben werden. Diese Beschreibung ist besonders wichtig bei Problemstellungen mit vielen Skalenebenen, d. h. wenn ein Einfluss einer Mikroskale, z. B. eines Randproblems, einen Einfluss auf die Flüssigkeit auf der Makroskala hat, vgl. [9].

### 3.5.1   Probleme bei Multiskalenmodellen

Durch die Multiskalenmodellierung wird eine Verbindung zwischen den unterschiedlichen Skalen hergestellt, sprich man verbindet mikroskopische und makroskopische Größen in den Gleichungen. Dabei hat man nun eine Modifikation von den bisher einskaligen Gleichungen zu den mehrskaligen Gleichungen, vgl. [9]. Es müssen nun unterschiedliche Skalen betrachtet und gelöst werden. Weiter kann es auch zu eine Vermischung von unterschiedlichen Modellgleichungen kommen, die wiederum eine neue Behandlung der Lösung von solchen kontinuierlichen und diskreten Gleichungen ergibt. In bestimmten Fällen kann man auch durch eine Modellreduktion bestimmte Skalen herausfiltern oder man muss auf die unterschiedlichen Arten der Gleichungen eingehen, wenn sich die Skalen verändern.

Im Folgenden sind die einzelnen Problembereiche skizziert:

- Bei Multiskalenmodellen werden unterschiedliche Zeit- und Raumskalen gekoppelt, sprich hier hat man ein Problem bei der Auflösung von sehr feinen Strukturen (Steifheit von Gleichungen).

- Unterschiedliche Modelle, d. h. hier werden diskrete oder kontinuierliche Modelle miteinander gekoppelt. Man muss dann die Einbettung von dem diskreten Modell in das kontinuierliche Modell durchführen, z. B. über eine Mittelung des diskreten Modells.
- Bei Modellgleichungen, bei denen bestimmte Gleichungsoperatoren in einer $\varepsilon$-Umgebung zu Null werden, können den Gleichungscharakter verändern. Damit kann z. B. eine gewöhnliche DGL zu einer gewöhnlichen differential-algebraischen Gleichung werden, vgl. [9].

Eine wichtige Problemstellung im Bereich der Multiskalenmodelle wird im Folgenden anhand der Steifheit einer Multiskalengleichung beschrieben.

### 3.5.2  Problem der Steifheit bei Multiskalenmodellen

Bei verschiedenen skalenabhängigen Operatoren in Zeit und Raum eines Systems von Differentialgleichungen kann es vorkommen, dass verschiedene Operatoren steif werden, d. h. sie werden nicht aufgelöst und können bei einer numerischen Lösung Artefakte bilden, vgl. [24].

In der Numerik kann man die Steifheit von Differentialgleichungen wie folgt definieren:

**Definition 3.7.** Wir haben ein steifes Anfangswertproblem in der Numerik bei gewöhnlichen Differentialgleichungen, die gegeben sind als:

$$y'(t) = f(t, y(t)), \ t \geq t_0, \quad y(t_0) = y_0, \tag{3.15}$$

falls explizite Einschrittverfahren oder Mehrschrittverfahren wegen der Beschränkung im Stabilitätsgebiet, Probleme haben, z. B. numerische Artifakte (Oszillationen).

Dies ist der Fall, falls die Lipschitzbedingung $L$ mit

$$\|f(t, y_1) - f(t, y_2)\| \leq L \|y_1 - y_2\|, \tag{3.16}$$

sehr groß ist, d. h. $L >> 1$. Dann hat man eine glatte Lösung und könnte große Schrittweiten rechnen. Numerisch ist man aber durch die CFL-Bedingung $\Delta t \leq \frac{1}{L}$ bei expliziten Verfahren (beschränktes Stabilitätsgebiet) an sehr kleine Schrittweiten gebunden.[5]

Die Steifheit bei Multiskalenmodelle ist in Definition 3.8 beschrieben.

---

[5] Steifes Anfangswertproblem, https://de.wikipedia.org/wiki/Steifes_Anfangswertproblem, 2016.

**Definition 3.8.** Multiskalenmodelle sind physikalische Modelle, bei denen die Eigenschaft der Steifheit bei multiplen Skalen, speziell multiple Raum- und Zeitskalen stattfinden kann. Dabei können die Skalenunterschiede im Bereich von Nano- und Makroskalen, d. h. $10^{-9} - 10^3$, liegen und es kann damit zu steifen Problemen führen.

Definition der Steifheit für Differentialgleichungen:

**Definition 3.9.** Bei der numerischen Behandlung von Multiskalenmodellen mit unterschiedlichen Zeit- und Raumskalen muss man bei der numerischen Approximation mit expliziten Zeitschrittverfahren viel kleinere Schrittweiten anwenden, als man erwartet hätte für ein solch glattes Problem. Diese Probleme werden dann als steif bezeichnet.

**Bemerkung 3.6.** *Multiskalenmodelle sind im Allgemeinen steife Problem und brauchen spezielle Lösungsverfahren, die die Skalenunterschiede berücksichtigen. Besonders im Bereich der parabolischen Differentialgleichungen, bei denen man aufgrund ihrer Glattheit eher mit groß Zeitschrittweiten rechnen würde, muss man die Steifheit der Operatoren berücksichtigen, vgl. [13].*

### 3.5.3   Beispiel: Steifheit bei Multiskalenmodellen

Bei den Multiskalenmodellen hat man ein Grundproblem durch die unterschiedlichen Skalen in den Gleichungsoperatoren. Diese unterschiedlichen Skalen führen dann oft auf ein steifes Problem, des zu lösenden Differentialgleichungsystem, vgl. [7]

**Definition 3.10.** Es gibt Differentialgleichungen mit Lösungen, zu deren Approximation bei Anwendung expliziter Verfahren viel kleinere Schrittweiten benötigt werden, als man erwartet. Diese Probleme werden steif genannt.

Wir nehmen das folgende einfache Multiskalenmodell an:

$$\frac{dc}{dt} = Ac + Bc, c(0) = c_0, \tag{3.17}$$

die Operatoren $A$ und $B$ stehen für unterschiedliche Skalen, z. B. A ist Transportoperator, B ist ein Reaktionsoperator, weiter nehmen wir an, dass sich die Gleichung vereinfacht als:

$$\frac{dc}{dt} = -\lambda_A c - \lambda_B c, c(0) = c_0, \tag{3.18}$$

wobei $\lambda_A << \lambda_B$ ist, spricht $B$ ist der schnelle Operator.

Wendet man das einfache explizite Euler-Verfahren an, so erhält man, z. B. bei konstanter Schrittweite $\Delta t > 0$:

$$c_{n+1} = c_n - \Delta t(\lambda_A + \lambda_B)c_n, \tag{3.19}$$

$$c_{n+1} = (1 - \Delta t(\lambda_A + \lambda_B))^{n+1}c_0. \tag{3.20}$$

Falls man nun die Zeitschrittweite so ungünstig gewählt, dass man

$$|1 - \Delta t(\lambda_A + \lambda_B)| > 1 \tag{3.21}$$

erhält, dann explodiert die Lösung oder man braucht einen Zeitschritt der kleinsten Skala, sprich $\Delta t < \frac{1}{\lambda_A + \lambda_B} \approx \frac{1}{\lambda_B}$ (damit erfïlt man auch die CFL-Bedingung).

Aufgrund der CFL-Bedingung würde man hier aber unverhältnismäßig sehr kleine Zeitschritte rechnen.

**Beispiel 3.7.** *Man hat nun folgende konkrete Zeitskalen:*

$$\lambda_A = 10^{-1}, \tag{3.22}$$

$$\lambda_B = 10^6, \tag{3.23}$$

*dann muss man eine Schrittweite von $\Delta t < \frac{1}{\lambda_B} = 10^{-6}$ rechnen, obwohl man für die langsame Zeitskala $\Delta t_{langsam} < \frac{1}{\lambda_A} = 10$ rechnen könnte.*

Eine Verbesserung der Ausgangssituation kann durch ein Aufteilen, d. h. Splitten der Gleichung in einen Operator $A$ (grobe Zeitskala) und einen Operator $B$ (feine Zeitskala), erfolgen.

Wir splitten nun die Ausgangsgleichung in:

$$\frac{dc_1}{dt} = -\lambda_A c_1, c_1(t^n) = c(t^n) \tag{3.24}$$

$$\frac{dc_2}{dt} = -\lambda_B c_2, c_2(t^n) = c_1(t^n + \Delta t), \tag{3.25}$$

wobei wir $n = 0, 1, \ldots, N$ und $c(t^0) = c_0$ haben, das Ergebnis ist dabei $c(t^{n+1}) = c_2(t^{n+1})$.

Hier können wir dann für jede Skala den notwendigen feinen Zeitschritt rechnen und man hat den Vorteil, dass nur die Operatorengleichung (3.25), d. h. mit dem Operator $B$, mit einem sehr feinen Zeitschritt gerechnet werden muss.

**Beispiel 3.8.** *Man nimmt an, dass der Zeitschritt der großen Skala sehr teuer ist, z. B. 1 Schritt kostet 1[sec], wobei die Lösung der kleinen Skala sehr günstig ist.*

- *Keine Aufteilung der Operatoren (für alle Operatoren ein Zeitschritt):*
  *Man ist aufgrund der Zeitschrittweitenbeschränkung bei expliziten Verfahren auf den feinesten Operator beschränkt sprich $\Delta t = 10^{-6}$. Damit braucht man $10^7$ Schritte auch für die teuere große Skala, so dass man am Ende einen Aufwand von $10^7 [sec] \approx 7.6[a]$ hat. Dies ist so nicht mehr rechenbar.*
- *Aufteilung der Operatoren (jeweils an die angepassten Zeitschritte für die Operatoren):*
  *Falls man die große Skala mit einem Zeitschritt löst, d. h. $\Delta t = 10$, liegt man bei $1[sec]$. Für die zweite Skala braucht man zwar $10^7$ Schritte, diese sind aber aufgrund des schnellen Lösens, z. B. exaktes Lösen des Operators, nicht teuer. Damit bleibt man dann unter dem Zeitaufwand des teueresten Operators von $1[sec]$.*

### 3.5.4  Verbesserter Löser für steife Verfahren: Implizite Verfahren

Bei den steifen Problemen kann man auf implizite Zeitschrittverfahren zurückgreifen. Die bisherige Beschränkung der expliziten Löser mittels der CFL (Courant-Friedlich-Levy-Bedingung) entfällt.

Für unser konkretes Beispiel (3.18) hat man nun folgende Ausgangssituation mit dem impliziten Verfahren:

$$c_{n+1} = c_n - \Delta t (\lambda_A + \lambda_B) c_{n+1}, \tag{3.26}$$

$$c_{n+1} = \left( \frac{1}{1 + \Delta t (\lambda_A + \lambda_B)} \right)^{n+1} c_0, \tag{3.27}$$

sprich für $n \to \infty$ hat man die stationäre Lösung 0.

Man hat keine Beschränkung und kann nun aufgrund der glatten Lösung auch den entsprechenden großen Zeitschritt verwenden.

### 3.5.5  Beispiel einer Steifheit bei gewöhnlichen Differentialgleichungen

In dem folgenden Beispiel haben wir eine steife gewöhnliche Differentialgleichung:

$$y' = -\lambda (y - \exp(-x)) - \exp(-x), \ y(0) = 1. \tag{3.28}$$

Dabei wählt man $\lambda = 1000 >> 1$ und erhält ein steifes System.
Die Experimente zeigen nun:

- Zeitschritt $\Delta t = 0.1, 0.01$:
  Für ein explizites Verfahren erhält man keine Konvergenz, d. h. es entstehen numerische Oszillationen. Nur mit einem impliziten Verfahren erhält man eine Konvergenz und die Auflösung der glatten Struktur.
- Zeitschritt $\Delta t = 0.001$:
  Nun bei dem verhältnismäßig sehr kleinen Zeitschritt erhält man auch für das explizite Verfahren eine Konvergenz.

Im Folgenden wird die Lösung des steifen Problems dargestellt, vgl. Abb. 3.8 mit expliziten Verfahren und Abb. 3.9 mit impliziten Verfahren.

**Bemerkung 3.9.** *Bei steifen Probleme von gewöhnlichen Differentialgleichungen, die eine glatte Lösung haben, ist es sinnvoll mit impliziten Verfahren zu rechnen. Damit kann man entsprechend der Lösung mit den angemessenen großen Zeitschritten rechnen.*

### 3.5.6 Grundwissen Multiskalenmodelle: Beispiele und Lösungen

Im Folgenden definieren wir ein einfaches Multiskalenmodell mit den skalenabhängigen Gleichungen, die man als mikroskopische und makroskopische Gleichungen beschreiben kann.

- Makroskopische Gleichung:

$$\frac{dx}{dt} = f(x, y). \tag{3.29}$$

- Mikroskopische Gleichung:

$$\frac{dy}{dt} = -\frac{1}{\varepsilon}(y - \phi(x)). \tag{3.30}$$

Dabei ist $x$ die zeitlich langsamere und $y$ die zeitlich schnellere Variable.

Der mathematische Hintergrund ist nun der eigentliche Grenzwert. Damit ändern sich die bisherigen gewöhnlichen Differentialgleichungen bei dem Grenzwert von $\varepsilon = 0$ zu sogenannten differential-algebraischen Gleichungen.

Im Grenzwert ändert die mikroskopische Gleichung das Verhalten der makroskopischen Gleichung.

**Beispiel 3.10.** *Wir verwenden nun eine Multiskalengleichung*

$$\frac{dx}{dt} = -x + y, \tag{3.31}$$

$$\frac{dy}{dt} = \frac{1}{\varepsilon}(-y + x). \tag{3.32}$$

*Dabei hat man durch die Variation von $\varepsilon$ eine abfallende Lösungsfunktion mit $\varepsilon > 0$ bis hin zu einer konstanten Lösungsfunktion mit $\varepsilon = 0$. Sprich im Grenzwert $\varepsilon \to 0$ erhält man:*

$$\frac{dx}{dt} = 0. \tag{3.33}$$

*Graphisch lässt sich das Verschieben der Lösung von einer abfallenden Kurve hin zu einem konstanten Wert in Abb. 3.10 darstellen.*

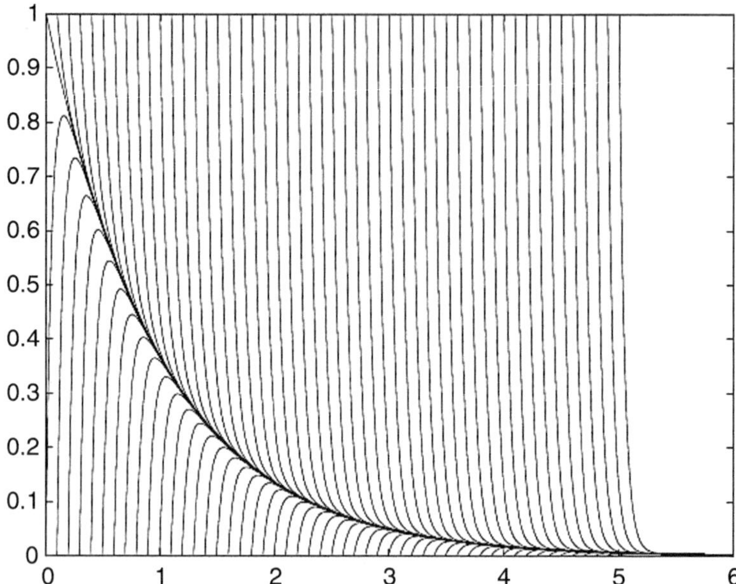

**Abb. 3.8** Keine Annäherung bei expliziten Verfahren, vgl. [24]

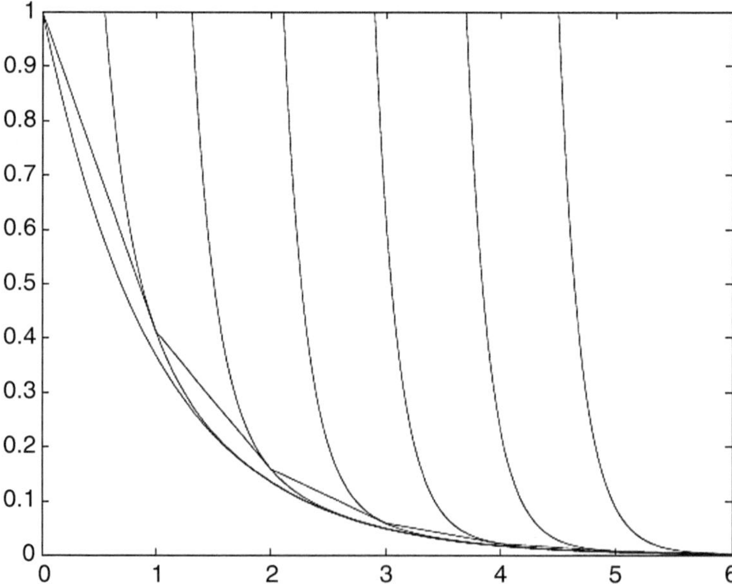

**Abb. 3.9** Auflösung bei impliziten Verfahren, vgl. [24]

**Abb. 3.10** Die makroskopische Gleichung verändert sich und im Extremfall hat man eine konstante Funktion mit $x(t) = \exp(-t) \xrightarrow{\varepsilon \to 0} 1$

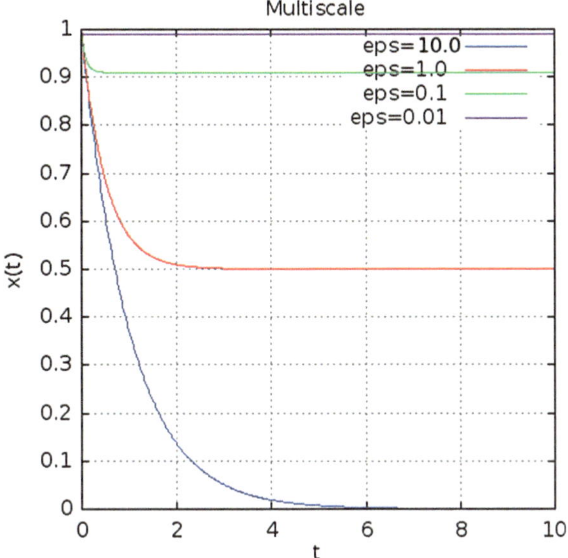


### 3.5.7 Numerische Verfahren zur Lösung des Multiskalenproblems: Entkopplung der Skalen

Im Bereich der numerischen Lösung von Multiskalenproblemen hat man in den letzten Jahren verschiedene Verfahren entwickelt, vgl. [9].

Wir wollen zum Einstieg die HMM (Heterogeneous Multiscale Method) (heterogene Multiskalenmethode) beschreiben, vgl. [25, 26] und [27].

Hier hat man es mit einer sogenannten top-down-Methode zu tun, sprich das Makromodell ist bekannt und wird durch ein Mikromodell ergänzt bzw. verfeinert.

Der Algorithmus 3.11 ist im Folgenden aufgezeigt.

**Algorithmus 3.11.** *Man zerlegt in eine mikroskopische Rechnung und eine makroskopische Rechnung.*

- *Lösen der Mikrogleichung:*

$$y^{n,m+1} = y^{n,m} - \frac{\delta t}{\varepsilon}(y^{n,m} - \phi(x^n)), \tag{3.34}$$

*mit $m = 0, 1, \ldots, M - 1$, z. B. $\delta t \leq \Delta t / M$ als Mikrozeitschritt.*
- *Equilibrieren der Mikrooperatoren (Rekonstruktion):*

$$F^n = \frac{1}{M}\sum_{m=1}^{M} f(x^n, y^{n,m}). \tag{3.35}$$

- *Lösen der Makrogleichung:*

$$x^{n+1} = x^n - \Delta t F^n. \tag{3.36}$$

*mit $\Delta t$ als Makrozeitschritt.*

Die Ideen des Verfahrens sind wie folgt gegeben:

- Die mikroskopischen Zeitschritte werden nur für ihren Bereich der mikroskopischen Gleichung benötigt.
- Die Entkopplung trägt dazu bei, dass man auf der makroskopischen Ebene auch die großen Zeitschritte verwenden kann.

Dabei hat man folgende Kopplungsidee, mit der man die mikroskopische Ebene mit der makroskopischen Ebene verbindet:

- Die mikroskopischen Zeitschritte werden im Bereich der makroskopischen Zeitpunkte aufgelöst und über einen *Durchschnitt* zur makroskopischen Skala angeglichen.

Dabei sind die Vorteile:

- Zeitersparnis, da nicht mehr die gesamte Mikroskala berechnet wird.
- Unterschiedliche Methoden können auf der Mikro- und Makroebene verwendet werden.

Weiter hat man aber auch die Nachteile:

- Eine ab-initio-Rechnung lässt sich kaum durchführen, da man eine makroskopische Gleichung braucht.
- Das Verfahren hat keine iterativen Zyklen, sprich es fehlt eine Verbesserung der numerischen Ergebnisse, vgl. [8].

## 3.6    Wirtschaftlichkeit und Modelldiskussion

- Im Folgenden werden die Vorteile von Multiskalen-Lösern besprochen:
  - Entkopplung der einzelnen multiplen Skalen in spezielle Gleichungssysteme, die man dann mit speziellen Verfahren besser lösen kann.
  - Schnellere Berechnung möglich, keine Auflösung der kleinsten Skala.
  - Unnötige Berechnungen entfallen.
- Im Folgenden werden die Nachteile von Multiskalen-Löser besprochen:
  - Man kann im Allgemeinen keine Standardverfahren verwenden.

– Umfangreichere Implementierung in vorhandene Softwarepakete und *eigene Programmierung* sind notwendig.
– Standardsoftwarepakete kennen noch keine *Multiscale methods* und müssen damit durch Schnittstellen zu solchen Methoden erweitert werden.
– Implizite Verfahren sind im allgemeinen teurer, da sie Inversionen von Matrizen brauchen. Solche Verfahren sind aber gerade wichtig, um solche Skalenunterschiede aufzulösen bzw. zu relaxieren.

**Bemerkung 3.12.** *Ein weiteres Problem ist die Genaugikeit von Multiskalen-Lösern, die sich aus den einzelnen Komponenten zusammensetzen, d. h. falls man eine Komponente von niederer Konvergenzordnung hat, so werden damit auch alle anderen Anteile auf diese Ordnung heruntergedämpft.*

*Dies wird veranschaulicht an folgendem Beispiel:*

• *Makroskopische Gleichung: $O(\Delta t)$ mit explizitem Eulerverfahren*
  $O(\Delta t^4)$ *mit explizitem Runge-Kutta-Verfahren von Ordnung 4.*
• *Mikroskopische Gleichung: $O(\delta t)$ mit explizitem Eulerverfahren*
  $O(\delta t^4)$ *mit explizitem Runge-Kutta-Verfahren von Ordnung 4.*
• *Genauigkeit der Kopplungsoperatoren: Restriktion (fein nach grob) mit $O(\delta t)$*
  *Prolongation (grob nach fein) mit $O(\Delta t)$.*

*Insgesamt ist das Verfahren dann von Ordnung $O(\Delta t)$, d. h. die Kopplungsoperatoren bestimmen die Ordnung und dämpfen damit die höhere Ordnung der Lösungsverfahren.*

*Abhilfe sind hierbei höhere Ordnungsverfahren bei den Kopplungsoperatoren, z. B. quadratische oder kubische Ansätz. Einen Nachteil hat man dabei, da man nun einen höheren Rechenaufwand hat, solche höheren Splines als Kopplungsopertoren zu berechnen, vgl. [9].*


## 3.6.1  Klassische Verfahren und moderne Verfahren

Im Folgenden wird die Notwendigkeit der modernen Verfahren erläutert, die man in neue Software-Pakete einbinden sollte.

• Klassische Verfahren (z. B. explizite Verfahren):

  1) Sehr zeitaufwendig, da kleinste Skala aufgelöst wird.
  2) Kommerzielle Softwarepakete sind mit diesen Verfahren ausgestattet.

• Moderne Verfahren:

  1) Schnellere und zeitsparende Verfahren, da nicht mehr alle Skalenaufgelöst werden.

2) Superlineare Skalierung: Rechenaufwand ist nichtlinear von der Problemstellung abhängig, d. h. $\mathcal{O}(\ln(N))$.
3) Programmieraufwand: Verfahren müssen programmiert werden, sind nicht vorhanden.

**Bemerkung 3.13.** *Der Vorteil der neuen Verfahren ist eine Reduktion der Rechenzeit, dabei ist ein Mehraufwand bei der Umsetzung in ein neues Programm-Paket überschaubar.*

### 3.6.2  Softwarepakete

Kommerzielle Software (für Standardanwendungen):

1) COMSOL (Multiphysics): Fluid-Dynamisches Softwarepaket zum Koppeln von multiphysikalischen Problemen (z. B. Wärmeleitung mit Stahlung), ist mit einfachen impliziten Kopplungsverfahren durchführbar.
2) FEMLAB: Strömungsmodelle sind rechenbar, auch implizite Verfahren sind implementiert und für kleine Skalenunterschiede oder entkoppelbare Modelle gut geeignet.
3) ADINA: Fluid-Dynamisches Softwarepaket ist mit vielen Standardlösern ausgestattet und kann Kopplung von kleinen Skalenunterschieden gut durchführen.

Akademische Softwarepakete (Akademische Entwicklung, die im Bereich der Forschung neuer Verfahren ausgetesten)

1) OperaSplitt (MATLAB®): Softwarepaket, das ich im Rahmen von Forschungsprojekten mit meinen Studierenden programmiert habe. Es sind iterative Verfahren zur Kopplung von Multiskalenproblemen vorhanden.
2) Fortran (Programme von Wanner/Hairer): Softwareprogramme in Fortran mit umfangreichen impliziten Verfahren, die zur Kopplung von zeitabhängigen Problemen geeignet sind.
3) MATLAB®, MAPLE (Programme zu Weinan E's Methoden): Mit den neuen Multiskalenmethoden können deterministische und stochastische Multiskalenmodelle simuliert werden.

### 3.6.3  Fragen zum Verständnis des Kapitels

Motivation und Definition von Modellierung und Multiskalenmodellen:

1) Was wird in der Hydrodynamik beschreiben?
2) Was wird bei der Elektrodynamik beschrieben?
3) Kennen Sie die einzelnen Ebenen zur Herleitung der hydrodynamischen Gleichungen?

4) Kennen Sie die einzelnen Ebenen zur Herleitung der Elektrodynamischen Gleichungen?
5) Wie kann man Multiskalenmodelle definieren?
6) Was ist das Problem bei den Multiskalenmodellen?
7) Können Sie etwas über die Stabilität der expliziten und impliziten Verfahren sagen, wann sollte man explizite, wann implizite Verfahren verwenden?
8) Wie sind die Ansätze von Multiskalenverfahren?
9) Was können Sie über die Genauigkeit von Multiskalenverfahren aussagen?
10) Können Sie ein Beispiel für ein modulares Programmieren für Multiskalenprobleme beschreiben?
11) Was für Programmpakete gibt es?
12) Was ist das Problem der kommerziellen Softwarepakete im Bezug auf Multiskalenmodelle?
13) Warum ist es notwendig neue Programme zu entwickeln?

### 3.6.4  Übungsaufgabe: Steife Verfahren und deren Probleme

Vergleichen Sie die Verfahren:

- Eulerverfahren (*euler.m*) und
- Diffusionsgleichung (*euler_implicit.m*)

für eine einfache Reaktionsgleichung:

$$y' = -\lambda y, \ y(0) = 1.0, \tag{3.37}$$

wobei $\lambda = 1.0$. Was passiert bei zu großen Zeitschritten?

## Literatur


1. Bear, J.: Dynamics of Fluids in Porous Media. American Elsevier, New York (1972)
2. Bear, J., Bachmat, Y.: Introduction to Modeling of Transport Phenomena in Porous Media. Kluwer Academic, Dordrecht/Boston/London (1991)
3. Coenen, E.W.C., et al.: Multi-scale continuous-discontinuous framework. J. Mech. Phys. Solids **60**(8), 1486–1507 (2012)
4. Engel, E., Dreizler, R.M.: Density Functional Theory: An Advanced Course. Theoretical and Mathematical Physics. Springer, Berlin/Heidelberg (2011)
5. Fishman, G.: Monte Carlo. Springer Series in Operations Research and Financial Engineering. Springer, Berlin/Heidelberg/New York (1996)
6. Geiser, J.: Discretization and Simulation of Systems for Convection-Diffusion-Dispersion Reactions with Applications in Groundwater Contamination. Monograph, Series: Groundwater Modelling, Management and Contamination. Nova Science Publishers, Inc., New York (2008)

7. Geiser, J.: Iterative Splitting Methods for Differential Equations. Numerical Analysis and Scientific Computing Series. Taylor & Francis Group, Boca Raton/London/New York (2011)
8. Geiser, J.: Coupled Systems: Theory, Models, and Applications in Engineering. Numerical Analysis and Scientific Computing Series. Taylor & Francis Group, Boca Raton/London/New York (2014)
9. Geiser, J.: Multicomponent and Multiscale Systems: Theory, Methods, and Applications in Engineering. Springer, Cham/Heidelberg/New York/Dordrecht/London (2016)
10. Geiser, J., Arab, M.: Modelling, optimization and simulation for a chemical vapor deposition. J. Porous Media **2**(9), 847–867 (2009)
11. Hockney, R., Eastwood, J.: Computer Simulation Using Particles. Taylor & Francis Group, New York (1988)
12. Horstemeyer, M.F.: Multiscale Modeling: A Review. In: Leszczynski, J., Shukla, M.K. (Hrsg.) Practical Aspects of Computational Chemistry: Methods, Concepts and Applications, S. 87–135. Springer, Dordrecht (2010)
13. Hundsdorfer, W., Verwer, J.G.: Numerical Solution of Time-Dependent Advection-Diffusion-Reaction Equations. Springer, Berlin/New York (2003)
14. Knabner, P., Angermann, L.: Numerik partieller Differentialgleichungen: Eine anwendungsorientierte Einführung. Springer-Lehrbuch Masterclass, Springer, Berlin/Heidelberg (2000)
15. Lesch, H., Birk, G.T., Zohm, H.: Theoretische Hydrodynamik. Skript, LMU München. https://www.physik.uni-muenchen.de/lehre/vorlesungen/wise_07_08/TVI_hd/vorlesung/skript.pdf (2012)
16. Lieberman, M.A., Lichtenberg, A.J.: Principle of Plasma Discharges and Materials Processing, 2. Aufl. Wiley, Hoboken (2005)
17. Milne-Thomson, L.M.: Theoretical Hydrodynamics, 5. Aufl. Series: Dover Books on Physics. Dover Publications, New York (2011)
18. Pavliotis, G.A., Stuart, A.M.: Multiscale Methods: Averaging and Homogenization. Springer, Heidelberg (2008)
19. Schwabl, F.: Statistical Mechanics. Advanced Texts in Physics. Springer, Berlin/Heidelberg (2006)
20. Sholl, D., Steckel, J.A.: Density Functional Theory: A Practical Introduction, 1. Aufl. Wiley, Hoboken (2009)
21. Steinhauser, M.O.: Computational Multiscale Modeling of Fluids and Solids: Theory and Applications. Springer, Berlin/Heidelberg/New York (2008)
22. Tietjens, O.K.G., Prandtl, L.: Fundamentals of Hydro- and Aeromechanics. Dover Books on Aeronautical Engineering. Dover Publications, Dover (1957)
23. Vlachos, D.G.: A Review of Multiscale Analysis. Advances in Chemical Engineering. Academic, San Diego (2005)
24. Voß, H.: Numerische Simulation. Vorlesungsskrip 2007. Technische Universität Hamburg-Harburg Arbeitsbereich Mathematik (2007)
25. Weinan, E., Engquist, B.: Multiscale modelling and computations. Not. AMS **50**(9), 1062–1070 (2003)
26. Weinan, E.: Principle of Multiscale Modelling. Cambridge University Press, Cambridge (2010)
27. Weinan, E., Engquist, B., Li, X., Ren, W., Vanden-Eijnden, E.: Heterogeneous multiscale methods: a review. Commun. Comput. Phys. **2**(3), 367–450 (2007)

**Zusammenfassung**

Im folgenden Kapitel wird ein theoretischer Überblick über eine Reihe von numerischen Verfahren gegeben, die wir später als Kernmethoden zur numerischen Lösung von Transport- und Strömungsproblemen verwenden wollen. Dabei werden die zugehörigen Differentialgleichungen klassifiziert und Diskretisierungsverfahren im Bereich der Finite Differenzen-Methoden, vgl. Larsson und Thomee (Partial differential equations with numerical methods. Text in applied mathematics, vol 45. Springer, Berlin/Heidelberg, 2003) und Gustafsson (High order difference methods for time dependent PDE. Springer series in computational mathematics, vol 38. Springer, Berlin/New York/Heidelberg, 2007), und Lösungsverfahren, vgl. Axelsson (Iterative solution methods. Cambridge University Press, Cambridge, 1996) und Hackbusch (Iterative solution of large sparse systems of equations. Applied mathematical sciences. Springer, Berlin/New York/Heidelberg, 1994), für die einzelnen Gleichungen vorgestellt.

## 4.1 Motivation: Lösung von Transport- und Strömungsmodellen

Wir stellen im Folgenden numerische Methoden vor, mit denen man Transports- und Strömungsmodelle, wie wir sie schon im Kap. 3 kennengelernt haben, lösen kann.

Dabei muss man wissen, dass numerische Verfahren für solche Problemstellungen verwendet werden, für die es keine analytische, d. h. explizite Lösungen, mehr gibt. Man wendet dann Näherungsverfahren an, die eine gewisse Genauigkeit, z. B. in Abhängigkeit der Schrittweite haben. In unserem Fall wenden wir Diskretisierungsverfahren an, bei denen man die Lösungen auf geometrische Gitter abbildet und dann in Abhängigkeit der Gitterweite (z. B. $\Delta x$ für das Raumgitter und $\Delta t$ für das Zeitgitter) eine Annäherung an die analytischen Lösungen bekommt. Sprich für sehr kleine Gitterweiten hat man kleinere Fehler

© Springer Fachmedien Wiesbaden GmbH, ein Teil von Springer Nature 2018
J. Geiser, *Computational Engineering*,
https://doi.org/10.1007/978-3-658-18708-8_4

und für größere Gitterweiten hat man größere Fehler. Der Fehler wird dann in Abhängigkeit der Gitterweite mit dem sogenannten Landau-Operator angegeben, z. B. $|\epsilon(x)| = |u(x) - u_{num}(x)| \in \mathcal{O}(\Delta x)$, wobei $u(x)$ die exakte und $u_{num}(x)$ die numerische Lösung ist. Hier hat man ein lineares Wachstum des Fehler, d. h. $|\epsilon(x)| = C\Delta x$, wobei $C > 0$ eine Konstante ist, vgl. [77]. Damit hat man nun die Möglichkeit ein genügend großes Gitter zu wählen, bei der man eine zugehörige und ausreichende Genauigkeit, z. B. mit $\epsilon = 10^{-6}$, wählen kann. Damit ist das technische Problem für die Anwendung noch rechenbar, bzw. in einer angegebenen Zeit lösbar, und man liegt noch in der Toleranz des Fehlers.

Weiter hat man aber auch Beschränkungen oder numerische Fehler aufgrund des numerischen Verfahrens. So werden wir später sehen, dass z. B. explizite Zeitdiskretisierungsverfahren eine Beschränkung in der Gitterweite haben, die sogenannte CFL (Courant-Friedrichs-Levy)-Bedingung, vgl. [49] und [57]. Die CFL-Bedingung gibt das Verhältnis zwischen Raum- und Zeitschrittweiten an. Diese Bedingung muss eingehalten werden, sonst erhält man numerische Oszillationen und qualitative Fehler der Lösungen. Solche Beschränkungen hat man bei reinen impliziten Zeitdiskretisierungsverfahren nicht mehr, vgl. [44], dafür hat man aber bei zu großen Zeitschrittweiten eine *Verschmierung* der Lösung und man spricht von numerischer Diffusion, die die Lösung ausglätten, vgl. [79].

Im Nachfolgenden konzentrieren wir uns in dem Buch auf partielle Differentialgleichungen. Diese werden sehr oft für die mathematische Modellierung von physikalischen Vorgängen verwendet, vgl. Kap. 3. Diese Gleichungen beschreiben physikalische Prozesse, die von mehreren unabhängigen Variablen abhängen, vgl. [38]. Im Gegensatz zu den gewöhnlichen Differentialgleichungen, die nur von einer Variablen abhängig sind, sind solche Differentialgleichungen viel schwerer zu lösen und oft nur mittels numerischer Methoden lösbar, vgl. [20] und [38].

## 4.2    Lösen der Modellgleichungen (Überblick)

Bei der Lösung von Modellgleichungen, die physikalische Prozesse beschreiben, ist es wichtig zurerst eine Klassifizierung vorzunehmen, damit man die passenden Lösungsmethoden dazu entwickeln kann.

Man muss sich im Vorfeld folgende Fragen stellen:

- Welche Art von Gleichung wird betrachtet, d. h. Differentialgleichung, Differenzengleichung, stochastische Gleichung, boolsche Gleichung usw.
- Wenn wir im Bereich der Differentialgleichungen sind, dann ist es wichtig zu wissen, ob man eine gewöhnliche oder partielle Differentialgleichung hat. Weiter, ob man algebraische oder stochastische Einflüsse hat, sprich differential-algebraische Gleichungen oder stochastische Differentialgleichungen hat.
- Weiter muss man um die Art der Skalenunterschiede wissen, sprich hat man hierarchische Gleichungen, d. h. hat man getrennte mikroskopische Gleichungen und makroskopische Gleichungen von unterschiedlichen physikalischen Modellierungsebenen oder

kann man die mikroskopische Gleichung in die makroskopische Gleichung einbetten. Bei der Einbettung muß man dann unter Umständen steife Differentialgleichungen lösen.

Für die Auswahl konzentrieren wir uns auf physikalische Prozesse, die mit Hilfe von partiellen Differentialgleichungen modelliert werden.

## 4.2.1  Klassifikation der Differentialgleichungen

Für unsere Anwendungen beschränken wir uns auf gewöhnliche Differentialgleichungen (GDGL) und partielle Differentialgleichungen (PDGL).

Dabei sind die gewöhnlichen Differentialgleichungen nur von einer Variablen abhängig, z. B. der Zeitvariablen, und werden als Anfangswertprobleme gelöst. Oft kann man einfache GDGL analytisch lösen, vgl. [66]. Meistens hat man aber für lineare oder nichtlineare GDGL keine analytischen Lösungen mehr zur Verfügung, z. B. für sogenannte steife Probleme, vgl. Kap. 3, und muss diese mit numerischen Verfahren, wie z. B.

- Finite Differenzen-Verfahren, z. B. Einschrittverfahren die mittels Runge-Kutta-Verfahren gegeben sind, [45],
- Mehrschrittverfahren, z. B. BDF (backward-differential formula), [44],
- Extrapolationsverfahren, z. B. Richardson-Verfahren, [75],

lösen.

Die partiellen Differentialgleichungen (PDGL) sind hingegen von mehreren Variablen abhängig und sind deshalb schon aufgrund dieser Abhängigkeit deutlich komplizierter in den numerischen Methoden. Wir konzentrieren uns auf die zeit- und raumabhängigen Variablen. Durch diese Unterteilung unterscheiden sie sich bezüglich einer Zeit- und einer Raumdiskretisierung schon deutlich von den GDGLen. Sie müssen deshalb aufwendiger gelöst werden und meist geht dies nur noch mit numerischen Verfahren, vgl. [38]. Nur in sehr speziellen Fällen kann man PDGLen auch analytisch lösen, vgl. [67].

Je nach Gleichungstyp der partiellen Differentialgleichung hat man unterschiedliche Eigenschaften von Lösungstypen, diese wirken sich wiederum auf die Wahl der numerischen Methoden aus, vgl. [20, 40] und [77]. Im Folgenden beschreiben wir die Eigenschaften von PDGLen.

Eine partielle Differentialgleichung ist eine Gleichung, bzw. ein Gleichungssystem für eine oder mehrere unbekannte Funktionen:

- Die unbekannte Funktion hängt von mindestens zwei Variablen ab (wenn sie nur von einer Variable abhängt, hat man eine gewöhnliche Differentialgleichung).
- In der Gleichung kommen partielle Ableitungen mindestens zweier Variablen vor.
- In der Gleichung kommen nur die Funktion, sowie deren partielle Ableitungen, die jeweils am gleichen Punkt ausgewertet werden, vor.

Die meisten linearen partiellen Differentialgleichungen lassen sich in drei Grundtypen, d. h. die elliptische, die hyperbolische und die parabolische PDGL, einteilen.

Wir nehmen die allgemeine Differentialgleichung zweiter Ordnung her und haben für zwei Dimensionen:

$$Lu = a(x, y)u_{xx} + 2b(x, y)u_{xy} + c(x, y)u_{yy} = f(u, u_x, u_y, x, y), \qquad (4.1)$$

wobei $L$ ein linearer Operator ist und damit ist die DGL linear in ihrere höchsten Ordnung. Weiter ist die Gleichung semilinear aufgrund der rechten Seite.

Damit man den Bezug zu den Kegelschnitten herstellen kann, betrachtet man die quadratische Form:

$$Q(x, y) = ax^2 + 2bxy + cy^2 = \mathbf{x}^t A\mathbf{x}, \qquad (4.2)$$

mit $\mathbf{x} = \begin{pmatrix} x \\ y \end{pmatrix}$ und $A = \begin{pmatrix} a & b \\ b & c \end{pmatrix}$. Die Funktion $Q(x, y)$ beschreibt einen Kegelschnitt.

Dieser kann in Abhängigkeit der Koeffizienten $a, b, c$, vgl. die Definition 4.1, einer korrespondierende Differentialgleichung zugeordnet werden.

**Definition 4.1.** Die korrespondierende PDGL nennt man:

$$\left.\begin{matrix} hyperbolisch \\ parabolisch \\ elliptisch \end{matrix}\right\} \text{ für } \left\{\begin{matrix} b^2 - ac > 0, \ det(A) < 0 \\ b^2 - ac = 0, \ det(A) = 0 \\ b^2 - ac < 0, \ det(A) > 0 \end{matrix}\right\}. \qquad (4.3)$$

Dann können wir aufgrund der Struktur folgende Unterteilungen in Grundtypen durchführen:

- Elliptische PDGL,
- Parabolische PDGL,
- Hyperbolische PDGL.

Nachfolgend werden nun die speziellen PDGLen weiter beschrieben.

### 4.2.1.1 Elliptische PDGL

Elliptische PDGL beschreiben zeitunabhängige und stationäre Probleme. Kennzeichen ist ein Zustand von minimaler Energie, d. h. man löst ein Variationsproblem, bei dem man eine nach unten beschränkte Wirkung hat. Bekannte Gleichungen sind die Laplace- oder Poisson-Gleichung, die eine stationäre Temperaturverteilung oder auch eine elektrostatische Ladungsverteilung in einem geladenen Körper darstellen.

Bei den Randbedingungen hat man Dirichlet- oder Neumann-Randbedingungen und der Rand ist geschlossen. Bei dem stationären Problem ist es im Allgemeinen nicht möglich stabil von den Rändern nach innen zu rechnen. Man hat stattdessen eine Lösung, d. h. stationäre Funktionen in einem bestimmten Raumbereich $\Omega$. Dabei muss man eine Konvergenz auf dem gesamten Gebiet gleichzeitig erreichen. Bei den Eigenschaften der Lösung hat man keine Wellenausbreitung und erhält deshalb stationäre Lösungen, d. h. man löst ein Randwertproblem.

**Beispiel 4.1.** *Im Folgenden sind zwei Beispiele von elliptischen Differentialgleichungen dargestellt.*

- *Laplace-Gleichung:*

$$\Delta\phi = 0, \; in \; \Omega, \tag{4.4}$$

$$\phi = h_1, \; auf \; \partial\Omega_1, \tag{4.5}$$

$$\frac{\partial\phi}{\partial n} = h_2, \; auf \; \partial\Omega_2, \tag{4.6}$$

*wobei man $\partial\Omega_1 \cup \partial\Omega_2 = \partial\Omega$ hat.*
- *Poisson-Gleichung:*

$$\Delta\phi = -\frac{\rho}{\epsilon}, \; in \; \Omega, \tag{4.7}$$

$$\phi = h_1, \; auf \; \partial\Omega_1, \tag{4.8}$$

$$\frac{\partial\phi}{\partial n} = h_2, \; auf \; \partial\Omega_2, \tag{4.9}$$

*wobei man $\partial\Omega_1 \cup \partial\Omega_2 = \partial\Omega$ hat.*

*In der folgenden Abb. 4.1 ist eine Poisson-Gleichung mit finiten Differenzen gelöst, man sieht die Minimalflächen.*

### 4.2.2  Parabolische Differentialgleichung

Dieser Typ von Gleichungen beschreibt ähnliche Probleme, wie elliptische PDGLen, aber im instationären Fall. Sie beschreiben Wärmeleitungsgleichungen und Diffusionsprozesse, z. B. das Diffundieren von Partikeln in einer Flüssigkeit bis, ein Gleichgewicht erreicht wird, oder Abkühlen und Aufheizen eines Körpers.

Dabei kann man unterscheiden in:

- Anfangs-Randwertprobleme, d. h. man muss die Randwerte für alle Zeiten vorgegeben (Dirichlet- oder Neumannbedingungen) und die Anfangsbedingungen zum Zeitpunkt $t = 0$. Hier spricht man auch von geschlossenem Rand.

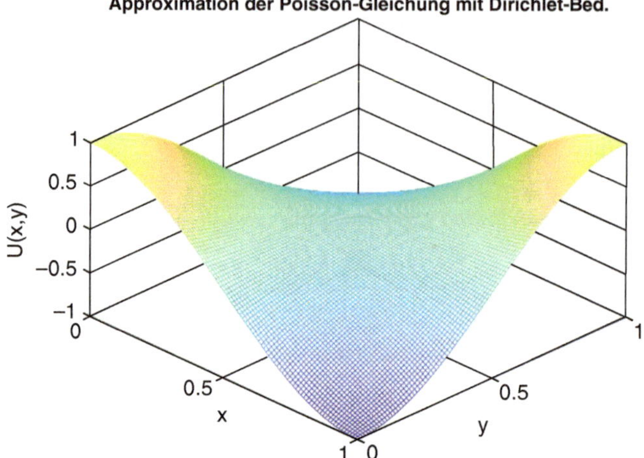


**Abb. 4.1**  Lösung der Poisson-Gleichung mit finiten Differenzen

- Cauchy-Anfangswertprobleme, d. h. hier muss man nur die Anfangsbedingungen zum Zeitpunkt $t = 0$ vorgeben. Man hat einen offenem Rand.

Die Eigenschaften der Lösung sind diffusive Prozesse, die irreversibel (d. h. unumkehrbar sind), z. B. das Abklingen der Temperatur eines erwärmten Körpers.

**Beispiel 4.2.** *Man hat folgende Beispiele für parabolische Differentialgleichungen:*

- *Wärmeleitungsgleichung:*

$$\frac{\partial u}{\partial t} - a\,\Delta u = 0, \ \ in\ \Omega \times [0, T], \tag{4.10}$$

$$u(x, t) = h_1(x, t), \ \ auf\ \partial\Omega \times [0, T], \tag{4.11}$$

$$u(x, 0) = h_2(x), \ \ in\ \Omega, \tag{4.12}$$

*wobei a die Temperaturleitfähigkeit ist.*
- *Diffusions-Gleichung:*

$$\frac{\partial u}{\partial t} = \frac{\partial}{\partial x} D \frac{\partial}{\partial x} u, \ \ in\ \Omega \times [0, T], \tag{4.13}$$

$$u(x, t) = h_1(x, t), \ \ auf\ \partial\Omega \times [0, T], \tag{4.14}$$

$$u(x, 0) = h_2(x), \ \ in\ \Omega, \tag{4.15}$$

*wobei D der Diffusionskoeffizient ist.*

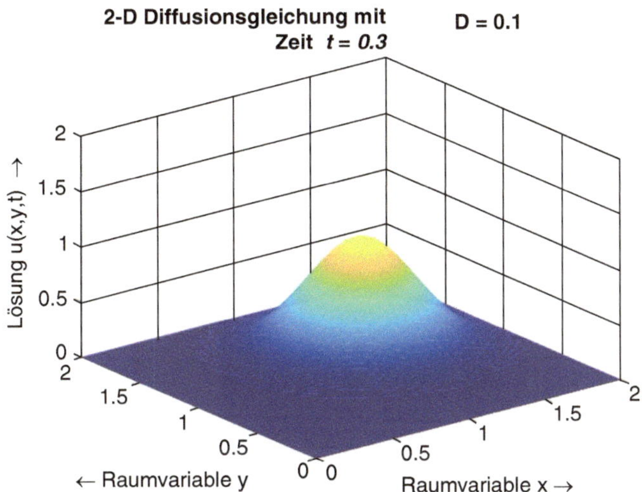


**Abb. 4.2** Diffusionsgleichung mit abklingendem Maximum

*In der folgenden Abb. 4.2 ist eine Diffusions-Gleichung mit finiten Differenzen gelöst, man sieht das Abklingen der maximalen Wärme, die sich über den gesamten Raum ausbreitet (diffundiert).*

### 4.2.3 Hyperbolische Differentialgleichung

Die typische hyperbolische Gleichung ist die Wellengleichung. Sie beschreibt die Art der Wellen und deren Ausbreitung. Im Unterschied zu parabolischen und elliptischen PDGLen werden die Lösungen der hyperbolischer PDGLen ganz wenig bis gar nicht gedämpft. Dies führt zu einer umfangreicheren Lösungstheorie für die hyperbolischen Gleichungen, da man hier mit deutlich weniger Differenzierbarkeit rechnen kann. Daher nimmt man oft spezielle Diskretisierungen und schreibt die hyperbolischen PDGLen als Erhaltungsgleichungen um, vgl. [18]. Andererseits kann sich dadurch der Charakter der Wellengleichungen erst zeigen, sprich die Wellen können sich ohne eine Dämpfung über weite Strecken ausbreiten.

Gleichungen erster Ordnung, z. B. die Konvektionsgleichung, sind immer hyperbolisch. Eine weitere bekannte Wellengleichung aus der Elektrotechnik ist die Maxwellgleichung.

Die hyperbolischen Gleichungen kann man unterscheiden in:

- Anfangs-Randwertprobleme, d. h. man muss die Randwerte für alle Zeiten vorgegeben (Dirichlet- oder Neumannbedingungen) und die Anfangsbedingungen zum Zeitpunkt $t = 0$. Hier spricht man auch von geschlossenem Rand.
- Cauchy-Anfangswertprobleme, d. h. hier muss man nur die Anfangsbedingungen zum Zeitpunkt $t = 0$ vorgeben. Man hat einen offenem Rand.

Die Eigenschaften von den Lösungen sind ungedämpfte oder nur sehr schwach ge-
dämpfte Wellenausbreitungen. Aufgrund der sehr geringen Dämpfung ist die numerische
Lösung von solchen Gleichungen sehr anspruchsvoll. Man muss sehr genau bei der
Verwendung von Gitterverfahren, bzw. Diskretisierungsverfahren sein, da man durch
die Approximation auf das Gitter eine zusätzliche numerische Diffusion erhält. Diesen
Diskretisierungsfehler kann man mit höheren Diskretisierungsverfahren, z. B. mehr Terme
bei der Taylorreihenentwicklung, vgl. [39], oder mittels Korrekturtermen, z. B. sogenannte
Lax-Wendroff-Verfahren oder TVD-Verfahren, vgl. ([58]) reduzieren.

**Beispiel 4.3.** *Wir haben folgende Beispiele für hyperbolische Differentialgleichungen:*

- *Konvektionsgleichung:*

$$\frac{\partial u}{\partial t} = -c\frac{\partial}{\partial x}u, \ in \ \Omega \times [0, T], \tag{4.16}$$

$$u(x, t) = h_1(x, t), \ auf \, \partial\Omega \times [0, T], \tag{4.17}$$

$$u(x, 0) = h_2(x), \ auf \, \partial\Omega, \tag{4.18}$$

*wobei c die Geschwindigkeit der Konvektionsgleichung ist.*
- *Wellengleichung:*

$$\frac{\partial^2 u}{\partial t^2} = c^2 \Delta u, in \ \Omega \times [0, T], \tag{4.19}$$

$$u(x, t) = h_1(x, t), auf \, \partial\Omega \times [0, T], \tag{4.20}$$

$$u(x, 0) = h_2(x), auf \, \partial\Omega, \tag{4.21}$$

$$\frac{\partial u}{\partial t}(x, 0) = h_3(x), auf \, \partial\Omega, \tag{4.22}$$

*wobei c die Geschwindigkeit der Welle ist.*
   *In der folgenden Abb. 4.3 ist eine Wellengleichung mit finiten Differenzen gelöst.*
*Man sieht die Wellenausbreitung im Raum, die kaum oder nur sehr wenig gedämpft ist.*

## 4.3  Lösen der Modellgleichungen mit numerischen Verfahren

Numerische Methoden werden als approximative Verfahren zur Lösung von Differentialgleichungen hergenommen. Sie sind im Gegensatz zu den analytischen Verfahren
approximative, d. h. man hat numerischen Fehler, die die Genauigkeit zur analytischen
Lösung angeben.

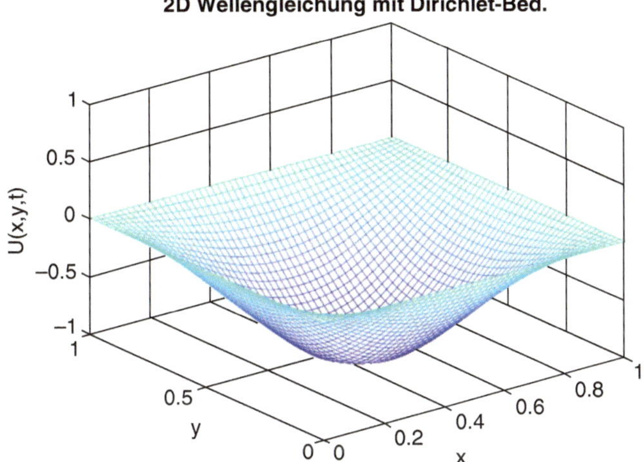


**Abb. 4.3**  Wellengleichung mit unendlich ausbreitender Welle

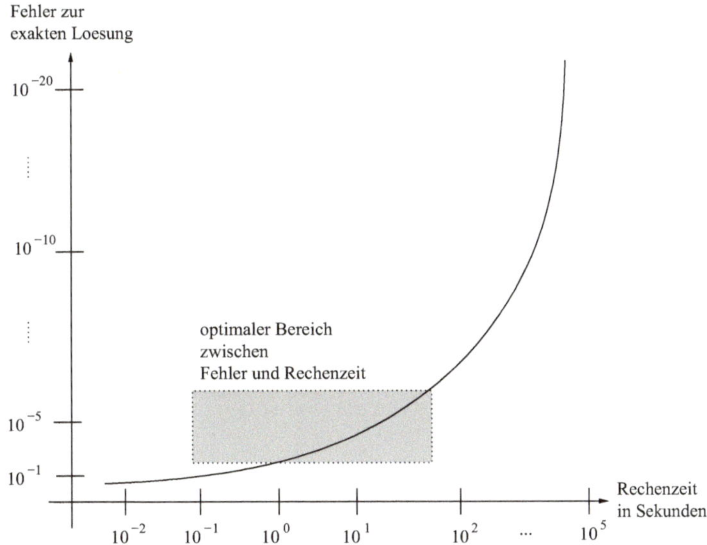


**Abb. 4.4**  Optimaler Bereich zwischen Genauigkeit und Rechenzeit eines numerischen Verfahrens

Dabei ist es das Ziel, sowohl einen kleinen numerischen Fehler zu erhalten und dabei noch ein rechenbares Verfahren zu haben, d. h. eine geringe Rechenzeit zu erreichen. In der Abb. 4.4 ist ein Beispiel einer Modellgleichung mit der Genauigkeit in Abhängigkeit der Rechenzeit dargestellt. Dabei sieht man, dass man sich für einen optimalen Bereich entscheiden kann, bei dem man noch eine gute Genauigkeit in Abhängigkeit der Rechenzeit erhält.

Im Folgenden ist ein kleiner Überblick über numerische Verfahren gegeben, vgl. auch die [44] und [45].

Numerische Verfahren für die Lösung von gewöhnlichen Differentialgleichungen:

- Einschrittverfahren, sie benutzen die letzten Schritte, um den aktuellen Schritt zu berechnen, die gängigen Verfahren sind:
  - Runge-Kutta-Verfahren, die sind die bekanntesten Verfahren, die aus der Quadratur des Integrals hergeleitet werden. Hier gibt es sowohl explizite als auch implizite Verfahren.
  - Störmer-Verlet-Verfahren, sie sind spezialisiert zur Lösung von symplektischen Problemen, z. B. in der klassischen Dynamik für die Erhaltung der dynamischen Invarianten.
- Mehrschrittverfahren, sie benutzen mehrere letzte Schritte, d. h. die Lösungen von $u(t^{n-s}), \ldots, u(t^{n-1})$, um die aktuelle Lösung $u(t^n)$ zu berechnen. Dabei gibt es folgende spezielle Methoden:
  - BDF-Verfahren, hier hat man spezielle Verfahren für steife Anfangswertprobleme, vgl. Kap. 3.
  - Prädiktor-Korrektor-Verfahren, hier hat man spezielle Verfahren durch die Mischung von expliziten und impliziten Mehrschrittverfahren. Das explizite Verfahren ergibt eine Näherung, d. h. mit einem Prädiktor, z. B. mit Adams-Bashforth-Verfahren, das implizite Verfahren verbessert in einem zusätzlichen Schritt den Näherungswert, d. h. mit einem Korrektor, z. B. mit Adams-Moulton-Verfahren, vgl. [45] und [79].

Numerische Verfahren für die Lösung von partieller Differentialgleichungen:

- Finite-Elemente-Methode, die mittels des Variationsprinzips die Gleichung löst. Dieses Verfahren wird sehr oft zur Diskretisierung von elliptischen Differentialgleichungen und zur räumlichen Diskretisierung von parabolischen Differentialgleichungen verwendet, vgl. [11] und [12].
- Finite-Volumen-Methode, die mittels einer Volumenmethode und der Erhaltung der Konzentrationen in den einzelnen Volumenelementen die Diskretisierung durchführt und löst, vgl. [58].
- Diskontinuierliche Galerkin-Methode (engl. Discontinuous Galerkin Method), die Mittels einer Erweiterung der Finite-Volumen-Methode mehr Freiheitsgrade durch die Einführung von den *diskontinuierlichen* Volumenelementen erreicht. Dadurch bekommt sie eine deutlich höhere Genauigkeit, vgl. [19] und [69].
- Finite-Differenzen-Methode, sie ist das klassische Verfahren und man kann sie für alle partielle Differentialgleichungen verwenden, vgl. [60].
- Randelementmethode, sie ist ein Verfahren zur Lösen von elliptischen Differentialgleichungen, bei denen der Gebietsrand und nicht das Gebietsinnere (wie bei FEM) diskretisiert wird, vgl. [48] und [72].

Wir konzentrieren uns bei der Diskretisierung der Transport- und Strömungsgleichung auf finiten Differenzen und beschreiben im Folgenden die einzelnen Grundaufgaben.

### 4.3.1  Numerische Verfahren zur Lösung von Transportgleichungen

Für die Lösung der Transportgleichungen konzentrieren wir uns auf die Diskretierung und die Lösung des daraus entstandenen linearen oder nichtlinearen Gleichungsystems.
Hierbei haben wir folgende zwei Schritte:

1. Diskretierungsverfahren: Diskretisierung der Differentialgleichung mit Diskretisierungsverfahren, z. B. finite Differenzenverfahren [57, 60] in Raum und Zeit bei partiellen Differentialgleichungen. Man erhält dann lineare oder nichtlinere Gleichungssysteme.
2. Lösungsverfahren: Lösung der linearen oder nichtlinearen Gleichung, mittels linearen oder nichtlinearen Lösern, vgl. [5, 50] und [51].

**Beispiel 4.4.** *Ein wichtiges Beispiel eines linearen Transportmodells wird durch die Konvektions-Diffusions-Reaktion-Gleichung dargestellt:*

$$c_t + au_x - D\Delta u = -\lambda c, \ in \ \Omega \times [0, T], \tag{4.23}$$

$$c(x, 0) = c_0(x), \ in \ \Omega, \tag{4.24}$$

$$c(x, t) = c_1(x, t), \ auf \ \partial\Omega \times [0, T]. \tag{4.25}$$

*Man kann für diese Gleichung finite Differenzen in Zeit und Raum anwenden. Dabei hat man ein diskretes Raumgitter $(x_0, x_M) = \Omega_{\Delta x} \subset \Omega$, $x_0, \ldots, x_M$ sind die diskreten Gitterpunkte mit den äquidistanten Gitterweiten $\Delta x = x_m - x_{m-1}$, $m = 1, \ldots, M$. Weiter hat man das diskretes Zeitgitter $[t_0, t_N] = [0, T]$ mit $t_0, \ldots, t_N$, welches die diskreten Gitterpunkte mit den äquidistanten Gitterweiten $\Delta t = t_n - t_{n-1}$, $n = 1, \ldots, N$ sind. Wir wenden für den Raum ein Upwind-Verfahren (zu deutsch in etwa: in der Strömungsrichtung diskretisieren) für den Konvektionsterm an und eine zweite Ordnungsdifferenz für den Diffusionsterm. Für die Zeit wird ein einfaches explizites Verfahren verwendet. Dann erhalten wir ein lineares Gleichungssystem, das gegeben ist als:*

$$C(t^{n+1}) = AC(t^n), \tag{4.26}$$

*wobei die Matrix A die Einträge der Raumdiskretisierung enthält. Weiter ist der Lösungsvektor gegeben mit $C(t^n) = (c(x_0, t^n), \ldots, c(x_M, t^n))^t$, wobei die Anfangsbedingungen gegeben sind mit $C(t_0) = (c(x_0, 0), \ldots, c(x_M, 0))^t$. Die Randbedingungen sind in der Matrix A enthalten. Für den Fall der expliziten Zeitdiskretisierung kann man direkt durch die Matrix-Vektor-Multiplikation zur nächsten Lösung kommen.*

*Falls man eine implizite Diskretisierung in der Zeit hernimmt, erhält man ein lineares Gleichungssystem:*

$$\tilde{A}C(t^{n+1}) = C(t^n), \tag{4.27}$$

*und man muss einen linearen Gleichungslöser benutzen, z. B.*

- *direktes Verfahren, d. h. die Invertierung der Matrix $\tilde{A}$.*
- *indirektes Verfahren, d. h. ein iteratives Verfahren zum Lösen der Gleichung, z. B. Jacobi- oder Gauss-Seidel-Verfahren, vgl. [43].*

Um das Verhalten der Diskretisierungsverfahren der Transportgleichung (4.23) zu verstehen, muß man zuerst die drei Teilgleichungen untersuchen.

Wir teilen in drei Grundgleichungen, wie folgt auf:

- Konvektions-Gleichung: $c_t + au_x = 0$ (Typ: hyperbolische PDGL),
- Diffusions-Gleichung: $c_t - c\Delta u = 0$ (Typ: parabolische PDGL),
- Reaktionsgleichung: $c_t = -\lambda c$ (Typ: gewöhnliche Differentialgleichung).

Diese einzelnen Gleichungen werden dann in den Grundlagenaufgaben, vgl. Unterkapitel 4.4, beschrieben.

Die Diskretisierungsverfahren der einzelnen Anteile einer Transportgleichung müssen dann so kombiniert werden, dass man die Eigenschaften der Anteile gut aufgelöst werden und die numerischen Fehler soweit wie möglich minimiert werden.

Die numerischen Verfahren werden dann in Softwarepakete programmiert. Die Simulationsdaten werden dann anschließend visualisiert, z. B. auf dem Rechengitter, und mit den realen Daten des Experiments verglichen. Dieser Abgleich mit den realen Experimenten erlaubt es dann, die Fehler zwischen numerischem Experiment und realem Experiment festzustellen. Später kann man dann mit anderen Parametern numerische Experimente durchführen, die eine Vorhersage von dem realen Experiment erlauben, vgl. Beispiel aus der Modellierung eines Grundwassertransports [9] und [25].

## 4.4    Grundlagenaufgaben: Lösen der Transportgleichung

Im Folgenden werden nun die sogenannten Grundlagenaufgaben der Diskretierung für die Transportmodelle, hier im speziellen Fall der Konvektions-Diffusions-Reaktions-Gleichung, gelöst.

Hierbei haben wir drei Aufgaben:

1. Konvektionsgleichung: Diese ist hyperbolisch und hat einen Transportcharakter, sprich die Lösung wird kaum gedämpft und ist eher aufsteilend, d. h. man benötigt sogenannte

Upwind-Verfahren im Raum und explizite Verfahren in der Zeit. Damit kann man die Charakteristik der kaum differenzierbaren Lösung erhalten, vgl. [17] und [18].

2. Diffusionsgleichung: Diese ist vom Typ her parabolisch, d. h. die Lösung ist glatt und wird sich verteilen (ausglätten). Sie kann mit einer zweiten Ordnungsdifferenz (Vorwärts- und Rückwärtsdifferenz) im Raum und mit impliziten Verfahren in der Zeit gelöst werden, vgl. [64].

3. Reaktionsgleichung: Dies ist eine gewöhnliche Differentialgleichung (wir gehen davon aus, dass sie nicht raumabhängig ist) und kann mit schnellen Lösern im Bereich der gewöhnlichen Differentialgleichungen gelöst werden, vgl. [44] und [45]. Bei einfachen Fälle kann man die Lösung auch analytisch herleiten, vgl. [2] und [66].


### 4.4.1  Herleitung der Konvektionsgleichung: Modellierung der Konvektionsgleichung

Im Folgenden nehmen wir eine Vereinfachung an, bei der eine Flüssigkeit mit einer konstanten Geschwindigkeit $v > 0$ durch einen langen Kanal fließt. Dabei nehmen wir ein konstantes Profil an und eine laminare Strömung in dem Kanal.

Weiter nehmen wir an, dass zu dem Anfangszeitpunkt $t = 0$ eine Konzentration, z. B. Kontamination oder Partikelkonzentration, an einer mittleren Position $x$ eingegeben wird. Die Konzentration ist mit der Dichte $u(x, t)$ zur Zeit $t$ und im Raumpunkt $x$ angegeben, vgl. Abb. 4.5.

Wir können die Konvektionsgleichung für die laminare Strömung $v$ herleiten mittels der Massenerhaltung.

Wir nehmen an, dass wir eine Konzentration bzw. ihre Masse $M$ zum Zeitpunkt $t$ im Intervall $[0, x_2]$ haben. Diese Masse wird erhalten und zu einem späteren Zeitpunkt $t + \Delta t$ liegt die Masse im Intervall $I = [v\Delta t, x_2 + v\Delta t]$.

Die Erhaltungsgleichung ist gegeben mit

$$M = \int_0^{x_2} u(x, t)\, dx = \int_{v\Delta t}^{x_2 + v\Delta t} u(x, t + \Delta t)\, dx, \tag{4.28}$$

man differenziert nach $x$ und erhält:

$$u(x_2, t) = c(x_2 + v\Delta t, t + \Delta t), \tag{4.29}$$

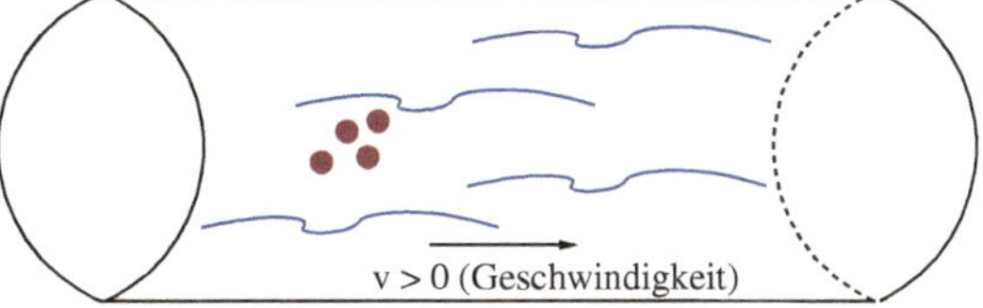


**Abb. 4.5**  Kontaminierter Transport in laminarer Strömung mit Geschwindigkeit $v$ (Transport von Partikel in einer Flüssigkeit)

man differenziert weiter nach $\Delta t$ und erhält:

$$0 = v u_x (x_2 + v\Delta t, t + \Delta t) + u_t (x_2 + v\Delta t, t + \Delta t), \tag{4.30}$$

für $\Delta x = 0$ erhält man die Konvektionsgleichung:

$$u_t + a u_x = 0. \tag{4.31}$$

Die Lösung der linearen Konvektionsgleichung kann man mit Hilfe der Charakteristiken schreiben, da hier die Determinate verschwindet, vgl. [18].

Weiter kann man die Gleichung (4.31) als totales Differential schreiben, wie folgt:

$$du = \frac{\partial u}{\partial t} dt + \frac{\partial u}{\partial x} dx. \tag{4.32}$$

Beide Gleichungen (4.31) und (4.32) lassen sich schreiben als:

$$\begin{pmatrix} 1 & v \\ dt & dx \end{pmatrix} \begin{pmatrix} u_t \\ u_x \end{pmatrix} = \begin{pmatrix} 0 \\ du \end{pmatrix} \tag{4.33}$$

wobei die Koeffizientenmatrix verschwindet für $dx - vdt = 0$ und man hat die Charakteristik:

$$\frac{dx}{dt} = v, \tag{4.34}$$

und damit die allgemeine Lösung der Konvektionsgleichung:

$$u(x, t) = u_0(x - vt), \tag{4.35}$$

wobei $u(x, 0) = u_0(x)$ die Anfangsbedingung, bzw. Anfangsfunktion ist.

In der folgenden Abb. 4.6 ist der Verlauf einer Konzentration dargestellt.

### 4.4.2 Einführung in die finiten Differenzenverfahren

Nachfolgend verwenden wir für die Diskretisierung der Grundaufgaben finite Differenzen, vgl. [39] und [60].

Diese eignen sich besonders für die Diskretisierung für reguläre Geometrien und können für beliebig hohe Ordnungen hergeleitet werden.

Erweiterungen der finiten Differenzenverfahren für allgemeinere Anwendungen sind im Bereich der Erhaltungsgleichungen (finite Volumen) und der Variationsrechnung (finite Elemente) durchgeführt worden, vgl. [11] und [53].

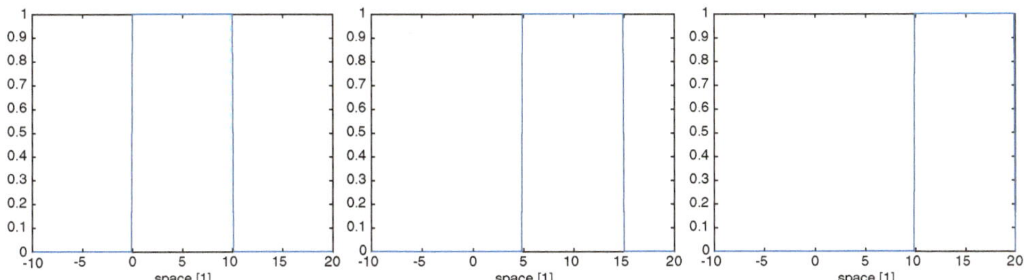

**Abb. 4.6** Transport einer Konzentration in verschiedenen Zeitabschnitten (linkes Bild $t = 0$, mittleres Bild $t = 5$ und rechtes Bild $t = 10$ zeigen die jeweiligen zeit- und raumabhängigen Konzentrationen)

Im Folgenden werden die Ansätze kurz skizziert:

- Eine Erweiterung ist im Bereich der finiten Volumenverfahren: Sie werden zum Lösen von hyperbolischen, partiellen Differentialgleichungen hergenommen, denen ein Erhaltungssatz, z. B. Massenerhaltung, zugrunde liegt. Ein Vorteil ist dabei die Herleitung über eine Integralformulierung. Dabei werden auch unstetige Lösungen möglich, die gerade für hyperbolische Problem wichtig sind, und durch die geringen Anforderungen an die Gitterzellen können ebenfalls unstrukturierte und flexible Geometrien verwendet werden, vgl. [53] und [59].
- Eine Erweiterug ist im Bereich der finiten Elementverfahren: Diese Erweiterung wird oft für die Lösung von elliptischen und parabolischen Differentialgleichungen hergenommen. Dabei wird eine schwache Formulierung der Gleichung vorgenommen. Damit braucht man für die Lösungen eine geringere Glattheit, vgl. [12]. Weiter wird das Gebiet in kleinere diskrete Elemente unterteilt (finite Elemente) und auf jedem Element eine Ansatzfunktion (Spline) hergenommen, die bestimmte Stetigkeitsbedingungen zu den Nachbarelementen erfüllt. Damit lassen sich ebenfalls unstrukturierte und flexible Geometrien verwenden, vgl. [8, 11, 57] und [81].

Für unsere Anwendungen sollen regelmäßige Gebiete, d. h. die Lösungen sollen stetig differenzierbar im Gebiet und auf dem Rand sein, verwendet werden.

### 4.4.2.1 Differenzenquotient

Bei der numerischen Lösung mit finiten Differenzen kann man nun ein Gitter in der Raum- bzw. in der Zeitdimension erstellen.

Wir nehmen zunächst einen 1D Raum an und diskretisieren mit einer Gitterweite $\Delta x = \frac{1}{M} > 0$ mit $M > 0$. Dabei sei der Raum, o.B.d.A. mit $\Omega = [0, 1]$ gegeben. Weiter nehmen wir für die approximierende Funktion $c \in C^1[0, 1]$ an, d. h. mindestens einmal stetig differenzierbar.

Dann kann man $c' = \partial_x c$ im Folgenden durch die Differenzenquotienten approximieren als:

$$\partial_x^+ c_j = \frac{c_{j+1} - c_j}{\Delta x}, \quad \text{Vorwärts-Differenz (Forward difference)}, \tag{4.36}$$

$$\partial_x^- c_j = \frac{c_j - c_{j-1}}{\Delta x}, \quad \text{Rückwärts-Differenz (Backward difference)}, \tag{4.37}$$

$$\hat{\partial}_x c_j = \frac{c_{j+1} - c_{j-1}}{2\Delta x}, \quad \text{Symmetrische-Differenz (Central difference)}, \tag{4.38}$$

weiter ist der Raumschritt als $\Delta x$ gegeben und $c_j = c(x_j)$ mit $x_j = j\,\Delta x$, $j = 0, \ldots, M$.

Eine weitere Notation für die approximierten Werte ist mit $C_j$, $j = 0, 1 \ldots, M$ gegeben. Hier sehen die Differenzenquotienten wie folgt aus:

$$\partial_x^+ C_j = \frac{C_{j+1} - C_j}{\Delta x}, \quad \text{Vorwärts-Differenz (Forward difference)}, \tag{4.39}$$

$$\partial_x^- C_j = \frac{C_j - C_{j-1}}{\Delta x}, \quad \text{Rückwärts-Differenz (Backward difference)}, \tag{4.40}$$

$$\hat{\partial}_x C_j = \frac{C_{j+1} - C_{j-1}}{2\Delta x}, \quad \text{Symmetrische-Differenz (Central difference)}. \tag{4.41}$$

### 4.4.2.2 Approximationsfehler des Differenzenquotient

Für ein numerisches Verfahren ist es wichtig, den Approximationsfehler abzuschätzen. Durch die Herleitung des Differenzenquotienten über die Taylorreihenentwicklung kann man deshalb den Approximationsfehler als Abbruchsfehler bestimmen.

Wir nehmen an, dass wir zusätzlich $u \in C^3([0, 1])$ ansetzen und eine Taylorentwicklung machen:

$$c(x + \Delta x) = c(x) + c'(x)\,\Delta x + \frac{1}{2}c''(x)\,\Delta x^2 + \mathcal{O}(\Delta x^3), \tag{4.42}$$

sprich wir brechen nach der dritten Ableitung ab, wobei $\mathcal{O}(\Delta x^3)$ der Landau-Operator ist. Dieser wird als Funktion $L(\Delta x)$ definiert, so dass $\frac{|L(\Delta x)|}{\Delta x^3} \leq l$ für konstante $l > 0$ für alle $\Delta x \in [0, 1]$ gilt.

Wenn wir nach dem Differenzenquotient auflösen erhalten wir:

$$\frac{c(x + \Delta x) - c(x)}{\Delta x} = c'(x) + \frac{1}{2}c''(x)\,\Delta x + \mathcal{O}(\Delta x^2), \tag{4.43}$$

man kann nun folgende Abschätzung mit dem Abbruchterm durchführen:

$$\frac{c(x + \Delta x) - c(x)}{\Delta x} = c'(x) + \frac{1}{2}\sup_{x \in (0,1)} |c''(x)|\,\Delta x + \mathcal{O}(\Delta x^2), \tag{4.44}$$

und wir erhalten den Approximationsfehler der Vorwärtsdifferenz:

$$|\partial_x^+ c(x) - c'(x)| \leq C \, \Delta x \, |u|_{C^2([0,1])} = \mathcal{O}(\Delta x), \tag{4.45}$$

wobei $|u|_{C^2([0,1])} := \sup_{x \in [0,1]} |u''(x)|$ ist und $C > 0$ eine Konstante, die unabhängig von $\Delta x$ und $c$ ist, d. h. in unserem Fall $C = \frac{1}{2}$.

Das gleiche Vorgehen kann man dann auch bei den anderen Differenzenquotienten anwenden und man erhält:

$$|\partial_x^- c(x) - c'(x)| \leq C \, \Delta x \, |u|_{C^2([0,1])} = \mathcal{O}(\Delta x), \quad \text{Rückwärts-Differenz}, \tag{4.46}$$

$$|\hat{\partial}_x c(x) - c'(x)| \leq C \, \Delta x^2 \, |u|_{C^3([0,1])} = \mathcal{O}(\Delta x^2), \quad \text{Symmetrische-Differenz}, \tag{4.47}$$

$$|\partial_x^+ \partial_x^- c(x) - c''(x)| \leq C \, \Delta x^2 \, |u|_{C^4([0,1])} = \mathcal{O}(\Delta x^2), \quad \text{Zentrale-Differenz}, \tag{4.48}$$

wobei $|u|_{C^{(k)}([0,1])} := \sup_{x \in [0,1]} |u^{(k)}(x)|$ ist und $C > 0$ eine Konstante, die unabhängig von $\Delta x$ und $c$ ist. Weiter ist $k$ die Ableitungsordnung. Die zweite Ordnungsdifferenz, d. h. Vorwärts-Rückwärts-Differenz, wird bei der zweiten Ableitung, d. h. bei den Diffusionsoperatoren, verwendet.

Weiter kann man ebenfalls beliebig hohe Ordnung der Differenzenquotienten erhalten durch Hinzunahme von Nachbarpunkten, vgl. [39].

**Bemerkung 4.5.** *Man sieht aufgrund des Approximationsfehlers, dass bei höherer Genauigkeit, d. h. besserer Approximation, ebenfalls eine höhere Glattheit der Lösungsfunktion benötigt wird. Dies kann bei unstrukturierten Gebieten, z. B. einspringende Ecke, oder bei unstetigen Lösungsfunktionen zu Problemen führen, vgl. [42]. Für solche Problemstellungen eignen sich dann mehr die Finite-Volumen- (Fluid-dynamische Problemstellungen) oder die Finite-Element-Methode (Struktur-mechanische Problemstellungen), vgl. [11] und [53].*

### 4.4.3  Numerische Verfahren zur Lösung der Konvektionsgleichung

Wie wir schon in Abschn. 4.3.1 erläutert haben, zerlegen wir die Transportgleichung in drei Gundaufgaben. Dabei ist die erste Grundaufgabe die Lösung der Konvektionsgleichung. Sie ist wie folgt angegeben:

$$c_t + a c_x = 0, \ \text{in } (0,1) \times (0,T), \tag{4.49}$$

$$c(0,t) = 0, \ \forall t > 0, \tag{4.50}$$

$$c(x,0) = c_0(x), \ \forall x \in (0,1). \tag{4.51}$$

Wir wenden nun das Finite-Differenzenverfahren, vgl. Abschn. 4.4.2, an zum Aufstellen eines linearen Gleichungssystems.

Dabei nehmen wir folgende Gitter in der Raum- und in der Zeitdimension an:

- Für das Raumgitter diskretisiert man mit einer Gitterweite $\Delta x = \frac{1}{M} > 0$ mit $M > 0$.
- Für das Zeitgitter diskretisiert man mit einem Zeitschritt $\Delta t = \frac{1}{N} > 0$ mit $N > 0$.
- Für die diskreten Punkte nimmt man $(x_j, t_n) = (j\,\Delta x, n\,\Delta t)$ für $1 \leq j \leq M$ und $n \geq 0$.

### 4.4.3.1 Explizites Verfahren in der Zeit zur Lösung der Konvektionsgleichung

Zur Diskretisierung der Gl. (4.49), (4.50), und (4.51) verwenden wir in der Zeit das Vorwärts-Verfahren und für den Raum das Rückwarts-Verfahren.

Wir haben somit die folgende Differenzengleichung in Raum und Zeit:

$$\partial_t^+ C_j^n + a\partial_x^- C_j^n = 0, \tag{4.52}$$

wobei $C_j^n$ eine Approximation von $c(x_j, t_n)$ ist.

Weiter sind die Differenzenquotienten gegeben als:

$$\partial_t^+ C_j^n = \frac{C_j^{n+1} - C_j^n}{\Delta t} \quad \text{Vorwärts-Verfahren (Zeit)}, \tag{4.53}$$

$$\partial_x^- C_j^n = \frac{C_j^n - C_{j-1}^n}{\Delta x} \quad \text{Rückwärts-Verfahren (Raum)}. \tag{4.54}$$

Nach dem Einsetzen der Differenzenquotienten in die Differenzengleichung (4.52) erhält man die diskreten Gleichungen:

$$C_j^{n+1} = C_j^n - a\frac{\Delta t}{\Delta x}\left(C_j^n - C_{j-1}^n\right), \text{ für } n \geq 0,\, j = 1, 2, \ldots, M, \tag{4.55}$$

und in der Operatorenschreibweise, d. h. eine Notation für ein lineares Gleichungssystem, erhält man dann:

$$C^{n+1} = AC^n, \tag{4.56}$$

$$A = \begin{pmatrix} \left(1 - a\frac{\Delta t}{\Delta x}\right) & 0 & 0 & \ldots & 0 \\ a\frac{\Delta t}{\Delta x} & \left(1 - a\frac{\Delta t}{\Delta x}\right) & 0 & \ldots & 0 \\ 0 & a\frac{\Delta t}{\Delta x} & \left(1 - a\frac{\Delta t}{\Delta x}\right) & \ldots & 0 \\ \vdots & \ddots & \ddots & \ddots & \vdots \\ 0 & \ldots & 0 & a\frac{\Delta t}{\Delta x} & \left(1 - a\frac{\Delta t}{\Delta x}\right) \end{pmatrix},$$

$$C^n = (C_1^n, \ldots, C_M^n)^t.$$

**Bemerkung 4.6.** *Das Zeitdiskretisierungsverfahren wird auch Vorwärts-Euler genannt, es ist eine explizite Methode, wobei man nur die alte Lösung mit der Matrix multiplizieren muss. Für ein stabiles Verfahren muss man allerdings die CFL (Courant-Friedrichs-Levy)-Bedingung einhalten. Weiter hat man ein sogenanntes Upwind-Verfahren bei der Raumdiskretisierung des Konvektionsoperators hergenommen. Die Idee ist dabei, in der Strömungsrichtung zu diskretisieren und den Informationsfluss zu verwenden, d. h. man geht von der bekannten Konzentration am Gitterpunkt $x_{j-1}$ aus und berechnet die unbekannte Konzentration am Gitterpunkt $x_j$ aus.*

Wir verwenden dazu den folgenden Algorithmus 1.

---

**Algorithm 1** Konvektionsgleichung mit Vorwärts-Euler- und Upwind-Diskretisierung

---

1: **procedure** Explizites Verfahren$(A, u_0)$
2: $\quad C^0 = (u_{0,1}, \ldots, u_{0,M})^t$, Initialisierung
3: $\quad$ wobei $u_{0,j} = u_0(x_j)$, $j = 1, \ldots, M$
4: $\quad n = 0$
5: $\quad$ **while** $n \neq N + 1$ (Berechung der Vorwärts-Schritte) **do**
6: $\quad\quad C^{n+1} = AC^n$
7: $\quad\quad n = n + 1$
8: $\quad$ **end while**
9: **end procedure**

---

### 4.4.3.2 Umsetzen der Konvektionsgleichung in einen MATLAB® Algorithmus

Als nächster wichtiger Schritt steht nun die Implementierung des Algorithmus in das MATLAB®-Softwarepaket an. Wir haben das folgende MATLAB®-Programm dafür erstellt.

```
% Convection equation written with K.Bartecki
% time forward euler
% space backward euler

% Definition of the variables
xMin= -10; % creates space
xMax= 20;
dx= 0.1;
v= 1; % speed
T= 10; % simulation time

% CFL condition
dt= 1.0* dx/ v;
```

```
x= xMin:dx:xMax;
sz= length(x);
u0= zeros(sz, 1);
u0((x>=0) & (x <= 10))= 1; % starting condition

t= 0:dt:T;
u= zeros(sz, length(t));
u(:, 1)= u0;

c0= v* dt/ dx;
c1= 1- v* dt/ dx;
A= eye(sz);

A= c0* A;

for k=1:length(t)-1
    u(:, k+1)= c1* u(:, k)+ A* u(:, k);

% Print out the results

    figure(1);
    plot(x, u(:, k));
    xlabel('space [1]');

    figure(2);
    imagesc(x, t, u');
    ylabel('time [s]');
    xlabel('space [1]');

end
```

### 4.4.3.3 Implizites Verfahren in der Zeit zur Lösung der Konvektionsgleichung

Zur Disretisierung der Konvektionsgleichung (4.49), (4.50), und (4.51) verwenden wir für die Zeit das Rückwärts-Verfahren und für den Raum das Rückwarts-Verfahren.

Wir haben somit die folgende Differenzengleichung in Raum und Zeit:

$$\partial_t^- C_j^n + a\partial_x^- C_j^n = 0, \tag{4.57}$$

wobei $C_j^n$ eine Approximation von $c(x_j, t_n)$ ist.

Weiter sind die Differenzenquotienten gegeben als:

$$\partial_t^- C_j^n = \frac{C_j^n - C_j^{n-1}}{\Delta t} \quad \text{Rückwärts-Verfahren (Zeit)}, \tag{4.58}$$

$$\partial_x^- C_j^n = \frac{C_j^n - C_{j-1}^n}{\Delta x} \quad \text{Rückwärts-Verfahren (Raum)}. \tag{4.59}$$

Nach dem Einsetzen der Differenzenquotienten in die Differenzengleichung (4.57) erhält man die diskreten Gleichungen:

$$C_j^n = C_j^{n-1} - a\frac{\Delta t}{\Delta x}(C_j^n - C_{j-1}^n), \ \text{ für } n \geq 0, \ j = 1, 2, \ldots, M, \tag{4.60}$$

und in der Operatorenschreibweise, d. h. eine Notation für ein lineares Gleichungssystem, erhält man dann:

$$BC^n = C^{n-1}, \tag{4.61}$$

$$B = \begin{pmatrix} (1+a\frac{\Delta t}{\Delta x}) & 0 & 0 & \ldots & 0 \\ -a\frac{\Delta t}{\Delta x} & (1+a\frac{\Delta t}{\Delta x}) & 0 & \ldots & 0 \\ 0 & -a\frac{\Delta t}{\Delta x} & (1+a\frac{\Delta t}{\Delta x}) & \ldots & 0 \\ \vdots & \ddots & \ddots & \ddots & \vdots \\ 0 & \ldots & 0 & -a\frac{\Delta t}{\Delta x} & (1+a\frac{\Delta t}{\Delta x}) \end{pmatrix},$$

mit $C^n = (C_1^n, \ldots, C_M^n)^t$.

Dabei ist nun zu beachten, dass man das lineare Gleichungssystem lösen muss, sprich beim impliziten Verfahren hat man noch einen weiteren Schritt, d. h. die Inversion der Matrix $B$ vorzunehmen. Man löst damit:

$$C^n = B^{-1}C^{n-1}. \tag{4.62}$$

**Bemerkung 4.7.** *Das Zeitdiskretisierungsverfahren wird auch Rückwärts-Euler genannt, es ist eine implizite Methode, wobei man nun eine Matrix-Inversion braucht, d. h. exakt oder iterativ, um die neue Lösung zu erhalten. Der Vorteil ist aber, dass man nun keine Beschränkung der Zeitschrittweite durch eine CFL (Courant-Friedrichs-Levy)-Bedingung hat. Bei der Raumdiskretisierung wird ebenfalls ein Upwind-Verfahren hergenommen, um mit dem Strömungsfluss zu diskretisieren.*

Wir haben dann folgenden Algorithmus 2 für das implizite Verfahren.

### 4.4.3.4 Diskussion: Explizite und implizite Zeitdiskretisierung für die Konvektionsgleichung

Durch das hyperbolische Verfalten der reinen Konvektionsgleichung hat man keine Dämpfung der Lösung, sprich hier muss man die Form der Lösung genau weitertransportieren.

---

**Algorithm 2** Konvektionsgleichung mit Rückwärts-Euler- und Upwind-Diskretisierung

---

1: **procedure** IMPLIZITES VERFAHREN($B, u_0$)
2:     $C^0 = (u_{0,1}, \ldots, u_{0,M})^t$, Initialisierung
3:     wobei $u_{0,j} = u_0(x_j)$, $j = 1, \ldots, M$
4:     $n = 1$
5:     **while** $n \neq N + 1$ (Berechung der Vorwärts-Schritte) **do**
6:        $C^n = B^{-1} C^{n-1}$
7:        $n = n + 1$
8:     **end while**
9: **end procedure**

---

Für diesen Fall sind die expliziten Zeitschrittverfahren prädestiniert, da sie die lokale Eigenschaft der Lösung auflösen können. Durch das implizite Verfahren hat man durch die Inversion mittels Matrix eine globale Eigenschaft und *verschmiert* die Lösung auf dem gesamten Gitter.

Im Folgenden werden die Vor-und Nachteile der verschiedenen Zeitschrittverfahren für die Konvektionsgleichung diskutiert:

- Explizite oder implizite Verfahren: Explizite Verfahren können die Charakteristiken besser auflösen, haben aber Zeitschrittweitenbeschränkung. Implizite Verfahren *verschmieren* die Charakteristik, da eine zusätzliche numerische Diffusion entsteht. Man hat aber keine Zeitschrittweitenbeschränkung.

- Nur mit der Kombination mit Diffusionstermen kann man die impliziten Verfahren anwenden, da man nun die numerische Diffusion in die Diskretisierung der Diffusion einbringen kann.

- Die expliziten Verfahren eignen sich besonders gut, hier muss man eben auf die Zeitschrittweitenbeschränkung achten. Insbesondere können flussbasierte-explizite Verfahren, die die Courantbedingung auf dem Gitter erfüllen, die Lösung genau auf das Gitter abbilden, vgl. [70]. Weiter gibt es auch sogenannte Charakteristikenverfahren, die die Konvektion mittels Charakteristiken rechnen und dann die Lösung auf das Gitter projizieren. vgl. [71].

## 4.5     Modellierung der Diffusionsgleichung

In unserem nächsten Modell nehmen wir an, dass eine ruhende Flüssigkeit (Fluid) in einem Kanal ist und wir eine Substanz (weitere Flüssigkeit oder Partikel) hinzugeben. Diese Substanz diffundiert dann durch diese Flüssigkeit mit einer Diffusionsrate $D$. Der Diffusionsprozess ist ein *Ausgleichsprozess*, d. h. er fließt von einer Region von höherer Konzentration zu einer Region mit niedrigerer Konzentration, z. B. ein Wärmetransport, vgl. Abb. 4.7.

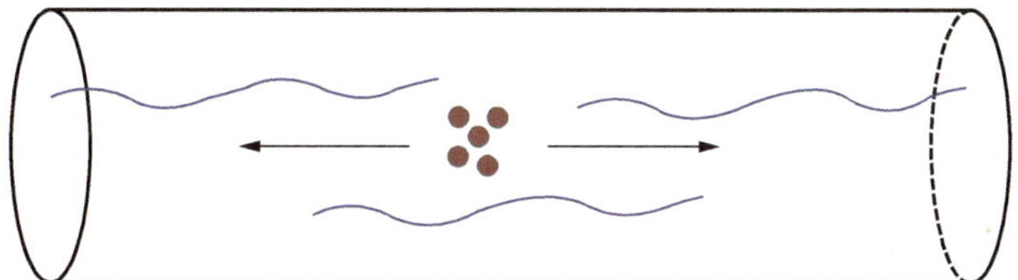

**Abb. 4.7**   Diffusionsprozess in einem ruhenden Medium mit Diffusionskoeffizient $D$ (Diffusion einer Substanz in einer Flüssigkeit)

Im Folgenden leiten wir die Diffusionsgleichung her. Dies wird mittels des Fick'schen Gesetz und der Erhaltung der Masse erreicht.

Es sei $c(x, t)$ die Konzentration zur Position $x$ und Zeit $t$, weiter sei $J$ die Teilchenstromdichte (Fluss).

Das erste Fick'sche Gesetz besagt, dass die Rate der Bewegung proportional zum Konzentrationsgradient ist, d. h. $J = -D\frac{\partial c}{\partial x}$.

Weiter sei die Masse $M$ gegeben im Intervall $[x_0, x_1]$ als:

$$M(t) = \int_{x_0}^{x_1} c(x, t)\, dx. \tag{4.63}$$

Wir haben weiter die Änderungsrate (Fluss) als:

$$\frac{dM}{dt} = \int_{x_0}^{x_1} c_t(x, t)\, dx. \tag{4.64}$$

Dies kann über das Fick'sche Gesetz durch eine Änderung des Ein- und des Ausflusses in das Gebiet bestimmt werden:

$$\frac{dM}{dt} = \text{flow in} - \text{flow out} = J(x_0) - J(x_1) = -Dc_x(x_0, t) + Dc_x(x_1, t), \tag{4.65}$$

wobei $D$ die Proportionalitätskonstante oder der Diffusionskoeffizient ist.

Man erhält durch Einsetzen der Konzentration die Gleichung:

$$\int_{x_0}^{x_1} c_t(x, t)\, dx = -Dc_x(x_0, t) + Dc_x(x_1, t). \tag{4.66}$$

Man differenziert weiter nach $x_1$ und erhält:

$$c_t(x_1, t) = Dc_{xx}(x_1, t). \tag{4.67}$$

Die Diffusionsgleichung erhält man dann dadurch, dass man o.B.d.A. $x_1 = x$ setzt.

Für einfache Randbedingungen, wie die Dirichlet-, Neumann-Randbedingung oder die periodische Randbedingung, gibt es auch analytische Lösungen der Diffusionsgleichung.

Wir haben folgende Diffusionsgleichung gegeben als:

$$c_t - D c_{xx} = 0, \quad (x, t) \in [0, 1] \times [0, T], \tag{4.68}$$

$$c(x, 0) = c_0(x), \quad x \in [0, 1], \tag{4.69}$$

$$c(0, t) = c(1, t) = 0, \quad t \in [0, T]. \tag{4.70}$$

Mittels Fourierkoeffizienten kann man eine analytische Lösung herleiten und erhält für dieses einfache Problem die Lösung:

$$c(x, t) = \sum_{j=1}^{\infty} a_j \exp(-(j\pi)^2 D) \sin(j\pi x), \tag{4.71}$$

$$a_j = 2 \int_0^1 c_0(x) \sin(j\pi x) dx. \tag{4.72}$$

In Abb. 4.8 haben wir die Lösungen der Diffusionsgleichungen mit unterschiedlicher Anzahl von Fourierkoeffizienten dargestellt. Je mehr man Koeffizienten nimmt, desto besser ist die Auflösung und Genauigkeit der Lösung.

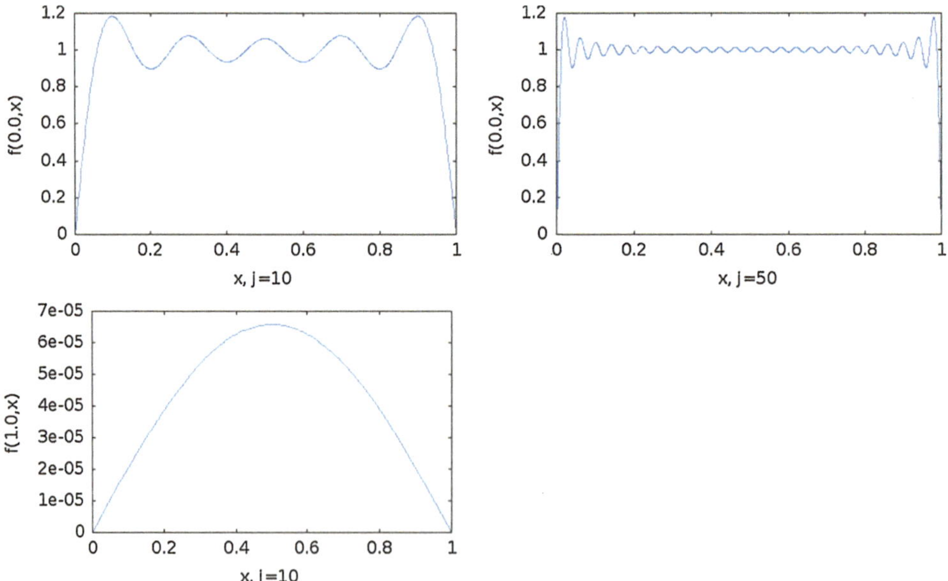

**Abb. 4.8** Analytische Lösung der Diffusionsgleichung mit Fourierreihenentwicklung

### 4.5.1   Numerische Verfahren zur Lösung der Diffusionsgleichung

Im Folgenden diskretisieren wir die Diffusionsgleichung mit finiten Differenzen. Dabei verwenden wir jeweils ein explizites und implizites Verfahren für die Zeitdiskretisierung und eine zweite Ordnungsdifferenz (Vorwärts- und Rückwartsdifferenz) für die Raumdiskretisierung.

#### 4.5.1.1 Explizites Verfahren in der Zeit zur Lösung der Diffusionsgleichung

Wir diskretisieren die Diffusionsgleichung mit dem Vorwärts-Euler-Verfahren in der Zeit und verwenden eine zweite Ordnungsdifferenz für den Raumterm. Wir haben in der Differenzenschreibweise folgende Differenzengleichung:

$$\partial_t^+ C_j^n - \partial_x^+ \partial_x^- C_j^n = 0, \;\; j = 1, \ldots, M, \;\; n = 0, 1, 2, \ldots, \tag{4.73}$$

$$C_j^0 = u_0(x_j), \;\; j = 0, 1, 2, \ldots, M, \tag{4.74}$$

$$C_0^n = C_M^n = 0, \;\; n \geq 0. \tag{4.75}$$

Man erhält die diskreten Gleichungen:

$$\frac{1}{\Delta t} \left( C_j^{n+1} - C_j^n \right) = \frac{1}{\Delta x^2} \left( C_{j-1}^n - 2C_j^n + C_{j+1}^n \right), \tag{4.76}$$

$$C_j^{n+1} = (1 - 2\lambda)C_j^n + \lambda C_{j-1}^n + \lambda C_{j+1}^n, \tag{4.77}$$

wobei $\lambda = \frac{\Delta t}{\Delta x^2}$ ist. Man hat nun die CFL-Bedingung, d. h. in der Diagonale der Diskretisierungsmatrix ist die Bedingung $1 - 2\lambda \geq 0$ einzuhalten. Damit hat man eine Beschränkung von $\lambda \leq \frac{1}{2}$, sprich die Zeitschrittweite ist beschränkt mit $\Delta t \leq \frac{1}{2}\Delta x^2$. Das Diskretisierungsverfahren ist damit stabil, vgl. [57].

Man hat nun, wie bei dem expliziten Verfahren bei der Konvektionsgleichung, ebenfalls nur ein sukzessives Multiplizieren mit der Diskretisierungsmatrix $A$ durchzuführen um zur nächsten Lösung zu kommen, d. h.:

$$C^{n+1} = AC^n, \tag{4.78}$$

$$A = \begin{pmatrix} 1-2\lambda & \lambda & 0 & \ldots & 0 \\ \lambda & 1-2\lambda & \lambda & \ldots & 0 \\ 0 & \lambda & 1-2\lambda & \ldots & 0 \\ \vdots & \ddots & \ddots & \ddots & \vdots \\ 0 & \ldots & 0 & \lambda & 1-2\lambda \end{pmatrix},$$

wobei $C^n = (C_1^n, \ldots, C_{M-1}^n)^t$ und $C_0^{n+1} = C_m^{n+1} = 0$ ist.

Für das explizite Verfahren hat man den Algorithmus 3.

---

**Algorithm 3** Diffusionsgleichung mit Vorwärts-Euler- und zweiter Ordnungsdifferenz-Verfahren

---

1: **procedure** EXPLIZITES VERFAHREN($A, u_0$)
2:     $C^0 = (u_{0,1}, \ldots, u_{0,M})^t$, Initialisierung
3:     wobei $u_{0,j} = u_0(x_j)$, $j = 1, \ldots, M$
4:     $n = 0$
5:     **while** $n \neq N + 1$ (Berechung der Vorwärts-Schritte) **do**
6:         $C^{n+1} = A C^n$
7:         $n = n + 1$
8:     **end while**
9: **end procedure**

---

### 4.5.1.2 Implizites Verfahren in der Zeit zur Lösung der Diffusionsgleichung

Eine effizientere Diskretisierung für die Diffusionsgleichung wird mit dem Rückwärts-Euler-Verfahren in der Zeit und einer zweiten Ordnungsdifferenz für den Raumterm erreicht. Man kann zeigen, dass die CFL-Bedingung für die Stabilität des Verfahrens nicht nötig ist, vgl. [57]. Wir diskretisieren die Diffusionsgleichung mit dem Rückwärts-Euler-Verfahren in der Zeit und verwenden eine zweite Ordnungsdifferenz für den Raumterm. Wir haben in der Differenzenschreibweise folgende Differenzengleichung:

$$\partial_t^* C_j^{n+1} - \partial_x^+ \partial_x^- C_j^{n+1} = 0, \ j = 1, \ldots, M-1, \ n = 0, 1, 2, \ldots, \qquad (4.79)$$

$$C_j^0 = u_0(x_j), \ j = 0, 1, 2, \ldots, M, \qquad (4.80)$$

$$C_0^n = C_M^n = 0, \ n \geq 0. \qquad (4.81)$$

Man erhält die diskreten Gleichungen:

$$C_j^{n+1} - \frac{\Delta t}{\Delta x^2}(C_{j-1}^{n+1} - 2C_j^{n+1} + C_{j+1}^{n+1}) = C_j^n. \qquad (4.82)$$

Man muss nun aufgrund des Backward-Verfahrens (implizites Verfahren) ein lineares Gleichungssystem lösen, das gegeben ist mit:

$$AC^{n+1} = C^n, \qquad (4.83)$$

$$A = \begin{pmatrix} 1+2\lambda & -\lambda & 0 & \ldots & 0 \\ -\lambda & 1+2\lambda & -\lambda & \ldots & 0 \\ 0 & -\lambda & 1+2\lambda & \ldots & 0 \\ \vdots & \ddots & \ddots & \ddots & \vdots \\ 0 & \ldots & 0 & -\lambda & 1+2\lambda \end{pmatrix},$$

wobei $C^n = (C_1^n, \ldots, C_{M-1}^n)^t$ und $C_0^{n+1} = C_m^{n+1} = 0$ ist.

Wir haben nun für das implizite Verfahren den Algorithmus 4.

---

**Algorithm 4** Diffusionsgleichung mit Rückwärts-Euler- und zweiter Ordnungsdifferenz-Verfahren

---

```
1: procedure IMPLIZITES VERFAHREN(B, u_0)
2:     C^0 = (u_{0,1}, ..., u_{0,M})^t, Initialisierung
3:       wobei u_{0,j} = u_0(x_j),  j = 1, ..., M
4:     n = 1
5:     while n ≠ N + 1 (Berechung der Vorwärts-Schritte) do
6:         C^n = B^{-1} C^{n-1}
7:         n = n + 1
8:     end while
9: end procedure
```

---

### 4.5.2  Umsetzen der Diffusionsgleichung in einen MATLAB® Algorithmus

Als nächster wichtiger Schritt steht nun die Implementierung des Algorithmus in das MATLAB®-Softwarepaket an. Nachfolgend ist das MATLAB®-Programm für die Lösung der Diffusionsgleichung gegeben.

```matlab
%% Diffusion equation written with K. Bartecki
%% backward differences for time-discretization,
%% second order difference for spatial-discretization

% constants altered by the user
D= 0.1;
T= 10; % simulation time
l= 10; % space goes from 0 to l (length)
dx= 0.1; % spatial discretization
dt= 0.1; % time discretization via CFL condition

x= 0: dx: l;
t= 0:dt:T;
u0= zeros(1, length(x));
u0((x <= 5.5) & (x >= 4.5))= 1; % initial condition


%% calculations
u= zeros(length(t), length(x)); % space calculation
u(1, :)= u0; % plugging in the intial condition
```

```
A= eye(length(x));
B= [A(2:end, :); zeros(1, length(x))];
B= B+ [zeros(1, length(x)); A(1:end-1, :)];
B= -B+ 2* A;
B= B* D* dt/ dx/ dx;
B= B+ A;
Binv= inv(B);

for k=2:length(t)
    u(k, :)= u(k-1,:)* Binv';

    figure(1);
    plot(x, u(k,:));
    ylim([0 1]);

    figure(2);
    imagesc(x, t, u);
    xlabel('space');
    ylabel time

    pause(0.05);
end
```

### 4.5.2.1 Diskussion: Explizite und implizite Zeitdiskretisierung bei der Diffusionsgleichung

Durch das parabolische Verhalten der Diffusionsgleichung hat man eine starke Dämpfung der Lösung, d. h. hier diffundiert die Lösung, bzw. ein steiler Anfangsimpuls (z. B. ein Rechtecksimpuls) wird zu einem glatten Impuls *verschmiert*. Für diesen Fall sind die impliziten Zeitschrittverfahren prädestiniert, da sie eine globale Eigenschaft mitbringen und a-priori die Lösung glätten, vgl. [38].

Nachfolgend werden die einzelnen Verfahren, die wir zur numerischen Lösung der Diffusionsgleichung vorgeschlagen haben, diskutiert und bewertet.

- Explizite oder implizite Zeitschrittverfahren: Implizite Verfahren sind besser geeignet, da eine Zeitkontrolle entfällt und die glättende Eigenschaft durch den impliziten Löser unterstützt wird. Explizite Zeitschrittverfahren sind dagegen weniger effektiv, da sie eine Zeitschrittbeschränkung haben und eine schärfende Eigenschaft für die Lösung nicht notwendig ist.
- Diffusion ist nicht *aufsteilend*, d. h. die Lösung wird zu späteren Zeitpunkten glatter und ein implizites Verfahren ist damit prädestiniert. Weiter ist auch eine bessere Effizienz durch größere Zeitschritte gegeben.

- Oft tretten weder die Diffusion noch die Konvektion alleine auf. Deshalb ist es wichtig bei einer Mischung der beiden Prozesse eine optimale Kombination zwischen dem Konvektiven-Löser (explizites Verfahren) und dem Diffusiven-Löser (implizites Verfahren) zu erreichen, vgl. [49] und [53].

## 4.6  Modellierung der Reaktiongleichung

Im Folgenden diskutieren wir die Reaktionsgleichungen, die im Bereich der Modellierung von Stoffumwandlungen verwendet werden, vgl. [84] und [85].

Dabei hat man solche Stoffumwandlungen in chemischen, radioaktiven oder biologischen Prozessen. Wir wollen uns im Folgenden auf chemische Reaktionsgleichungen beschränken.

Nachfolgend wollen wir eine chemische Reaktion in der Definition (4.2) beschreiben.

**Definition 4.2.** Eine chemischen Reaktion ist eine Umsetzung von Edukten in Produkten. Diese können sich von ihren chemische Eigenschaften unterscheiden. Edukte und Produkte reagieren in Mengenverhältnissen zueinander und werden mit stöchiometrischen Faktoren angegeben. Jede chemische Reaktion läuft mit einer Reaktionsgeschwindigkeit ab, die sich je nach Reaktionsbedingungen ändert.

Wir können vereinfacht sagen, dass wir zu jeder chemischen Reaktion eine Reaktionsgleichung aufstellen können.

Für zwei Edukte und zwei Produkte haben wir folgende chemische Reaktionsgleichung:

$$aA + bB \rightarrow cC + dD \tag{4.84}$$

$a, b, c, d$ sind dabei die stöchiometrischen Faktoren. $A$, $B$ werden dabei als Edukte und $C$, $D$ als Produkte bezeichnet.

### 4.6.1  Zeitgesetz der Reaktionen

Für die Edukt- oder Produktkonzentrationen, die in der Reaktionsgleichung (4.84) angegeben sind, kann man eine Gleichung aufstellen.

Falls wir die Spezies $A$ hernehmen, haben wir die Gleichung:

$$-\frac{\partial c_A}{\partial t} = k(t)c_A^{\alpha} c_B^{\beta} = r(t), \tag{4.85}$$

wobei $k$ die Reaktionsgeschwindigkeit ist und $\alpha$, $\beta$ die Reaktionsordnungen sind. Weiter ist $c_A$ die Konzentration von $A$ und $c_B$ die Konzentration von $B$.

**Tab. 4.1** Typische Reaktionsgeschwindigkeiten bei chemischen Prozessen

| Art des Prozesses | Reaktionsgeschwindigkeit |
| --- | --- |
| Geologische Prozesse (z. B. radioaktive Prozesse) | sehr langsam ($[d] - [ka]$) |
| Reaktionsprozesse in der org. und anorg. Chemie | mittel ($[ms] - [h]$) |
| Reaktionsprozesse zwischen Ionen | sehr schnell ($[ns] - [s]$) |
| Prozesse im Bereich der Enzyme | sehr schnell ($[ns] - [\mu s]$) |
| Intermolekulare Prozesse | extrem schnell ($[fs] - [ns]$) |

Weiter haben wir nun das Zeitgesetz, das alle Konzentrationsänderungen in einen Zusammenhang setzt, im Folgenden angegeben:

$$-\frac{1}{a}\frac{\partial c_A}{\partial t} = -\frac{1}{b}\frac{\partial c_B}{\partial t} = \frac{1}{c}\frac{\partial c_C}{\partial t} = \frac{1}{d}\frac{\partial c_D}{\partial t}. \tag{4.86}$$

Bei den chemischen Reaktionen für unterschiedliche Prozesse hat man auch unterschiedliche Zeitskalen, so dass man wiederum Multiskalenmethoden bei verschiedenen Prozessen anwenden muss. In der folgenden Tab. 4.1 sind die Prozesse und ihre Geschwindigkeiten angegeben.

Bei der Reaktionskinetik haben wir folgende verschiedene Reaktionen, vgl. [85].

1. Irreversible Reaktionen (d. h. Reaktion nur in eine Richtung):
   - Nullte Ordnung (diese Reaktionen sind unabhängig von den Eduktkonzentrationen): Die Reaktionsgleichung ist gegeben mit $A \rightarrow$ Produkt und als kinetische Gleichung gegeben mit:

$$-\frac{\partial c_A}{\partial t} = k. \tag{4.87}$$

   Beispiele sind katalysierte Reaktionen mit limitierten Reaktionsraten, z. B. Katalysatoroberflächen.
   - Erste Ordnung (diese Reaktionen sind nur linear abhängig von den Edukten): Die Reaktionsgleichung ist angegeben mit $A \rightarrow$ Produkt und als kinetische Gleichung gegeben mit:

$$-\frac{\partial c_A}{\partial t} = kc_A. \tag{4.88}$$

   Beispiele sind der radioaktive Zerfall, Isomerisierungsreaktionen und Reaktionen die nur von einer Konzentration des Stoffes abhängig sind.
   - Zweite Ordnung (diese Reaktionen sind nichtlinear und von mehreren Edukten abhängig):

Die Reaktionsgleichung ist angegeben mit $A + B \rightarrow$ Produkt und als kinetische Gleichung gegeben mit:

$$-\frac{\partial c_A}{\partial t} = k c_A c_B. \tag{4.89}$$

Beispiele sind bimolekulare Elementarreaktionen, z. B. Elementarreaktion von Kohlenmonoxid.

- Konsekutive irreversible Reaktion (diese Reaktionen werden nacheinander ausgeführt):

Die Reaktionsgleichung ist angegeben mit $A \xrightarrow{k_1} B \xrightarrow{k_2} C$ und als kinetische Gleichungen gegeben mit:

$$\frac{\partial c_A}{\partial t} = -k_1 c_A, \quad \frac{\partial c_B}{\partial t} = k_1 c_A - k_2 c_B, \quad \frac{\partial c_C}{\partial t} = k_2 c_B. \tag{4.90}$$

Beispiele sind der radioaktive Zerfall der Uran-Reihe (erste Ordnung) oder bimolekulare Elementarreaktionen bei Präkursorgasen (zweite Ordnung), vgl. [36].

2. Reversible Reaktionen (d. h. Reaktionen in beide Richtungen)

- Erste Ordnung (diese Reaktionen gehen in beide Richtungen sind nur linear abhängig):

Die Reaktionsgleichung ist angegeben mit $A \underset{k_{21}}{\overset{k_{12}}{\rightleftharpoons}} B$ und als kinetische Gleichung gegeben mit

$$\frac{\partial c_A}{\partial t} = -k_{12} c_A + k_{21} c_B, \tag{4.91}$$

$$\frac{\partial c_B}{\partial t} = k_{12} c_A - k_{21} c_B, \tag{4.92}$$

wobei die Reaktion so lange abläuft, bis man das Gleichgewicht $K = \frac{k_{12}}{k_{21}} = \frac{\overline{c_B}}{c_A}$ erhält.

Beispiele sind Reaktionen bei Stereoisomere (z. B. cis-trans-Isomerisierung) und Ringöffnungsreaktionen.

- Zweite Ordnung (diese Reaktionen gehen in beide Richtungen und sind nichtlinear abhängig):

Die Reaktionsgleichung ist angegeben mit $A + B \underset{k_{21}}{\overset{k_{12}}{\rightleftharpoons}} C + D$ und als kinetische Gleichung gegeben mit:

$$-\frac{\partial c_A}{\partial t} = k_{12} c_A c_B - k_{21} c_C c_D, \tag{4.93}$$

wobei die Reaktion so lange abläuft, bis man das Gleichgewicht $-\frac{\partial c_A}{\partial t} = 0$ erhält. Beispiele sind nichtlineare Reaktionen bei Stereoisomeren (z. B. cis-trans-Isomerisierung) und komplexe Ringöffnungsreaktionen.

- Konsekutive reversible Reaktion (diese Reaktionen werden nacheinander ausgeführt und sind linear oder nichlinear):

  Die Reaktionsgleichung ist angegeben mit $A \underset{k_{21}}{\overset{k_{12}}{\rightleftharpoons}} B \underset{k_{23}}{\overset{k_{32}}{\rightleftharpoons}} C$ und als kinetische Gleichungen gegeben mit:

$$\frac{\partial c_A}{\partial t} = -k_{12}c_A + k_{21}c_B, \tag{4.94}$$

$$\frac{\partial c_B}{\partial t} = k_{12}c_A - (k_{21} + k_{23})c_B + k_{32}c_C, \tag{4.95}$$

$$\frac{\partial c_C}{\partial t} = k_{23}c_B - k_{32}c_C, \tag{4.96}$$

wobei die Reaktion solange abläuft, bis sich das Gleichgewicht mit $\frac{\partial}{\partial t}(c_A + c_B + c_C) = 0$ eingestellt hat.

Beispiele sind allgemeine bimolekulare Reaktionen mit Rückreaktion, vgl. [85].

Im Folgenden besprechen wir die Lösungsverfahren, mit denen man die Reaktionsgleichungen analytisch oder numerisch lösen kann.

## 4.6.2 Lösungsverfahren für gewöhnliche Differentialgleichungen

Zur Lösung von gewöhnlichen Differentialgleichungen kann man analytische oder numerische Lösungsverfahren hernehmen.

Dabei kann man nur für spezielle gewöhnliche Differentialgleichungen analytische Lösungen finden, die meisten gewöhnlichen Differentialgleichungen müssen mit numerischen Verfahren gelöst werden, vgl. [47] und [79].

### 4.6.2.1 Charakterisierung von gewöhnlichen Differentialgleichungen

Die gewöhnliche Differentialgleichung ist gegeben als:

$$F(t, y, y', \ldots, y^{(n)}) = 0, \tag{4.97}$$

mit der Funktion $F : \Omega \to \mathbb{R}^m$ mit $\Omega \subset \mathbb{R}^{n+2}$.

Wir können diese wie folgt charakterisieren:

- Ordnung der Differentialgleichung: Die Ordnung einer gewöhnlichen Differentialgleichung ist die höchste Ableitungsordnung, die man in der Gleichung hat.

**Beispiel 4.8.** *Die Gleichung*

$$y'' + ay = 0, \tag{4.98}$$

*hat die Ordnung 2.*

Es lassen sich Differentialgleichungen höherer Ordnung zu Systemen von Differential-gleichungen erster Ordnung transformieren, vgl. [2] und [47].

- Skalare Differentialgleichungen oder Systeme von Differentialgleichungen:
  Ein System von Differentialgleichungen liegt vor, wenn man eine Funktion $F:\Omega \to \mathbb{R}^{\tilde{m}}$ mit $\tilde{m} \geq 2$ hat. Hier hat man mehrere Gleichungen, ansonsten hat man nur eine Differentialgleichung (skalare DGL).

**Beispiel 4.9.** *Die Differentialgleichung*

$$y_1' = a_{11}y_1 + a_{12}y_2, \tag{4.99}$$

$$y_2' = a_{21}y_1 + a_{22}y_2, \tag{4.100}$$

*ist ein System von Differentialgleichungen mit der Dimension 2.*

- Explizite oder implizite Differentialgleichungen:
  Falls man eine gewöhnliche Differentialgleichung nach der höchsten Ableitungsord-nung auflösen kann, ist sie explizit, ansonsten implizit.

**Beispiel 4.10.** *Die Gleichung*

$$F\left(t, y, y', \ldots, y^{(n)}\right) = 0 \Leftrightarrow y^{(n)} = F\left(t, y, y', \ldots, y^{(n-1)}\right), \tag{4.101}$$

*ist eine explizite Differentialgleichung der Ordnung n.*

- Lineare oder nichtlineare gewöhnliche Differentialgleichungen:
  Eine gewöhnliche Differentialgleichung ist linear, falls $F$ linear in $y, y', \ldots, y^{(n)}$ ist, andernfalls ist sie nichtlinear.

**Beispiel 4.11.** *Die Gleichung*

$$y' = f(t)y + g(t)y^{\alpha}, \tag{4.102}$$

*mit $\alpha \neq 1$ ist eine nichtlineare Differentialgleichung, hier haben wir eine Bernoul-li'sche Differentialgleichung, vgl. [47].*

- Homogene oder inhomogene gewöhnliche Differentialgleichungen:
  Eine gewöhnliche Differentialgleichung ist homogen, falls $F$ nicht von $t$ abhängt, d. h.
  $F(t, y, y', \ldots, y^{(n)}) = \tilde{F}(y, y', \ldots, y^{(n)})$, ansonsten ist sie inhomogen.

**Beispiel 4.12.** *Die nachfolgenden Differentialgleichungen sind charakterisiert als:*

$$y'' + ay = \sin(x), \text{ ist eine inhomogen DGL}, \tag{4.103}$$

$$y'' + ay = 0, \text{ ist eine homogene DGL}, \tag{4.104}$$

*wobei $a \in \mathbb{R}$ eine Konstante ist.*

In unseren Anwendungen haben wir Reaktionsgleichungen, die Systeme von gewöhnlichen Differentialgleichungen sind, d. h. man hat die DGLen:

$$\begin{aligned}
y_1' &= f_1(t, y_1, \ldots, y_n), \\
&\vdots \\
y_n' &= f_n(t, y_1, \ldots, y_n),
\end{aligned} \tag{4.105}$$

wobei die Anfangsbedingungen als $(y_1(0), \ldots, y_n(0))^t = (y_{1,0}, \ldots, y_{n,0})^t$ gegeben sind und die Funktion $F = (f_1, \ldots, f_n) : \Omega \to \mathbb{R}^n$ mit $\Omega \subset \mathbb{R}^{n+2}$ definiert ist.

### 4.6.2.2 Analytische Lösungsverfahren

Im Bereich der analytischen Lösungsverfahren für ein System von gewöhnlichen Differentialgleichungen (4.105) nehmen wir an, o.B.a.A, dass wir ein lineares Reaktionssystem mit konstanten Koeffizienten haben.

Wir haben dann folgende vereinfachte Differentialgleichung:

$$\begin{aligned}
y_1' &= a_{11}y_1 + \ldots + a_{1n}y_n + g_1(t), \\
&\vdots \\
y_n' &= a_{n1}y_1 + \ldots + a_{nn}y_n + g_n(t),
\end{aligned} \tag{4.106}$$

wobei die Anfangsbedingungen $(y_1(0), \ldots, y_n(0))^t = (y_{1,0}, \ldots, y_{n,0})^t$ sind.

Wir schreiben das inhomogene System (4.106) in einer Matrix-Vektor-Notation und erhalten:

$$\mathbf{y}' = A\mathbf{y} + \mathbf{g}(t). \tag{4.107}$$

$$\text{mit } A = \begin{pmatrix} a_{11} & \ldots & a_{1,n} \\ \vdots & \ddots & \vdots \\ a_{n1} & \ldots & a_{n,n} \end{pmatrix} \text{ und } \mathbf{g} = (g_1, \ldots, g_n)^t.$$

Dabei ist das homogene System gegeben als:

$$\mathbf{y}' = A\mathbf{y}. \tag{4.108}$$

Die Lösung kann dann mittels Variation der Konstanten, vgl. [47], berechnet werden.

- Das homogene System hat die Lösung:

$$\mathbf{y} = \exp(A(t - t_0))\mathbf{y_0}(t). \tag{4.109}$$

- Das inhomogene System hat die Lösung:

$$\mathbf{y} = \exp(A(t - t_0))\mathbf{y_0}(t) + \int_0^t \exp(A(t - \tau))\mathbf{g}(\tau)d\tau. \tag{4.110}$$

**Beispiel 4.13.** *Die skalare gewöhnliche Differentialgleichung*

$$y' = \lambda y + g(t), \tag{4.111}$$

$$y(t_0) = y_0, \tag{4.112}$$

*hat die Lösung*

$$y = \exp(\lambda t)y_0 + \int_0^t \exp(\lambda(t - \tau))g(\tau)d\tau. \tag{4.113}$$

### 4.6.2.3 Numerische Verfahren für die Reaktionsgleichung

Für kompliziertere und nichtlineare Systeme von gewöhnlichen Differentialgleichungen der ersten Ordnung verwendet man numerische Verfahren. Hier hat man im Allgemeinen keine analytischen Lösungen mehr zur Verfügung, vgl. [47] und [66].

Wir verwenden folgende numerische Verfahren zur Lösung für die nichtlinearen Gleichungssysteme:

1) Einschrittmethoden (Informationen des aktuellen Zeitschrittes werden verwendet):
   - Eulersches Polygonzugverfahren,
   - Verbessertes Polygonzugverfahren: Trapezmethoden,
   - Runge-Kutta-Verfahren: Familie von Einschrittverfahren von höherer Fehlerordnung.

2) Mehrschrittverfahren (Informationen der letzten Zeitschritte werden verwendet).

3) Spezial-Verfahren für kinetische Gleichungen, die z. B. bestimmte Eigenschaften erhalten. Zum Beispiel hat man hier symplektische Integrationsverfahren, die die Erhaltung von dynamischen Invarianten gewährleisten, vgl. [14] und [46].

Im Folgenden betrachten wir das Anfangswertproblem für ein nichtlineares System von Differentialgleichungen erster Ordnung:

$$y' = f(t, y), \ f : I \times \mathbb{R}^m \to \mathbb{R}^m, \tag{4.114}$$

$$y(t_0) = y_0, \ t_0 \in I, \tag{4.115}$$

wobei $I = [t_0, t_e]$ mit $t_0 < t_e$ und $t_0, t_e \in \mathbb{R}^+$ ist.

Dabei setzten wir folgende Annahme 4.14 voraus.

**Annahme 4.14.** *Es gelte stets:*

$$\forall \varepsilon \geq 0, \exists \delta \geq 0, \forall (t_0, y_0), (t, y) \in I \times \mathbb{R}^m : ||f(t, y) - f(t_0, y_0)|| \leq \varepsilon, \tag{4.116}$$

$$\textit{für } ||t - t_0|| \leq \delta \textit{ und } ||y - y_0|| \leq \delta, \ (f \textit{ ist stetig}),$$

$$\exists L \geq 0 : \forall t \in I, \forall y_1, y_2 \in \mathbb{R}^m : ||f(t, y_1) - f(t, y_2)|| \leq L||y_1 - y_2||, \tag{4.117}$$

$$(f \textit{ ist Lipschitz-stetig}).$$

**Satz 4.15.** *Unter der Annahme 4.14 besitzt* (4.114) *genau eine Lösung* $y \in C^1(I)$ *(Existenz und Eindeutigkeit einer Lösung der DGL 1-ter Ordnung).*

Im Folgenden erläutern wir die einfacheren Einschrittverfahren für das Verständnis und diskutieren die Erweiterung zu Runge-Kutta-Verfahren von höherer Ordnung. Hierbei haben wir die Möglichkeit auf sogenannte *Built-in* Funktionen, d. h. man hat fertige Löser für GDGLen, wie z. B. in MATLAB® die Funktionen *ode23* oder *ode45*. Diese Funktionen haben dann Löser, die höhere Ordnungsverfahren sind und damit eine höhere Genauigkeit erreichen, vgl. [61] und [76].

### 4.6.2.4 Explizites Eulerverfahren

Das explizite Eulerverfahren ist das einfachste Verfahren zur numerischen Lösung von Differentialgleichungen. Dabei nimmt man an, dass die Tangente mittels Sekante approximiert wird, vgl. Abb. 4.9.

Wir nehmen folgendes System einer gewöhnlichen Differentialgleichung von erste Ordnung an:

$$y' = f(t, y), \ y(t_0) = y_0, \tag{4.118}$$

dabei wird die rechte Seite durch die Approximation:

$$\int_{t_m}^{t_{m+1}} f(t, y(t))dt \approx \Delta t \, f(t, y(t_m)), \tag{4.119}$$

**Abb. 4.9** Explizites
Eulerverfahren: Tangente in
$t_m, u_m$

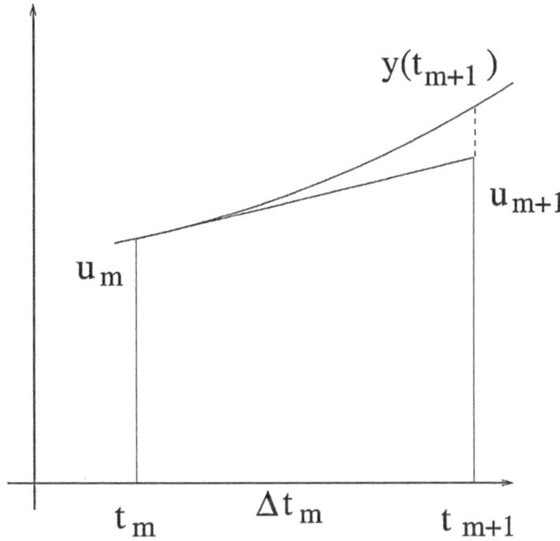


angenähert und wir erhalten das numerischen Verfahren:

$$u_1 = u_0 + \Delta t \; f(t_0, u_0),$$
$$\vdots$$
$$u_{m+1} = u_m + \Delta t \; f(t_m, u_m),$$

(4.120)

wobei $u_0 = y(t_0)$ ist.

Mittels sukzessiven Einsetzens kommt man zur Lösung im nächsten Zeitpunkt.

Das Verfahren ist ein einfaches Diskretisierungsverfahren und wird im Folgenden erläutert.

### 4.6.2.5 Diskretisierungsverfahren für gewöhnliche Differentialgleichungen

Ein Diskretisierungsverfahren besteht aus zwei Komponenten:

- einem Gitter, bzw. einem finitem Gebiet,
- und einem Verfahren, das die Lösung an den diskreten Punkten annähert.

Dies ist im Folgenden beschrieben.

Man führt auf dem betrachtenden Intervall $I = [t_0, t_e]$ (Kontinuum) ein Punktgitter ein mit

$$t_0 < t_1 \ldots, t_N = t_e,$$

(4.121)

wobei man $I_h = \{t_0, t_1, \ldots, t_N\} \subset I$ und die Schrittweiten $\Delta t_m = t_{m+1} - t_m$ hat.

Ausgehend von dem Anfangspunkt $y(t_0)$ berechnet man sukzessive die Näherungen $u_m = u_{\Delta t}(t_m)$ an den diskreten Punkten:

$$u_0 = y(t_0) \to u_1 \to u_2 \to \ldots \to u_N. \tag{4.122}$$

Für die Lösung $y(t)$ von (4.118) sucht man eine Näherungslösung $u_{\Delta t}(t) : I_h \to \mathbb{R}^N$. Dabei spricht man dann von einem Diskretisierungsverfahren.

**Beispiel 4.16.** *Wir haben folgende Beispiele von einfachen Diskretisierungsverfahren, die auf der Idee der Euler'schen Polygonzugverfahren basieren.*

*1. Explizites Eulerverfahren:*

$$\frac{y(t_{m+1}) - y(t_m)}{\Delta t} = f(t_m, y(t_m)) + \mathcal{O}(\Delta t), \tag{4.123}$$

*wobei man $\int_{t_m}^{t_{m+1}} f(t, y(t)) \, dt \approx \Delta t_m f(t_m, y(t_m))$ und die globale Ordnung $\mathcal{O}(\Delta t)$ hat, wobei $\mathcal{O}(\Delta t) = C \Delta t$ mit $C = \max_{t \in [t_m, t_{m+1}]} y''(t)$ gilt.*
*2. Implizites Eulerverfahren:*

$$u_{m+1} = u_m + \Delta t_m \; f(t_{m+1}, u_{m+1}), \tag{4.124}$$

*wobei man $\int_{t_m}^{t_{m+1}} f(t, y(t)) \, dt \approx \Delta t_m \; f(t_{m+1}, y(t_{m+1}))$ und die globale Ordnung $\mathcal{O}(\Delta t)$ hat. Hier hat man ebenfalls einen globalen Diskretisierungsfehler von erster Ordnung.*
*3. Trapezmethode (expl. und implizites Eulerverfahren)*

$$u_{m+1} = u_m + \frac{\Delta t_m}{2} \left( f(t_m, u(t_m)) + f(t_{m+1}, u(t_{m+1})) \right), \tag{4.125}$$

*wobei man $\int_{t_m}^{t_{m+1}} f(t, y(t)) \, dt \approx \frac{\Delta t_m}{2} \left( f(t_m, u(t_m)) + f(t_{m+1}, u(t_{m+1})) \right)$ und die globale Ordnung $\mathcal{O}(\Delta t^2)$ hat. Hier hat man einen globalen Diskretisierungsfehler von zweiter Ordnung, es ist eine Mischung von explizitem und implizitem Euler-Verfahren.*

### 4.6.2.6 Lokaler Diskretisierungsfehler und Konsistenzordnung

Weiter ist es wichtig, den Diskretisierungsfehler für die numerischen Verfahren zu ermitteln.

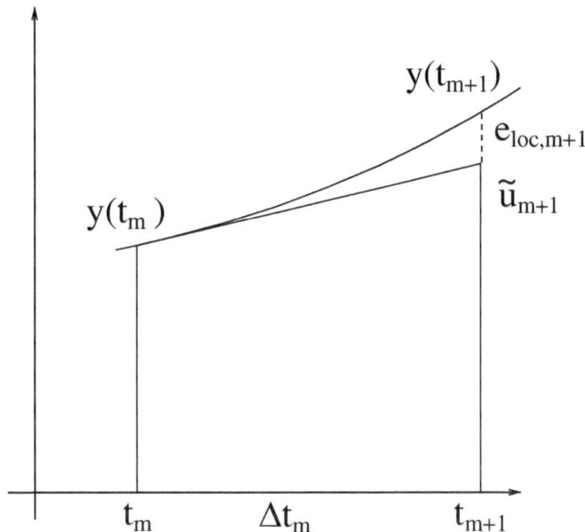

**Abb. 4.10** Lokaler Diskretisierungsfehler des Einschrittverfahrens



Bei den Euler'schen Polygonzugverfahren kann man dazu die Taylorreihenentwicklung hernehmen. Der Diskretisierungsfehler lässt sich dann als Abbruchfehler mittels der Taylerreihenentwicklung darstellen:

$$y(t_{m+1}) = y(t_m) + \Delta t \; y'(t_m) + \frac{1}{2!}\Delta t^2 y''(t_m) + \ldots, \tag{4.126}$$

$$y(t_{m+1}) = y(t_m) + \Delta t \; f(t_m, y(t_m)) + \frac{1}{2!}\Delta t^2 (f' + f_y f)(t_m, y(t_m)) + \ldots,$$

falls man hier nach dem zweiten Term abbricht, hat man einen lokalen Fehler der Ordnung 2 und einen globalen Fehler der Ordnung 1, z. B. das explizite oder implizite Euler-Verfahren.

Der lokale Diskretisierungsfehler ist für das explizite Eulerverfahren in Abb. 4.10 dargestellt.

**Definition 4.3.** Sei $y(t)$ die exakte Lösung des Anfangswertproblems (4.118) und $u_{m+1}$ die Lösung vom Einschrittverfahren mit Startwert $y(t_m)$, dann haben wir den lokalen Diskretisierungsfehler:

$$e_{loc,m+1} = y(t_{m+1}) - \tilde{u}_{m+1}, \; m = 0, \ldots, N-1, \tag{4.127}$$

an der Stelle $t_{m+1}$.

**Definition 4.4.** Das Einschrittverfahren besitzt die Konsistenzordnung $p$, wenn für genügend oft stetig differenzierbare Lösungen $y(t)$ von (4.118) gilt:

$$\max_{t \in I_{\Delta t}} ||e_{loc}(t + \Delta t)|| \leq C \ \Delta t^{p+1}, \forall \Delta t \in (0, \Delta t_0], \tag{4.128}$$

mit einer unabhängigen Konstanten $C$ von $\Delta t$.

Weiter ist es nun wichtig, dass wir die lokalen Fehler addieren, damit wir am Ende den globalen Fehler des Diskretisierungsverfahrens erhalten.

### 4.6.3   Globaler Diskretisierungsfehler und Konvergenz

In Abb. 4.11 ist der globale Diskretisierungsfehler des expliziten Eulerverfahrens dargestellt. Er ergibt sich über die Addition der lokalen Fehler.

Der globale Diskretisierungsfehler ist in Satz 4.17 angegeben.

**Satz 4.17.** *Sei $y(t)$ die exakte Lösung des Anfangswertproblems (4.118) und $f$ sei stetig und Lipschitz-stetig, vgl. Annahme 4.14. Ferner haben wir den lokalen Diskretisierungsfehler (4.127).*

*Dann erhält man den globalen Diskretisierungsfehler:*

$$||e_{\Delta t}(t)|| \leq \frac{C}{L}(\exp(L(t - t_0)) - 1) \ \Delta t^p, \ t \in I_h. \tag{4.129}$$

Die Konvergenzordnung ergibt sich aus der Folgerung 4.18.

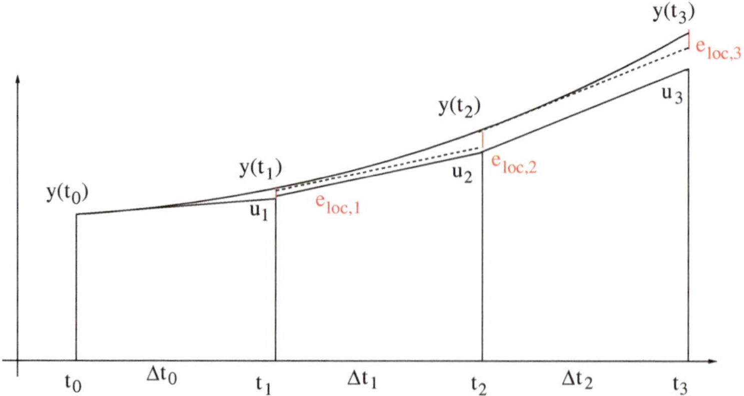


**Abb. 4.11**   Globaler Diskretisierungsfehler des Einschrittverfahrens, d. h. die lokalen Fehler werden aufaddiert mit $e_{\Delta t}(t_N) = \sum_{i=1}^{N} e_{loc}(t_i)$

**Folgerung 4.18.** *Es sei $f$ stetig und Lipschitz-stetig mit Konstante L, vgl. Annahme 4.14. Dann gilt bei dem Einschrittverfahren, dass die Konsistenzordnung $p = $ die Konvergenzordnung $p$ ist.*

### 4.6.3.1 Explizite Runge-Kutta-Verfahren

Verbesserte numerische verfahren zur Lösung von gewöhnlichen Differentialgleichungen sind Runge-Kutta-Verfahren. Dabei kann man explizite Verfahren für nichtsteife Probleme und implizite Verfahren für steife Problem verwenden.

Wir führen diese Verfahren wie folgt ein und konzentrieren uns auf die expliziten Verfahren.

- RK-Verfahren sind spezielle Einschrittverfahren, die in jedem Schritt die rechte Seite $f(t, y)$ mehrmals verwenden, um die Zwischenergebnisse zu kombinieren und ein Verfahren höherer Genauigkeit konstruieren.
- Hilfsmittel zur Herleitung sind die Taylorreihenentwicklung der exakten Lösung und die numerische Annäherung.

In Abb. 4.12 ist die Konstruktionsidee eines RK-Verfahrens von 2-ter Ordnung dargestellt.

### 4.6.3.2 Explizite s-stufige Runge-Kutta-Verfahren

Die expliziten s-stufigen Runge-Kutta-Verfahren sind in der nachfolgenden Formel angegeben mit:

$$y_{n+1} = y_n + h \sum_{j=1}^{s} b_j k_j, \tag{4.130}$$

$$k_j = f\left(t_n + h c_j, y_n + h \sum_{l=1}^{s} a_{jl} k_l\right), \ j = 1, \ldots, s, \tag{4.131}$$

wobei $b_j$ die Gewichte und $k_i$ die Zwischenschritte der Quadraturformeln sind.

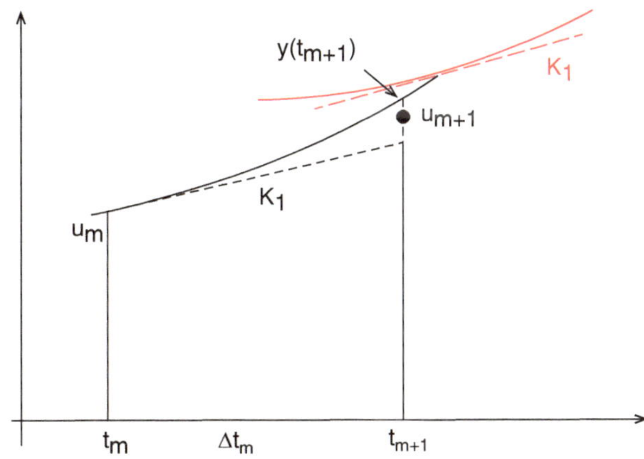


**Abb. 4.12** Heun-Verfahren (Ordnung 2), Kombination der Tangentensteigungen

Eine vereinfachte graphische Darstellung können wir in einem Butcher-Tableau, z. B. wie in der Gl. (4.132) angegeben, vgl. auch [14].

$$\frac{\mathbf{c}\ \vert\ A}{\quad\ \vert\ \mathbf{b}^{\mathbf{T}}} = \begin{array}{c|ccccc} 0 & & & & \\ c_2 & a_{21} & & & \\ c_3 & a_{31} & a_{32} & & \\ \vdots & \vdots & \vdots & \ddots & \\ c_s & a_{s1} & a_{s2} & \ldots & a_{s,s-1} \\ \hline & b_1 & b_2 & \ldots & b_{s-1} & b_s \end{array} \ . \tag{4.132}$$

Dabei gibt es eine umfangreiche Literatur, die die Runge-Kutta-Verfahren für verschiedene Anwendungen beschreibt, z. B. [14, 45, 44] usw.

**Beispiel 4.19.** *Ein einfaches explizites RK-Verfahren von 2ter Ordnung ist wie folgt als Heun-Verfahren gegeben:*

$$\begin{array}{c|cc} 0 & & \\ 1 & 1 & \\ \hline & \frac{1}{2} & \frac{1}{2} \end{array} \ , \tag{4.133}$$

*und man kann es explizit als Formel schreiben mit:*

$$u_{m+1} = u_m + \Delta t \phi(t_m, u_m, \Delta t), \tag{4.134}$$

$$\phi(t_m, u_m, \Delta t) = \frac{1}{2}(K_1 + K_2), \tag{4.135}$$

$$K_1 = f(t_m, u_m), \quad K_2 = f(t_{m+1}, u_m + \Delta t K_1), \tag{4.136}$$

*wobei man hier eine Art Mittelpunktsregel und eine Konvergenzordnung von 2 hat.*

### 4.6.4   Umsetzen der Reaktionsgleichung in einen MATLAB® Algorithmus

Als nächster wichtiger Schritt steht nun die Implementierung des Algorithmus in das MATLAB®-Softwarepaket an. Im Folgenden ist ein MATLAB®-Progamm zur Lösung von Reaktionsgleichungen gegeben, dabei verwendet man eine *built-in*-Funktion, hier der MATLAB® GDGLs-Löser *ode45*, für die Lösungsmethode.

```
%% Reaction equation written J.Geiser

syms t x l1 l2 l3
g = @(t,x,l1,l2,l3)...
[-l1*x(1);l1*x(1)-l2*x(2);l2*x(2)-l3*x(3)]
l1= 0.1;
```

```
l2= 0.2;
l3= 0.3;
[t,xl] = ode45(@(t,x) g(t,x,l1,l2,l3), ...
[0 10.0],[1 0 0]);
figure
plot(t,xl(:,1),t,xl(:,2),t,xl(:,3))
title(['Concentrations: x1 (blue), x2 (red), ...
x3 (yellow)'])
```

Wir lösen eine System von linearen Reaktionen:

$$\frac{dx_1}{dt} = -\lambda_1 x_1, \tag{4.137}$$

$$\frac{dx_2}{dt} = -\lambda_1 x_2 + \lambda_1 x_1, \tag{4.138}$$

$$\frac{dx_3}{dt} = -\lambda_1 x_3 + \lambda_2 x_2, \tag{4.139}$$

mit den Anfangsbedingungen $x_1(0) = 1, x_2(0) = x_3(0) = 0$ mit $t = [0, 10]$ und den Reaktionsparametern $\lambda_1 = 0.1$, $\lambda_2 = 0.2$ und $\lambda_3 = 0.3$. In folgender Abb. 4.13 sind die Resultate der linearen Reaktionen mit den drei Spezies präsentiert.

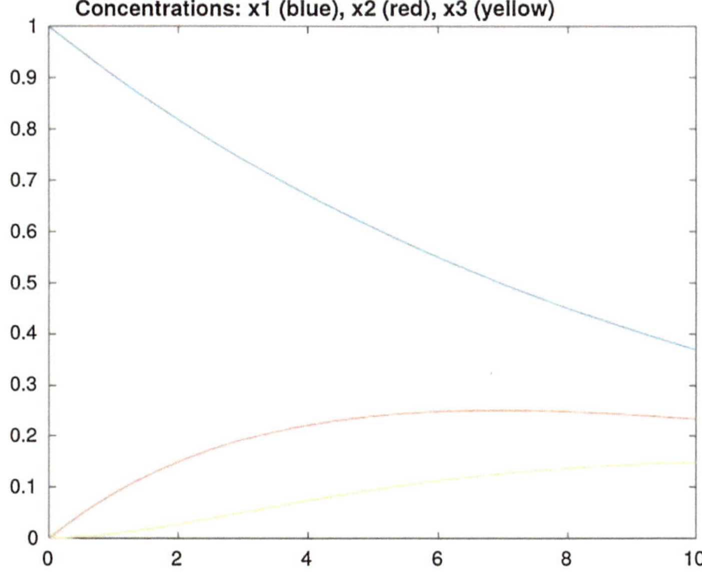


**Abb. 4.13**  Lineare Reaktion mit 3 Komponenten, berechnet mit dem built-in Löser von MATLAB®ode45

## 4.7　Grundlagenaufgaben: Strömungsgleichung

Bei den Grundlagenaufgaben für die Strömungsgleichungen haben wir ebenfalls einfachere Teilgleichungen, die die Details der Strömungsgleichungen beschreiben.

Dabei soll zu jeder Detailgleichung ein mögliches Diskretisierungsverfahren beschrieben und angewandt werden.

Besonders die Nichtlinearität und der Druckanteil ist dabei eine wichtige Eigenschaft der Strömungsgleichungen und eine Erweiterung im Bezug auf die bisher besprochenen Transportgleichungen. Es kommt ein neuer nichtlinearer Konvektionsterm und ein Druckterm hinzu, welche das Lösungsverhalten einer bisherigen linearen partiellen Differentialgleichung ändern, d. h. man hat nun konzentrations- und druckabhängige Änderungen der Lösung, die nicht mehr linear sind, vgl. [37].

Diese beiden Terme beeinflussen die Diskretisierung und Lösung der Strömungsgleichung, vgl. [22].

Wir unterteilen in einzelne Stufen:

1. Burgers-Gleichung (nichtlineare Konvektionsgleichung):
   Hier ist der nichtlineare Anteil im Konvektionsterm wichtig und führt dann nach der Diskretisierung zu einem nichtlinearen Gleichungssystem. Das nichtlineare Gleichungssystem kann nun gelöst werden mit:

   - Linearisierung in der Zeit und Relaxation für $t \to \infty$, vgl. [29]
   - Nichtlineare Löser, z. B. Newton-Verfahren, vgl. [51].

2. Navier-Stokes-Gleichung (nichtkompressible Strömungsgleichung):
   Bei der Navier-Stokes-Gleichung wollen wir den einfacheren nichtkompressiblen Fall lösen. Dabei hat man weitere Terme in der Gleichung, die man besonders berücksichtigen muss und die sich von einer linearen partiellen Differentialgleichung unterscheiden. Diese sind wie folgt:

   a. Nichtlinearen Strömungsanteil:
      Dieser Anteil ist ähnlich dem nichtlinearen Konvektionsanteil in der Burgers-Gleichung und muss mit speziellen nichtlinearen Lösern oder mit einer Linearisierung gelöst werden, vgl. [27] und [51].

   b. Linearen Diffusionsanteil:
      Dieser Anteil ist ähnlich der Diffusion einer parabolischen partiellen Differentialgleichung, z. B. Wärmeleitungsgleichung. Dieser kann damit auch entsprechend diskretisiert werden.

   c. Druckanteil:
      Dieser Anteil ist neu und ein konvektiver Anteil. Man muss somit zwei Lösungsfunktionen, d. h. $c$ (Strömungsgeschwindigkeit) und $p$ (Druck) finden. Man hat nun ein Stabilitätsproblem, falls man beide Variablen auf einem Gitter diskretisiert, d. h. Stabilität der Lösungen auf dem Mono-Gitter, vgl. [21]. Deshalb muss man ein weiteres Gitter einführen, ein sogenanntes Staggered-Grid (Duales Gitter), bei der

man die Variablen auf unterschiedlichen Gittern diskretisieren kann. Diese tragen dann zur Stabilität bei, da man die weiteren Freiheitsgrade so verwenden kann, dass alle Werte für die zweite Ordnungsdiskretisierung auf den Gittern präsentiert werden, vgl. [22].

### 4.7.1 Burgers-Gleichung

Die Burgers-Gleichung ist ein einfaches Beispiel einer nichtlinearen hyperbolischen Differentialgleichung, vgl. [20]. Sie wird nach dem niederländischen Physiker Johannes Martinus Burgers benannt, vgl. [13].

In der generellen Form, d. h. viskose Burgers-Gleichung, ist sie gegeben als:

$$\frac{\partial c}{\partial t} + c \frac{\partial c}{\partial x} = \mu \frac{\partial^2 c}{\partial x^2}, \tag{4.140}$$

wobei $\mu$ die Viskositätskonstante ist.

Für den Fall $\mu = 0$ haben wir die reine Burgers-Gleichung, d. h. auch reibungsfreie Burgers-Gleichung.

Man kann die Burgers-Gleichung auch in der Notation einer Erhaltungsgleichung wie folgt darstellen:

$$\frac{\partial c}{\partial t} + \frac{1}{2} \frac{\partial}{\partial x}(c^2) = \mu \frac{\partial^2 c}{\partial x^2}. \tag{4.141}$$

Sie wird als ein einfaches Modell einer eindimensionalen Strömung angenommen, z. B. Verkehrsdichte im Straßenverkehr.

Oft wird sie auch als Interpretation einer eindimensionalen Strömung hergenommen. Weiter wird sie oft als Testgleichung wegen des nichtlinearen Konvektionsterms für die Veranschaulichung der nichtlinearen Strömungsanteile der Navier-Stokes-Gleichung verwendet.

#### 4.7.1.1 Diskretisierung der Burgers-Gleichung

Bei der Burgers-Gleichung hat man neben der Raum- und Zeitdiskretisierung noch eine Linearisierung vorzunehmen. Damit kann man nach der Diskretisierung die nichtlineare Gleichung lösen.

Für die 1D-Burgers-Gleichung (4.140) haben wir folgende Verfahren zur Diskretisierung und Linearisierung:

- Raumdiskretisierung: Finite Differenzen, d. h. Upwind-Diskretisierung (forward in space) für den Konvektionsterm und eine zweite Ordnungsdifferenz für den Diffusionsterm.

- Zeitdiskretisierung: Vorwärts in der Zeit, d. h. explizite Diskretisierung der Zeit.
- Linearisierung: Es wird in der Zeit linearisiert bzw. relaxiert, d. h. man verwendet für die nichtlinearen Terme zeitlich zurückliegende Lösungen.

Wir verwenden folgende Anfangs- und Randwerte für die 1D-Burgers-Gleichung:

$$\partial_t c = -c\partial_x c + \mu \partial_{xx} c, \quad (x, y, t) \in \Omega \times [0, T], \tag{4.142}$$

$$c(x, y, 0) = c_{\text{init}}(x, y, 0), \quad (x, y) \in \Omega, \tag{4.143}$$

$$c(x, y, t) = 0, \quad (x, y, t) \in \partial\Omega \times [0, T], \tag{4.144}$$

wobei $\Omega = [0, 1] \times [0, 1]$ das Rechengebiet, $T = 1.0$ der Endzeitpunkt und $\mu$ die Viskosität ist. Dabei sei $c_{init}$ die Initialisierungsfunktion auf $\Omega$, z. B. eine Rechtecksfunktion.

Wir nehmen dann die Diskretisierung auf dem Raum- und Zeitgitter vor:

- Raumdiskretisierung:
  Die raumabhängigen Operatoren werden mit Finite-Differenzen diskretisiert, dabei verwendet man das Upwind-Verfahren für den konvektiven Anteil und das 2te Ordnungsdifferenzenverfahren für den diffusiven Anteil:

$$\partial_t C_j = -(C_j \partial_x^- C_j) + \mu \partial_x^+ \partial_x^- C_j, \quad j = 1, \ldots, M, \tag{4.145}$$

$$C_{j,0}(t) = C_j(t^n). \tag{4.146}$$

- Zeitdiskretisierung und Linearisierung:
  Der zeitabhängige Operator wird mit Forward-Differenz (explizites Euler-Verf.) diskretisiert und der nichtlineare Term wird linearisiert mit einer Lösung am alten Zeitpunkt, d. h. für $n \to \infty$, erhält man dann den Fixpunkt. Wir haben dann:

$$C_j^{n+1} = C_j^n - \frac{\Delta t}{\Delta x}(C_j^n(C_j^n - C_{j-1}^n)) \tag{4.147}$$

$$+ \frac{\Delta t}{\Delta x^2} \mu(C_{j+1}^n - 2C_j^n + C_{j-1}^n), \quad j = 1, \ldots, M, \ n = 1, \ldots, N,$$

$$C_{j,0}(t) = C_j(t^n), \tag{4.148}$$

wobei $j$ der Raumindex und $n$ der Zeitindex ist.

**Bemerkung 4.20.** *Die Verfahren können verbessert werden durch ein Newton-Verfahren als nichtlinearen Löser. Dabei erhält man zu jedem Zeitpunkt die konvergente Lösung, vgl. [22]. Weiter kann man auch eine Verbesserung mit finiten Volumen-Verfahren erzielen,* *vgl.* [53] *und* [54]. *Diese erhalten die Masse, d. h. man diskretisiert die Erhaltungsgleichung von der Burgers-Gleichung. Diese ist gegeben mit:*

$$\partial_t c = -\frac{1}{2}\partial_x c^2 + \mu\partial_{xx} c. \tag{4.149}$$

## 4.7.2 Umsetzen der 1D-Burgers-Gleichung in einen MATLAB® Algorithmus

Als nächster wichtiger Schritt steht nun die Implementierung des Algorithmus in das MATLAB®-Softwarepaket an. Nachfolgend ist ein MATLAB®-Programm zur Lösung der 1D-Burgers-Gleichung gegeben.

```
% Programm fuer die 1D-Burgers-Gleichung mit
% Finiten Differenzen Explizite Zeitdiskretisierung
% (explizites Eulerverfahren)
%  mit Linearisierung des nichtlinearen Konvektions-
% terms in der Zeit
% Finite Differenzen fuer die Raumterme, d. h.
% upwind-Verfahren fuer den Konvektionsterm
% und zweite Ordnungsdifferenz fuer den Diffusions


% Initialisierung der Parameter
nx=20;                  % Anzahl der Raumschritte
                        % (Raumgitter, x)
nt=500;                 % Anzahl der Zeitschritte
                        % (Zeitgitter, t)
dt=0.0001;              % Zeitschrittweite
dx=2/(nx-1);            % Raumschritt
x=0:dx:2;               % Raumgitter
u=zeros(1,nx);          % Vordefinieren fuer u
un=zeros(1,nx);         % Vordefinieren fuer un
vis=0.1;                % Diffusionskoeffizient (Viskositaet)
vis_conv=0;             % Schalter:
                        % 0 fuer die reine Burgers-Gl.
                        % 1 fuer die viskose Burgers-Gl.
ip=zeros(1,nx);         % Variable fuer die
                        % naechsten Raumpunkte i+1
im=zeros(1,nx);         % Variable fuer die
                        % vorherigen Raumpunkte i-1


% Hilfsvariable fuer die Diskretisierung des Raums,
% d. h. i-1 (im) und i+1 (ip)
```

```matlab
for i=1:nx
    ip(i)=i+1;
    im(i)=i-1;
end
ip(nx)=1;
im(1)=nx;


% Initialisierung des Stroemungsprofils mit einer
% Rechtecksfunktion

for i=1:nx

        if ((0.5<=x(i))&&(x(i)<=1))
            u(i)=5;
        else
            u(i)=0;
        end
end


%
% Diskretisierung explizit in der Zeit,
% Linearisierung der nichtlinearen Konvektion
% in der Zeit, upwind fuer Konvektionterm
% und 2ter Ordnungsdifferenz fuer Diffusion
for it=0:nt
    un=u;
    h=plot(x,u);   %Ausdruck des Stroemungsprofils
    axis([0 2 0 6])
    xlabel('Raumkoordinate x')
    ylabel('Stroemungsprofil u')
    drawnow;
    for i=1:nx
        u(i)=un(i)-(un(i)*dt*(un(i)-un(im(i)))/dx)+...
            (vis*vis_conv*dt*(un(ip(i))- ...
            2*un(i)+un(im(i)))/(dx*dx));
    end
end
```

Wir erhalten die folgende zeitabhängigen Resultate der reinen Burgers-Gleichung in Abb. 4.14.

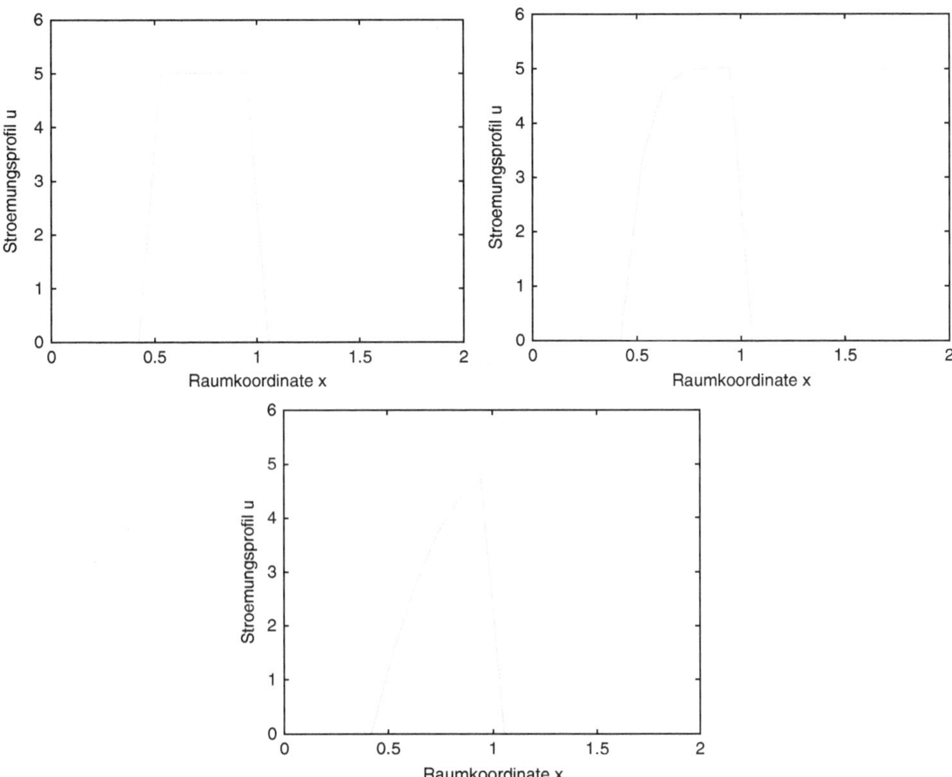

**Abb. 4.14**  Strömungsprofil der reinen Burgers-Gleichung nach: 0 Zeitschritten (das linke obere Bild), 100 Zeitschritten (das rechte obere Bild) und 500 Zeitschritten (das mittlere untere Bild)

### 4.7.3  2D-Burgers-Gleichung

Ein realistischeres Modell bekommt man mit einer 2D-Burgers-Gleichung. Hier berechnet man ein Geschwindigkeitsfeld $\mathbf{u} = (u, v)^t$. Diese Gleichungen können als Vorstufe für den nichtlinearen Anteil der Navier-Stokes-Gleichungen hergenommen werden. Dabei kann man das Lösungsverhalten studieren. Sie beschreibt die Dynamik eines reinen kompressiblen Fluids.

Wir nehmen die 2D-Burgers-Gleichung her:

$$\partial_t \mathbf{u} = -(\mathbf{u} \cdot \nabla)\mathbf{u} + \mu \Delta \mathbf{u}, \quad (x, y, t) \in \Omega \times [0, T], \tag{4.150}$$

$$\mathbf{u}(x, y, 0) = \mathbf{u}_0(x, y, 0), \quad (x, y) \in \Omega, \tag{4.151}$$

$$\mathbf{u}(x, y, t) = \mathbf{u}_1(x, y, t), \quad (x, y, t) \in \partial\Omega \times [0, T], \tag{4.152}$$

wobei $\Omega = [0, 1] \times [0, 1]$ das Rechengebiet $T = 1$ der Endzeitpunkt und $\mu$ die Viskosität des Fluids ist.

Man kann die Burgers-Gleichung auch als System von zwei Gleichungen schreiben:

$$\frac{\partial u}{\partial t} = -u\frac{\partial u}{\partial x} - v\frac{\partial u}{\partial y} + \mu\frac{\partial^2 u}{\partial x^2} + \mu\frac{\partial^2 u}{\partial y^2}, \tag{4.153}$$

$$\frac{\partial v}{\partial t} = -u\frac{\partial v}{\partial x} - v\frac{\partial v}{\partial y} + \mu\frac{\partial^2 v}{\partial x^2} + \mu\frac{\partial^2 v}{\partial y^2}. \tag{4.154}$$

Damit kann man die Ähnlichkeit zur 1D-Burgers-Gleichung in Abschn. 4.7.1.1 für die weitere Diskretisierung ausnutzen.

### 4.7.3.1 Diskretisierung der 2D-Burgers-Gleichung

Bei der 2D-Burgers-Gleichung kann man die Diskretisierung der 1D-Burgers-Gleichung für die weitere Raumkoordinate $y$ erweitern.

Wiederum hat man neben der Raum- und Zeitdiskretisierung noch eine Linearisierung vorzunehmen.

Für die 2D-Burgers-Gl. (4.155) haben wir folgende Verfahren zur Diskretisierung und Linearisierung:

- Mehrdimensionale Raumdiskretisierung mit finiten Differenzen, d. h. Upwind-Diskretisierung (forward in space) für den Konvektionsterm und eine zweite Ordnungsdifferenz für den Diffusionsterm.
- Zeitdiskretisierung: Vorwärts in der Zeit, d. h. explizite Diskretisierung der Zeit.
- Linearisierung: Es wird mittels der Zeit linearisiert und man erhält für $t \to \infty$ die Fixpunktlösung.

Wir verwenden folgende Anfangs- und Randwerte für die 2D-Burgers-Gleichung:

$$\frac{\partial u}{\partial t} = -u\frac{\partial u}{\partial x} - v\frac{\partial u}{\partial y} + \mu\frac{\partial^2 u}{\partial x^2} + \mu\frac{\partial^2 u}{\partial y^2}, \ (x, y, t) \in \Omega \times [0, T], \tag{4.155}$$

$$\frac{\partial v}{\partial t} = -u\frac{\partial v}{\partial x} - v\frac{\partial v}{\partial y} + \mu\frac{\partial^2 v}{\partial x^2} + \mu\frac{\partial^2 v}{\partial y^2}, \ (x, y, t) \in \Omega \times [0, T], \tag{4.156}$$

$$u(x, y, 0) = u_0(x, y, 0), \ v(x, y, 0) = v_0(x, y, 0), \ (x, y) \in \Omega, \tag{4.157}$$

$$u(x, y, t) = 0, \ v(x, y, t) = 0, \ (x, y, t) \in \partial\Omega \times [0, T], \tag{4.158}$$

wobei $\Omega = [0, 1] \times [0, 1]$ das Rechengebiet, $T = 1.0$ der Endzeitpunkt und $\mu$ die Viskosität ist. Dabei sei $(u_0, v_0)^t$ eine Initialisierungsfunktion auf $\Omega$, z. B. eine Rechtecksfunktion.

Wir nehmen dann die Diskretisierung auf dem Raum- und Zeitgitter vor:

- Raumdiskretisierung: Wir haben nun eine 2D-Diskretiseirung der raumabhängigen Operatoren. Diese werden mit Finite-Differenzen diskretisiert. Dabei verwendet man das Upwind-Verfahren für den konvektiven Anteil und das zweite Ordnungsdifferenz-Verfahren für den diffusiven Anteil an und erhält:

$$\partial_t U_{ij} = -(U_{ij}\partial_x^- U_{ij}) - (V_{ij}\partial_y^- U_{ij})$$

$$+\mu(\partial_x^+ \partial_x^- U_{ij} + \partial_y^+ \partial_y^- U_{ij}), \ i, j = 1, \ldots, M, \tag{4.159}$$

$$U_{ij,0}(t) = U_{ij}(t^n), \ i, j = 1, \ldots, M, \tag{4.160}$$

$$\partial_t V_{ij} = -(U_{ij}\partial_x^- V_{ij}) - (V_{ij}\partial_y^- V_{ij})$$

$$+\mu(\partial_x^+ \partial_x^- V_{ij} + \partial_y^+ \partial_y^- V_{ij}), \ i, j = 1, \ldots, M, \tag{4.161}$$

$$V_{ij,0}(t) = V_{ij}(t^n), \ i, j = 1, \ldots, M. \tag{4.162}$$

- Zeitdiskretisierung und Linearisierung: Der zeitabhängig Operator wird mit Forward-Differenz (explizites Euler-Verf.) diskretisiert. Der nichtlineare Term wird am alten Zeitpunkt linearisiert, d. h. für $n \to \infty$, erhält man den Fixpunkt. Die Diskretisierung ist gegeben als:

$$U_{ij}^{n+1} = U_j^n - \frac{\Delta t}{\Delta x}(U_{ij}^n \left(U_{ij}^n - U_{i-1,j}^n\right) - \frac{\Delta t}{\Delta y}\left(V_{ij}^n(U_{ij}^n - U_{i,j-1}^n)\right) \tag{4.163}$$

$$+\mu\left(\frac{\Delta t}{\Delta x^2}\left(U_{i+1,j}^n - 2U_{ij}^n + U_{i-1,j}^n\right) + \frac{\Delta t}{\Delta y^2}\left(U_{i,j+1}^n - 2U_{ij}^n + U_{i,j-1}^n\right)\right),$$

$$i, j = 1, \ldots, M, n = 1, \ldots, N,$$

$$U_{ij,0}(t) = U_{ij}(t^n), \ i, j = 1, \ldots, M, \tag{4.164}$$

wobei $i$ und $j$ der Raumindex für die $x$ und $y$-Koordinate sind. Weiter ist $n$ der Zeitindex.

**Bemerkung 4.21.** *Die Linearisierung kann verbessert werden durch ein Newton-Verfahren als nichtlinearem Löser. Weiter kann man auch mit Hilfe von mehrdimensionalen finite Volumen-Verfahren eine Verbesserung der Raumdiskretisierung erzielen, vgl. [53] und [54]. Diese konservativen Diskretisierungsverfahren erhalten die Masse, d. h. man diskretisiert die Burgers-Gleichung in ihrer Notation als Erhaltungsgleichung.*

### 4.7.4  Splitting-Verfahren für die 2D-Burgers-Gleichung

Im Falle der 2D-Burgers-Gleichung kann man weitere Verfahren anwenden, die eine Vereinfachung der Berechnung ermöglichen und ein einfacheres Erweitern der eindimensionalen Algorithmen erlaubt.

Man kann die Gleichung in einen konvektiven und diffusiven Anteil unterteilen und wendet dann ein sogenanntes iteratives Splitting-Verfahren an, vgl. [26] und [29].

Das iterative Splittingverfahren ist ein sogenanntes Fixpunktverfahren. Dabei kann man die Nichtlinearität lokal auflösen, d. h. man löst an dem aktuellen Zeitschritt ein Fixpunktproblem. Damit erhält man eine lokale verbesserte Auflösung der Burgers-Gleichung, vgl. [34].

Man unterteilt in folgende zu diskretisierende Operatoren:

- $A(\mathbf{u})\mathbf{u} = -(\mathbf{u} \cdot \nabla)\mathbf{u}$, wobei $A(\mathbf{u}) = -(\mathbf{u} \cdot \nabla)$ der nichtlineare Anteil ist,
- $B\mathbf{u} = \mu\Delta\mathbf{u}$ ist der lineare Anteil.

Wir verwenden nun ein iteratives Splitting-Verfahren, das sowohl eine Linearisierung, wie auch ein Fixpunktverfahren enthält:

- Der nichtlineare Anteil wird wie folgt umschrieben:
  $A(\mathbf{u}_{i-1})\mathbf{u}_i = -(\mathbf{u}_{i-1} \cdot \nabla)\mathbf{u}_i$, d. h. beim nichtlinearen Operator, wird eine Linearisierung durchgeführt, d. h. eine *ältere* Lösung vom Iterationsschritt $i - 1$ wird verwendet.
- Der lineare Anteil wird wie folgt gelöst:
  Er kann mit der älteren Iterationslösung $B\mathbf{u}_{i-1} = \mu\Delta\mathbf{u}_{i-1}$ oder mit der aktuellen Lösung $B\mathbf{u}_i = \mu\Delta\mathbf{u}_i$ gerechnet werden.

Das Fixpunkt-Iterationsschema ist gegeben mit:

$$\partial_t\mathbf{u}_i = A(\mathbf{u}_{i-1})\mathbf{u}_i + B\mathbf{u}_{i-1}, \ (x, y) \in \Omega, \ 0 < t \leq T, \tag{4.165}$$

$$\mathbf{u}(x, y, 0) = \mathbf{u}_{init}(x, y), \ (x, y) \in \Omega, \tag{4.166}$$

$$i = 1, 2, 3, \ldots, \tag{4.167}$$

wobei der Startwert der Iteration $\mathbf{u}_0 = 0$ und $\mathbf{u}_{init}$ die Initialisierungsfunktion ist. Weiter hat man noch ein Abbruchkriterium, d. h. eine Fehlerschranke von $\|\mathbf{u}_i - \mathbf{u}_{i-1}\| \leq err$, $err \in \mathbb{R}^+$, bei dem die Iteration abbricht.

Man nähert sich damit die Lösung iterativ, d. h. $\mathbf{u}_i(x, y, t) \to \mathbf{u}(x, y, t)$ für $i$ genügend groß.

### 4.7.5 Umsetzen der 2D-Burgers-Gleichung in einen MATLAB® Algorithmus

Als nächster wichtiger Schritt steht nun die Implementierung des Algorithmus in das MATLAB®-Softwarepaket an. Wir haben nun die 2D-Burgers-Gleichung im folgenden MATLAB®-Programm gelöst.

```matlab
% Programm fuer die 2D-Burgers-Gleichung mit
% Finiten Differenzen Explizite Zeitdiskretisierung
% (explizites Eulerverfahren) mit Linearisierung
% des nichtlinearen Konvektionsterms in der Zeit
% Finite Differenzen fuer die Raumterme, d. h.
% Upwind-Verfahren fuer die Konvektionsterme
% und zweite Ordnungsdifferenz fuer die
% Diffusionsterme
%
% Initialisierung der Parameter
%
nx=30;                    % Anzahl der Raumschritte
                          % (Raumgitter, x)
ny=30;                    % Anzahl der Raumschritte
                          % (Raumgitter, y)
nt=100;                   % Anzahl der Zeitschritte
                          % (Zeitgitter, t)
dt=0.01;                  % Zeitschrittweite
dx=2/(nx-1);              % Raumschritt x
dy=2/(ny-1);              % Raumschritt y
x=0:dx:2;                 % Raumgitter in x
y=0:dy:2;                 % Raumgitter in y
vis=0.01;                 % Diffusionskoeffizient
                          % (Viskositaet)
%vis=0;                   % reine Burgers-Gleichung
u=zeros(nx,ny);           % Vordefinieren von u
un=zeros(nx,ny);          % Vordefinieren von un
v=zeros(nx,ny);           % Vordefinieren von v
vn=zeros(nx,ny);          % Vordefinieren von vn

%
% Anfangsbedingungen des Geschwindigkeitsprofils
%
for i=1:nx
    for j=1:ny
        if ((0.5<=y(j))&&(y(j)<=1)...
            &&(0.5<=x(i))&&(x(i)<=1))
             u(i,j)=0;
             v(i,j)=1;
        else
             u(i,j)=1;
             v(i,j)=0;
```

```matlab
        end
      end
end


%
% Randbedingungen des Geschwindigkeitsprofils
%
u(1,:)=0;
u(nx,:)=0;
u(:,1)=0;
u(:,ny)=0;
v(1,:)=0;
v(nx,:)=0;
v(:,1)=0;
v(:,ny)=0;


% Berechnung des Stroemungsfeldes fuer
% jeden Zeitschritt

for it=0:nt
    un=u;
    vn=v;
    % Ausdruck des Geschwindigkeitsfeld
    % als Vektorgraphik (2d plot)
    h=quiver(x,y,u',v','k');
    axis([0 2 0 2])
    axis square
    xlabel('Raumkoordinate x')
    ylabel('Raumkoordinate y')
    drawnow;
    refreshdata(h)

    % Explizite Methode mit den finiten Differenzen
    % im Raum
    for i=2:nx-1
     for j=2:ny-1
      u(i,j)=un(i,j)-(dt*(un(i,j)-un(i-1,j)))...
             .*un(i,j)/dx)-(dt*(un(i,j)-un(i,j-1)))...
             .*vn(i,j)/dy)+(vis*dt*(un(i+1,j)...
             -2*un(i,j)+un(i-1,j))/(dx*dx))...
             +(vis*dt*(un(i,j-1)-2*un(i,j)...
             +un(i,j+1))/(dy*dy));
```

```
v(i,j)=vn(i,j)-(dt*(vn(i,j)-vn(i-1,j)))...
        .*un(i,j)/dx)-(dt*(vn(i,j)-vn(i,j-1)))...
        .*vn(i,j)/dy)+(vis*dt*(vn(i+1,j)...
        -2*vn(i,j)+vn(i-1,j))/(dx*dx))...
        +(vis*dt*(vn(i,j-1)-2*vn(i,j)...
        +vn(i,j+1))/(dy*dy));
    end
  end
  solx=u;
  soly=v;
  u=reshape(solx,nx,ny);
  v=reshape(soly,nx,ny);
end
```

Wir erhalten folgende Resultate der 2D-Burgers-Gleichung in Abb. 4.15.

## 4.8 Navier-Stokes-Gleichung

Die Navier-Stokes-Gleichung ist die allgemeinste Gleichung, die wir hier bei den Strömunggleichungen besprechen. Sie ist nach Claude Louis Marie Henri Navier und George Gabriel Stokes benannt.

Sie beschreibt eine Strömung von newtonschen Flüssigkeiten (newtonsche Fluid) und Gasen, vgl. [10]. Hier hat man als Grundlage die Newton'schen Axiome und bildet den Impulssatz für das Kontinuum.

Weiter ist die Gleichung eine Erweiterung der Euler-Gleichung, vgl. Kap. 3, da man nun eine innere Reibung bzw. Viskosität des Fluids hinzunimmt, vgl. [55].

Die Herleitung in der Physik basiert auf den Newton'schen Axiomen und man erhält eine Impulsgleichung. Eine Erweiterung, die besonders in der Strömungsmechanik verwendet wird, ist die Kombination von Kontinuitäts-, Impuls- und Energiegleichung. Diese Kombination kennt man auch schon von der Euler'schen Gleichung, vgl. [17] und [24]. Damit hat man dann ein System von nichtlinearen partiellen Differentialgleichungen zu lösen. Mit dieser Erweiterung lassen sich dann auch Effekte, wie z. B. Turbulenzbildung und Strömungen an Grenzschichten simulieren, vgl. [17].

Die Navier-Stokes-Gleichung für kompressible Fluide ist gegeben mit:

$$\rho \frac{\partial \mathbf{u}}{\partial t} + \rho(\mathbf{u} \cdot \nabla)\mathbf{u} = -\nabla p + \mu \Delta \mathbf{u} + (\lambda + \mu)\nabla(\nabla \cdot \mathbf{u}) + \mathbf{f}, \tag{4.168}$$

wobei $\rho$ die Dichte des Fluids, $p$ der Druck und $\mathbf{u}$ die Geschwindigkeit des Fluids ist. Die Kraft $\mathbf{f}$ sei eine Volumenkraftdichte, z. B. die Gravitation. Weiter hat man die Materialkonstanten des Fluids, d. h. $\mu$ ist die Viskosität und $\lambda$ ist die Lame-Konstante, vgl. [68].

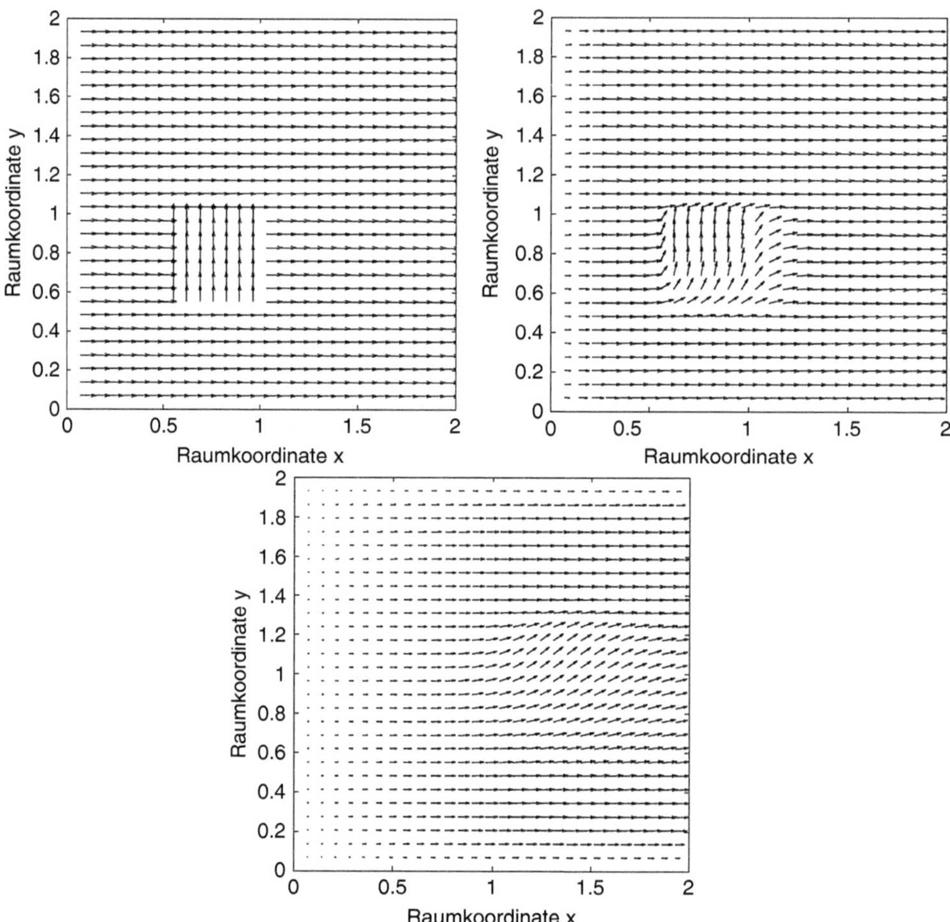

**Abb. 4.15** Strömungsprofil der 2D-Burgers-Gleichung nach: 0 Zeitschritten (das linke untere Bild), 10 Zeitschritten (das rechte untere Bild) und 100 Zeitschritten (das mittlere untere Bild)

Eine Spezialisierung ist die inkompressible Navier-Stokes-Gleichung. Hier ändert sich die Dichte entlang der Teilchenbahnen nicht, vgl. [68]. Diese Annahme ist bei Flüssigkeiten sinnvoll, z. B. bei Wasser. Die Kontinuitätsgleichung ist hierbei die Divergenzfreiheit des Strömungsfeldes.

Man hat dabei folgende Gleichungen, d. h. die Impuls- und die Kontinuitätsgleichung, die gegeben sind als:

$$\rho \frac{\partial \mathbf{u}}{\partial t} + \rho \left( \mathbf{u} \cdot \nabla \right) \mathbf{u} = -\nabla p + \mu \Delta \mathbf{v} + \mathbf{f}, \tag{4.169}$$

$$\nabla \cdot \mathbf{u} = 0, \tag{4.170}$$

wobei $p$ der Druck und $\mathbf{f}$ die Volumenkraft auf das Einheitsvolumen ist. $\mu$ ist die Viskositätskonstante und $\mathbf{u}$ die Strömungsgeschwindigkeit.

Man löst dabei ein System von partiellen Differentialgleichungen und bekommt die Geschwindigkeit $\mathbf{u}$ und den Druck $p$ in Abhängigkeit von Ort und Zeit.

Im Folgenden konzentrieren wir uns auf die inkompressible Navier-Stokes-Gleichung, die in zwei Dimensionen gegeben ist mit:

$$\partial_t \mathbf{u} + \nabla p = -(\mathbf{u} \cdot \nabla)\mathbf{u} + \frac{1}{Re}\Delta\mathbf{u}, \tag{4.171}$$

$$\nabla \cdot \mathbf{u} = 0, \tag{4.172}$$

oder als System von drei Gleichungen:

$$\partial_t u + p_x = -(u^2)_x - (uv)_y + \frac{1}{Re}(u_{xx} + u_{yy}), \ \Omega \times [0, T], \tag{4.173}$$

$$\partial_t v + p_y = -(uv)_x - (v^2)_y + \frac{1}{Re}(v_{xx} + v_{yy}), \ \Omega \times [0, T], \tag{4.174}$$

$$u_x + v_y = 0, \ \Omega \times [0, T], \tag{4.175}$$

wobei das räumliche Gebiet mit $\Omega = [0, a_x] \times [0, a_y]$ gegeben ist. Weiter hat man die Anfangsbedingungen mit $u = v = 0$ und die Druckanfangsbedingung mit $p = p_0$ ($p_0$ ist konstant) gegeben. Die Randbedingungen sind gegeben mit $u(x, 0, t) = u_{0,1}, u(x, a_y, t) = u_{0,2}, v(0, y, t) = v_{0,1}, v(a_x, y, t) = v_{0,2}$, sonst 0 auf den restlichen Rändern. Weiter ist $Re = \frac{UL}{v}$ die Reynolds-Konstante, wobei $U$ die charakteristische Geschwindigkeit und $L$ die charakteristische Länge ist. $v = \frac{\mu}{\rho}$ die kinematische Viskosität, vgl. das Beispiel der Vorlesung 23 aus [74].

Die Idee zur Lösung der Gl. (4.171) ist ein Operator-Splitting-Verfahren, das eine Zerlegung in einfachere Operatoren vorsieht, die man dann getrennt voneinander lösen kann.

In Operatorenschreibweise habe wir dann:

$$\partial_t \mathbf{u} = A(\mathbf{u}) + B\mathbf{u} + \mathbf{p}, \tag{4.176}$$

$$\nabla \cdot \mathbf{u} = 0, \tag{4.177}$$

wobei $A$ der nichtlineare Term, $B$ der lineare Viskositätsterm und $\mathbf{p}$ der Druckterm ist.

### 4.8.1 Operator-Splitting-Verfahren für die Navier-Stokes-Gleichung

Wir verwenden ein sogenanntes Operator-Splitting-Verfahren, [62], welches die Operatorengleichung aufteilt und einzeln löst. Bei dem Operator-Splitting-Verfahren verwenden wir das einfachste sogenannte AB-Splitting-Verfahren oder Lie-Trotter-Verfahren, vgl. [83]. Es ist ein Zweischrittverfahren, wobei man jeweils eine Gleichung mit dem Operator $A$ und eine Gleichung mit dem Operator $B$ löst. Dabei werden die Gleichungen jeweils mit dem Ergebnis der Lösung aus der vorhergehenden Gleichung initialisiert. Wir haben eine globale Genauigkeit von erster Ordnung, diese kann man durch ein sogenanntes Strang-Splitting-Verfahren, vgl. [78], verbessern. Das Strang-Splitting-Verfahren ist ein Dreischrittverfahren (ABA-Verfahren), d. h. man löst eine Gleichung mit dem Operator $A$ (halber Zeitschritt), eine weitere Gleichung wird mit dem Operator $B$ (ganzer Zeitschritt) gelöst und wiederum eine Gleichung wird mit dem Operator $A$ (halber Zeitschritt) gelöst. Wir erhalten dann ein Verfahren von zweiter Ordnung.

Das Operator-Splitting-Verfahren hat den Vorteil, dass es die einzelnen Gleichungen mit dem Anfangswert aus dem Ergebnis der letzten Gleichung koppelt, vgl. [62]. Damit können die einzelnen Anteile der Navier-Stokes-Gleichung getrennt gelöst werden und über die Ergebnisse des vorhergehenden Anteils der Teilgleichung gekoppelt werden.

In unserem Fall hat es den Vorteil, dass wir bei der Diskretisierung uns auf die einzelnen Teilgleichungen konzentieren können.

Wir lösen dabei die Teilgleichungen und koppeln dies über das Splitting-Verfahren. Für den Anfangswert $\mathbf{u}(t^n)$ und den Zeitschritt $\Delta t = t^{n+1} - t^n$ haben wir folgende Gleichungen:

$$\partial_t \mathbf{u}^* = A(\mathbf{u}^*), \ \mathbf{u}^*(t^n) = \mathbf{u}(t^n), \tag{4.178}$$

$$\partial_t \mathbf{u}^{**} = B\mathbf{u}^{**}, \ \mathbf{u}^{**}(t^n) = \mathbf{u}^*(t^{n+1}), \tag{4.179}$$

$$\partial_t \mathbf{u}^{***} = C\mathbf{p}, \ \mathbf{u}^{***}(t^n) = \mathbf{u}^{**}(t^{n+1}), \tag{4.180}$$

dabei sind $A, B, P$ die raumdiskretisierten Operatoren und $\mathbf{u}(t^{n+1}) \approx \mathbf{u}^{***}(t^{n+1})$ ist das Ergebnis.

Für die Zeitdiskretisierung der einzelnen Gleichungen verwenden wir folgende Methoden:

- Differentialgleichung (4.178) mit dem nichtlinearen Term:
  Diese Gleichung wird mit einem expliziten Euler-Verfahren diskretisiert. Hier haben wir eine Differentialgleichung, die aus einer hyperbolische Gleichung hervorgegangen ist und mit expliziten Verfahren besser zu lösen ist. Weiter haben wir hier eine Zeitschrittweitenbeschränkung.
- Differentialgleichung (4.179) mit dem linearen Term:
  Diese Gleichung wird mit einem impliziten Euler-Verfahren diskretisiert. Hier haben wir eine Differentialgleichung, die aus einer parabolischen Gleichung hervorgangen ist

und mit impliziten Verfahren besser zu lösen ist. Hier haben wir keine Zeitschrittweitenbeschränkung.

- Differentialgleichung (4.180) mit dem Druck-Term:
  Diese Gleichung lösen wir mit dem implizites Euler-Verfahren. Hier müssen wir eine Druck-Korrektur durchführen, die man implizit besser stabilisieren kann, vgl. [74].

**Bemerkung 4.22.** *Eine Erweiterung zu den bisherigen Verfahren zur Lösung der Burgers-Gleichung ist nun der Druck-Term. Dieser muss speziell mit einem sogenannten Druckkorrektur-Term durchgeführt werden. Diese Korrektur führt dann zur Lösung einer Poissongleichung. Das Ergebnis daraus kann dann als Lösung der Druckgleichung verwendet werden.*

### 4.8.2 Druckkorrektur-Term

Beim Druck-Term bekommt man durch die implizite Schreibweise der Geschwindigkeit $\mathbf{u}^{n+1}$ eine Möglichkeit, diesen durch die Divergenzfreiheit $\nabla \cdot \mathbf{u}^{n+1} = 0$ zu eliminieren. Man kann dann den Druck durch eine Poissongleichung ausdrücken. Diese kann man dann mit schnellen Lösungsverfahren für elliptischen Differentialgleichungen auflösen, vgl. [42] und [52].

Man hat daher folgende Schritte bei der Lösung der Differentialgleichung (4.180) für den Druck:

1. Man wendet für die Gl. (4.180) eine implizite Zeitdiskretisierung an:

$$\frac{1}{\Delta t}(\mathbf{u}^{n+1} - \mathbf{u}^n) = \nabla \mathbf{p}^{n+1}. \tag{4.181}$$

2. Man wendet den Divergenzoperator auf beiden Seiten der Gl. (4.181) an und setzt die Bedingung für das divergenzfreie Geschwindigkeitsfeld $\nabla \cdot \mathbf{u}^{n+1} = 0$ ein.
3. Man löst nach dem Druck-Term auf und erhält die Poissongleichung:

$$-\Delta \mathbf{p}^{n+1} = -\frac{1}{\Delta t}(\nabla \cdot \mathbf{u}^n). \tag{4.182}$$

Das Ergebnis kann man dann für die Korrektur des Geschwindigkeitsfeldes verwenden.

Die einzelnen Schritte sind nun im Algorithmus 5 gegeben.

---

**Algorithm 5** Algorithmus für den Druckkorrektur-Term (Differentialgleichung mit Druck-Term)

---

1: **procedure** DRUCKKORREKTUR-VERFAHREN($\mathbf{u}(t^n)$, $\Delta t$)
2:     $\mathbf{f}^n = \nabla \cdot \mathbf{u}^n$, Berechnen der rechten Seite ,
3:     $-\Delta p^{n+1} = \mathbf{f}^n$, Lösen der Poisson Gleichung ,
4:     $\mathbf{g}^{n+1} = \nabla \mathbf{p}^{n+1}$, Berechnen des Druck-Gradienten ,
5:     $\mathbf{u}^{n+1} = \mathbf{u}^n - \Delta t\, \mathbf{g}^{n+1}$, Korrektur des Geschwindigkeitsfeldes .
6: **end procedure**

---

**Abb. 4.16** Staggered Grid mit Randzellen

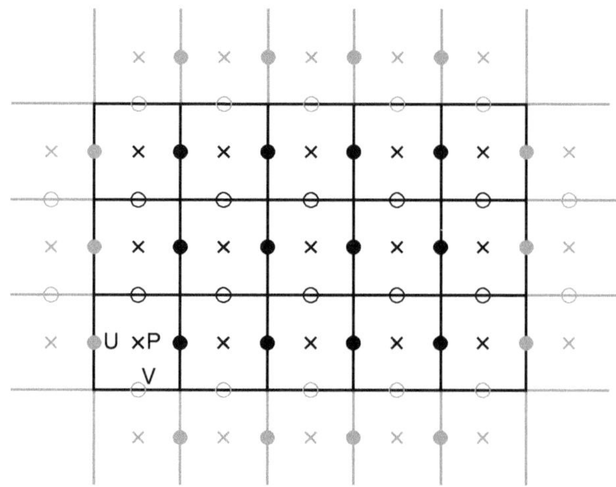


## 4.8.3   Diskretisierung der Navier-Stokes-Gleichung mit Staggered Grids

Damit man stabile Verfahren im Bereich der Druck- und Geschwindigkeitvariablen bekommt, gibt es eine Möglichkeit über sogenannte primäre und duale Gitter (d. h. man verwendet zwei geometrische Gitter oder auch Staggered-Grids genannt) dies zu erreichen.

Einen weiteren Effekt erhält man durch den Freiheitsgrad eines zweiten Gitters. Man erreicht damit eine höhere Ordnung bei dem Diskretisierungsverfahren. Hier erhalten wir ein Verfahren von zweiter Ordnung für alle diskretisierten Raumoperatoren.

Das Staggered Grid wird sowohl bei Finite-Differenzen- als auch bei der Finite-Volumen-Diskretisierung verwendet, vgl. [23] und [56].

Es gibt auch spezielle Diskretisierungsverfahren im Bereich der Maxwell-Gleichungen. Es sind die Finite-Differenzen-Methoden im Zeit-Raum-Bereich (Finite Difference Time Domain Methods, FDTD-Methods), bei denen man die Idee der Stagged Grids verwendet, um eine direkte Integration der zeit- und raumabhängigen Operatoren für die Differential-gleichungen zu erhalten, vgl. [80].

Bei unserer 2D-Navier-Stokes-Gleichung verwenden wir folgende Gitternotation des Staggered Grids um eine stabile Diskretisierung von den Geschwindigkeits- und Druck-flüssen zu erhalten, vgl. Abb. 4.16.

**Bemerkung 4.23.** *Durch die halben Raumschritte der überlagerten Gitter (Staggered Grids) erreicht man, dass sowohl die erste, wie auch die zweite Ableitung von der Ordnung 2 wird. Bei nur einem Gitter müsste man bei dem Konvektionsterm ein Upwind-Verfahren verwenden und hätte so eine niedere Ordnung, d. h. man hat ein Erste-Ordnung-Verfahren. Weiter kann man durch die Verschiebung auf den Gittern direkt eine Raumableitung abbilden in dem Mittelpunkt des Druck-Terms und erhält dadurch eine Stabilität, vgl. [22] und [74].*

### 4.8.4 Diskretisierung der Raumoperatoren der Navier-Stokes-Gleichung

Bei der Diskretisierung der Raumoperatoren hat man die Aufgabe, eine stabile Diskretisierung zu erreichen. Man muss dabei sicher gehen, dass man jeweils auf die Gitterpunkte $(i, j)$ bei der Bildung der finiten Differenzen kommt. Dies ist bei den linearen Termen gegeben, muss aber bei den nichtlinearen Termen und bei dem Term für die Druckkorrektur modifiziert werden.

Bei den nichtlinearen Termen haben wir deshalb eine Mittelung, d. h.

$$U_{i,j+1/2} = \frac{U_{i,j} + U_{i,j+1}}{2}, \quad U_{i+1/2,j} = \frac{U_{i,j} + U_{i+1,j}}{2}, \tag{4.183}$$

$$V_{i,j+1/2} = \frac{V_{i,j} + V_{i,j+1}}{2}, \quad V_{i+1/2,j} = \frac{V_{i,j} + V_{i+1,j}}{2}. \tag{4.184}$$

Damit können nun die Raumoperatoren gebildet werden als:

- Linearer Term (Diffusion), d. h. zweite Ableitung im Raum:

$$(U_{xx})_{i,j} \approx \frac{U_{i+1,j} - 2U_{i,j} + U_{i-1,j}}{\Delta x}, \quad (U_{yy})_{i,j} \approx \frac{U_{i,j+1} - 2U_{i,j} + U_{i,j-1}}{\Delta y}, \tag{4.185}$$

$$(V_{xx})_{i,j} \approx \frac{V_{i+1,j} - 2V_{i,j} + V_{i-1,j}}{\Delta x}, \quad (V_{yy})_{i,j} \approx \frac{V_{i,j+1} - 2V_{i,j} + V_{i,j-1}}{\Delta y}. \tag{4.186}$$

- Nichtlinearer Term (nichtlineare Konvektion), d. h. erste Ableitung für nichtlineare Terme im Raum:

$$(UV)_x|_{i,j} = \frac{U_{i+1/2,j} V_{i+1/2,j} - U_{i-1/2,j} V_{i-1/2,j}}{\Delta x}, \tag{4.187}$$

$$(UV)_y|_{i,j} = \frac{U_{i,j+1/2} V_{i,j+1/2} - U_{i,j-1/2} V_{i,j-1/2}}{\Delta y}, \tag{4.188}$$

$$(U^2)_x|_{i,j} = \frac{(U_{i+1/2,j})^2 - (U_{i-1/2,j})^2}{\Delta x}, \tag{4.189}$$

$$(V^2)_y|_{i,j} = \frac{(V_{i,j+1/2})^2 - (V_{i,j-1/2})^2}{\Delta y}, \tag{4.190}$$

dabei kommt man nun in die Mitte der Punkte $i$ bzw. $j$ und erhält eine stabile Diskretisierung.

- Linearer Term (Konvektion), d. h. erste Ableitung im Raum für die Druckkorrektur:

$$(U_x)_{i+1/2,j} \approx \frac{U_{i+1,j} - U_{i,j}}{\Delta x}, \tag{4.191}$$

$$(V_y)_{i,j+1/2} \approx \frac{V_{i,j+1} - V_{i,j}}{\Delta y}, \tag{4.192}$$

wobei die Ableitung nun in jeweils in der Mitte der Punkte $i$ bzw. $j$ liegt, diese sind aber auf der Gitterposition von $P_{i,j}$. Damit hat man ein stabiles Verfahren, da die jeweiligen Gitterpositionen der $U, V$-Ableitungen mit der Gitterposition der $P$-Variablen übereinstimmen und umgekehrt, vgl. [1] und [22].

### 4.8.5  Lösung der Navier-Stokes-Gleichung mit Operator-Splitting-Verfahren

Mit den Vorbereitungen lassen sich nun mittels Operator-Splitting-Verfahren die diskretisierten Gleichungen in den folgenden Schritten lösen:

- Nichtlinearer Schritt (nichtlineare Konvektion) mit expliziter Zeitdiskretisierung:

$$\frac{U_{i,j}^* - U_{i,j}^n}{\Delta t} = -(U^2)_x|_{i,j} - (UV)_y|_{i,j}, \; U_{ij}^*(t^n) = U_{ij}(t^n), \tag{4.193}$$

$$\frac{V_{i,j}^* - V_{i,j}^n}{\Delta t} = -(UV)_x|_{i,j} - (V^2)_y|_{i,j}, \; V_{ij}^*(t^n) = V_{ij}(t^n). \tag{4.194}$$

- Linearer Schritt (Diffusion) mit impliziter Zeitdiskretisierung:

$$\frac{U_{i,j}^{**} - U_{i,j}^{**}(t^n)}{\Delta t} = \frac{1}{Re}\left((U)_{xx}^{**}|_{i,j} + (U)_{yy}^{**}|_{i,j}\right), \; U_{ij}^{**}(t^n) = U_{ij}^*(t^{n+1}), \tag{4.195}$$

$$\frac{V_{i,j}^{**} - V_{i,j}^{**}(t^n)}{\Delta t} = \frac{1}{Re}\left((V)_{xx}^{**}|_{i,j} + (V)_{yy}^{**}|_{i,j}\right), \; V_{ij}^{**}(t^n) = V_{ij}^*(t^{n+1}). \tag{4.196}$$

- Druck-Korrektur-Schritt (Poisson-Gleichung):
  - Schritt 1: Berechung der Poisson-Gleichung:

$$\left((P)_{xx}|_{i,j} + (P)_{yy}|_{i,j}\right) = \frac{1}{\Delta t}\left((U_x)^{**}_{i+1/2,j} + (V_y)^{**}_{i,j+1/2}\right), \quad (4.197)$$

mit dem Ergebnis $(P)_{ij}$.

– Schritt 2: Korrektur des Geschwindigkeitsfeldes

$$\frac{U^{***}_{i,j} - U^{***}_{i,j}(t^n)}{\Delta t} = -(P)_x|_{i,j}, \quad \frac{V^{***}_{i,j} - V^{***}_{i,j}(t^n)}{\Delta t} = -(P)_x|_{i,j}, \quad (4.198)$$

$$U^{***}_{ij}(t^n) = U^{**}_{ij}(t^{n+1}), \quad V^{***}_{ij}(t^n) = V^{**}_{ij}(t^{n+1}), \quad (P)_{i,j}.$$

**Bemerkung 4.24.** *Das Beispiel der 2D-Navier-Stokes-Gleichung wurde in MATLAB® programmiert, vgl. [74]. Schon bei diesem einfachen 2D-Beispiel sieht man, wie die Diskretisierung komplexer wird. Besonders muss man auf eine stabile Diskretisierung achten, sprich alle Gitterpunkte müssen erreichbar sein für die Lösungsvariablen, z. B. mittels Staggered Grid, vgl. [23]. Weiter kann man bei diesem Beispiel noch ein Upwind-Verfahren für die nichtlineare Konvektion einbauen und erhält bessere Ergebnisse, vgl. [23]. Die Diskretisierung der Navier-Stokes-Gleichung wird schnell sehr umfangreich und man muss sehr oft auf akademische oder kommerzielle Software-Pakete zurückgreifen, vgl. auch die Beispiele in Kap. 7.*

## 4.9  Numerische Verfahren im Bereich der nichtlinearen Gleichungen

In den vorherigen Sektionen bei den Strömungsgleichungen hatten wir nichtlineare partielle Differentialgleichungen. Durch die Zeit- und Raumdiskretisierung wurden diese in ein System von nichtlinearen Gleichungen überführt. Mit einer einfachen Linearisierung, d. h. der nichtlineare Term wird mit der vorhergehenden Lösung im Zeitschritt $t^n$ gerechnet, hat man einen ersten nichtlinearen Löser, der für $t \to \infty$ konvergiert, vgl. [51].

Im Folgenden werden wir verbesserte nichtlineare Lösungsverfahren präsentieren, wie sie als Fixpunktiterationen und Newton-Verfahren bekannt sind, vgl. [50].

Nichtlineare hyperbolische und parabolische Differentialgleichungen, wie sie als Burgers- und Navier-Stokes-Gleichung (mit dominanter Diffusion) gegeben sind, führen nach der Diskretisierung zu nichtlinearen Gleichungssystemen, die mit nichtlinearen Lösern behandelt werden müssen.

Es gibt folgende Ideen der Löser, die dabei oft verwendet werden:

• Fixpunkt-Iterationen,
• Newton-Verfahren.

Dabei hat man bei den Fixpunkt-Iterationsverfahren ein Verfahren der Ordnung 1, wohingegen man bei dem Newton-Verfahren eine Verfahren der Ordnung 2 hat.

**Bemerkung 4.25.** *Verwendet man noch höherer Verfahren als das Newton-Verfahren oder beschleunigt man das Newton-Verfahren, so müssen höhere Ableitungen oder weitere iterative Ergebnisse hinzugenommen und approximiert werden. Es gibt verschieden Ansätze:*

- *Halley-Verfahren (Halley's Method): Es hat die Ordnung 3 und verwendet neben der ersten Ableitung auch die zweite Ableitung. Damit kann man ein höheres Verfahren konstruieren, vgl. [73].*
- *Anderson-Beschleunigung (Anderson Acceleration): Es kann das Newton-Verfahren durch Hinzunahme von vorhergehenden iterativen Ergebnissen beschleunigen, d. h. man erreicht eine schnellere Konvergenz durch Extrapolation, vgl. [3].*

### 4.9.1  Vergleich der Verfahren: Fixpunkt- und Newton-Verfahren

Wir nehmen nun die raum- und zeitdiskretisieren Gleichungen her und erhalten folgendes Gleichungsystem:

$$F(x) = 0, \tag{4.199}$$

wobei $F : \mathbb{R}^n \to \mathbb{R}^n$.

Weiter nehmen wir an, dass die Funktion genügend glatt ist und wir sie ableiten können, d. h. es existiert die Jacobi-Matrix mit

$$F'(x) = DF(x) = \left(\frac{\partial f_i}{\partial x_j}(x)\right)_{i,j=1,\dots,n}, \tag{4.200}$$

mit $F(x) = (f_1(x), \dots, f_n(x))^t$.

#### 4.9.1.1 Fixpunkt-Verfahren

Die Idee der Fixpunktiterationen basiert auf folgender Schreibweise, wie man ein eine nichtlineare Gleichung formulieren kann:

$$x = K(x), \tag{4.201}$$

wobei $K$ die nichtlineare Fixpunktmatrix ist.

Dann hat man folgende Fixpunktiteration:

$$x_{i+1} = K(x_i), \tag{4.202}$$

falls nun $K$ eine kontraktive Abbildung auf $\Omega$ ist und die Lipschitz Konstante mit $\gamma < 1$ gegeben ist, so hat man ein $q$-lineares konvergentes Verfahren, das gegeben ist mit:

$$||x_{i+1} - x^*|| \leq \sigma ||x_i - x^*||, \tag{4.203}$$

mit $\sigma \in (0, 1)$.

**Bemerkung 4.26.** *Hier hat man ein lineares Verfahren, welches man z. B. mit dem Anderson-Algorithmus beschleunigen kann, vgl. [82]. Dieses Iterationsverfahren wird auch verwendet im Bereich der iterativen Splitting-Verfahren, mit denen man mit jedem weiteren Iterationsschritt eine zusätzliche Ordnung, d. h. eine höhere Genauigkeit, erreicht, vgl. [29].*

### 4.9.1.2 Newton-Verfahren

Die Idee des Newton-Verfahrens basiert auf der Linearisierungsidee mittels Taylor-Reihe und ist daher eine Konvergenzordnung höher. Man entwickelt die nichtlineare Funktion aus der vorhergehenden iterativen Lösung und erhält:

$$M_c(x) = F(x_c) + F'(x_c)(x - x_c), \tag{4.204}$$

wobei $F'$ die Ableitung nach $x$ ist.

Dann hat man folgende Fixpunktiteration:

$$x_{i+1} = x_i - (F'(x_i))^{-1} F(x_i), \tag{4.205}$$

und es reichen minimale Anforderungen an $F$, d. h. Differenzierbarkeit oder die Existenz der Jacobi-Matrix, vgl. [50]. Dann hat man ein $q$-quadratisches konvergentes Verfahren mit:

$$||x_{i+1} - x^*|| \leq \sigma ||x_i - x^*||^2, \tag{4.206}$$

wobei $\sigma > 0$ ist.

**Bemerkung 4.27.** *Hier hat man ein quadratische Verfahren, welches man dann mit der Zunahme von weiteren Ableitungen, z. B. der zweiten Ableitung, der sogenannten Hesse-Matrix bei nichtlinearen Gleichungssystemen, verbessern kann. Die höheren Verfahren, d. h. ab der dritten Ordnung, werden besonders bei Nichtlinearitäten von höherer Ordnung (bei nichtlinearen Gleichungen ab der dritten Ordnungen) verwendet, vgl. [41].*

## 4.9.2  Robuste Verfahren

Bei den numerischen Verfahren ist es oft wichtig, besonders robuste Verfahren zu verwenden. Damit macht man das numerische Verfahren stabil gegenüber Störungen in den Eingabedaten.

Unsere robusten Verfahren sollen sich wie folgt auszeichnen:

- Robuste Verfahren zeichnen sich durch ihre Stabilität aus. Man hat bestimmte Vorgaben an Zeit- und Raumschrittweiten, damit man eindeutige und existierende Lösungen erhält.
- Die Ordnungen der robusten Verfahren werden erhalten, wenn sich der Zeit- und Raumschritt ändert, bzw. wenn man in den vorgegebenen Bereichen mit den Schrittweiten liegt, z. B. der CFL-Bedingungen.

**Bemerkung 4.28.** *Man hat noch weitere Kenngrößen, die in der Numerik wichtig sind. Es sind die Kondition, die Stabilität, die Konsistenz und die Konvergenz. Sie sind beschrieben als:*

- *Die Kondition:*
  *Sie gibt an, wie stark das mathematische Problem auf Störungen (Schwankungen in den Eingabedaten) reagiert.*
- *Die Stabilität:*
  *Sie gibt an, wie stark die numerische Methode auf Störungen, d. h. weitet sich die Störung aus oder ist das Verfahren robust genug, reagiert.*
- *Die Konsistenz:*
  *Sie gibt an, wie gut die numerische Methode das mathematische Problem ohne Schwankungen in den Daten, d. h. wie groß ist mein lokaler Fehler, löst.*
- *Die Konvergenz:*
  *Sie gibt an, wie gut die numerische Methode das mathematische Problem mit Schwankungen in den Daten, d. h. wie groß ist mein globaler Fehler, löst.*

**Beispiel 4.29.** *Wir haben folgende Beispiele für robuste Verfahren:*

- *Ein FDTD-Verfahren ist robust unter Einhaltung der CFL-Bedingung. Dann erhält man die zweite Ordnung in der Zeit- und in der Raumvariablen, vgl. [80].*
- *Ein implizites Raumdiskretisierungsverfahren für die Wellengleichung ist robust gegenüber großen Zeitschritten, falls es die Energie erhält, vgl. [15].*

## 4.10  Exemplarische Anwendungen: Real-Life-Problemstellung

Nun werden wir exemplarisch für die Transport- und Strömungsprobleme einige Anwendungen besprechen, die ebenfalls mit den bisherigen Verfahren diskretisiert und gelöst werden können.

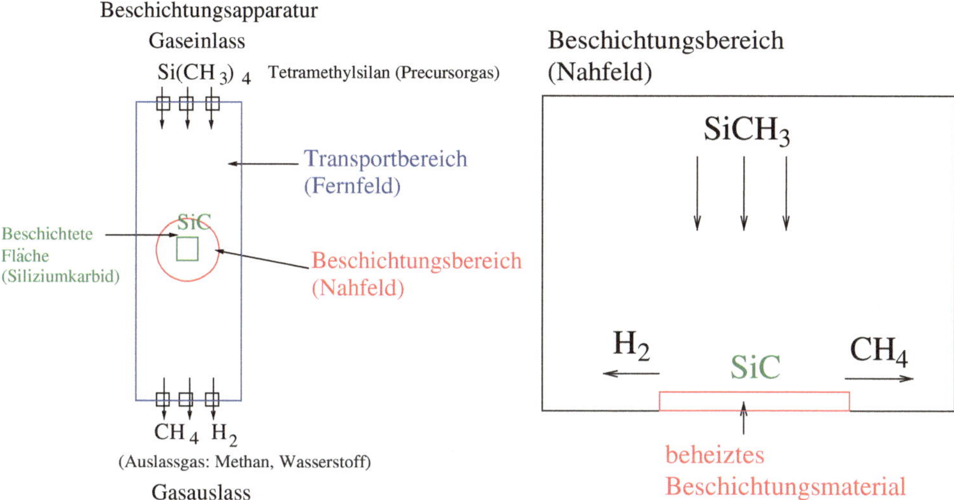


**Abb. 4.17**   Fernfeld und Nahfeld der Apparatur

## 4.10.1  Problemstellung: Beschichtungsprozesse

Das Beispiel ist aus einem BMBF-Projekt hervorgegangen, vgl. [35]. Die Idee ist dabei, eine chemische Gasphasenabscheidung zu simulieren, mit denen dünne Filme auf metallische Oberflächen beschichtet werden.

Der Versuchsaufbau ist in Abb. 4.17 dargestellt. Dabei hat man eine Simulation für das Nahfeld, bei dem die Beschichtung auf den Metall-Wafer wichtig ist und eine Simulation für das Fernfeld, bei dem es auf die Strömungseigenschaften der Gase ankommt.

Für die unterschiedlichen Simulationsgebiete hat man auch unterschiedliche Modellgleichungen. Man hat skalenabhängige Gleichungen, d. h. für das Fernfeld im Bereich von $[cm] - [m]$, bzw. $[sec] - [min]$ und für das Nahfeld hat man $[mm] - [cm]$, bzw. $[\mu sec] - [sec]$.

Die Gleichungen sind im Folgenden gegeben:

- Die makroskopische Gleichung ist als Transportgleichung gegeben mit

$$\partial_t c_i + \nabla \cdot (\mathbf{v} c_i - D^{e(i)} \nabla c_i) = -\lambda_i c_i + \sum_{k=k(i)} \lambda_k c_k + \tilde{Q}_i,$$

$c_i$ Konzentration von Spezies $i$, $\lambda_i$ makroskopische Reaktion.

- Die mikroskopische Gleichung ist als chemische Reaktionen gegeben mit:

$$Si(CH_3)_4 \rightarrow \cdot Si(CH_3)_3 + \cdot CH_3, \tag{4.207}$$

$$\cdot Si(CH_3)_3 \rightarrow \ddot{Si}(CH_3)_2 + \cdot CH_3, \tag{4.208}$$

$$\ddot{Si}(CH_3)_2 \rightarrow \cdot \ddot{Si}CH_3 + \cdot CH_3, \tag{4.209}$$

$$\cdot \ddot{Si}CH_3|_{gas} + \cdot CH_3|_{gas} \rightarrow SiC|_{fest} + CH_4|_{gas} + H_2|_{gas}. \tag{4.210}$$

Dabei hat man besonders schnelle Reaktionen und erhält ein Multiskalenproblem. Diese multiskalen Effekte muß man beachten, wenn man die mikroskopische und makroskopische Gleichung zusammen lösen will, vgl. [30].

### 4.10.1.1 Multiskalen Methode: Einbettung von schnellen Reaktionen

Im Bereich der schnellen Reaktionen im mikroskopischen Bereich hat man nun folgende Möglichkeiten:

- Das vollständige Reaktionsgleichungssystem auflösen und im Bereich der feinen Skalen rechnen (erhöhter Rechenaufwand, da man die Zeitskala im makroskopischen Bereich erreichen muss, um die Gleichungen zu koppeln).
- Eine sinnvolle Reduktion des Reaktionsgleichungssystems ist notwendig, damit man die Skalen angleicht und die Variablen in der Raum- bzw. Zeitskala gegeben sind. So kann man man mittels Durchschnittsbildung oder Hochskalieren die Variablen in der feinen Skala an die Variablen in der groben Skala angleichen. Damit reduziert sich der Rechenaufwand und eine direkte Kopplung zum makroskopischen Modell ist möglich.

Im Folgenden wird die Reduktion der Reaktionsgleichungen erläutert. Die vollständigen Reaktionsgleichungen sind gegeben als:

$$\partial_t c_1 = -k_1 c_1, \tag{4.211}$$

$$\partial_t c_2 = -k_2 c_2 + k_1 c_1 \rightarrow \partial_t c_2 = \frac{1}{\varepsilon}(-\tilde{k}_2 c_2 + \tilde{k}_1 c_1), \tag{4.212}$$

$$\partial_t c_3 = -k_3 c_3 + k_2 c_2 \rightarrow \partial_t c_3 = \frac{1}{\varepsilon}(-\tilde{k}_3 c_3 + \tilde{k}_2 c_2), \tag{4.213}$$

$$\partial_t c_4 = -k_4 c_4 + k_3 c_3 \rightarrow \partial_t c_4 = \frac{1}{\varepsilon}(-\tilde{k}_4 c_4 + \tilde{k}_3 c_3), \tag{4.214}$$

$$\partial_t c_5 = k_4 c_4, \tag{4.215}$$

wobei man die besonders schnellen Reaktionsgleichungen mit der $\cdot CH_3$ Gruppe reduzieren kann zu:

$$\partial_t c_5 \approx \tilde{k}_1 c_1, \ t \in [0, T], \tag{4.216}$$

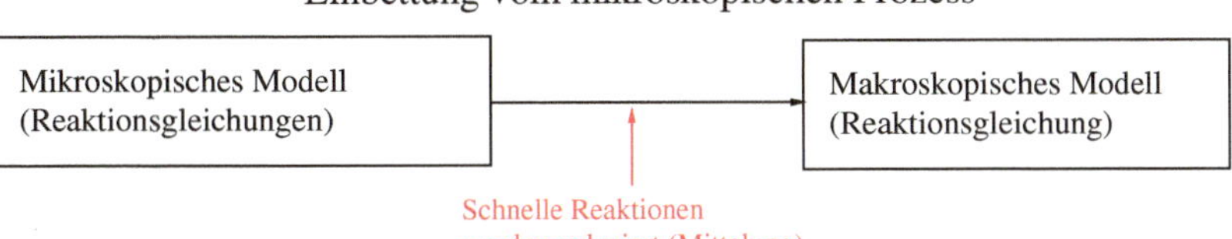

Einbettung vom mikroskopischen Prozess



**Abb. 4.18**  Hochskalierung der reduzierten Reaktionsgleichungen in das makroskopische Modell

$\tilde{k}_1$ ist gemittelter Reaktionsterm und die analytische Lösung ist:

$$c_5(t) = c_{01}(1 - \exp(-\tilde{k}_1 t)) + c_{05}, \qquad (4.217)$$

$c_{01}$ und $c_{05}$ sind Anfangskonzentrationen von $Si(CH_3)_4$ und $SiC$.

Damit kann man sich direkt auf eine Reaktionsgleichung konzentrieren und diese in das makroskopische Gleichungssystem einbetten.

### 4.10.1.2  Multiskalenansatz für die Lösung

Wir setzen nun den Multiskalenansatz für das reduzierte Reaktionssystem um. Die mikroskopischen Gleichungen lassen sich hochskalieren und in die langsamen Prozesse einbetten. Die Idee ist dabei in Abb. 4.18 dargestellt.

Man erhält die eingebettete makroskopische Reaktion:

$$\cdot \ddot{\mathrm{S}}\mathrm{iCH}_3|_{\mathrm{gas}} + \cdot \mathrm{CH}_3|_{\mathrm{gas}} \rightarrow \mathrm{SiC}|_{\mathrm{fest}} + \mathrm{CH}_4|_{\mathrm{gas}} + \mathrm{H}_2|_{\mathrm{gas}}, \qquad (4.218)$$

die Reaktionsparameter sind equilibriert und vom mikroskopischen Experiment gegeben als: $\lambda_i = \frac{1}{M} \sum_{j=1}^{M} \lambda_{i,j}$.

**Bemerkung 4.30.** *Durch die Hochskalierung konnte man das mikroskopische Modell in das makroskopische Modell einbetten und hat den Vorteil, dass man nun auf einer Skaleneben, d. h. mit einer Raumskala und Zeitskala, rechnen kann. Solche Ideen sind auch als Homogenisierungen in der Modellierung bekannt, in dem ein Mikromodell in ein Makromodell transformiert wird, vgl. [6] und [65].*

### 4.10.1.3  Makroskopische Ergebnisse

Die Simulationen wurden mit einem akademischen Software-Paket durchgeführt, vgl. [35].

Dabei wurde der Bereich der Beschichtung simuliert und die Beschichtungsraten gemessen.

In Abb. 4.19 wird der Beschichtungsbereich vor dem Metallwafer dargestellt. Dabei sieht man dann im oberen Bild den Verlauf der Konzentrationen während der Zeit und

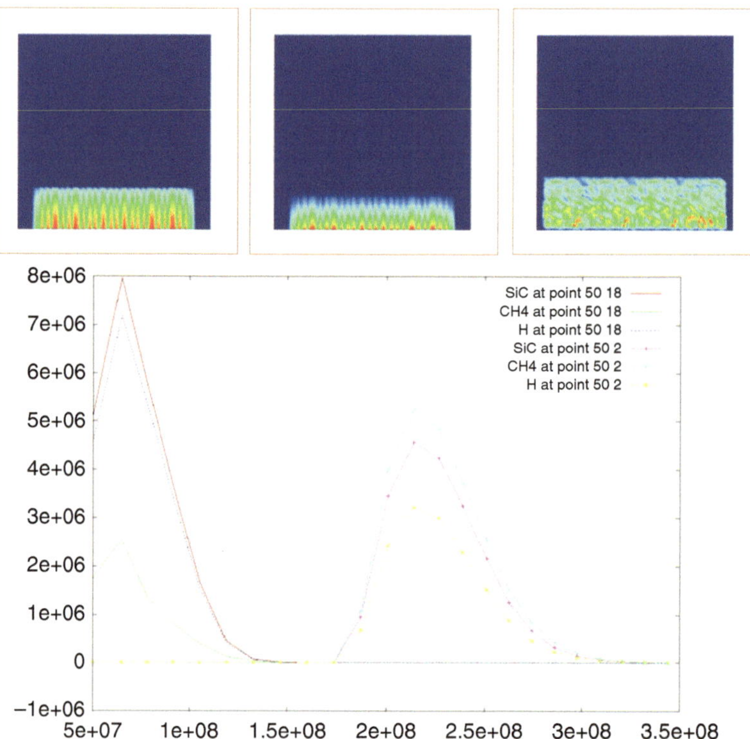

**Abb. 4.19**  Oben: SiC Experiment nach 200 Zeitschritten, rot: hohe Konzentration, blau: geringe Konzentration. Unten: Stöchiometrisches Verhältnis $(SiC : CH_4) = (1 : 1)$ im Beschichtungsbereich

im unteren Bild die Beschichtungsraten der wichtigen Konzentrationen. Um eine ideale Beschichtung zu erhalten, muss man auf den dünnen Metallflächen ein Verhältnis der Beschichtungsraten von $(SiC : CH_4) = (1 : 1)$ erhalten.

## 4.11  Weitere Beispiele von Transportmodellen in technischen Anwendungen

Die weiteren Beispiele sind aus weiteren Projekten im Bereich des Wärme- und Stofftransports und der Modellierung mit Konvektions-Diffusions-Reaktions- Gleichungen entstanden.

Dabei wurden die technischen Abmessungen der realen Anlage für die Geomtrie der Rechengebiete übertragen. Die räumlichen Rechengebiete wurde mit finiten Differenzen oder finiten Volumen diskretisiert und die daraus entstandenen linearen Gleichungssysteme mittels schnellen Lösern, z. B. indirekten Verfahren, wie dem Mehrgitterverfahren oder den schnellen direkten Verfahren wie FFT-Verfahren (fast Fourier transform, d. h. zu deutsch: schnelle Fouriertransformation), gelöst.

Die Lösungen wurden dann graphisch als Raumgitter in unterschiedlichen Zeitabschnitten dargestellt. Dabei konnte man sich den Verlauf des Stoff- und Wärmetransports visualisieren.

Im Folgenden konzentrieren wir uns auf die Darstellung der Ergebnisse von den einzelnen Projekten:

- Wärmetransport durch poröse Medien, vgl. [31].
- Stofftransport im Bereich der Beschichtungsprozesse, vgl. [30] und [33].

Nachfolgend werden reale Simulationsprobleme kurz beschrieben, die mit Hilfe von Transportgleichungen und deren Teilgleichungen gelöst wurden, vgl. [28]:

- Konvektionsgleichung: Transport der Stoffe in Abhängigkeit von der Strömungsrichtung, vgl. [59].
- Diffusionsgleichung: Diffundieren der Stoffe, d. h. Ausbreitung in allen Raumrichtungen, vgl. [49].
- Reaktionsgleichung: Auflösen bzw. Entstehen von neuen Stoffen, d. h. Umwandlung der Stoffe mittels Reaktionsgleichungen, vgl. [63].

**Bemerkung 4.31.** *Bei den Beispielen hat man ein Multiskalenproblem gelöst. Dabei wurde ein mikroskopisches Modell mittels einer Homogenisierung oder einer Reduktion der Skalenabhängigkeiten in ein bestehendes makroskopisches Modell eingebettet. Hierbei konnten Reaktionsgleichungssysteme reduziert werden und in das makroskopische Modell eingebettet werden. Weiter wurden bei mikroskopische Diffusionsprozesse über einen Homogenisierungsansatz in makroskopische Diffusionsprozesse eingebettet.*

**Beispiel 4.32.** *Im Folgenden behandeln wir ein Wärmetransport- und ein Stofftransportmodell.*

- *Im Bereich der Bestimmung von Wärmequellen im Erdreich, z. B. für Energiegewinnung, ist es wichtig, den Wärmetransport durch die einzelnen Bodenschichten bis hin zur Erdoberfläche zu transportieren. Bei dem folgenden Beispiel aus der Hydrogeologie simuliert man den Wärmetransport von Wasser durch die einzelnen Bodenschichten, die permeabel (durchlässig) oder weniger permeabel sind. In Abb. 4.20 sehen wir den geometrischen Aufbau der Bodenschichten, in dem das Wasser nach oben fließt.*

  *Mittels eines akademischen Softwarepaketes, vgl. [7], wurde der Wärmetransport (Konvektions-Diffusions-Reaktions-Gleichung) simuliert. In Abb. 4.21 sieht man den Wärmetransport in den Schichten, dabei kann der Wärmetransport mittels Wasser besonders schnell in den permeablen Schichten aufsteigen.*

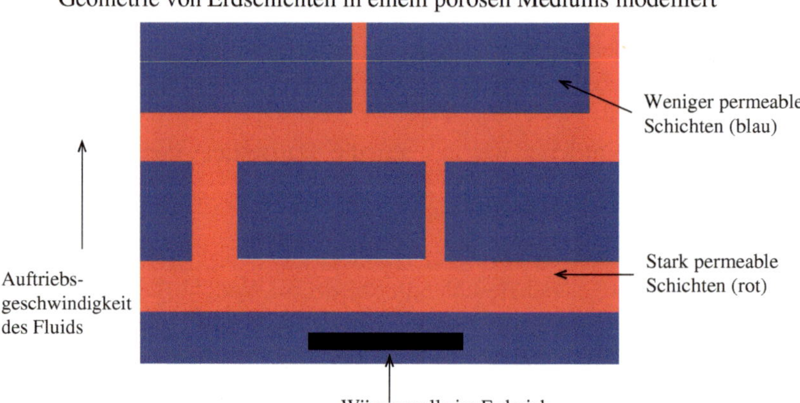



**Abb. 4.20**   Wärmetransport im Bereich der tiefen Erdschichten können durch schnell leitende Schichten schnell an die Oberfläche treten

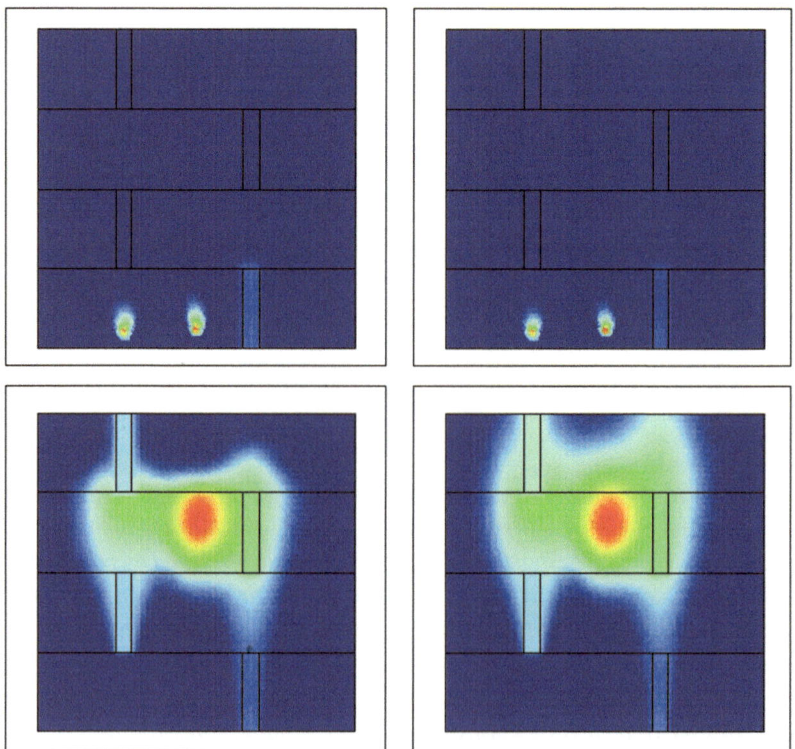

**Abb. 4.21**   Wärmetransport, im oberen Bild: Start des Wärmetransports in den unteren Schichten des Erdreichs und im unteren Bild: Erreichen der warmen Strömungen in den erdnahen Schichten

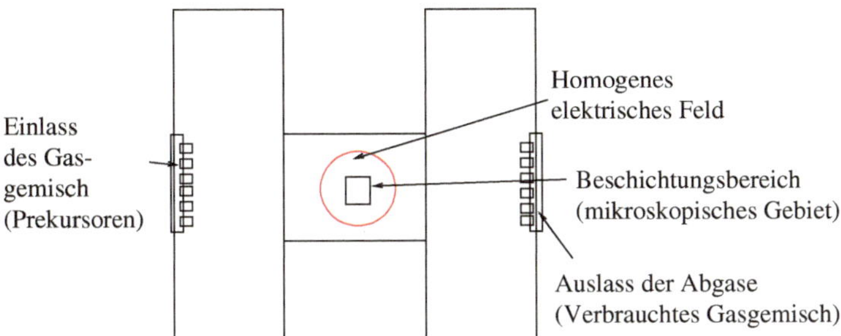


**Abb. 4.22**   Stofftransport im Bereich einer CVD (chemical vapor deposition) mit Beschichtungs-anlage: Fern-Feld und Nah-Feld Simulationen

- *Im Bereich der Beschichtung von Oberflächen mittels Gasgemischen (Prekusoren), die sich mittels chemischer oder thermischer Prozesse anstoßen lassen, ist es wichtig, die genauen Konzentrationen der Gasgemische vorherzusagen, vgl. [28]. Bei dem folgenden Beispiel aus dem Stofftransport bei Beschichtungsanlagen simuliert man den Gastransport durch die Beschichtungsanlage bis zu dem Beschichtungsobjekt (Wafer). In Abb. 4.22 sehen wir den geometrischen Aufbau der Beschichtungsanlage und den mikroskopischen Bereich. In dem mikroskopischen Bereich findet die Beschichtung mittels eines chemischen Prozesses statt. Hier haben wir einen CVD (chemical vapor deposition)-Prozess, der mittels chemischer Reaktionen mit einem Precusorgas eine Beschichtung erreicht, vgl. [28].*
- *Im Bereich der Beschichtungsanlage ist es nun besonders wichtig, den lokalen Bereich (mikroskopisches Gebiet) an dem zu beschichtenden Objekt, z. B. Metallplatte, zu verstehen. Nachdem man das globale Strömungsfeld simuliert hat und den mikroskopischen Bereich kennt, kann man die chemischen Reaktion der einzelnen Spezies im mikroskopischen Bereich simulieren. In Abb. 4.23 sieht man die Simulation des mikroskopischen Bereichs. Die Beschichtungsraten lassen sich durch die Konzentrationskurven, die an bestimmten Punkten am Target gemessen werden, bestimmen.*

**Bemerkung 4.33.**   *Bei dem Multiskalenproblem der Beschichtungsprozesse hat man wiederum die Rückkopplung von kleinen lokalen Störungen auf das globale Strömungsfeld. Sprich, wenn sich im Bereich der Beschichtung aufgrund der Beschichtung der Gase eine Veränderung ergibt, so muss man diese Änderung auch im makroskopischen Modell nachrechnen. Somit hat man ein geschlossenes Modell von mikroskopischen und makroskopischen Effekten, vgl. [32].*

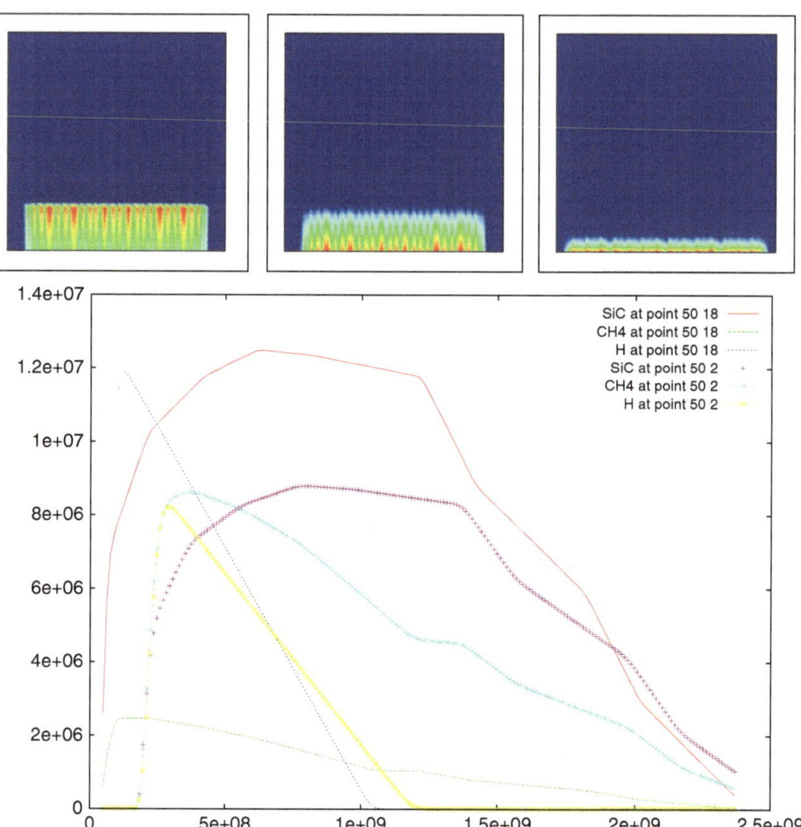

**Abb. 4.23** Stofftransport (oben: Nahbereich der SiC, Si und H Konzentrationen des Gases, unten: Konzentrationskurven am Target)

## 4.12　Wirtschaftlichkeit und Softwarepakete

In diesem Kapitel haben wir neue Verfahren für die Lösung von Transport- und Strömungsgleichungen besprochen. Wiederum führen veränderte Verfahren und neue Verfahrensklassen zur weiterführenden Überlegung, ob die neuen Verfahren in vorhandenen Programmpaketen sind oder ob man diese in neue Programmpakete zu programmieren muss.

Im Folgenden stellen wir die Wirtschaftlichkeit zu solchen Überlegungen gegenüber.

1. Klassische Verfahren (z. B. explizite und nicht entkoppelte Verfahren):
   1) Sehr zeitaufwendig, da Stabilitätskriterien, d. h. die kleinste Skala wird aufgelöst.
   2) Sehr schnell implementierbar.
   3) Kommerzielle Softwarepakete haben Verfahren schon implementiert, z. B. ANSYS, vgl. [4] und COMSOL, vgl. [16].

2. Verbesserte Verfahren (z. B. implizite und gekoppelte Verfahren):
   1) Bessere Stabilität, da Kopplung vorhanden.
   2) Zeitaufwendiger, da Inversionen notwendig. Vorteil ist aber die Kopplung mit allen Skalen.
   3) Neuprogrammierung oft notwendig.
   4) Modifikation von sog. Open-Source Codes, z. B. Openfoam, die man entsprechend mit neuen Verfahren modifizieren kann.

**Bemerkung 4.34.** *Die neuen Verfahren sind im Allgemeinen nicht in den kommerziellen Softwarepaketen vorhanden und müssen programmiert werden. Für die kommerziellen Softwarepakete stellt sich daher die Frage, ob man mit den Standardverfahren solche modernen skalenabhängige Modelle simulieren kann und welche Fehler man mit solchen alten Verfahren macht. Oft sind aber gerade neue Verfahren an spezielle Problemstellungen angepasst und man bekommt deutlich größere Fehler mit den Standardverfahren. Deshalb macht es immer Sinn, die neuen Verfahren zu programmieren und zu testen.*

## 4.13  Programmieraufgaben zur den Grundlagenaufgaben (Transportgleichung und Strömungsgleichungen)

### 4.13.1  Reaktionsgleichung

Nehmen Sie das MATLAB®-Programm aus der Abschn. 4.6.4 her und modifizieren Sie den Code entsprechend den folgenden Reaktionsgleichungen:

$$\frac{dy_1}{dt} = y_2\,y_3, \tag{4.219}$$

$$\frac{dy_2}{dt} = -y_1\,y_3, \tag{4.220}$$

$$\frac{dy_3}{dt} = -0.51\,y_1\,y_2. \tag{4.221}$$

Testen Sie verschiedene Zeitschrittweiten aus.

#### 4.13.1.1  Konvektions-Diffusionsgleichung

Nehmen Sie die MATLAB®-Programme aus den Abschn. 4.4.3.2 und 4.5.2 her.

Mittels des AB-Splitting können Sie die Programme koppeln. Dabei sei die nachfolgende Gl. (4.222) mit dem Operator $A$ die Konvektionsgleichung und die Gl. (4.223) mit dem Operator $B$ die Diffusionsgleichung.

$$\frac{dy_1}{dt} = Ay_1, \ y_1(t^n) = y(t^n), \tag{4.222}$$

$$\frac{dy_2}{dt} = By_2, \ y_2(t^n) = y_1(t^{n+1}), \tag{4.223}$$

für $n = 0, \ldots, N$. Die Startbedngung $y(t^0)$ ist als Anfangsbedingung gegeben. Weiter sind die Ergebnisse des AB-Splitting gegeben als $y(t^{n+1}) = y_2(t^{n+1})$ und diese sind wiederum die Anfangsbedingungen für den nächsten Zeitschritt.

## 4.14  Fragen zum vorliegenden Kapitel

Im vorliegenden Kapitel wurden ausgewählte Diskretisierungs- und Lösungsverfahren für Transportmodelle und Strömungsmodelle besprochen.

Hier nun die ersten Verständnisfragen:

1) Welche Komponenten hat ein Transportmodell?
2) Was hat man für numerische Herausforderungen bzw. Probleme um eine Konvektions- oder Diffusionsgleichung zu lösen?
3) Können Sie einen einfachen expliziten Algorithmus für die Konvektionsgleichung aufschreiben?
4) Können Sie einen einfachen impliziten Algorithmus für die Diffusionsgleichung aufschreiben?
5) Wie löst man die Gleichungen zusammen?
6) Was für reale Anwendungen bei der Transportgleichung kennen Sie?
7) Welche Komponenten hat eine Navier-Stokes-Gleichung?
8) Wie sieht eine Zerlegung in Komponenten bei der NS-Gleichung aus?
9) Was ist die Herausforderung bei den Burgers- und Navier-Stokes-Gleichungen?
10) Welche nichtlinearen Löser kennen Sie?
11) Was für Vorteile haben Newton Verfahren?
12) Wie sehen die Diskretisierungsverfahren für die Wellengleichungen aus?
13) Was ist ein FDTD-Verfahren, wie sieht das Staggered Time-Space-Gitter aus?
14) Welche Programme kennen Sie, was muss neu entwickelt werden?
15) Was können Sie über die Wirtschaftlichkeit der neuen Verfahren im Vergleich zu den alten Verfahren sagen?

## Literatur

1. Abgrall, R., Shu, C.-W.: Handbook of Numerical Methods for Hyperbolic Problems: Basic and Fundamental. Handbook of Numerical Analysis, Bd. 17. Elsevier, Amsterdam/Oxford (2016)

2. Amann, H.: Gewöhnliche Differentialgleichungen, 2. Aufl. De Gruyter Lehrbücher, Berlin/New York (1995)
3. Anderson, D.G.: Iterative procedures for nonlinear integral equations. J. ACM **12**, 547–560 (1965)
4. ANSYS.: ANSYS: Technische Simulationslösungen, Canonsburg. http://www.ansys.com/de-DE (2017)
5. Axelsson, O.: Iterative Solution Methods. Cambridge University Press, Cambridge (1996)
6. Bakhvalov, N.S.: Homogenisation: Averaging Processes in Periodic Media: Mathematical Problems in the Mechanics of Composite Materials. Mathematics and Its Applications. Springer, Berlin/Heidelberg/New York (2013)
7. Bastian, P., Birken, K., Eckstein, K., Johannsen, K., Lang, S., Neuss, N., Rentz-Reichert, H.: UG – a flexible software toolbox for solving partial differential equations. Comput. Vis. Sci. **1**(1), 27–40 (1997)
8. Bathe, K.-J.: Finite-Elemente-Methoden. Springer, Berlin/Heidelberg/New York (2002)
9. Bear, J., Cheng, A.H.-D.: Modeling Groundwater Flow and Contaminant Transport. Theory and Applications of Transport in Porous Media. Springer, Dordrecht/Heidelberg/Berlin/New York (2010)
10. Böhme, G.: Strömungsmechanik nichtnewtonscher Fluide. Teubner, Leipzig (2000)
11. Braess, D.: Finite Elements: Theory, Fast Solvers, and Applications in Solid Mechanics, 3. Aufl. Cambridge University Press, Cambridge (2007)
12. Brenner, S., Scott, R.: The Mathematical Theory of Finite Element Methods. Texts in Applied Mathematics, Bd. 15. Springer, New York (2008)
13. Burgers, J.M.: Mathematical Examples Illustrating Relations Occurring in the Theory of Turbulent Fluid Motion. Selected Papers of Burgers, J.M., Editor Nieuwstadt, F.T.M., S. 281–334. Springer, Dordrecht (1995)
14. Butcher, J.C.: Numerical Methods for Ordinary Differential Equations, 2. Aufl. Wiley, Inc., Hoboken (2008)
15. Cohen, G.: Higher-Order Numerical Methods for Transient Wave Equations. Scientific Computation. Springer, Berlin/Heidelberg/New York (2002)
16. COMSOL.: COMSOL, Multiphysics, Software-Package, Burlington. http://www.comsol.com/COMSOL (2014)
17. Dafermos, C.M.: Hyperbolic Conservation Laws in Continuum Physics. Grundlehren der mathematischen Wissenschaften, Bd. 325. Springer, Berlin/Heidelberg/New York (2016)
18. Dafermos, C.M., Feireisl, E.: Handbook of Differential Equations: Evolutionary Equations, Bd. 1. Elsevier, Amsterdam (2002)
19. Di Pietro, D.A., Ern, A.: Mathematical Aspects of Discontinuous Galerkin Methods. Mathematiques et Applications, Bd. 69. Springer, Berlin/Heidelberg/New York (2012)
20. Evans, L.: Partial Differential Equations. Graduate Studies in Mathematics. AMS, Providence (2010)
21. Eymard, R., Gallouet, T., Herbin, R.: Finite volume methods. In: Lions, J.-L., Ciarlet, P.G. (Hrsg.) Handbook of Numerical Analysis, Bd. VII, S. 717–1020. North-Holland/Elsevier, Amsterdam (2000)
22. Ferziger, J.H., Peric, M.: Computational Methods for Fluid Dynamics, 3. Aufl. Springer, Berlin/Heidelberg/New York (2002)
23. Fletcher, C.A.J.: Computational Techniques for Fluid Dynamics, Bd. I, II. Springer Series in Computational Physics. Springer, Berlin/Heidelberg/New York (1988)
24. Galdi, G.P.: An Introduction to the Mathematical Theory of the Navier-Stokes Equations: Steady-State Problems. Springer Monographs in Mathematics. Springer, Berlin/Heidelberg/New York (2011)

25. Geiser, J.: Discretization and Simulation of Systems for Convection-Diffusion-Dispersion Reactions with Applications in Groundwater Contamination. Monograph, Series: Groundwater Modelling, Management and Contamination. Nova Science Publishers, Inc., New York (2008)
26. Geiser, J.: Iterative operator-splitting methods with higher order time-integration methods and applications for parabolic partial differential equations. J. Comput. Appl. Math. **217**, 227–242 (2008)
27. Geiser, J.: Operator-splitting methods in respect of eigenvalue problems for nonlinear equations and applications to Burgers equations. J. Comput. Appl. Math. **231**(2), 815–827 (2009)
28. Geiser, J.: Models and Simulation of Deposition Processes with CVD Apparatus. Groundwater Modeling, Management and Contamination. Nova Science Publishers, New York (2009)
29. Geiser, J.: Iterative Splitting Methods for Differential Equations. Numerical Analysis and Scientific Computing Series. Taylor & Francis Group, Boca Raton/London/New York (2011)
30. Geiser, J.: Multiscale modeling of PE-CVD apparatus: simulations and approximations. Polymers **5**, 142–160 (2013)
31. Geiser, J.: Additive via iterative splitting schemes: algorithms and applications in heat-transfer problems. In: Ivanyi, P., Topping, B.H.V. (Hrsg.) Proceedings of the Ninth International Conference on Engineering Computational Technology. Civil-Comp Press, Stirlingshire, Paper 51. https://doi.org/10.4203/ccp.105.51 (2014)
32. Geiser, J.: Multicomponent and Multiscale Systems: Theory, Methods, and Applications in Engineering. Springer, Cham/Heidelberg/New York/Dordrecht/London (2016)
33. Geiser, J., Arab, M.: Modelling, Optimization and Simulation for a Chemical Vapor Deposition. J. Porous Media **2**(9), 847–867 (2009)
34. Geiser, J., Fleck, C.: Adaptive Step-size Control in Simulation of Diffusive CVD Processes, Bd. 2009, S. 34. Mathematical Problems in Engineering. Hindawi Publishing Corp., New York. Art. ID 728105 (2009)
35. Geiser, J., Griewank, A.: Nanobeschichtete, metallische Bipolarplatte für PEFC: Schlussbericht, Berichtszeitraum: 01 July 2007–30 June 2011. Technische Informationsbibliothek und Universitätsbibliothek, Hannover, Reportnr./Förderkennzeichen: 03SF0325E, 01057312 (2011)
36. Geiser, J., Roehle, R.: Kinetic Processes and Phase-Transition of CVD Processes for Ti2SiC3. JCIT J. Converg. Inf. Technol. **5**(6), 9–32 (2010)
37. Girault, V.: Finite Element Methods for Navier-Stokes Equations: Theory and Algorithms. Springer Series in Computational Mathematics. Springer, Berlin/New York (1986)
38. Grossmann, C., Roos, H.G., Stynes, M.: Numerical Treatment of Partial Differential Equations, 1. Aufl. Universitext. Springer, Berlin/Heidelberg/New York (2007)
39. Gustafsson, B.: High Order Difference Methods for Time Dependent PDE. Springer Series in Computational Mathematics, Bd. 38. Springer, Berlin/New York/Heidelberg (2007)
40. Gustafsson, G.B., Wilcox, C.H.: Analytical and Computational Methods of Advanced Engineering Mathematics. Texts in Applied Mathematics, Bd. 28. Springer, Berlin/New York/Heidelberg (1998)
41. Gutierrez, J.M., Hernandez, M.A.: An acceleration of Newton's method: Super-Halley method. Appl. Math. Comput. **117**, 223–239 (2001)
42. Hackbusch, W.: Theorie und Numerik elliptischer Differentialgleichungen. Teubner Studienbücher, Stuttgart (1986)
43. Hackbusch, W.: Iterative Solution of Large Sparse Systems of Equations. Applied Mathematical Sciences. Springer, Berlin/New York/Heidelberg (1994)
44. Hairer, E., Wanner, G.: Solving Ordinary Differential Equations II. Springer Series in Computational Mathematics, Bd. 14. Springer, Berlin/Heidelberg/New York (1996)
45. Hairer, E., Norsett, S.P., Wanner, G.: Solving Ordinary Differential Equations I. Springer Series in Computational Mathematics, Bd. 8. Springer, Berlin/Heidelberg,New York (1992)

46. Hairer, E., Lubich, C., Wanner, G.: Geometric Numerical Integration. Springer Series in Computational Mathematics, Bd. 31. Springer, Berlin/Heidelberg/New York (2002)
47. Heuser, H.: Gewöhnliche Differentialgleichungen. Teubner-Verlag, Wiesbaden (2004)
48. Hsiao, G., Wendland, W.L.: Boundary Integral Equations. Applied Mathematical Sciences, Bd. 164. Springer, Berlin/Heidelberg (2008)
49. Hundsdorfer, W., Verwer, J.G.: Numerical Solution of Time-Dependent Advection-Diffusion-Reaction Equations. Springer, Berlin/New York (2003)
50. Kelley, C.T.: Iterative Methods for Linear and Nonlinear Equations. SIAM Frontiers in Applied Mathematics, Bd. 16. SIAM, Philadelphia (1995)
51. Kelley, C.T.: Solving Nonlinear Equations with Newton's Method. Fundamentals of Algorithms. SIAM, Philadelphia (2003)
52. Khoromskij, B.N., Wittum, G.: Numerical Solution of Elliptic Differential Equations by Reduction to the Interface. Lecture Notes in Computational Science and Engineering, Bd. 36. Springer, Berlin/Heidelberg (2004)
53. Knabner, P., Angermann, L.: Numerik partieller Differentialgleichungen: Eine anwendungsorientierte Einführung. Springer-Lehrbuch Masterclass, Springer, Berlin/Heidelberg (2000)
54. Kröner, D.: Numerical Schemes for Conservation Laws. Wiley-Teubner Series Advances in Numerical Mathematics. Wiley-Teubner, Chichester (1997)
55. Landau, L.D., Lifschitz, E.M.: Lehrbuch der theoretischen Physik, Band VI Hydrodynamik. Akademie Verlag, Berlin (1991)
56. Langtangen, H.P.: Computational Partial Differential Equations: Numerical Methods and Diffpack Programming. Texts in Computational Science and Engineering. Springer, Berlin/Heidelberg (2003)
57. Larsson, S., Thomee, V.: Partial Differential Equations with Numerical Methods. Text in Applied Mathematics, Bd. 45. Springer, Berlin/Heidelberg (2003)
58. LeVeque, R.J.: Numerical Methods for Conservation Laws. Lectures in Mathematics. ETH-Zurich, Birkhauser-Verlag, Basel (1990)
59. LeVeque, R.J.: Finite Volume Methods for Hyperbolic Problems. Cambridge Texts in Applied Mathematics. Cambridge University Press, Cambridge (2002)
60. LeVeque, R.J.: Finite Difference Methods for Ordinary and Partial Differential Equations, Steady State and Time Dependent Problems. Society for Industrial and Applied Mathematics (SIAM), Philadelphia (2007)
61. Lopez, C.: MATLAB Differential Equations, 1. Aufl. Apress, Springer, New York (2014)
62. McLachlan, R.I., Quispel, R.: Splitting methods. Acta Numer. **11**, 341–434 (2002)
63. Ohring, M.: Materials Science of Thin Films, 2. Aufl. Academic, San Diego/New York/Boston/London (2002)
64. Pao, C.V.: Nonlinear Parabolic and Elliptic Equations. Springer, Berlin/Heidelberg (1992)
65. Pavliotis, G.A., Stuart, A.M.: Multiscale Methods: Averaging and Homogenization. Springer, Heidelberg (2008)
66. Polyanin, A.D., Zaitsev, V.F.: Handbook of Exact Solutions for Ordinary Differential Equations. CRC Press, New York (1995)
67. Polyanin, A.D., Zaitsev, V.F.: Handbook of Nonlinear Partial Differential Equations. CRC Press, Boca Raton/London/New York/Washington, DC (2004)
68. Reddy, J.N.: An Introduction to Continuum Mechanics, 2. Aufl. Cambridge University Press, Cambridge/New York/Melbourne/Madrid/Cape Town/Singapore/Sao Paulo/Delhi/Mexico City (2013)
69. Riviere, B.M.: Discontinuous Galerkin Methods for Solving Elliptic and Parabolic Equations: Theory and Implementation. Frontiers in Applied Mathematics, Bd. 35. Cambridge University Press, Cambridge (2008)

70. Roache, P.J.: A flux-based modified method of characteristics. Int. J. Numer. Methods Fluids **15**(11), 1259–1275 (1992)
71. Russell, T.F., Celia, M.A.: An overview of research on Eulerian-Lagrangian localized adjoint methods (ELLAM). Adv. Water Resour. **25**, 1215–1231 (2002)
72. Sauter, S., Schwab, C.: Boundary Element Methods. Springer Series in Computational Mathematics, Bd. 39. Springer, Berlin/Heidelberg/New York (2012)
73. Scavo, T.R., Thoo, J.B.: On the geometry of Halley's method. Am. Math. Mon. **102**, 417–426 (1995)
74. Seibold, B.: A compact and fast Matlab code solving the incompressible Navier-Stokes equations on rectangular domains. Lecture Notes, MIT-Open-CourseWare (2009)
75. Sidi, A.: Practical Extrapolation Methods. Cambridge Monographs on Applied and Computational Mathematics, No. 10, Cambridge University Press, Cambridge/New York/Melbourne/ Madrid/Cape Town/Singapore/Sao Paulo (2003)
76. Stanoyevitch, A.: Introduction to Numerical Ordinary and Partial Differential Equations Using MATLAB. Wiley Series in Pure and Applied Mathematics. Wiley, Hoboken (2005)
77. Stoer, J., Burlisch, C.: Introduction to Numerical Analysis. Texts in Applied Mathematics. Springer Berlin/Heidelberg (2002)
78. Strang, G.: On the construction and comparison of difference schemes. SIAM J. Numer. Anal. **5**, 506–517 (1968)
79. Strehmel, K., R. Weiner und Podhaisky, H.: Numerik gewöhnlicher Differentialgleichungen. Vieweg+Teubner Verlag/Springer Fachmedien Wiesbaden, Wiesbaden (2012)
80. Taflove, A., Hagness, S.C.: Computational Electrodynamics. Artech House, Boston, London (2005)
81. Thomee, V.: Galerkin Finite Element Methods for Parabolic Problems. Springer Series in Computational Mathematics, Bd. 25. Springer, Berlin/Heidelberg (1997)
82. Toth, A., Kelley, C.T.: Convergence analysis for Anderson acceleration. SIAM J. Numer. Anal. **53**(2), 805–819 (2015)
83. Trotter, H.F.: On the product of semi-groups of operators. Proc. Am. Math. Soc. **10**(4), 545–551 (1959)
84. Wächter, M.: Stoffe, Teilchen, Reaktionen. Verlag Handwerk und Technik, Hamburg (2000)
85. Wedeler, G.: Lehrbuch der Physikalischen Chemie, 5. Aufl. Wiley-VCH Verlag GmbH & Co. KGaA, Weinheim (2004)

# Multiskalenverfahren zur effektiven Simulation von Transport- und Strömungsmodellen

**5**


**Zusammenfassung**

Im nachfolgenden Kapitel geben wird einen theoretischen und praktischen Überblick über Modelle im Bereich der Transport- und Strömungsprobleme, die mehrere Skalen in der Zeit- und Raumvariablen besitzen. Diese Multiskalenmodelle werden dann mit Hilfe von Multiskalenverfahren gelöst. Die Idee der nachfolgenden Multiskalenverfahren bauen auf der Trennung zwischen den Hierarchieebenen auf, d. h. bei zwei Ebenen hat man ein Mikro- und ein Makromodell. Die Modelle können wiederum technische oder naturwissenschaftliche Probleme abbilden, vgl. [3, 27] und [71]. Die Multiskalenverfahren bestehen aus den einzelnen Lösern für die jeweiligen Ebenen, d. h. bei zwei Ebenen haben wir einen makroskopischen Löser und einen mikroskopischen Löser, weiter werden die Ergebnisse auf den einzelnen Ebenen über sogenannte Kopplungsoperatoren verbunden. Damit *kommunizieren* die beiden Ebenen miteinander, d. h. es werden Daten und Parameter ausgetauscht. Die einzelnen Elemente der Multiskalenmethoden mit ihren Lösungsmethoden wollen wir im Folgenden besprechen und an ausgewählten Beispielen einsetzen.


## 5.1 Motivation: Multiskalenmodelle bei komplizierten Transport- und Strömungsproblemen

Im Bereich der Transport- und Strömungsprobleme gibt es bei komplizierteren Modellen, vgl. Kap. 3, die unterschiedliche Zeit- und Raumskalen enthalten, die Möglichkeit, diese als Multiskalenmodelle zu betrachten. Dabei lassen sich unterschiedliche skalenabhängige Modelle in den jeweiligen Ebenen ableiten, vgl. Kap. 3, wobei wir im Folgenden ohne Beschränkung der Allgemeinheit uns auf zwei Modellebenen beschränken, d. h. die mikroskopische und makroskopische Ebene. Eine Verallgemeinerung können wir ableiten,


© Springer Fachmedien Wiesbaden GmbH, ein Teil von Springer Nature 2018
J. Geiser, *Computational Engineering*,
https://doi.org/10.1007/978-3-658-18708-8_5

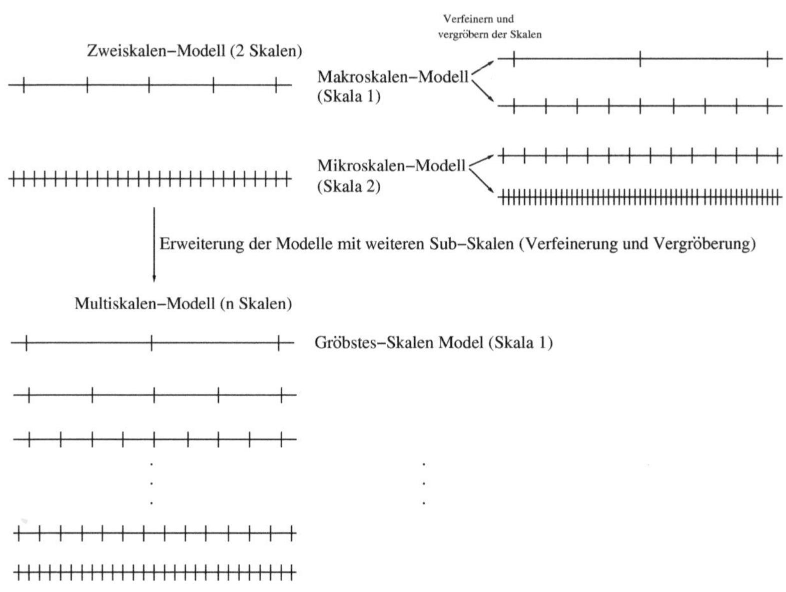


**Abb. 5.1** Subebenen der Mikro-Makro-Ebenen und Verallgemeinerung von Zwei-Ebenen zu einem Multiebenen- bzw. zu einem Multiskalen-Modell

indem die Ebenen weiter in gröbere und feinere Skalen unterteilt werden, z. B. die mikroskopische Ebene in weitere *nano-mikroskopische* und *mikro-mesoskopische* Ebenen usw.. Dann erhält man Multiskalenmodelle, die man anhand der jeweiligen einzelnen Sub-Modelle untersuchen kann, vgl. Abb. 5.1.

Die einzelnen Ebenen sind aber mittels Kopplungsoperatoren miteinander verbunden, sodass man die Information zwischen den einzelnen Skalen-Modellen austauschen kann, vgl. [27].

Wir konzentrieren uns auf eine feinskalige und grobskalige Modellierung, vgl. [73], die dann jeweils für sich wieder um unterteilbar sind.

Gerade eine feinskalige Modellierung verwendet man, um das Verhalten auf der mikroskopischen Ebene zu sehen. Hier können jeweils nur kleine Bereich simuliert werden, z. B. im *nm*- oder *nsec*-Bereich. Um aber Aussagen in größeren Bereichen, d. h. im kontinuierlichen zu haben, d. h. *mm*- oder *sec*-Bereich, muss man eine andere Modellebene wählen. Oft können aber gerade kleine Bereiche Auswirkungen auf das makroskopische Modell haben, z. B. im Bereich der gemittelten Modellparameter, die man ohne die Modellierung und Einbettung der Mikromodelle so nicht sehen würde. Hierzu ist es nun wichtig, beide Modelle zu koppeln, um die Einflüsse de der Mikroebene auf der Makroebene zu sehen.

## 5.1.1   Einführung und Motivation

Wir präsentieren im Folgenden Transport- und Strömungsmodelle. Bei diesen Modellen ist es aufgrund der unterschiedlichen Zeit- und Raumskalen wichtig, die mikroskopischen und makroskopischen Modelle des jeweiligen Transport- oder Strömungsproblemes zu betrachten.

Wir betrachten zwei spezifische Modelle, die bei Transport- und Strömungsproblemen oft vorkommen. Falls man bei solchen Modellen die mikroskopische Struktur vernachlässigt, ergibt sich ein Problem bei dem makroskopischen Modell des jeweiligen Transport- oder Strömungsmodells.

Diese Modelle sind wie folgt:

- Transportmodell: Modellierung der Diffusion der Transport-Spezies in den jeweiligen Medien, z. B. poröses Medium oder heterogenes Medium, vgl. [4] und [49].
- Strömungsmodell: Modellierung von Rand- oder Interface-Strömungen, z. B. Newton'sche oder Nicht-Newton'sche Strömung, vgl. [24] oder Fluid/Solid-Modellierung [68].

Im Folgenden sind die spezifischen Modelle aus der Transport- und Strömungsmodellierung dargestellt.

a) Transportmodelle: Hier hat man ein Mikromodell im Bereich der Diffusion. Die Diffusion wird als Molekulardiffusion modelliert.

   In Abb. 5.2 hat man die Kopplung der Modellierung der Diffusion in einer Mikroebene. Diese Simulationen gehen dann als gemittelten Diffusionsparameter in das Makromodell ein.

   Dabei hat man den Typ B des Multiskalenmodells, vgl. Abschn. 3.3.3. Hier muss man auf der gesamten globalen Ebene (Makroebene) die Einwirkungen der lokalen Ebene (Mikroebene) simulieren. Nur so kann man im gesamten makroskopischen Bereich die richtigen Diffusionsparameter ermitteln und den Einfluß des mikroskopischen Modells erreichen.

b) Strömungsmodelle: Hier hat man ein Mikromodell im Bereich der Randströmung, z. B. eine molekulare Strömung am Rand.

   In Abb. 5.3 hat man die Kopplung von einer Randströmung, d. h. Randeinfluss des Mikromodells in die Strömung der Flüssigkeit in dem gesamten Kanal, d. h. die Kernströmung des Makromodells. Hierbei hat man den Typ A der Multiskalenmodelle, da man nur bestimmte lokale Bereiche des Modells mit dem Mikromodell berechnen muss. Es muss sicher sein, dass der Randeinfluss nur in einer bestimmten Region der Strömung wirkt, und dass sich daraus keine globale Beeinflussung, z. B. durch Verwirbelung bis ins Innere der Kernströmung, ergeben kann.

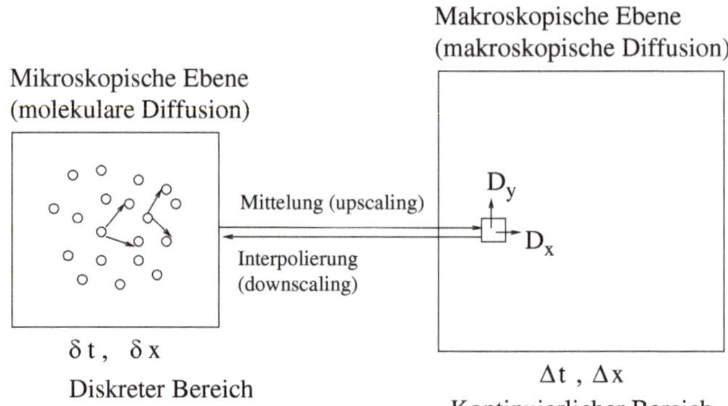


**Abb. 5.2**  Mikro-Makro-Modell der Diffusion (Transportmodellierung)

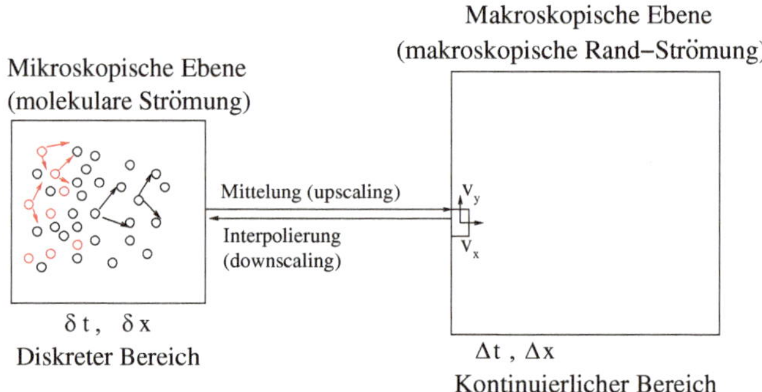


**Abb. 5.3**  Mikro-Makro-Modell der Randströmung (Strömungsmodellierung)

**Bemerkung 5.1.** *Dabei sind die Multiskalenmodelle vom Typ B aufwendiger zu rechnen, da man hier das gesamte makroskopische Gebiet mit den mikroskopischen Modellen rechnen muss, vgl. Kap. 3. Bei dem Typ A hat man dagegen ein Interface, bei dem das mikroskopische Modell nur auf einem kleinen makroskopischen Gebiet, d. h. dem Interface, gilt, vgl. Kap. 3.*

### 5.1.1.1 Einführung von komplexen Flüssigkeiten

Ein sehr wichtiger Bereich in der Multiskalenmodellierung sind die Modelle der komplexen Flüssigkeiten.

Als Beispiel hat man folgende Möglichkeiten von komplexen Flüssigkeiten, vgl. auch [6]:

- Mischungen aus verschiedenen Flüssigkeiten,
- ionische Fluide,
- Flüssigkristalle,
- Kolloide und
- Polymere.

Dabei hat man im Gegensatz zu simplen Flüssigkeiten, wie wir sie z. B. bei Wasser oder anderen Mono-Flüssigkeiten haben, Mehrfach-Flüssigkeiten oder Mischungen aus Flüssigkeiten, die jeweils unterschiedliche Raum- und Zeitskalen haben und damit unterschiedliche Modellebenen zur Lösung benötigen. Für die Simulation solcher Mischungen sind dann Multiskalenmodelle notwendig und man benötigt Multiskalenverfahren.

Im Folgenden sind die komplexen Flüssigkeiten in der Definition 5.1 beschrieben.

**Definition 5.1.** Komplexe Flüssigkeiten werden oft als binäre Mischungen bezeichnet, die zwei Phasen abdecken, z. B. fest-flüssige Phasen (im Bereich der Polymere) oder auch fest-gasförmige Phasen (im Bereich der granularen Materialien). Weiter gibt es auch flüssig-flüssige Phasen (im Bereich der Emulsionen). Sie haben dadurch oft ein unübliches mechanisches Verhalten, das man so nicht erwarten würde, da man nun auch die Spannungs- und Drucktensoren einbetten muss. Aufgrund der unterschiedlichen multiplen Längen- und Zeitskalen der Phasen muss man ein Multiskalenmodell zu Beschreibung andenken.

Beispiele von komplexen Flüssigkeiten:

**Beispiel 5.2.**

- *Der Rasierschaum ist ein klassische Beispiel von sogenanntem binären Verhalten. Ohne Druck verhält sich der Schaum fast wie ein Festkörper, er bleibt am Ort oder lässt sich von einem Ort zum anderen tranportieren. Falls man aber Druck auf ihn ausübt, so fließt er und hat das Verhalten einer Flüssigkeit. Hier muss man das Verhalten auf einer kleineren Skala studieren, bei der man die Schaumblasen simuliert, die man dann wie eine Flüssigkeit modellieren kann.*
- *Ein anderes Beispiel sind Polymere, bei denen man zusätzlich die Spannungs- und Drucktensoren zwischen den einzelnen Molekülgruppen modellieren muss. Sie habe dann ein anderes Verhalten als gewöhnliche Flüssigkeiten und der Spannungstensor muss um diese mikroskopische Modellierung erweitert werden.*

### 5.1.1.2 Limit der Flüssigkeitsmodellierung bei der Verwendung von der Navier-Stokes-Gleichung

Die gewöhnlichen oder newtonschen Fluide werden im Allgemeinen mit der Navier-Stokes-Gleichungen modelliert, vgl. [38].

Dabei kann man ein newtonsches Fluid wie folgt definieren:

**Definition 5.2.** Man nennt ein Fluid newtonsches Fluid, wenn es ein lineares und viskoses Fließverhalten hat. Die Schergeschwindigkeit ist dabei proportional zur Scherspannung, wie z. B. bei Wasser und bei Luft. Die Modellierung der Geschwindigkeit des Fluids kann man mit der Navier-Stokes-Gleichung beschreiben.

Insbesondere wird die Navier-Stokes-Gleichung zur Modellierung von zähen Flüssigkeiten, d. h. viskosen Flüssigkeiten, verwendet. Dies ist ein Teilgebiet der Hydrodynamik, d. h. viskose Flüssigkeiten, und wurde zwischen 1827 und 1845 entwickelt, vgl. [38].

Die Einsatzbarkeit der Navier-Stokes-Gleichung ist exemplarisch im Folgenden besprochen:

- Die Navier-Stokes-Gleichung ist ein Beispiel einer feldtheoretischen Beschreibung.
- Die vielen Lösungsmannigfaltigkeit der Navier-Stokes-Gleichung ermöglicht die Beobachtung und Beschreibung vieler unterschiedlicher Phänomene.
- Die Navier-Stokes-Gleichung ist auf allen Skalen in fast allen Bereichen der Natur relevant:
  - Tröpfchenmodell des Atomkerns,
  - Nano und Mikroflow im technischen Bereich und in der Biologie,
  - Klassische Strömungsdynamik z. B. in Röhren oder in der Atmosphäre,
  - Kosmische Jets bei schwarzen Löchern.

Folgende Eigenschaften besitzt eine Navier-Stokes-Gleichung:

- Die Navier-Stokes-Gleichung stellt ein Modellsystem für die Strukturbildung in dissipativen Systemen dar.
- Weiter bildet sie auch turbulente Strömungen ab. Diese Turbulenzen sind eine der 10 wichtigsten und ungeklärten Fragen der Physik, vgl. [9]. Hierzu gibt es bisher nur für spezielle Konstellationen eine geschlossene analytische Lösung der Gleichung, vgl. [14] und [54]. Weiter hat man auch ein Problem die Existenz und Glattheit der Navier-Stokes-Gleichung zu beweisen, vgl. hierzu das Millenium Problem [53].

**Bemerkung 5.3.** *Die Navier-Stokes-Gleichung hat ein Limit bei der Modellierung von komplexen Flüssigkeiten, d. h. komplexe oder nichtnewtonsche Flüssigkeiten, vgl. [27] und [38]. Die komplexen Flüssigkeiten haben aufgrund ihrer Nanostrukturierung innere Freiheitsgrade, die zusätzliche hydrodynamische Variablen mit individuellen Erhaltungssätzen benötigen, z. B. die Konzentration von Systembestandteilen. Weitere Möglichkeiten sind auch spontane Symmetriebrechungen des Fluids, z. B. aufgrund der Anisotropien bei Flüssigkeitskristallen. Diese können dann nicht mehr mit der Annahme einer Symmetrie, die die Navier-Stokes-Gleichung voraussetzt, modelliert werden, vgl. [38].*

### 5.1.2  Warum komplexe Flüssigkeiten

Warum komplexe Flüssigkeiten?

- Komplexe Flüssigkeiten stellen ein interessantes Modell für die statistische Physik dar. Hier ändert sich die Dynamik des Fluids, z. B. die Dynamik von Polymeren ändert sich über viele Dekaden bei der Raum und Zeitskala.

- Komplexe Fluide zeigen viele neuartige und ästhetische Phänomene auf.
- Das Verhalten komplexer Flüssigkeiten ist in der Biologie und in vielen Industrieprozessen relevant.
- Symmetriebrechungen eines Fluids können Anisotropien modellieren, z. B. bei Anwendungen im Bereich der Flüssigkristallen, vgl. [13].
- Komplexe Relaxationsprobleme von Fluiden können beschrieben werden, z. B. aus Polymerlösungen. Diese benötigen zusätzliche nichthydrodynamische Variablen und weitere Erhaltungsgleichungen, z. B. viskoelastische Eigenschaften bei Oldroyd-B-Fluiden, vgl. [47] und [48].

Im Folgenden teilen wir die Flüssigkeiten anhand der Modellierung und der Modellierungsgleichungen ein:

- Einfache Flüssigkeiten:
  Ein Kontinuumsmodell zur Beschreibung der idealen/viskosen Fluiden ist ausreichend. Dabei kann man folgende Modellgleichungen verwenden:
  - Für ein ideales Fluid, d. h. ohne viskose Terme, kann man die Euler Gleichung verwenden, vgl. [45].
  - Für ein viskoses Fluid, d. h. mit viskosen Termen, kann man die Navier-Stokes-Gleichung verwenden, vgl. [63].
- Komplexe Flüssigkeiten:
  Ein Kontinuumsmodell mit hydrodynamischen Variablen reicht nicht mehr aus. Es müssen weitere nichthydrodynamische Variablen oder diskrete Modelle zur detaillieren Beschreibung hinzukommen, d. h.:
  - Geometrische Größen im Bereich von mikro- oder nano-fluidischen Skalen sind für die Modellierung wichtig, vgl. [48].
  - Es gibt komplexe Interaktionen oder chemische Reaktionen am Fluid-Fluid oder am Fluid-Solid-Interface, vgl. [38].

Grundsätzlich kann man sagen, dass bei den komplexen Flüssigkeiten detaillierte Modelle gebraucht werden. Dies kann man in zwei Kategorien unterscheiden:

- Unterschiedliche Skalenbereiche kommen hinzu und die mikroskopischen Relaxationsprozesse laufen schnell ab, z. B. molekular-dynamische Prozesse. Dann werden die bisherigen kontinuierlichen Modelle um statistische Modelle erweitert oder ersetzt. Man ist dann im Bereich der statistischen Physik, z. B. bei der Modellierung von Flüssigskristallen.
- Unterschiedliche Skalenbereiche kommen hinzu und die mikroskopischen Relaxationsprozesse laufen langsam ab, z. B. Polymerprozesse. Dann kann man die mikroskopischen Gleichungen in die makroskopische Gleichungen einbinden, z. B. Homogenisierung oder Averaging. Damit hat man dann zusätzlichen makroskopisch-dynamische Gleichungen mit nichthydrodynamischen Variablen, z. B. bei der Modellierung von Polymerlösungen, vgl. [48].

### 5.1.3　Neue numerische Methoden zur Lösung von komplexen Flüssigkeiten

Bei der Lösung von Modellgleichungen aus dem Bereich der komplexen Flüssigkeiten hat man aufgrund der Kombination von verschiedenen Skalenbereiche (z. B. mikroskopische und makroskopische Gleichungen) oder durch Hinzunahme von neuen Gleichungssystemen mit nichthydrodynamischen Variablen, z. B. Maxwellgleichung, neue Anforderungen an die neuen numerischen Lösungsmethoden.

Die neuen numerischen Lösungen werden als Kopplungslöser der Multiskalenmodelle verwendet. Man hat dann Multiskalenlöser oder Multisystem-Löser für unterschiedliche Modellgleichungen, z. B. ein Löser für die Navier-Stokes-Gleichung, ein Löser für die Maxwellgleichungen und ein Löser für die Kopplung der beiden Gleichungen, vgl. [25] und [27].

Im Beispiel 5.4 werden die verschiedenen Möglichkeiten besprochen.

**Beispiel 5.4.** *Wir besprechen die Multiskalen- und Kopplungslöser:*

- *Multiskalenlöser:*
  *Damit eine Kombinationen aus kontinuierlichen und moleculardynamischen Modellen mit numerischen Verfahren lösbar wird, werden sogenannte hybride-numerische Methoden (im Englischen: hybrid numerical methods) benötigt.*
  *Nachfolgend sind die Lösern für die Modellgleichungen bei mikroskopischen und makroskopischen Skalen beschrieben:*
  - *Mikroskalen-Modell: Hier haben wir molekular-dynamische Modelle bei denen man Partikel-Gleichungen, wie z. B. Newton'sche Bewegungsgleichungen erhält. Für diese gewöhnlichen DGLen oder stochastischen DGLen verwendet man schnelle GDGL-Löser oder schnelle SGDGL-Löser, vgl. [36] und [56].*
  *und*
  - *Makroskalen-Modell: Hier haben wir kontinuierliche Modelle, wie z. B. Navier-Stokes-Gleichungen. Für diese partiellen DGLen verwendet man schnelle PDGL-Löser, vgl. [31] und [44].*
  *Die Modelle werden dann jeweils in ihrer entsprechenden Mikro- bzw. Makroskala gelöst und das Ergebnis mit Multiskalenlösern gekoppelt, vgl. [27] und [73].*
- *Multisystems- oder Kopplungslöser:*
  *Damit lässt sich eine Auftrennung zwischen den unterschiedlichen Typen von partiellen Differentialgleichungen erreichen.*
  *Nachfolgend ist die Anwendung der gekoppelte Navier-Stokes-Gleichungen und Maxwellgleichung beschrieben. Solche Modelle werden im Bereich der komplexen Flüssigkeiten bei denen geladene Teilchen in der Flüssigkeit wichtig werden, vgl. [38], verwendet. Diese Modellgleichungen werden dann wie folgt gelöst:*

  – *parabolische Löser: Die Navier-Stokes-Gleichung als parabolische partielle Differentialgleichung kann mit parabolischen Zeitschrittverfahren (z. B. IMEX (implicit-
   explicit) Methoden) und finite Volumendiskretisierung) im Raum gelöst werden,
   vgl. [25].*

*und*

  – *hyperbolische Löser: Die Maxwellgleichung als hyperbolische partielle Differentialgleichung kann mit hyperbolischen Zeitschrittverfahren (z. B. expliziten Zeitschrittverfahren von höherer Ordnung) und finite Volumen-Methode oder finiter
   Element-Methode im Raum gelöst werden, vgl. [17] und [41]).*

*Die Ergebnisse aus den jeweiligen Gleichungslösern werden dann mit Hilfe von
iterativen Lösern, vgl. [23] oder nichtiterativen Lösern [25] und [51], gekoppelt.*

### 5.1.4 Anwendung des Multiskalenmodells bei der Kopplung von der Navier-Stokes-Gleichung und molekulardynamischen Gleichungen

Im Folgenden besprechen wir ein Multiskalenmodell mit einem makroskopischen und
mikroskopischen Modell im Bereich der komplexen Flüssigkeiten.

- Makroskopische Gleichung (Navier-Stokes-Gleichung) eines inkompressiblen Fluids:

$$\rho \partial_t v + \rho(v \cdot \nabla)v - \mu \nabla \cdot \nabla v + \nabla p = f, \text{ in } \Omega \times (0, T), \tag{5.1}$$

$$\nabla \cdot u = 0, \text{ in } \Omega \times (0, T), \tag{5.2}$$

$$u(0) = u_0, \text{ in } \Omega,$$

$$u = 0, \text{ auf } \partial\Omega \times (0, T),$$

dabei ist $v$ die Strömungsgeschwindigkeit, $\rho$ die Dichte, $p$ der Druck, $\mu$ die Viskosität
und $\tau = -p + \mu \nabla v$ der Spannungstensor.

- Mikroskopische Gleichung (Newton'sche Bewegungsgleichung):

$$m_i \partial_{tt} x_i = F_i, i = 1, \dots, N, \tag{5.3}$$

dabei ist $v_i = \partial_t x_i$ die Geschwindigkeit von Partikel $i$ und $F_i$ die Kraft auf das Molekül
$i$ durch die Interaktion mit den Nachbarmolekülen.

Weiter wird eine Kopplung zwischen der mikro- und makroskopischen Gleichung benötigt, in Abb. 5.4 sieht man die Ansätze.

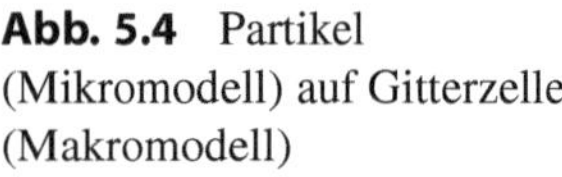

**Abb. 5.4** Partikel (Mikromodell) auf Gitterzelle (Makromodell)

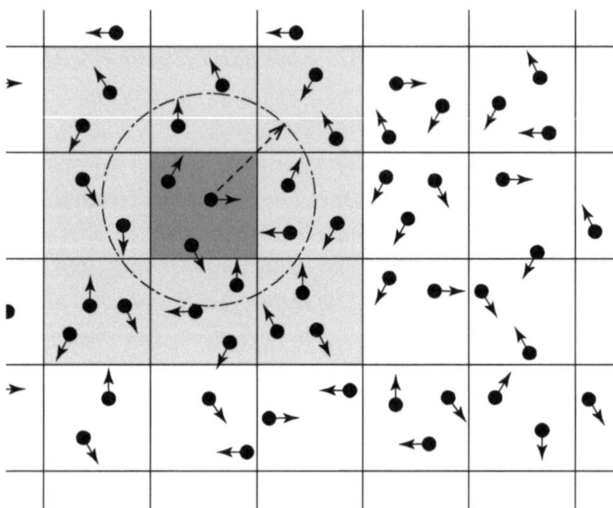

Bei der Diskretisierung wird dann die Kopplung im Bereich der verwendeten diskreten Elemente, hier z. B. der finiten Volumen, durchgeführt, vgl. Abb. 5.5.

### 5.1.4.1 Kopplung: Mikro- und Makroskopische Gleichung

Atomares und Kontinuums-Modell sind mittels Durchschnitt gekoppelt. Zur Kopplung wird die Irving-Kirkwood-Formel verwendet, sie ist wie folgt gegeben:

$$\tilde{\tau}(\xi, t, x) = \sum_i \left( f_{freie\ Energie}(v_i, \xi) + \sum_{j \neq i} f_{Kollision}(x_i, x_j, \xi) \right), \qquad (5.4)$$

$$\tau(t, x) = \frac{1}{V} \int_V \tilde{\tau}(\xi, t, x) d\xi, \qquad (5.5)$$

wobei der mikroskopische Spannungstensor $\tilde{\tau}$ ist. Weiter ist $i$ der Index eines Partikels mit der Raumkoordinate $x_i$ und der Geschwindigkeit $v_i$. Der makroskopische Spannungstensor ist mit $\tau$ gegeben.

### 5.1.4.2 Numerische Verfahren zur Kopplung der mikroskopischen und makroskopischen Gleichung

Im Folgenden wird eine Multiskalenmethode im Bereich der sogenannten *top-down* Methoden beschrieben, vgl. [73]. Man hat eine vollständige Beschreibung der Makroebene und möchte die fehlenden Anteile, z. B. die Parameter für den makroskopischen Spannungstensor, mit Hilfe der Simulationen in der Mikroebene ergänzen.

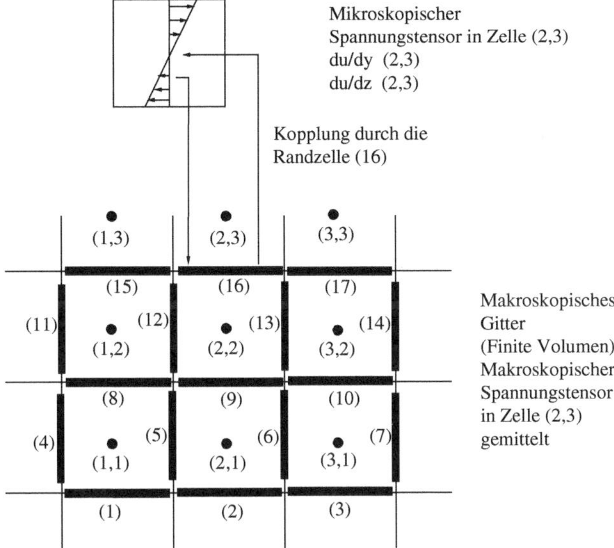


**Abb. 5.5**   Kopplung im Bereich der Randzellen zwischen Finite-Volumen-Methode und der diskreten Methode

Wir haben den folgenden Algorithmus 5.5 zur Lösung der mikroskopischen und makroskopischen Gleichung und deren Kopplung.

**Algorithmus 5.5.** *Der Multiskalenalgorithmus zur Lösung des komplexen Fluids ist wie folgt:*

- *Lösen der Mikrogleichung:*

$$x_i^{(m+1)} = x_i^{(m)} + \delta t v_i^{(m)} - \frac{\delta t^2}{2m_i} \nabla U_i^{(m)}, \qquad (5.6)$$

$$v_i^{(m+1)} = v_i^{(m)} + \frac{\delta t}{2m_i} \nabla U_i^{(m)}, \qquad (5.7)$$

$$\tilde{\tau}(x_i^{m+1}, (m+1)\delta t, x^n) = g(x_i^m, v_i^m, \delta t), \qquad (5.8)$$

*mit* $i = 1, \ldots, N, m = 0, 1, \ldots, M - 1$, *z. B.* $\delta t \le \Delta t / M$.

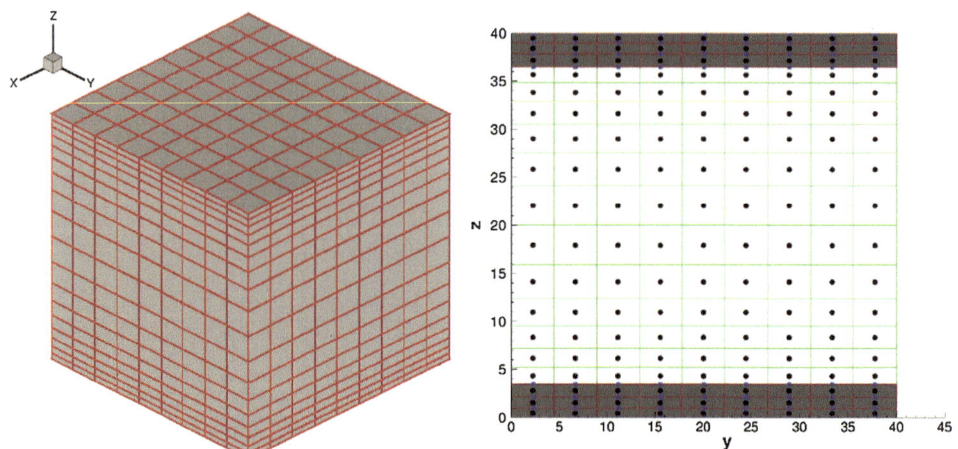

**Abb. 5.6** Makroskopische Diskretisierung des Kanals mit dem mikroskopischen Einfluss in den ersten 4 Zellen an der Wand des Strömungskanals

- *Equilibrieren der Mikrooperatoren(Kompression):*

$$\tau(\Delta t, x^n) = \frac{1}{V} \sum_i V_i \ \tilde{\tau}(x_i^M, \Delta t, x^n). \tag{5.9}$$

- *Lösen der Makrogleichung:*

$$v^{n+1} = v^n + \Delta t A v^n + \Delta t \tau^n, \tag{5.10}$$

*wobei A die Matrix aus der finiten Volumendiskretisierung ist.*

Es werden um die diskreten makroskopischen Zeitschritte die mikroskopische Gleichung gelöst. Dadurch haben wir eine Zeitersparnis, da nicht mehr die gesamte Mikroskala berechnet wird.

Das algorithmische Verfahren zwischen Mikro- und Makroskala wird in Abb. 5.6 skizziert.

### 5.1.4.3 Randströmung in einem Kanal

Bei der Kopplung der mikroskopischen (molekulardynamischen Gleichungen) und der makroskopischen Gleichung (Navier-Stokes-Gleichung) kann eine Auflösung der Randströmungen gewährleistet werden. Man rechnet nun im Bereich der Randeinflüsse mit dem mikroskopischen Modell. Durch die verbesserte Auslösung am Rand können die Parameter, d. h. der Spannungstensor, für die makroskopische Gleichung bestimmt werden.

Die Auslösung des mikroskopischen Modells reicht für die ersten Gitterzellen beim makroskopischen Modell. Damit ist die Interaktion zwischen dem mikroskopischen und

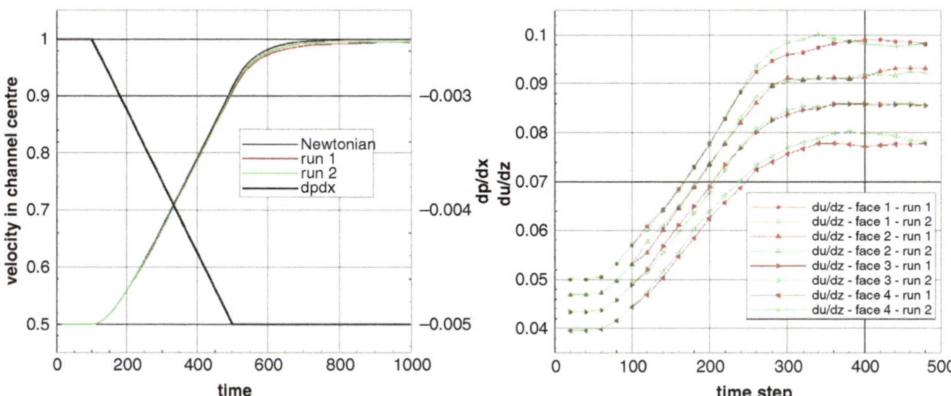

**Abb. 5.7** Rechtes Bild: Strömungsgeschwindigkeit in der Mitte des Kanals. Linkes Bild: Spannungstensor am Rand. Simuliert wird mittels finite Volumenverfahren (Makromodell) und molekulardynamischen Viskositätsflüssen (Mikromodell). Eine Kopplung wird in den ersten 4 Zellen an dem Rand vorgenommen. Man verwendet dabei 1000 Zeitschritte für die gesamte Kopplungssimulation

makroskopischen Löser auf diesem lokalen Bereich beschränkt. Damit kann man die Berechnungen beschleunigen und erreicht schnellere Ergebnisse mit genügend kleinen Fehlern, so dass man eine gute Auflösung erreicht.

Die Simulation der Randströmung ist in Abb. 5.7 beschrieben. Damit sieht man eine Verbesserung zwischen dem reinen Newtonschen Fluid (nur mit Naver-Stokes Gleichung modelliert) und dem verbesserten Nicht-Newtonschen Fluid (Navier-Stokes- und molekulardynamische Gleichung gekoppelt). Eine Veränderung durch einen weniger starken Anstieg der Geschwindigkeit der Flüssigkeit am Rand wird damit rechenbar.

### 5.1.5 Modellherausforderungen im Bereich der Multiskalenmodelle

Wir beschränken uns auf Probleme, z. B. aus den Ingenieurs- oder Naturwissenschaften, die aus gekoppelten Systemen von gewöhnlichen, partiellen und stochastischen Differentialgleichungen modelliert werden können. Dabei gehen wir davon aus, dass die Lösungen existieren und eindeutig und stetig von den Eingangsdaten abhängig sind. Wir haben damit ein korrektes und wohldefiniertes Problem, vgl. [34].

Die Modelle sollen dabei für folgende Problemstellungen anwendbar sein:

- Multiphysikalische Problemstellungen (Multiphysikalisches Probleme): Es sind Problemstellungen im Bereich der stark gekoppelten separaten kontinuierlichen Modellen, wie sie z. B. bei Fluid-Struktur (Fluid-Structure), d. h. der Kopplung von Strömungs- und Strukturmodellen, vorkommen. Dabei sind oft wichtige Zusatzbedingungen im Bereich der Erhaltungsgleichungen wichtig, z. B. Massen-, Momenten- und Energie-Erhaltung. Solche Modelle findet man bei den Kopplungen von Fluid-Solid-Problemen,

d. h. hier wird ein Fluidmodell mit einem Strukturmodell gekoppelt, vgl. [8]. Weitere Beispiele sind auch Modelle im Bereich von multiplen simultanen physikalischen Phänomenen. Hier ist eine Kombination von Reaktionskinetik und Strömungsdynamik wichtig. Man koppelt die Kombination von Finite-Elemente-Lösern und molekulardynamischen Lösern, vgl. [24].

- Multiskalen Problemstellungen (Multiskalen Probleme): In dem Problem treten unterschiedliche Zeit- und Raumskalen auf. Dabei ist es notwendig, in den verschiedenen Zeit- und Raumskalen unterschiedliche Modellgleichungen zu erstellen, z. B. ein mikroskopisches Modell im Bereich von $[\mu m]$ und $[\mu sec]$ und ein makroskopisches Modell im Bereich von $[m]$ und $[sec]$. In den verschiedenen Skalenmodellen müssen die jeweiligen physikalischen Anforderungen erfüllt sein, d. h. die jeweilige Physik muss für das mikroskopische bzw. makroskopische Modell gelten, vgl. [73].

Im Folgenden konzentrieren wir uns auf die Multiskalenprobleme, die auch multiphysikalische Probleme mit unterschiedlichen Skalen umfassen.

Für diese Multiskalenprobleme haben wir folgende Annahmen 5.6, die später für die mathematischen Ideen zur Lösung verwendet werden.

**Annahme 5.6.** *Wir nehmen an, dass wir die vollständigen Modellgleichung entkoppeln können und dadurch zu simpleren physikalischen Grundgleichungen kommen (simultaneous physical phenomena). Diese lösen dann das vollständige gekoppelte Modellproblem.*

Mit der Annahme 5.6 können wir dann folgende Lösungsideen anwenden und ausbauen:

- Zerlegungsverfahren: Entkoppeln des Gesamtproblems zu einfach-skalenabhängigen Problemen, vgl. [25].
- Spezielle Diskretisierungsverfahren im Bereich der finiten Differenzen und finiten Volumen: Einbettung von sogenannten Testfunktionen, die lokal schon das eindimensionale Problem lösen. Damit kann man die lokale Transport- oder Reaktionsprobleme in die Testfunktionen der Diskretisierung einbetten, vgl. [20, 60] und [61].
- Löserverfahren im Bereich der Multiskalen: Optimale Zerlegungsverfahren für die Zeit- oder Raumskalen, z. B. im Raum mittels Multiskalen-Mehrgitter Verfahren (Multiscale-Multigrid methods), vgl. [11], oder in der Zeit mittels Splitting-Verfahren, vgl. [23].
- Parallelisierung der simpleren Problemstellungen: Zerlegung des Gesamtproblems in simplere Probleme, die dann effektiver mit parallelen Lösern gelöst werden können, z. B. in der Zeitskala mit Parareal, vgl. [19, 30] und im Raum mit Raumzerlegungsverfahren (Domain decomposition methods), vgl. [59].

## 5.2    Klassifizierung von Multiskalenmethoden

Wir wollen nun im Folgenden eine Klassifizierung der Multiskalenmethoden vornehmen, die man für das jeweilige Multiskalenproblem anwenden kann. Wir beschränken uns hier uns auf zwei Ebenen, d. h. auf ein mikroskopisches und ein makroskopisches Modell.

Im Folgenden unterscheiden wir die Einordnung von Multiskalenmodellen, die eine Modellhierarchie oder mehrere Modellhierarchien haben:

- Das Modell kann in einer Modellhierarchie aufgebaut werden:
  Man ist in einer Modellhierarchie, z. B. der Makroebene, oder hat das Mikromodell in die Makroebene eingebettet. Man hat dann unterschiedliche Skalen, z. B. eine feine Reaktionsskala und eine grobe Transportskale. Man verwendet Löser, die einen größeren Zeitschritt als die feineste Skala erlauben, z. B. implizite GDGL-Löser, und kann damit die Berechnung beschleunigen.
- Das Modell muss in unterschiedlichen Modellhierarchien erstellt werden:
  Das mikroskopische und makroskopische Modell sind auf unterschiedlich Ebenen, z. B. ein diskretes und ein kontinuierliches Modell. Damit müssen unterschiedliche Lösungsverfahren verwendet werden, z. B. ein mikroskopischer Löser (Monte-Carlo-Methode für die Dynamik), die zeitaufwendiger werden, vgl. [18].

Damit kann man aufgrund der Modellhierarchien des Multiskalenmodells die entsprechenden Multiskalenmethoden wählen:

- Multiskalenmethode für eine Modellhierarchien oder homogenisierte Problemstellungen:
  Man verwendet OSM (Operator Splitting Methods), DDM (Domain Decomposition Methods) und MG (Multigrid methods). Man hat die Eigenschaft, dass die feine Skala vollständig in den groben Intervallen gerechnet wird. Eine Relaxation findet über die gesamte Skala statt, vgl. [25].
- Multiskalenmethode für unterschiedlichen Modellhierarchien:
  Man verwendet HMM (Heterogeneous Multiscale Method), EFM (Equation Free Method), MISM (Multiscale Iterative Splitting Method), RMG (Renormalization Multigrid method). Man hat die Eigenschaft, dass die Relaxation der feinen Skala und Einbettung in die grobe Skala erreicht wird, vgl. [27]. Eine Relaxation findet nur noch über partielle und ausgewählte Anteile der gesamten Skala statt, vgl. [25].

Nachfolgend wenden wir die Multiskalenlöser an.

### 5.2.1   Multiskalenlöser für eine Modellhierachie

Die Multiskalenlöser für eine Modellhierachie bauen auf Lösungsverfahren im Bereich der Splittingmethoden auf.

In Abb. 5.8 wird die Idee der Splittingmethoden zur Lösung der Multiskalenprobleme dargestellt. Dabei wird ein Modell in einer Hierarchieebene, d. h. hier wird ein Kontinuumsmodell gelöst. Dabei wird die Reaktionskinetik, d. h. die Reaktionsgleichungen, mit schnellen GDGL-Lösern gelöst und der Fluid-Transport, d. h. die Konvektions-Diffusions-Gleichung, wird mit schnellen FEM-Lösern gelöst.

Bei den Multiskalenlösern für eine Modellhierarchie kann man Splittingverfahren benutzen. Voraussetzung ist eine Homogenisierung des mikroskopischen Modells, d. h. wir können die mikroskopische Ebene durch die Homogenisierung in die makroskopische Ebene eingebetten. Durch unterschiedliches Relaxationsverhalten in der Zeit kann es aber sein, dass man trotzdem eine sehr schnelle Zeitskala in dem homogenisierten mikroskopischen Modell hat. Damit kann man dennoch ein sehr stark skalenabhängiges Problem haben und es kann notwendig sein, daß man ein steifes Problem lösen muss, vgl. steife Lösungsverfahren in Kap. 4 oder [35].

Ein Modellbeispiel mit diesen unterschiedlichen Skalen ist in Abb. 5.9 skizziert. Es ist ein System von Konvektions-Diffusions-Reaktions-Gleichungen. Dabei gibt es sehr schnelle Reaktions- und auch Transportskalen bei den unterschiedlichen Spezies. So ist z. B. die erste Komponenten, die in Abb. 5.9 oben abgebildet ist, deutlich langsamer als die zweite Komponente, die in Abb. 5.9 unten abgebildet ist. Die Reaktion findet aber sehr schnell von der ersten zur zweiten Komponenten statt, so dass sich eine sehr große Kontamination in der zweiten Komponente ausbildet. Dies wird im rechten unteren Abb. 5.9 dargestellt. Das Splitting-Verfahren muss nun die unterschiedlichen Skalen sehr gut auflösen, damit dieser Effekt erkannt wird. Dabei muss man die feineren Skalen in der Reaktionsgleichung mit kleineren Zeitschritten rechnen, vgl. [21].

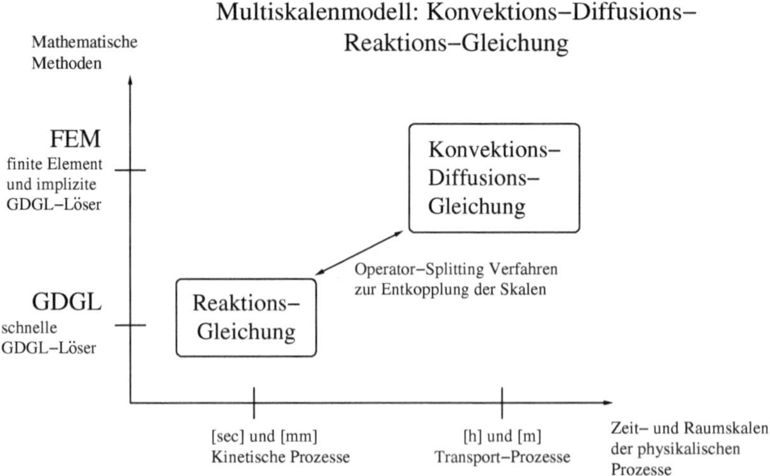


**Abb. 5.8** Ein Mehrskalenproblem wird mittels Splitting-Methoden gelöst, wobei jede Teil-Gleichung (Reaktions- bzw. Konvektions-Diffusions-Gleichung) in ihrer jeweiligen Modellhierarchie eine Lösung hat

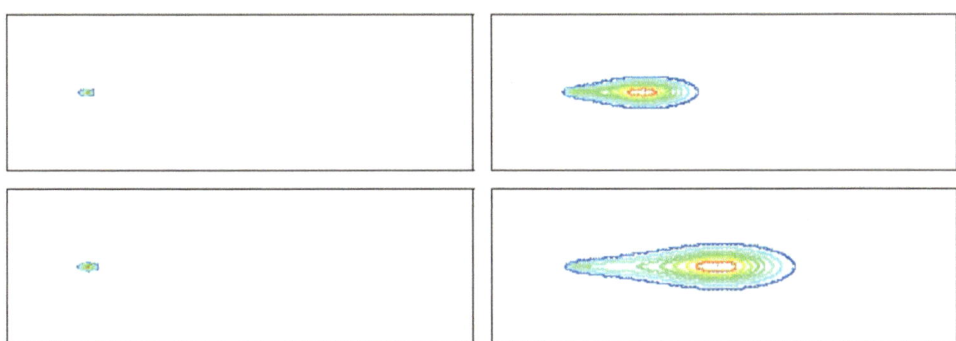

**Abb. 5.9**  Obere Bilder: Initialisierung der ersten Spezies mit Anfangszeit $t = 100$ [$a$] (linkes Bild oben) und Ausbreitung der ersten Spezies nach $t = 200$[$a$] (rechtes Bild oben). Untere Bilder: Initialisierung der zweiten Spezies mit Anfangszeit $t = 100$ [$a$] (linkes Bild unten) und Ausbreitung der zweiten Spezies nach $t = 200$[$a$] (rechtes Bild unten). Die Ausbreitung der zweiten Spezies ist deutlich stärker, d. h. wir haben unterschiedliche Reaktions- und Transportparameter (Multiskalenproblem)

### 5.2.1.1  Beispiel: Kontaminierter Transport

Im Folgenden stellen wir den kontaminierten Transport von zwei Spezies dar, vgl. das vorherige Beispiel in Abb. 5.9. Dabei hat eine Interaktion der beiden Spezies miteinander stark unterscheidende Reaktionsskalen. Man erhält ein Multiskalenproblem, bei dem es wichtig ist, die jeweils unterschiedlichen Reaktionsskalen mit angepassten Zeitschritten aufzulösen.

Dabei wurde zur Lösung des Multiskalenproblems ein Splittingverfahren verwendet.

Das Beispiel ist gegeben als ein Multiskalenmodell für eine Modellhierarchie und unterschiedliche Zeitskalen:

$$\frac{\partial x}{\partial t} = f_1(x) + f_2(x), \tag{5.11}$$

hier bei ist $f_1$ der langsame Operator und $f_2$ ist der schnelle Operator.

Wir haben folgendes Splitting-Verfahren (A-B Splitting) auf den Zeitintervallen $t_0, \ldots, t_N$:

$$\frac{\partial x_1}{\partial t} = f_1(x_1), \; x_1(t^n) = x(t^n), \; \text{Zeitschritt } \Delta t, \tag{5.12}$$

$$\frac{\partial x_{2,0}}{\partial t} = f_2(x_{2,0}), \; x_{2,0}(t^{n,0}) = x_1(t^{n+1}), \; \text{Zeitschritt } \delta t, \tag{5.13}$$

$$\frac{\partial x_{2,m}}{\partial t} = f_2(x_{2,m}), \; x_{2,m}(t^{n,m}) = x_{2,m-1}(t^{n,m}), \; \text{Zeitschritt } \delta t, \tag{5.14}$$

$$m = 1, \ldots, M - 1, \tag{5.15}$$

wobei $x(t^{n+1}) = x_{2,M-1}(t^{n,M})$ mit $\Delta t = M \, \delta t$.

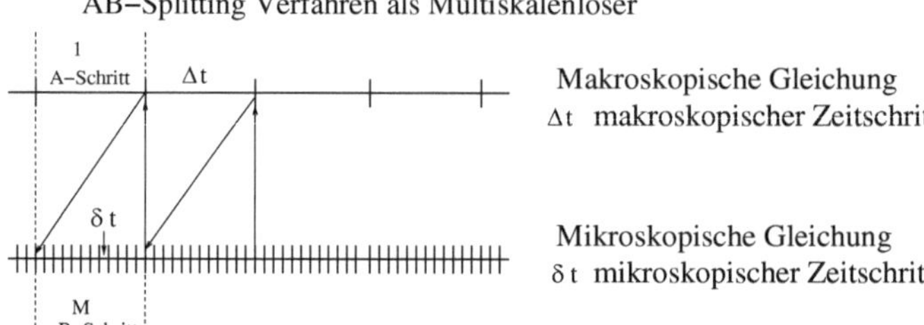


**Abb. 5.10** AB-Splitting mit den unterschiedlichen Skalen, wobei eine Kopplung der Modellgleichungen durch die Ergebnisse am Ende eines jeden (makroskopischen) Zeitintervalls durchgeführt wird

Damit kann die Steifheit des Problems aufgelöst werden, indem man durch das AB-Splittingverfahren unterschiedliche Zeitschrittweiten rechnet. Die Teilprobleme werden damit mit ihren angepassten Zeitschrittweiten gelöst und das Ergebnis wird am Ende eines jeden Makrozeitschrittes miteinander gekoppelt, vgl. Abb. 5.10.

Die unterschiedliche Behandlung der groben und feinen Skala ist in Abb. 5.10 dargestellt. Hier wird die feine Zeitskala der zweiten Komponente mit einem deutlich feineren Zeitschritt gelöst und man kann damit die schnelle Relaxationszeit auflösen. Später wird der Endwert in die gröbere Skala der ersten Komponente übergeben und es kann ein grober Zeitschritt gerechnet werden. Das AB-Splitting-Verfahren ist in Abb. 5.10 präsentiert.

## 5.3   Grundlagen der numerischen Herausforderung bei Multiskalenmodellen

Die Multiskalenmodelle sind ein sehr neues Forschungsgebiet und es wird sehr viel in diesem Bereich geforscht, vgl. die europäischen Forschungsprogramme im Bereich der Materialforschung [12] und [39].

Dabei hat man folgende Herausforderungen bei den Multiskalenmodellen:

- Modellierung der Problemstellung auf den verschiedenen Skalen, z. B. diskrete oder kontinuierliche Modelle.
- Zusammenbringen der unterschiedlichen mikroskopischen und makroskopischen Skalen. Diese können oft ganz verschieden sein, z. B. diskrete oder kontinuierliche Skalen. Mit geeigneten Methoden, z. B. Mittelungsmethoden (averaging methods) oder Homogenisierungsmethoden (homogenisation methods), werden die Lösungen der verschiedenen Skalen zusammengebracht, vgl. [58] und [73].
- Schnelle Löser für die unterschiedlichen Modelle, z. B. mikroskopische und makroskopische Löser.
- Die Multiskalenlöser müssen robust sein, d. h. der mikroskopische Löser und der makroskopische Löser muss mit den Kopplungsoperatoren konvergieren. Wir haben damit die Konsistenz und Stabilität des Verfahren.

- Weiter müssen die einzelnen Komponenten des Multiskalenlösers, d. h. die Kopplungs-operatoren, der mikroskopische und der makroskopische Löser, effizient und schnell berechenbar sein, vgl. [27], Damit ist das Gesamtverfahren, d. h. der Multiskalenlöser, ein schnelles und effizientes Verfahren.

Für die industrielle Anwendung hat man bei der Entwicklung von erfolgreichen Multis-kalenlösern das Problem, das man oft durch die Komplexität der Ingenieursprobleme, z. B. starke Kopplung zwischen den verschiedenen Modellebenen, einen sehr stark limitierenden Faktor hat. So müssen sehr oft mikroskopische Bereiche zeitintensiv ge-rechnet werden und man kann nur sehr kleine zeitliche Bereiche auflösen. Eine Lösung besteht darin, dass man eine Modellreduktion durchführt und sich nur noch auf wichtige Prozesse im Modell beschränkt, vgl. [28]. Damit kann eine *starke Kopplung* im Modell reduziert werden und man kann wiederum effizientere Multiskalenlöser anwenden, so dass größere zeitliche Bereiche aufgelöst werden können. Ein Zusammenspiel zwi-schen Modellreduktion und dem Multiskalenmodell ist deshalb sehr wichtig, vgl. die Abb. 5.11.

Historisch sind die Überlegungen zur Reduzierung der Rechenzeiten bei den um-fangreichen Simulationen von großskaligen Problemen, z. B. von Atomtest ab Mitte der 1980-iger Jahre, erkannt worden.

Es wird im Folgenden ein kleiner Überblick über die Multiskalenmodellierung gege-ben:

1980  Einschränkung von Atomtests (1980–1992) und damit Simulation von Atom-tests mittels Multiskalenansätzen: Damit wird die Multiskalenmodellierung als eine Schlüsseltechnologie für ein präzises und akurates Vorhersagewerkzeug erkannt.

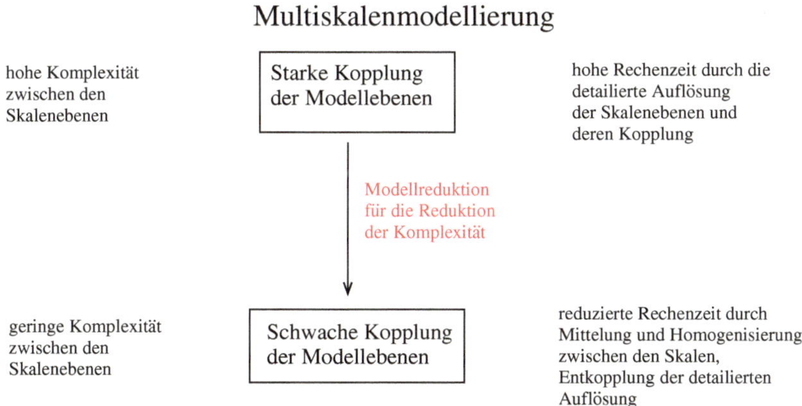


**Abb. 5.11** Modellreduktion versus Multiskalenmodelle. hat sich bei iterativen Lösern und Model-lierung von technischen Problemen qualifiziert

1996    Materialmodellierung mit Hilfe von Multiskalenmodellen: Damit wird es erstmals möglich, von Grund auf (ab-initio), d. h. von der atomaren Ebene (Skalen im Bereich der Atome) bis zu der kontinuierlichen Ebene (Skalen im Bereich der realen Welt), künstliche Materialien mit vorher bestimmten Eigenschaften zu konstruieren, vgl [40].

2000    Fluid-dynamische und plasma-dynamische Simulationen mit Hilfe von Multiskalenmodellen: Damit wird es möglich, verbesserte Vorhersagen von komplexen Flüssigkeiten und Plasmen zu machen und diese entsprechend zu modifizieren, vgl. [47].

**Beispiel 5.7.** *Multiskalenmodell im Bereich der modernen Materialsimulation. Bei der modernen Materialentwicklung werden die unterschiedlichen Modellebenen simuliert und ihre Ergebnisse miteinander gekoppelt, vgl. [57]. Damit kann ein Materialverhalten ganzheitlich von der untersten bis zur obersten Modellebene verstanden werden.*

- *Quantendynamik: Diese Ebene beschreibt die chemische Verbindung von Elektronen und Atomen, d. h. deren chemische Bindungen. Diese beschreiben die Materialeigenschaften auf unterster Ebene. Sie zu berechnen ist hochkomplex und stets nur für wenige hundert Atome möglich, vgl. [16].*
- *Molekulardynamik: Diese Ebene beschreibt die Dynamik von Tausenden von Atomen und Molekülen, die mit Gesetzen des Elektromagnetismus miteinander wechselwirken. Diese Vorgänge modelliert man im Bereich von einigen milliardstel Sekunden Zeitdauer.*
- *Kinetische Verfahren: Diese Ebene beschreibt ein Ensemble von Millionen von Atomen oder Super-Partikeln. Diese werden mit Durchschnittswerten von Dichte, Ladung usw., beschrieben. Mit diesen Durchschnittswerten kann man dann in etwa ihre Dichte, elektrische Ladung oder ihre Temperatur ausdrücken. Sie modellieren Zeiträumen von milliardstel bis millionstel Sekunden Zeitdauer.*
- *Kontinuumsverfahren: Diese Ebene beschreibt Bilanzgleichungen für Teilchenanzahl, Impuls, Energie usw.. Hier geht es um Begriffe wie Energie, Temperatur, Druck und Volumen. Auf dieser Ebene lässt sich der Flüssigkeitsstrom oder der Wirkungsgrad in einer Turbine in Echtzeit ermitteln.*

*In Abb. 5.12 sind die einzelnen Skalen anhand der Materialmodellierung beschrieben.*

### 5.3.1    Einteilung der Multiskalenprobleme in Typ A und B

Bei der Betrachtung von Multiskalenproblemen kann man schon im Vorfeld die Modelle in zwei Typen einteilen, vgl. [73]. Bei der Umsetzung der Modellgleichungen in Simulationsprogramme kann man dann in Abhängigkeit der speziellen Typen die entsprechenden optimalen Lösungsverfahren verwenden, vgl. [27].

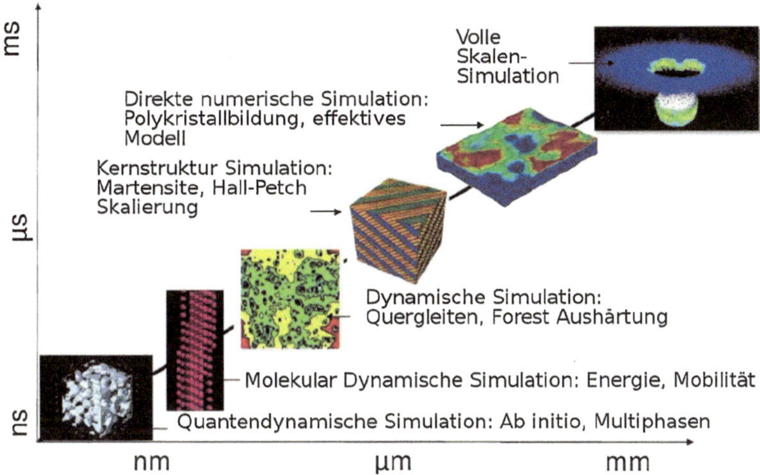


**Abb. 5.12**  Multiskalen-Modellierung von Materialien, vgl. Bild im Vortrag von [57]

Im Folgenden besprechen wir die zwei Typen:

1. Multiskalenprobleme vom Typ A:
   Der Multiskalenprobleme vom Typ A sind wie folgt beschrieben und in Abb. 5.13 skizziert.

   - Die Mikroskala wird für Regionen verwendet, in denen mikroskopische Gesetze gelten, d. h. lokale Defekte oder Singularitäten, Randschichten, sonst reicht die Makroskala, vgl. Abb. 5.13.
   - Man erhält eine sogenannte *top-down* Modellierung, d. h. die Parameter in der gröbsten Skalenebene. Bei dem makroskopischen Modell werden nur in lokalen Bereichen niedere Modellebenen, d. h. bei uns dann das mikroskopisches Modell, berechnet. Ein Beispiel ist die Berechnung der Spannungstensoren im Bereich der komplexen Flüssigkeiten, vgl. Abschn. 5.1.4.
   - Durch die lokale Rekonstruktion der Parametern in das gröbere Modell, hat man in der praktischen Umsetzung bei Ingenieursanwendungen einen deutlich geringeren Aufwand.
   - Oft muss man aber noch adaptive Verfahren einsetzen, damit man die wichtigen lokalen Stellen bei dem makroskopischen Modell erkennt. Man benötigt zusätzliche Informationen, z. B. Fehlerschätzer oder Modellierungsparameter, um das mikroskopischen Modell an wichtigen lokalen Stellen einzubinden, vgl. [55] und [64].

2. Multiskalenprobleme vom Typ B:
   Die Multiskalenprobleme vom Typ B sind wie folgt beschrieben und in Abb. 5.14 skizziert.

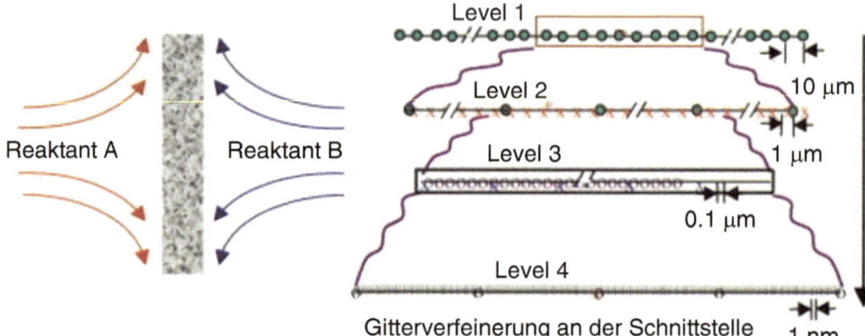



**Abb. 5.13** Typisches Multiskalenmodell vom Type A, bei dem nur lokal das mikroskopische Modell benötigt wird, vgl. Bild in der Arbeit von [69]

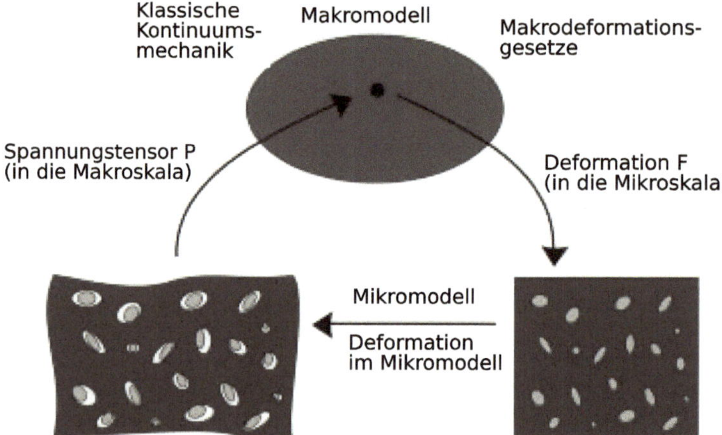



**Abb. 5.14** Typisches Multiskalenmodell vom Typ B, bei dem global das mikroskopische Modell benötigt wird, vgl. Bild in der Arbeit von [10]

- Die Mikroskala wird für alle Regionen, d. h. global, verwendet. Damit können alle Parameter für die makroskopischen Gesetze berechnet werden. Die Makroskala wird extrapoliert durch die Mikroskala, d. h. die Rekonstruktion der makroskopischen Gesetze, vgl. Abb. 5.14.
- Man erhält eine sogenannte *bottom-up* Modellierung. Es wird von der feinsten Skalenebene des mikroskopischen Modells in die höheren Modellebenen extrapoliert, d. h. das makroskopisches Modell wird rekonstruiert.
- Durch die Rekonstruktion und die globale Verwendung des feinsten Modells hat man bei der praktischen Umsetzung in Ingenieursanwendungen einen enormen Aufwand. Oft muss man zusätzliche Annahmen treffen, d. h. Modellreduktionen durchführen, damit das Problem noch rechenbar bleibt.

## 5.3.2  Methodologische Einteilung der Multiskalenprobleme

Durch die Einteilung in sogenannte *top-down* und *bottom-up* Modelle kann man bei der Auswahl oder Konstruktion der entsprechenden numerischen Methoden schon vorab bestimmte Typen von Multiskalenlösern verwenden.

Diese sind wie folgt beschrieben:

- Bei Multiskalenmodellen vom Typ A können sogenannte heterogene Multiskalen-Methoden (im Englischen: Heterogeneous Multiscale Methods (HMM)) verwendet werden. Hier sind die makroskopischen Gesetze bekannt und man ergänzt die Berechnung der fehlenden makroskopsichen Parameter durch hochskalierte Ergebnisse der mikroskopische Gesetze.
- Bei Multiskalenmodellen vom Typ B können sogenannte gleichungsfreie Methoden (im Englischen: Equation Free Methods (EFM)) verwendet werden. Hier werden die Ergebnisse aus den mikroskopischen Gesetzen mittels Extrapolation in Zeit und Raum auf eine gröbere Skale, d. h. für die makroskopischen Modelle (makroskopischen Gesetze), abgebildet.

Die Multiskalenmethoden bestehen insgesamt im Wesentlichen aus drei algorithmischen Bestandteilen, d. h. den Lösern für die einzelnen Gleichungen in den verschiedenen Ebenen und den Kopplungsoperatoren. Die Kopplungsoperatoren haben dabei eine besonders wichtige Aufgabe und verbinden die unterschiedlichen Skalenebenen, bzw. Modellebenen, miteinander.

Die Algorithmen haben daher folgende Einteilung:

- Makroskopische Gleichung (grobe Skala), d. h. hier muss man einen makroskopischen Löser haben.
- Mikroskopische Gleichung (feine Skala), d. h. hier muss man einen mikroskopischen Löser haben.
- Kopplung der Gleichungen, d. h. hier braucht man Kopplungsoperatoren die die Ergebnisse in die jeweils andere Skala überführen, z. B.:
  - Kompression (Makro $\Rightarrow$ Mikro), d. h. das makroskopische Ergebnis wird mittels eines Kompressionsoperators in das mikroskopische Ergebnis überführt, z. B. durch Interpolation oder Prolongation, vgl. [33].
  - Rekonstruktion (Mikro $\Rightarrow$ Makro), d. h. das mikroskopische Ergebnis wird mittels eines Rekonstruktionsoperators in das makroskopische Ergebnis überführt, z. B. durch Restriktion, vgl. [33].

Eine weitere Idee von Kopplungsoperatoren ist es, zwischen den einzelnen Skalen zu mitteln, d. h. ein sogenanntes *seaming* (etwa in deutsch: zusammennähen) zu erreichen. Dabei hat man das Ziel, die beiden Skalen, d. h. die makroskopische und die

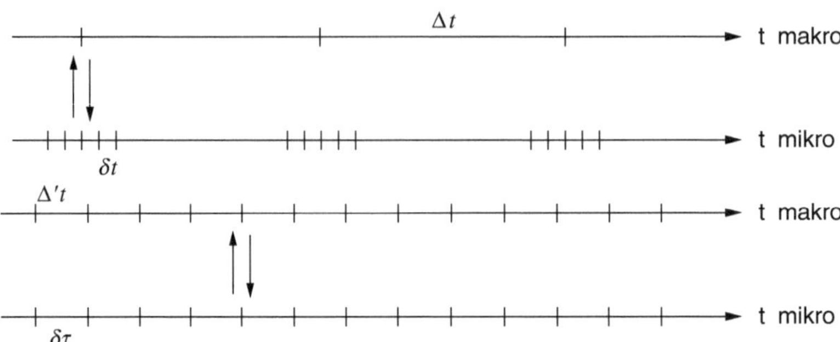


**Abb. 5.15** Seaming Method (Angleich-Verfahren) als alternativer Kopplungsoperator im Bereich von kleinen Skalenunterschieden zwischen mikroskopischer und makroskopischer Skala, z. B. 10-fach kleinere Skala, vgl. Bild vom Seaming-Verfahren aus dem Buch [73]

mikroskopische Skala anzugleichen, vgl. die Abb. 5.15. Solche Operatoren können letztlich nur für Modelle verwendet werden, deren Skalen schon dicht beieinander liegen, vgl. [73].

Für die meisten Multiskalenproblem liegen aber die Skalenunterschiede deutlich weiter auseinander, z. B. $10^3 - 10^6$-fach, so dass man auf bessere Kopplungsoperatoren, d. h. Interpolations- und Restriktionsoperatoren, zurückgreifen muss, vgl. [27].

### 5.3.3  Multiskalenalgorithmen: Klassische Ideen

Die klassischen Ideen der Multiskalenalgorithmen finden ihren Anfang bei schnellen Lösern für elliptische partielle Differentialgleichungen. Dabei ist die Idee, die aufwendige Lösung auf einem sehr feinen Raumgitter in ein gröberes Raumgitter zu übertragen, damit man sich Rechenzeit erspart, vgl. [33]. Solche Ideen lassen sich ab 1980 zurückverfolgen, vgl. [33].

Im Folgenden werden die klassischen Multiskalenverfahren beschreiben:

1985   Mehrgitterverfahren: Hier wird die Lösung des feinen Gitters mittels Glättungs- und Kopplungsoperatoren auf ein grobes Raumgitter approximiert. Dies wird mit deutlich weniger Rechenaufwand gelöst. Die gröbere Lösung wird wieder mit Glättungs- und Kopplungsoperatoren zur feinen Lösung approximiert, vgl. [32].

1990   Adaptive Mesh Refinement: Hier wird ein Raumgitter nur an den notwendigen Stellen, z. B. weil die numerischen Fehler groß sind, verfeinert, d. h. man erhält ein adaptives Gitter. Damit kann man sich Rechenzeit durch lokal verfeinerte Raumgitter sparen, vgl. [5].

1994   Multiresolution Representation: Hier zerlegt man die Gesamtlösung in lokale Lösungen, die jeweils mit sogenannten Wavelets (Wellenlösungen) repräsentiert werden. Damit lassen sich anhand von lokalen Lösungsansätzen schnell umfangreiche feine Gesamtlösungen zusammensetzen, vgl. [37].

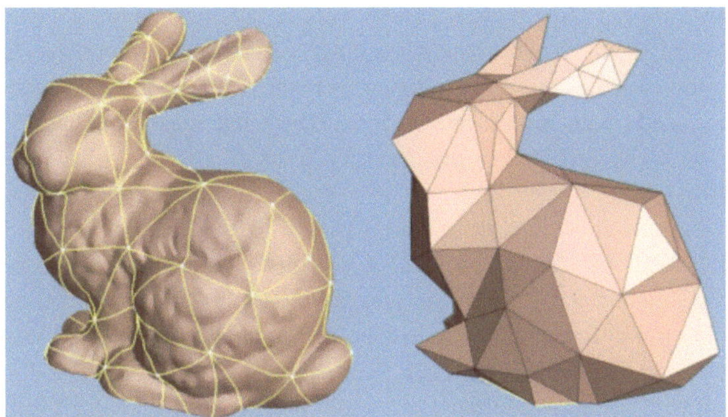

**Abb. 5.16** Raumgitterverfeinerung und die Erhaltung der Lösungsform von dem gröbsten Gitter, vgl. Bild aus der Arbeit von [15]

Die klassischen Multiskalenideen, bei der ein vollständiger Übergang von dem groben zum feinen Gitter stattfindet, lässt sich anhand der Verfeinerung eines Raumgitters in Abb. 5.16 darstellen. Dabei ist es wichtig, dass die Lösungsstruktur, z. B. hier in Abb. 5.16 ein Hase, noch in dem gröbsten Gitter gefunden wird, vgl. auch [32]. Ein Nachteil der klassischen Verfahren ist die 1 : 1 Auflösung zwischen grob und fein, d. h. da muss man alle feinen Skalen auflösen. In Bezug auf die Rechenzeit hat man deshalb das Problem, dass man nur eine *lineare Skalierung der Rechenzeit* erhält, vgl. [73].

### 5.3.4   Multiskalenalgorithmen: Moderne Ideen

Die modernen Ideen der Multiskalenalgorithmen finden sich erstmals im Bereich der Erweiterung von Mehrgittermethoden, die nun *angereichert* werden durch Multiskalenoperatoren, z. B. Mittelung der mikroskopischen Skala. Weiter gibt es dann sogenannte heterogene Verfahren ab 2003 mit denen man über Mittelungsoperatoren (sogenannte Equilibrierungsoperatoren) und Kompressionsoperatoren, die unterschiedlichen Skalen koppelt und nur noch bestimmte Bereiche in dem mikroskopischen Modell auflöst, vgl. [73].

Im Folgenden werden die modernen Multiskalenverfahren beschrieben:

2002    Extended Multigrid Method: Hier wird das klassische Mehrgitterverfahren durch Multiskalenoperatoren erweitert, d. h. Equlibrierungsoperatoren zum Einbinden des mikroskopischen Modells. Mit der Einbettung der equilibrierten Lösungen des mikroskopischen Modells in das makroskopische Modell wird damit eine Verbindung zwischen diskreten und kontinuierlichen Modellen hergestellt, vgl. [7]

2003  Equation-Free Approaches: Hier werden Multiskalenprobleme des Typs B gelöst. Die makroskopische Gleichung verwendet extrapolierte Lösungen aus den mikroskopischen Simulationen, die nur einen kleinen Teil der makroskopischen Zeit- oder Raumskala auflöst. Damit hat man schnellere Verfahren, die die makroskopische Lösung aus der mikroskopischen Lösung extrapolieren, vgl. [43].

2003  Heterogeneous Multiscale Method: Hier wird die makroskopische Lösung lokal durch die mikroskopischen Lösung vervollständigt. Schätzungen der unvollständigen Parameter und Werte im makroskopischen Modell werden mittels Rekonstruktion und Kompression zwischen der makroskopischen und mikroskopischen Gleichung hergestellt, vgl. [72].

2005  Iterative Splittingverfahren: Hier wird eine Zerlegung in skalenabhängige Gleichungen durchgeführt, die wiederum durch ein iteratives Verfahren gekoppelt werden, d. h. Koppelung von den mikroskopischen und makroskopischen Gleichungen, vgl. [23]. Durch Interpolations- und Restriktionsoperatoren kann man dann die Lösungen der einzelnen Gleichungen koppeln. Weiter werden durch Extrapolieren der mikroskopischen Lösung nur Teilbereiche der gesamten makroskopischen Skala aufgelöst und man spart sich dadurch Rechenzeit, vgl. [26] und [27].

Die Idee des *bottom-up-* oder Equation-Free-Konzepts, das mittels Hilfe der Extrapolation von lokalen mikroskopischen Lösungsbereichen den globalen makroskopischen Lösungsbereich approximiert, wird in Abb. 5.17 präsentiert.

Die Ideen der *top-down*-Konzepts, das jeweils zwischen den beiden Ebenen (mikroskopischer und makroskopischer Ebene) approximiert wird, in Abb. 5.18 präsentiert.

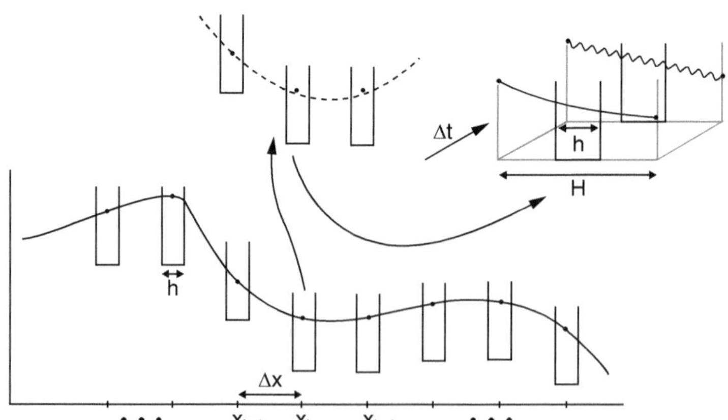


**Abb. 5.17** Schematische Skizze zum Verfahren des Equation-Free-Konzepts (gleichungsfreies Konzept), vgl. Bild aus der Arbeit von [62]

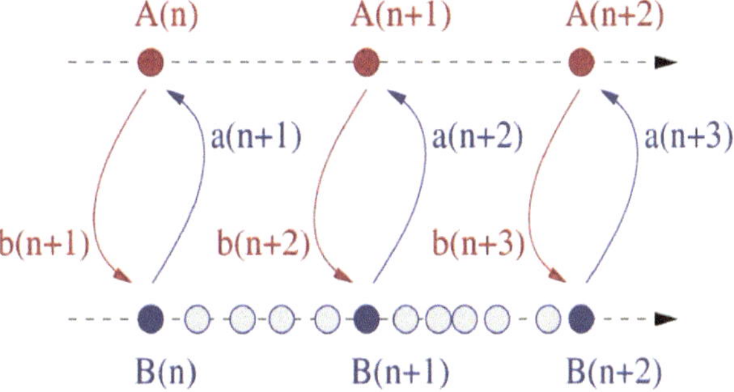


**Abb. 5.18** Schematische Skizze zwischen der Kopplung von mikroskopischer und makroskopischer Ebene, wobei nur ein Bruchteil der makroskopischen Skala von der mikroskopischen Skala aufgelöst wird, vgl. Bild aus der Vorlesung von [52]

**Bemerkung 5.8.** *Durch die teilweise Auflösung der makroskopischen Skala im mikroskopischen Modell hat man erhebliche Vorteile in der Rechenzeit. Das mikroskopische Modell wird nur noch in den lokalen Bereichen gelöst. Der Vorteil der modernen Verfahren ist damit eine superlineare Skalierung der Rechenzeit, d. h. $\mathcal{O}(N^{\alpha})$ mit $1 < \alpha < 2$, da man die feinste Skalen nur noch teilweise auflöst.*

### 5.3.5  Einführendes Beispiel: Zweiskalenproblem

Für die nachfolgenden Multiskalenmethoden wollen wir ein einführendes Zweiskalenproblem verwenden. Ein solches Problem beschreibt die Reaktionen von 2 Spezies, wobei die Spezies $y$ sehr schnell in die Spezies $x$ umgewandelt wird, vgl. [70].

Dabei kann man das Modellproblem in zwei skalenabhängige Gleichungen schreiben, d. h.:

- In eine makroskopische Gleichung, welche den zeitlichen Ablauf des Modellproblems in der makroskopischen Skala beschreibt:

$$\frac{dx}{dt} = f(x, y), \tag{5.16}$$

- und in eine mikroskopische Gleichung, welche den zeitlichen Ablauf des Modellproblems in der mikroskopischen Skala beschreibt:

$$\frac{dy}{dt} = -\frac{1}{\varepsilon}(y - \phi(x)). \tag{5.17}$$

Dabei ist $x$ die zeitlich langsamere und $y$ die zeitlich schnellere Variable in dem Modellproblem, vgl. [73].

Für die mathematische Problemstellung hat man ein Grenzwertproblem, wobei die mikroskopische Gleichung die makroskopische Gleichung beeinflusst. Im Grenzwert für $\varepsilon = 0$

hat man sogar einen Wechsel von einem System von gewöhnlichen Differentialgleichungen zu einem System von differential- algebraischen Gleichungen, vgl. [2, 46] und Beispiel 5.9.

**Beispiel 5.9.** *Das System von gewöhnlichen Differentialgleichungen:*

$$\frac{dx}{dt} = -x + y, \tag{5.18}$$

$$\frac{dy}{dt} = \frac{1}{\varepsilon}(-y + x), \tag{5.19}$$

*hat abfallende Werte als Ergebnis für die makroskopische Variable x der Gleichung* (5.19), *sprich man hat eine Zerfallskurve, vgl. Abb. 5.19.*

*Hingegen im Grenzwert für* $\varepsilon \to 0$, *d. h. für*

$$\frac{dx}{dt} = 0, \tag{5.20}$$

*hat man einen Wechsel zu eine algebraischen Gleichung mit* $0 = -x + y$.

*Der Wechsel von einem System von Differentialgleichungen hin zu algebraischen Gleichungen ist in Abb. 5.19 dargestellt. Bei* $\varepsilon = 0$ *hat man eine konstante Funktion* $x = y$ *und der Gleichungstyp wechselt zu differential-algebraischen Gleichungen. Solche Gleichungen benötigen auch andere Lösungsverfahren, sogenannte steife Gleichungslöser, vgl. Abschn. 3.5.2 und* [35] *und* [46].

**Abb. 5.19** Makroskopische Gleichung verändert sich:

$$x(t) = \exp(-t) \xrightarrow{\varepsilon \to 0} 1$$

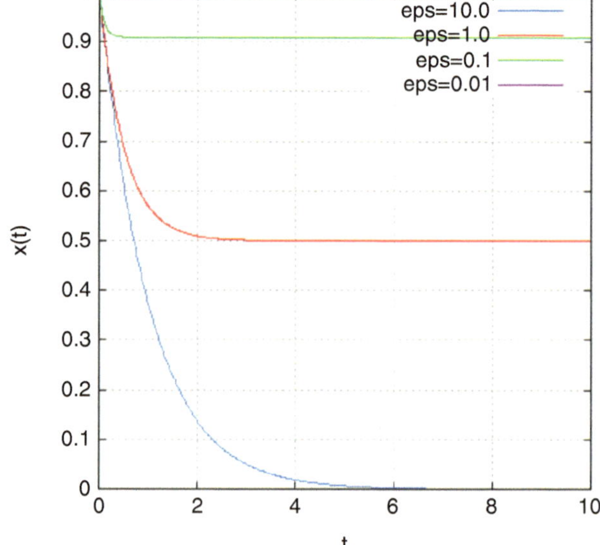

## 5.4 Numerische Verfahren (HMM-, EFM- und MISM-Verfahren)

Im Folgenden besprechen wir die zwei Typen von numerischen Verfahren zur Lösung von Multiskalenproblemen und geben die Vor- bzw. Nachteile der Verfahren an:

- top-down: Einbettung des Mikromodells in das bekannte Makromodell.
  - Vorteil: Schnelle Anwendbarkeit, da bekannte Modelle nur ergänzt werden.
  - Nachteil: Nur begrenzt für ab-initio-Probleme anwendbar.
- bottum-up: Hochskalierung des Mikromodells und Rekonstruktion des unbekannten Makromodells.
  - Vorteil: Ab-inito-Probleme sind möglich.
  - Nachteil: Nur begrenzt anwendbar, da sehr rechenintensiv.

Nachfolgend stellen wir die einzelnen Verfahren für die unterschiedlichen Typen von Multiskalenproblemen vor.

### 5.4.1 Top-Down: Einbettung der Mikroskala

Die HMM (Heterogeneous Multiscale Method), vgl. [73], ist ein Verfahren, das die bekannte makroskopische Gleichung ergänzt und verbessert durch die Einbettung von berechneten Parametern aus der mikroskopischen Gleichung. Das bekannte makroskopische Modell wird durch ein mikroskopisches Modell ergänzt und verbessert.

Die Anwendung des HMM-Verfahrens wird im Algorithmus 5.10 auf das Zweiskalenproblem, vgl. Abschn. 5.3.5, angewendet.

**Algorithmus 5.10.** *Man initialisiert die Gleichungen mit den entsprechenden Anfangswerten.*

- *Schritt 1: Lösen der Mikrogleichung (hier werden die fehlenden Werte in der mikroskopischen Gleichung berechnet):*

$$y^{n,m+1} = y^{n,m} - \frac{\delta t}{\varepsilon}(y^{n,m} - \phi(x^n)), \tag{5.21}$$

*mit $m = 0, 1, \ldots, M - 1$, z. B. $\delta t \leq \Delta t / M$ als Mikrozeitschritt.*
- *Schritt 2: Equilibrieren der Mikrooperatoren, d. h. Rekonstruktion (hier wird die mikroskopische Variable durch Mittelung auf eine makroskopische Variable approximiert):*

$$F^n = \frac{1}{M} \sum_{m=1}^{M} f(x^n, y^{n,m}). \tag{5.22}$$

- *Schritt 3: Lösen der Makrogleichung (hier wird die verbesserte makroskopische Wert in der makroskopischen Gleichung verwendet):*

$$x^{n+1} = x^n - \Delta t\, F^n, \tag{5.23}$$

*mit $\Delta t$ als Makrozeitschritt.*

**Bemerkung 5.11.** *Durch die Berechnung der mikroskopischen Gleichung um diskrete makroskopische Zeitschritte erhält man eine Reduzierung der Rechenzeit. Es wird dadurch nicht mehr die gesamte makroskopische Skala bei dem mikroskopischen Modell aufgelöst, sondern nur noch lokale Bereiche, z. B. die Bereiche um die diskreten makroskopischen Zeitpunkte.*

### 5.4.2   Bottom-Up: Einbettung der Makroskala

Die EFM (Equation Free Method), vgl. [42], ist ein Verfahren, das eine bekannte mikroskopische Gleichung hernimmt und daraus die noch unbekannte oder teilweise unbekannte makroskopische Gleichung extrapoliert. Das makroskopische Modell wird durch ein mikroskopisches Modell rekonstruierbar.

Die EFM ist allgemein als Algorithmus 5.12 gegeben.

**Algorithmus 5.12.** *Man initialisiert die Gleichungen mit den entsprechenden Anfangswerten.*

- *Schritt 1: Initialisieren der mikroskopischen Gleichung, z. B. durch Lifting (hier wird die mikroskopische Gleichung durch bekannte makroskopische Werte initialisiert, z. B. an wichtigen makroskopischen Gitterpunkten):*

$$u(x, t) = \mu(U(x, t)), \tag{5.24}$$

- *Schritt 2: Berechnen der Mikrogleichung, z. B. durch Evolving (hier wird die mikroskopische Gleichung evaluiert):*

$$u(x, t + \Delta t) = s^M(u(x, t), \delta t), \tag{5.25}$$

*wobei $\Delta t >> M\,\delta t$ der Makrozeitschritt und $M >> 1$ ist.*
- *Extrapolieren der Makrogleichung (Restriction):*

$$U(x, t) = \mathcal{M}(u(x, t)). \tag{5.26}$$

- *Rekonstruieren der Makrogleichung:*

$$U(x, t + \Delta t) = S(U(x, t), \Delta t) = \mathcal{M}(s^M(\mu(U(x, t)), \delta t)). \tag{5.27}$$

Die spezielle Anwendung des EFM-Verfahrens für das Zweiskalenproblem, vgl. Abschn. 5.3.5, wird im Algorithmus 5.13 angewendet.

**Algorithmus 5.13.** *Man initialisiert die Gleichungen mit den entsprechenden Anfangswerten.*

- *Schritt 1 und Schritt 2: Initialisierung der Gleichungen und Relaxationsschritte, z. B. durch Evolving (hier mit Forward-Euler und mikroskopischem Zeitschritt $\delta t$):*

$$x^{n,m+1} = x^{n,m} + \Delta t(-x^{n,m} + y^{n,m}), \tag{5.28}$$

$$y^{n,m+1} = y^{n,m} - \frac{\delta t}{\varepsilon}(y^{n,m} - \phi(x^{n,m})), \tag{5.29}$$

*wobei die Zeitpunkte mit $m = 0, 1, \ldots, M - 1$ gegeben sind und der mikroskopische Zeitschrittzeitschritt ist $\delta t \leq \Delta t / M$.*
- *Schritt 3 und Schritt 4: Extrapolieren und Rekonstruktion der makroskopischen Variablen:*

$$\dot{x}^n = \frac{x^{n,M} - x^{n,M-1}}{\delta t}, \tag{5.30}$$

$$x^{n+1} = x^n + \Delta t \dot{x}^n. \tag{5.31}$$

**Bemerkung 5.14.** *Man kann die Extrapolation von erster Ordnung durch eine höhere Ordnung, z. B. zweite Ordnung ersetzen. Dabei muss man weitere zurückliegendere Werte nehmen, vgl. [66], d. h.*

$$\dot{x}^n = \frac{x^{n,M} - 2x^{n,M-1} + x^{n,M-2}}{(\delta t)^2}, \tag{5.32}$$

$$x^{n+1} = x^n + \Delta t \dot{x}^n + \frac{(\Delta t)^2}{2!} \ddot{x}^n. \tag{5.33}$$

**Bemerkung 5.15.** *Die Berechnung der mikroskopischen Gleichung erfolgt mit deutlich wenigeren Zeitschritten, d. h. $\delta t\, M \ll \Delta t$. Dadurch werden nur partiell die makroskopischen Zeitschritte aufgelöst und mittels Extrapolation die gesamte makroskopische Skala ergänzt. Man erhält dadurch eine erhebliche Beschleunigung der Rechnungen, als wenn man die gesamten ab-initio-Probleme rechnet, vgl. [50] und [72].*

### 5.4.3   Vor- und Nachteile der Multiskalenmethoden

Im Folgenden diskutieren wir die Vor- und Nachteile der verschiedenen Multiskalenmethoden:

- Top-Down:
  - Vorteil: Schnelle Anwendbarkeit bei Typ A Multiskalenmodellen, da die bekannten Modelle nur ergänzt werden müssen um die mikroskopischen Einflüsse.
  - Nachteil: Eine Rekonstruktion von ab-initio-Problemen ist nicht möglich.
- Bottom-Up:
  - Vorteil: Ab-inito-Probleme sind berechenbar.
  - Nachteil: Nur begrenzt anwendbar, da sehr rechenintensiv aufgrund der Rekonstruktion von der mikroskopischen Ebene aus.

## 5.5   MISM (Multiscale Iterative Splitting Method)

Ein weiteres interessantes Multiskalenverfahren ist das sogenannte MISM-Verfahren. Es basiert auf der Idee, mittels iterativen Zyklen die Approximation zwischen dem makroskopischen und mikroskopischen Modell zu verbessern, vgl. [26] und [27].

Wir nehmen folgendes Modellbeispiel an:

$$\frac{\partial c}{\partial t} = A(c) + R(B(\tilde{c})), \ t \in [0, T], \tag{5.34}$$

$$c(0) = c_0, \tag{5.35}$$

wobei $c_0$ die Anfangsbedingung in der groben Skala ist. Weiter sei $c$ die makroskopische Variable und $\tilde{c}$ die mikroskopische Variable. Ferner nehmen wir an, dass $A$ der makroskopische Operator auf der großen Zeitskala $\tau$ ist und $B$ der mikroskopische Operator auf der kleinen Zeitskala $\delta\tau$ ist. Weiter soll ein Restriktionsoperator $R$ von der feinen zur groben Skala und einen Interpolationsoperator von der groben zur feinen Skala geben sein, vgl. [27].

Die Vorgehensweise ist in Abb. 5.20 dargestellt.

Wir haben folgende Bezeichungen 5.16 für das MISM Verfahren.

**Bezeichnung 5.16.**

- *Bezeichungen der Schrittweiten und Intervalle des MISM-Verfahrens:*
  - *Grober Zeitschritt: $\tau$.*
  - *Feiner Zeitschritt: $\delta\tau \leq \tau/M$, wobei $M$ die Anzahl der kleinen Zwischenschritte ist.*
  - *Makroskopisches Zeitintervall: $[t^n, t^{n+1}]$.*

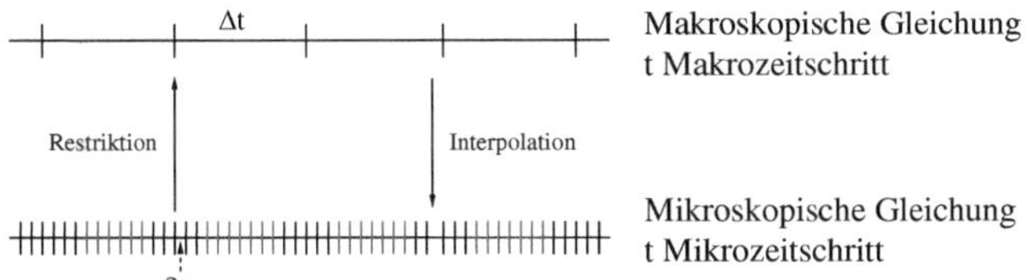


(Die schwarzen Mikrozeitschritte sind notwendig um den Makrozeitschritt zu initialisieren.
Die roten Mikrozeitschritte sind nicht mehr notwendig zur Initialisierung und
verbessern nur noch die Genauigkeit der Approximation.)

**Abb. 5.20**  Illustration der Multiskalenmethode

- *Bezeichnungen in den einzelnen algorithmischen Schritten:*
  - *Initialisierung mit den Anfangsbedingungen und Startlösungen für die Iterationen.*
  - *Man hat I Iterationschritte im Kopplungsverfahren, dabei sind die Komponenten:*
    - *Ein großer Zeitschritt: Die makroskopische Gleichung wird mit einem großen Zeitschritt $\tau$ gelöst.*
    - *Interpolation: Die Kopplung von Operator A mit der Mikroskala wird mit einer Interpolation durchgeführt.*
    - *M kleine Zeitschritte: Die mikroskopische Gleichung wird mit M kleinen Zeitschritt $\Delta\tau$ gelöst.*
    - *Restriktion: Die Kopplung von Operator B mit der Makroskala wird mit einer Restriktion durchgeführt.*

Wir haben nun den Algorithmus 5.17 für das MISM-Verfahren.

**Algorithmus 5.17.**

- *Initialisierung: $c_0(t^n) = c^n$, I Iterationsschritte in N Zeitintervallen.*
- *Die makroskopische Gleichung wird in der groben Skala mit dem Zeitschritt $\tau$ gelöst:*

$$\frac{\partial c_i(t)}{\partial t} = A(c_i(t)) \,+\, R(B(c_{i-1}(t))), \tag{5.36}$$

- *Interpolation: Operator A wird in die kleine Skala gekoppelt:*

$$I(A(c_i)(t)) = A(c(t^n)) + \Big(A(c_i(t^{n+1})) - A(c(t^n))\Big)\frac{c(t) - c(t^n)}{c_i(t^{n+1}) - c(t^n)}, \tag{5.37}$$

- *Die mikroskopische Gleichung wird in der kleinen Skala mit M Zeitschritten $\delta\tau$ gelöst:*

$$\frac{\partial c_{i+1}(t)}{\partial t} = I(A(c_i(t))) \,+\, B(c_{i+1}(t)), \tag{5.38}$$

- *Restriktion: Operator B wird zur groben Skala gekoppelt:*

$$R(B(c_j)(t^{n+1})) = \frac{1}{M} \sum_{k=1}^{M} B(c_{j,k}(t^{n+1})). \tag{5.39}$$

**Bemerkung 5.18.** *Bei dem MISM-Verfahren haben wir nun einen ähnlichen Vorteil, wie beim HMM- und beim EFM-Verfahren. Durch die reduzierte und lokale Auflösung der makroskopischen Skala in den mikroskopischen Berechnungen kann man erhebliche Rechenzeit sparen. Weiter kann man aber durch die stärkere Kopplung mittels der iterativen Zyklen die mikroskopische und makroskopische Skala besser relaxieren, vgl. [27]. Damit erhält man verbesserte Approximationswerte sowohl auf der mikroskopischen, wie auch auf der makroskopischen Skala.*

## 5.6     Anwendungsbeispiele

Nachfolgend werden exemplarisch einige Anwendungsbeispiele aus Projekten von Multiskalenmodellen und deren Simulation vorgestellt.

Wir haben dabei folgende Testbeispiele:

- Parabolische partielle Differentialgleichung: Hier hat der Diffusionskoeffizient unterschiedliche Skalen und kann mit Multiskalenverfahren oder einem Homogenisierungsansatz gelöst werden.
- Reaktionsgleichungen oder Matrixproblem: Hier sind sehr stark unterschiedliche Skalen in einem System von gewöhnlichen Differentialgleichungen gegeben. Diese müssen mittels Multiskalenlösern aufgelöst werden.
- Dynamisches Problem oder Stochastische Differentialgleichung: Hier hat man eine Kopplung zwischen deterministischen und stochastischen Termen in einer Differentialgleichung. Deshalb muss man die unterschiedlichen Skalen mittels Multiskalenlösern approximieren.

### 5.6.1   Erstes Testbeispiel: HMM und Homogenisierungsmethode für eine an parabolischer PDGL

Beim ersten Testbeispiel haben wir den Multiskalenoperator im Bereich des Diffusionsoperators. Dieser Operator enthält eine sehr feine, sogenannte mikroskopische Skala und die Werte daraus werden in einem sehr feinen Gitter berechnet, z. B. auf einem mikroskopisch feinen Gitter, vgl [27].

Dann werden die Werte der feinen Skala gemittelt und in die grobe Skala eingebettet. Wir haben das folgende Transportproblem einer mikroskopischen Diffusionsgleichung:

$$\partial_t u(x,t) = \partial_x \left( a\left(x, \frac{x}{\varepsilon}\right) \right) \partial_x u(x,t), \tag{5.40}$$

wobei $\varepsilon$ die Größenordnung der feinen Skala ist. Die Funktion $a$ soll positiv und $\varepsilon$-periodisch sein. Eine direkte Diskretisierung nach $\varepsilon$ würde einen sehr hohen Aufwand darstellen, z. B. $\Delta x \approx \varepsilon \approx 10^{-3}$.

Ziel ist es, eine makroskopische Gleichung der Form

$$\partial_t U(x,t) = \partial_x \left( \overline{A} \partial_x U(x,t) \right), \tag{5.41}$$

zu finden, wobei $\Delta x >> \varepsilon$ und $\overline{A}$ ein gemittelter Operator ist. Der Wert $\overline{A}$ ist die Mittelung der mikroskopischen Flusse, die auf einem sehr kleinen Gitter mit dem HMM-Verfahren berechnet wurde, vgl. [73]. Durch die Mittelung, bzw. Durchschnittsbildung aller mikroskopischen Flüsse, hat man dann einen makroskopischen Fluss. Mit diesem makroskopischen Fluss kann man dann auf der groben Skala weiterrechnen.

Weiter kann man auch über einem Homogenisierungsansatz, den Diffusionskoeffizient in die makroskopische Skala einbetten, vgl. [58].

### 5.6.1.1 Anwendung der HMM-Methode

Wir wenden die HMM (*Heterogeneous multiscale method*) an und haben folgenden Alorithmus 5.19.

**Algorithmus 5.19.**

- *Mikroskopisches Problem:*

$$u_k^{n,m+1} = u_k^{n,m} - \frac{\Delta\tau}{\Delta x} \left( j_{k+1/2}^{\varepsilon}\left(u_k^{n,m}\right) - j_{k-1/2}^{\varepsilon}\left(u_k^{n,m}\right) \right), \tag{5.42}$$

*mit $m = 0,1,\ldots, M-1$ ist der Index für die Zeit und $\Delta\tau \leq \Delta t/M$. Weiter $k = 0,1,\ldots, 2K-1$ ist der Index für den Raum und $K$ ist gerade. Für die Initialisierung haben wir $u_0^{n,0} = U_{i-1}^n$, $u_K^{n,0} = U_i^n$ und $u_{2K}^{n,0} = U_{i+1}^n$. Für den mikroskopischen Raumschritt haben wir $\varepsilon = \Delta x << \Delta X$.*

- *Equilibrieren des Mikrooperators (Flussoperator):*

$$J_{i-1/2}^n = \frac{1}{M} \sum_{m=1}^{M} j_{k-1/2}^{\varepsilon}\left(u_{K/2}^{n,m}\right), \tag{5.43}$$

$$J_{i+1/2}^{n} = \frac{1}{M} \sum_{m=1}^{M} j_{k+1/2}^{\varepsilon}\left(u_{3K/2}^{n,m}\right). \tag{5.44}$$

- *Makroskopisches Problem:*

$$U_i^{n+1} = U_i^n - \frac{\Delta t}{\Delta X}\left(J_{i+1/2}^n - J_{i-1/2}^n\right), \tag{5.45}$$

*wobei $J_{i+1/2}^n$ ist die Mittelung über den mikroskopischen Fluss $j^{\varepsilon}(u) = a(x, \frac{x}{\varepsilon})\partial_x u(x,t)$, der im kleinen Zeitintervall $t \in [t^n, t^n + \Delta\tau\, M]$ und im kleineren Raumintervall $x \in [x_{i-1}, x_{i+1}]$ mit dem kleinen Raumschritt $\varepsilon$ gerechnet wurde.*

**Bemerkung 5.20.** *Durch die kleineren Intervallbereiche für das mikroskopische Modell kann man die Rechenzeit erheblich verkürzen. Wichtig ist dabei aber auch die Auflösung um die jeweiligen Stützpunkte $i - 1, i, i + 1$ des makroskopischen Modells, damit die Einbettung exakt zu den makroskopischen Stützpunkten passt. Hier kann man die Ergebnisse natürlich verbessern, in dem man die Intervalle vergrößert, vgl. [73].*

**Beispiel 5.21.** *Für eine konkrete Umsetzung in einer finiten Differenzenformulierung im Raum sind nachfolgend in Abb. 5.21 die Diskretisierungsansätze dargestellt. Dabei hat man ein mikroskopisches und makroskopisches Gitter, bei dem das mikroskopische Gitter eingebettet ist um die makroskopischen Raumpunkte, vgl. [1].*

**Abb. 5.21** Diskretisierung der Flüsse bei der Mikro- und Makroskala. Oberes Bild: 1d Beispiel und unteres Bild: 2d Beispiel

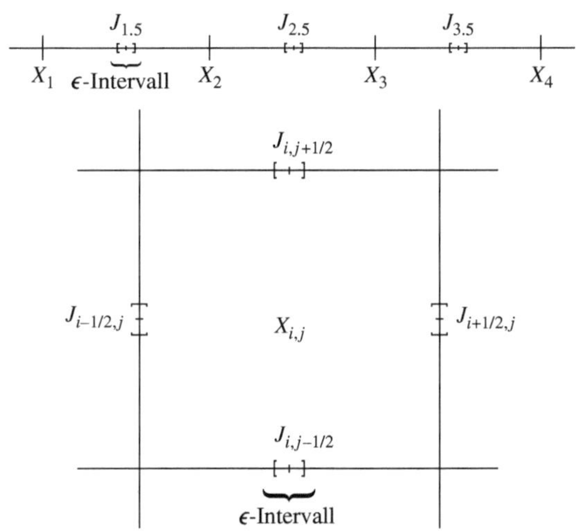

### 5.6.1.2 Anwendung des Homogenisierungsansatzes

Im Gegensatz zum HMM-Verfahren, welches durch ein feines Gitter die mikroskopischen Werte in die makroskopische Gleichung numerisch approximiert, kann man bei einer Homogenisierung schon direkt die mikroskopischen Werte explizit in die makroskopische Gleichung einbetten, vgl. [58].

Dabei ist die Idee, dass man ein sogenanntes Zellenproblem löst. Man berechnet das mikrospische Modell und filtert die sehr stark oszillierenden Anteile aus der Lösung heraus. Damit können dann diese *homogenisierten* Werte in makroskopische Modelle eingebettet werden.

Oft hat man bei den mikroskopischen Modellen periodische Randbedingungen als Zellproblem und kann damit direkt die Koeffizienten berechnen, vgl. [1]. Bei nichtperiodischen Randbedingungen muß man die Nachbarzellen in die Berechnungen miteinbeziehen, vgl. [65] und [67], dies erfordert wiederum mehr Rechenzeit.

Idee des Homogenisierungsansatzes ist eine Zerlegung der Lösung in verschieden stark oszilliernde Anteile:

$$u(x,t) \approx u^{\varepsilon}(x,t) = u_0(x,t) + \varepsilon u_1\left(x, \frac{x}{\varepsilon}, t, \frac{t}{\varepsilon^2}\right) + \varepsilon^2 u_2\left(x, \frac{x}{\varepsilon}, t, \frac{t}{\varepsilon^2}\right). \quad (5.46)$$

Man kann nun aus der Homogenisierung den ersten makroskopischen Anteil herausnehmen:

$$\partial u_0(x,t) = \partial_x \left(A(x)\partial_x u_0(x,t)\right), \quad (5.47)$$

wobei der homogenisierte Koeffizient berechenbar ist mit:

$$A(x) = \left(\int_0^1 \frac{1}{a(x,y)}\, dy\right)^{-1}, \quad (5.48)$$

mit der Zelle $\Omega = [0,1]$.

Man filtert die stark oszillierenden Anteile des Koeffizienten $a(x,y)$ über die Mittelung der Zelle im Gebiet $[0,1]$ heraus.

Das makroskopische Modell ist dann gegeben mit:

$$\partial U(x,t) = \partial_x \left(\overline{A}\partial_x U(x,t)\right), \overline{A} = \left(\int_0^1 \frac{1}{a(x,y)}\, dy\right)^{-1}, \quad (5.49)$$

für $a(x,y) = a(y)$ mit festem $x$ und $U(x,0) = u_0(x,0)$, wobei die Randwerte $U(0,t) = U(1,t) = 0$ gegeben sind.

Die Herleitung der homogenisierten Koeffizienten ist im Folgenden kurz skizziert. Wir haben folgende Annahmen 5.22 für die periodische Zelle.

**Annahme 5.22.**

- *Man hat eine periodische Funktion $\xi(y)$ mit folgenden Eigenschaften:*

$$\int_0^1 \xi(y)\,dy = 0, \quad \frac{d}{dy}\left(a(y) - a(y)\frac{d\xi(y)}{dy})\right) = 0, \quad \xi(0) = \xi(1). \qquad (5.50)$$

- *Weiter sei $\overline{A}$ ein Konstante mit*

$$\overline{A} = \int_0^1 a(y)(1 - \frac{d\xi(y)}{dy})dy. \qquad (5.51)$$

Wir haben:

$$\frac{d}{dy}\left(a(y)\frac{d\xi(y)}{dy}\right) = \frac{d}{dy}a(y), \qquad (5.52)$$

und integrieren nach $y$, dann ergibt sich:

$$a(y)\frac{d\xi(y)}{dy} = a(y) + c_1, \qquad (5.53)$$

wir teilen nach $a(y)$ und integrieren weiter nach $y$:

$$\xi(y) = y + c_1 \int_0^y \frac{1}{a(y)}dy + c_2. \qquad (5.54)$$

Wir setzen nun $y = 0$ und $y = 1$ ein und nehmen die Periodizität mit $\xi(0) = \xi(1)$ an. Wir erhalten dann:

$$\xi(0) = 0 + c_1 \int_0^0 \frac{1}{a(y)}dy + c_2 = \qquad (5.55)$$

$$= \xi(1) = 1 + c_1 \int_0^1 \frac{1}{a(y)}dy + c_2. \qquad (5.56)$$

$c_2$ entfällt und man erhält für $c_1$:

$$c_1 = -\left(\int_0^1 \frac{1}{a(y)}dy\right)^{-1}, \qquad (5.57)$$

und damit nach Einsetzen in Gleichung (5.51):

$$\overline{A} = \left( \int_0^1 \frac{1}{a(y)} dy \right)^{-1}.$$  (5.58)

**Bemerkung 5.23.** *Man hat damit eine explizite Funktion für den homogenisierten Koeffizienten $\overline{A}$ in der makroskopischen Gleichung. Durch eine Mittelung, dies ist in unserem Fall das harmonisches Mittel:*

$$\overline{A} = \frac{b - a}{\int_a^b \frac{1}{f(x)} dx},$$  (5.59)

*können die zu stark oszillierenden Anteile herausgefiltert werden, vgl.* [58].

### 5.6.2 Zweites Testbeispiel: Matrixproblem

Das Testbeispiel 2 ist im Bereich der Reaktionsmodelle angelegt und kann mit einem System von gewöhnlichen Differentialgleichungen modelliert werden.

Dabei nehmen wir an, dass wir ganz unterschiedliche Reaktionsskalen haben, d. h. eine Mischung zwischen ganz schnellen und langsamen Reaktionen.

Als Testbeispiel kann man das Verhalten mit einer einfachen Operatorengleichung, d. h. wir verwenden ein Differentialgleichungssystem mit zwei Gleichungen. Diese kann mit einer Operatorengleichung mit $2 \times 2$ Matrizen beschrieben werden. Das Testproblem ist in dieser Notation gegeben als:

$$\frac{\partial u(t)}{\partial t} = \begin{pmatrix} -\lambda_1 & \lambda_2 \\ \lambda_1 & -\lambda_2 \end{pmatrix} u,$$  (5.60)

mit der Initialisierung $u_0 = (1, 1)$ und dem Rechenintervall $t \in [0, 1]$.

Man hat verschiedene Skalen, die gegeben sind als:

- die Makroskala mit $\lambda_1 = 1 \approx \frac{1}{\tau}$,
- die Mikroskala mit $\lambda_2 = 10^4 \approx \frac{1}{\delta\tau}$,
- dabei ist der Skalenunterschied gegeben mit $\frac{\lambda_2}{\lambda_1} = 10^4$.

Die Makro- und Mikrooperatoren sind gegeben mit der Skalentrennung in den makroskopischen Operator $A$ und den mikroskopischen Operator $B$:

$$A = \begin{pmatrix} -1 & 0 \\ 1 & 0 \end{pmatrix}, \ B = \begin{pmatrix} 0 & 10^4 \\ 0 & -10^4 \end{pmatrix}.$$  (5.61)

Falls man hier ein reines AB-Splitting Verfahren anwenden, d. h. ein klassisches Splittingverfahren, so würde man einen sehr großen Splittingfehler mit

$$err_{AB} = \frac{1}{2}\|[A, B]\|\tau^2, \tag{5.62}$$

$$\|[A, B]\| = \left\| \begin{pmatrix} -10^4 & -10^4 \\ 10^4 & 10^4 \end{pmatrix} \right\| = 2 \cdot 10^4, \tag{5.63}$$

erhalten. Für die Matrixnorm verwenden wir die Spaltensummennorm.

Im Folgenden wird ein modernes Verfahren vorgestellt, das die Operatorengleichung auftrennt in die mikroskopische und die makroskopischen Gleichung.

### 5.6.2.1  Auftrennung in mikroskopische und makroskopische Gleichung

Wir verwenden im Folgenden ein iteratives Splittingverfahren, das wie folgt eine Skalentrennung in zwei Differentialgleichungen durchführt.

- Makroskopische Gleichung:

$$\frac{\partial c_i(t)}{\partial t} = Ac_i(t) + Bc_{i-1}(t), \text{ with } c_i(t^n) = c^n. \tag{5.64}$$

- Mikroskopische Gleichung:

$$\frac{\partial c_{i+1}(t)}{\partial t} = Ac_i(t) + Bc_{i+1}(t), \text{ with } c_{i+1}(t^n) = c^n. \tag{5.65}$$

- Iterationszyklen: Man initalisiert mit $c(0) = c_0$ und führt die Zyklen mit $i = 1, 3, 5, \ldots, I$, wobei $I$ die maximale Anzahl der Zyklen ist, aus. Die ungeraden Indizes sind die Ergebnisse der makroskopischen Gleichung und die geraden Indizes sind die Ergebnisse der mikroskopischen Gleichung. Man hat am Ende $c(t^{n+1}) = c_I(t^{n+1})$ und geht dann zum nächsten Zeitpunkt, d. h. $n = 1, \ldots, N$.

Durch die Trennung in makroskopische und mikroskopische Gleichung lassen sich spezielle numerische Löser und unterschiedliche Zeitschrittweiten anwenden, vgl. [22].

Im Folgenden wird der Algorithmus 5.24 beschrieben.

**Algorithmus 5.24.** *Die Multiskalenmethode ist ein iteratives Splittingverfahren, bei dem man bei der makroskopischen Gleichung große Zeitschritte wählt mit einem impliziten Verfahren und bei der mikroskopischen Gleichung sehr kleine Zeitschritte mit einem expiziten Verfahren, vgl. [22].*

- *Wir verwenden die makroskopischen Zeitschritte $\Delta t$ für die makroskopische Gleichung (5.64) und man erhält die iterative Lösung $c_i$. Dabei verwendet man einen sehr guten impliziten Löser, z. B. ein BDF (Backward Differentiation Formula) Verfahren, vgl. [35].*
- *Wir verwenden die mikroskopischen Zeitschritte $\delta t = \Delta t / M$ für die mikroskopische Gleichung (5.65) und man erhält nach M Zeitschritten die iterative Lösung $c_{i+1}$. Dabei verwendet man einen sehr schnellen und effizienten expliziten Löser z. B. ein explizites Euler-Verfahren.*
- *Die Lösung der M kleinen Zeitintervalle für die mikroskopische Gleichung wird dann als Ergebnis in der makroskopischen Gleichung verwendet.*
- *Die Lösungen werden iterativ verbessert mit $i = 1, 3, \ldots, I$.*
- *Man geht dann zum nächsten Zeitschritt über, d. h. $n = 1, \ldots, N$.*

Für die Anwendung der Zeitschrittverfahren von höherer Ordnung, wie z. B. Runge-Kutta oder BDF-Verfahren, die wir für die makroskopische Gleichung anwenden, ist es wichtig, die Zwischenwerte von der feineren Skala zu erhalten, vgl. [29].

Deshalb muss man die Zwischenwerte jeweils von der mikroskopischen Skala in die makroskopische Skala einbetten, vgl. Abb. 5.22.

Für die unterschiedliche Berechnung der mikroskopischen und makroskopischen Gleichung, haben wir folgendes Ergebnis in Tab. 5.1.

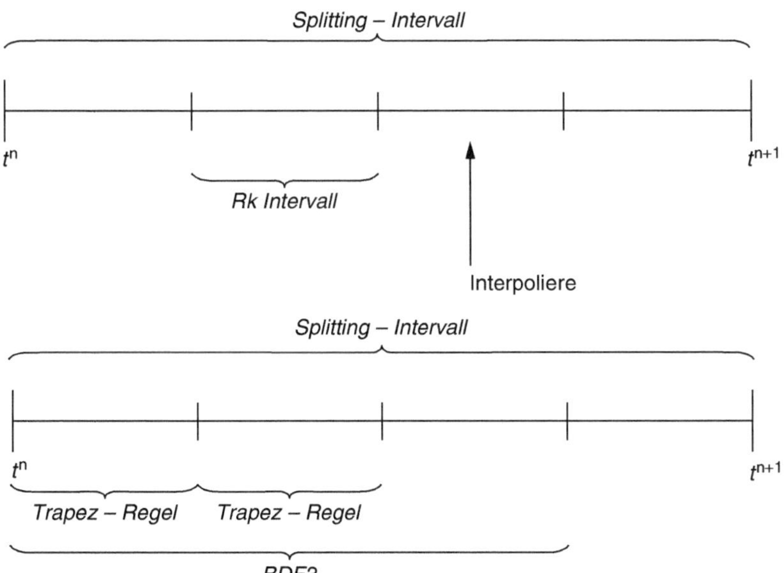


**Abb. 5.22** Splitting-Intervalle und mikroskopische und makroskopische Löser

**Tab. 5.1** Numerische Resultate für die MISM (Multiscale Iterative Splitting Method) mit dem BDF3-Verfahren für die makroskopische Gleichung und einem schnellen expliziten Verfahren für die mikroskopische Gleichung. Für den makroskopischen Zeitlöser wenden wir die Zeitschrittweite $\tau = 10^{-2}$ an

| Iterative Schritte | Anzahl der Zeitpartitionen $M$ $\delta\tau = \frac{\tau}{M}$ | $err = \|u_{num} - u_{ana}\|$ |
|---|---|---|
| 5 | 1 | 8.0230e+002 |
| 5 | 10 | 1.5452e+000 |
| 10 | 1 | 3.6515e+001 |
| 10 | 10 | 7.6975e-004 |
| 20 | 1 | 1.1048e-003 |
| 20 | 5 | 1.9442e-010 |
| 20 | 10 | 2.6675e-011 |

**Bemerkung 5.25.** *Man erhält sehr gute Resultate für $M = 10$ Zeitpartitionen von der feinen Zeitskala und 10–15 iterativen Schritten. Dabei konnte man Rechenzeit sparen, da man nicht mehr die gesamten feinen Partitionen, d. h. $M = 10^4$, auflösen musste. Weiterhin konnte ein implizites Verfahren hoher Ordnung mit größeren Zeitschritten verwendet werden. Damit konnte weiter die Rechenzeit verringert werden.*

### 5.6.3   Dynamische Probleme: Stochastische Differentialgleichung

Im folgenden Modell haben wir eine weitere Anwendung der Multiskalenverfahren. Dabei gilt es die Auftrennung zwischen dem deterministischen Anteil in der Gleichung und dem stochastischen Anteil in der Gleichung durchzuführen. Der stochastische Term ist ein statistisches Rauschen, z. B. Oszillationen durch Wärmeentwicklung bei Transportproblemen.

Wir habe nun folgende stochastische Differentialgleichung:

$$dX = aX\,dt + bX\,dW, \text{ in } [0, 1], \tag{5.66}$$

$$X(0) = X_0 = 1, \tag{5.67}$$

wobei $W$ ein Wiener Prozess ist mit $W(0) = 0$, $\langle W(t)\rangle = 0$ und $\langle (W(t) - W(s))^2\rangle = t - s$. Wir haben dabei folgende Skalenabhängigkeiten mit $a = -1$, $b = 10.0$, d. h. $\frac{|b|}{|a|} = 10$. Die stochastische Skala ist um den Faktor 10 kleiner.

Zum Test unseres Algorithmus haben wir ein solches Problem gewählt bei dem es auch eine analytische Lösung gibt:

$$X(t) = X(0) \exp\left(\left(a - \frac{b^2}{2}\right)t + b\sqrt{\delta t}\sum_{i=1}^{M} N_i\right), \tag{5.68}$$

wobei $N_i$ die unabhängig normalverteilten Zufallszahlen sind mit $i = 1, \ldots M$, $\langle N_i \rangle = 0$ und $\langle N_i^2 \rangle = \delta t = \Delta t / M$.

Die verschiedenen Skalen sind angegeben:

- die Makroskala mit $a = \frac{1}{\Delta t}$,
- die Mikroskala mit $b = 10 \approx \frac{1}{\delta t}$,
- und der Skalenunterschied ist $10^4$.

### 5.6.3.1 Multiskalenverfahren zur Lösung von stochastischen Differentialgleichungen

Wir präsentieren verschiedene numerische Verfahren zur Lösung der stochastischen Differentialgleichung.

- (1) Euler-Maruyama-Schema (ein Standardverfahren, bei dem keine Entkopplung der Skalen möglich ist):

$$X_{n+1} = X_n - X_n \Delta t + X_n (W_{t_{n+1}} - W_{t_n}), \tag{5.69}$$

wobei $(W_{t_{n+1}} - W_{t_n}) = randn \cdot \sqrt{\Delta t}$, mit $n = 0, 1, \ldots, N - 1$, $X_0 = X_{t_0}$. Weiter ist $randn$ die Gaußsche Normalverteilung mit $\langle randn \rangle = 0$ und $\langle randn^2 \rangle = 1$.

- (2) Iteratives Splitting Verfahren (ein modernes Verfahren, bei dem die Entkopplung der Skalen möglich ist. Es wird die mikroskopische und makroskopische Gleichung getrennt gerechnet und die Ergebnisse werden iterativ gekoppelt):

$$\tilde{X}_n = X_{n-1} \exp \left( \left( a - \frac{b^2}{2} \right) (\Delta t) \right), \tag{5.70}$$

$$X_n = \tilde{X}_n \exp \left( b \sqrt{\frac{\Delta t}{M}} \sum_{i=1}^{M} W_i \right), \tag{5.71}$$

wobei $W_i = randn \cdot \sqrt{\delta t}$, $i = 1, \ldots, M$, $\delta t$ ist der Mikrozeitschritt, und der Makrozeitschritte $\Delta t$ mit $n = 0, 1, \ldots, N - 1$ Schritten. Die Anfangsbedingung ist $X_0 = X_{t_0}$ und man hat $M$ kleine Zeitschritte in dem Makrointervall: $\Delta t = M \delta t$. $randn$ ist die Gaußsche Normalverteilung mit $\langle randn \rangle = 0$ und $\langle randn^2 \rangle = 1$.

Bei dem zweiten Verfahren handelt es sich um ein Multiskalenverfahren, da eine Trennung zwischen dem makroskopischen Operator (deterministischer Term) und dem stochastischen Operator (stochastischer Term) durchgeführt wird.

Im ersten Verfahren hat man den Nachteil, dass man die kleinste Skala, d. h. die hochoszillierende stochastische Zeitskala auflösen muss. Damit verlangsamt sich das Verfahren, da man unnötig feine Zeitschritte für den deterministischen Term rechnen muss.

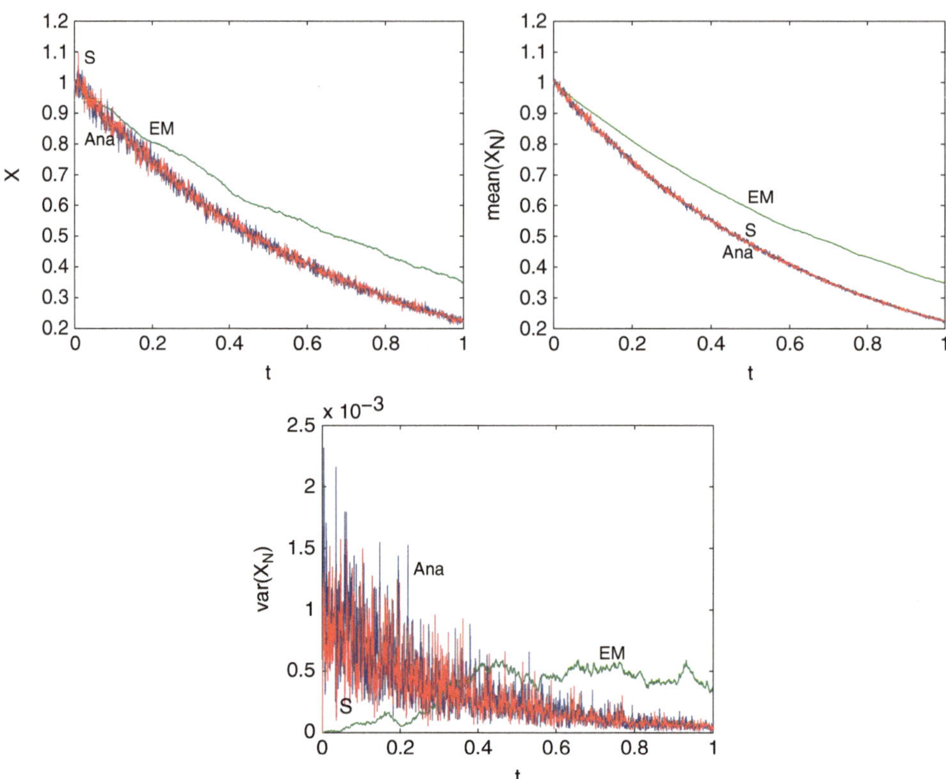

**Abb. 5.23**  Das linke Bild zeigt die Lösung von EM-Schema und Splitting-Schema. Das rechte Bild zeigt den Durchschnittswert, d. h. die schwache Konvergenz, der beiden Methoden. Hier hat man den Vorteil, dass das iterative Schema die Oszillationen besser auflöst

Beide Methoden werden nun überprüft und man sieht, dass die Trennung in feine und grobe Zeitskalen (iteratives Verfahren) sich auszahlt. Man erhält eine bessere Auflösung und sieht die Oszillationen des statistischen Rauschens, vgl. Abb. 5.23.

**Bemerkung 5.26.** *Bei stochastischen Differentialgleichungen hat man ebenfalls das Problem, dass man unterschiedliche Skalen auflösen muss. Dabei kann man durch Splitting-Verfahren die feine Zeitskala des stochastischen Anteils getrennt rechnen und das Ergebnis mit der Berechnung der groben Zeitskala des deterministischen Anteils koppeln. Solche Multiskalenverfahren sind auch im Bezug auf die Lösung deterministisch/stochastischer Probleme sehr effizient, vgl. [26].*

## 5.7  Wirtschaftlichkeit, Softwarepakete und Fragen zum Kapitel

Im Folgenden besprechen wir die Wirtschaftlichkeit der klassischen und modernen Verfahren.

Klassische Verfahren (z. B. Multigrid Method, Multiresolution Representation):

1) Sehr zeitaufwendig, da kleinste Skala aufgelöst wird.
2) Nur eine lineare Skalierung der Rechenzeit, da feinste Skala aufgelöst wird.
3) Kommerzielle Softwarepakete haben Verfahren schon implementiert, z. B. Ansys, Comsol. Man kann sofort damit rechnen.

Moderne Verfahren (z. B. Equation-Free Approach, HMM, Iterative Methods):

1) Schnellere und zeitsparende Verfahren, da nicht mehr alle Skalen aufgelöst werden.
2) Superlineare Skalierung der Rechenzeit mit $\mathscr{O}(\ln(N))$, da feinste Skala nur teilweise aufgelöst sind.
3) Verfahren müssen neu programmiert werden. Oft müssen die Kopplungsoperatoren für jede Anwendung speziell programmiert werden.
4) Neue Forschungsprojekte in der Materialphysik, Biomodellierung usw. sind nur mit diesen neuen Verfahren lösbar.

Der Vorteil der neuen Verfahren, d. h. der Multiskalenverfahren, sind auf der einen Seite eine Verringerung der Rechenzeit und eine Verbesserung der Genauigkeit der Multiskalenlösungen. Man kann explizit die einzelnen Skalen durch verschiedene Löser besser berechnen. Der Mehraufwand durch die neuen Verfahren ist überschaubar und oft muss man nur die Kopplungsoperatoren neu programmieren.

### 5.7.1  Softwarepakete

- Kommerzielle Software für Standard-Anwendungen geeignet:

  1) Comsol (Multiphysics): Fluid-Dynamisches Softwarepaket zum Koppeln von multiphysikalischen Problemen, z. B. Wärmeleitung mit Strahlung. Das Programmpaket ist mit einfachen impliziten Kopplungsverfahren anwendbar.
  2) Femlab: Strömungsmodelle sind rechenbar, auch implizite Verfahren sind implementiert und für kleine Skalenunterschiede oder entkoppelbare Modelle geeignet.
  3) Adina: Fluid-Dynamisches Softwarepaket ist mit den Standard-Lösern programmiert und die Kopplung von mäßigen Skalenunterschieden ist möglich.

- Akademische Software für Forschung und Entwicklung geeignet
  Im Bereich der Forschung werden neuere Verfahren ausgetestet:

  1) Schnelle iterative Löser für Multiskalenprobleme: Softwarepakete OperaSplitt und MultiSplitt (programmiert in MATLAB®), welche im Rahmen von Projekten mit Studierenden und Mitarbeitern programmiert wurden. Darin findet man iterative Verfahren zur Lösung von Multiskalenproblemen.

2) Schnelle und steife GDGL-Löser (programmiert in FORTRAN): Softwarepakete von den Professoren Wanner/Hairer, vgl. [36] und [35], programmiert. Dabei sind umfangreiche implizite Verfahren programmiert, die sich zur Lösung von gekoppelten zeitabhängigen Problemen eignen.

3) Multiskalenlöser im Bereich der HMM (programmiert in MATLAB®): Programme im Bereich der Methoden von Professor Weinan E, vgl. [73]. Es sind umfangreiche heterogene Multiskalenmethoden, die man für verschiedene Anwendungen nehmen kann, z. B. deterministische und stochastische Modelle im Bereich der Multiskalenprobleme.

## 5.7.2   MATLAB®-Übung: Mehrskalenübung am Beispiel von SGDL

Im Folgenden wird eine kleine MATLAB®-Programmieraufgabe vorgestellt, dabei haben wir folgende Gliederung:

- Einführung des Problems,
- Methodenansätze und numerische Verfahren,
- Programmbeschreibung und MATLAB®.

### 5.7.2.1 Einführung in das Problem

Wir haben folgende stochastische Differentialgleichung zu lösen:

$$dv(t) = F(v)dt + \sqrt{2D(v)}dW_v(t), \tag{5.72}$$

$$D(v) = \frac{1}{2}\frac{1}{v^3 + \frac{3\sqrt{\pi}}{4}}, \tag{5.73}$$

$$F(v) = -(m_f/2T_f)(1 + m_t/m_f)\frac{1}{2}\frac{1}{v^3 + \frac{3\sqrt{\pi}}{4}}, \tag{5.74}$$

wobei wir folgende Parameter annehmen $m_f, T_f, m_t = 1$ und die Initialisierung $v_0 = 1.0$. Dabei hat man folgende Operatoren:

$$A(v) = F(v), \text{ Konvektionsoperator (deterministisch)}, \tag{5.75}$$

$$B(v) = \sqrt{2D(v)}, \text{ Diffusionsoperator (stochastisch)}. \tag{5.76}$$

Diese Operatoren werden nun unterschiedlich in den folgenden numerische Verfahren behandelt.

### 5.7.2.2 Methoden und numerische Umsetzung
- Standard-Euler-Maruyama-Schema (Ordnung $\mathcal{O}(\tau^{1/2})$):

$$v_{n+1} = v_n + F(v_n)\Delta t + \sqrt{2D(v_n)}\Delta W, \qquad (5.77)$$

mit $n = 0, 1, \ldots, N - 1$, $X_0 = X_{t_0}$, $\Delta t = t_{n+1} - t_n$, $\Delta W = W_{t_{n+1}} - W_{t_n} = \sqrt{\Delta t}\, N(0, 1)$, wobei $N(0, 1) = rand$ eine normalverteilte Zufallsvariable ist.
- Milstein-Schema (Ordnung $\mathcal{O}(\tau)$):

$$v_{n+1} = v_n + F(v_n)\Delta t + \sqrt{2D(v_n)}(\Delta W)$$
$$+ \frac{1}{2}\sqrt{2D(v_n)}\frac{\partial\sqrt{2D(v)}}{\partial v}\Big|_{v_n}((\Delta W)^2 - \Delta t), \qquad (5.78)$$

für $n = 0, 1, \ldots, N - 1$, $X_0 = X_{t_0}$.

### 5.7.2.3 Splitting-Verfahren als Multiskalenmethoden
- Iterative Splitting-Verfahren (Version 1):
  Man nehme an $v_n \approx v_{n+1}$ und linearisiere

$$dv(t) = F(v_n)v\, dt + \sqrt{2D(v_n)}\, v\, dW_v(t), t \in [t_n, t_{n+1}], \qquad (5.79)$$
$$a = \frac{F(v_n)}{v_n}, \quad b = \sqrt{2D(v_n)}\frac{1}{v_n}.$$

Das Schema ist gegeben mit

$$v_{1,n+1}(t) = \left(\exp(a - \tfrac{b^2}{2})\Delta t\right) v_n, \qquad (5.80)$$

$$v_{2,n+1}(t) = (\exp(bW_v)\Delta t)v_{1,n+1}(t). \qquad (5.81)$$

wobei $\Delta W_i = (W_{t_{i+1}} - W_{t_i})$, für $n = 0, 1, \ldots, N - 1$, $X_0 = X_{t_0}$.

### 5.7.2.4 Iterative Verfahren: Version 2
- Wir wenden das iterative Schema (successive approaximation, fixpoint scheme) an:

$$dv_i(t) = F(v_i)\, dt + \sqrt{2D(v_{i-1})}\, dW_v(t), \qquad (5.82)$$

$$dv_i(t) = A(v_i)v_i\, dt + B(v_{i-1})v_{i-1}\, dW_v(t), \qquad (5.83)$$

$$t \in [t_n, t_{n+1}], v_i(t^n) = v(t^n), \ i = 1, 2, \ldots, I, \ n = 0, \ldots, N - 1,$$

wobei man die Operatoren $A(v_i) = \frac{F(v_i)}{v_i}$ und $B(v_{i-1}) = \frac{\sqrt{2D(v_{i-1})}}{v_{i-1}}$ hat.

Man hat nun folgende iterative Schnitte zur Lösung der SGDL für die Zeitschritte $n = 0, 1, \ldots, N - 1$. Dabei hat man mit jedem weiteren Schritt eine verbesserte Genauigkeit:

1. Erster iterativer Schritt (Ordnung $\mathcal{O}(\tau^{1/2})$)

$$v_{1,n}(t) = \phi_1(t)v_{n-1}, \tag{5.84}$$

wobei $\phi_1(t) = \exp(A(v_{n-1})\Delta t)$ ist eine erste Ordnungsapproximation von dem nichtlinearen Operator (nonlinear Magnus-Expansion).

2. Zweiter iterativer Schritt

$$v_{2,n}(t) = v_{1,n}(t) + v_{1,n}(t)[B(v_{n-1}), \int_0^t \exp(A(v_{n-1})s)dW_s, t \in (t^n, t^{n+1}],$$

$$v_{2,n}(t) = v_{1,n}(t) + v_{1,n}(t)[B(v_{n-1}), C_1(t)], \quad t \in (t^n, t^{n+1}],$$

$$v_{2,n}(t) = v_{1,n}(t) + v_{1,n}(t)C_2(t), \quad t \in (t^n, t^{n+1}], \tag{5.85}$$

wobei $C_1(t) = \int_0^t \exp(A(v_{n-1})s)dW_s$ $\Delta W_i = (W_{t_{i+1}} - W_{t_i})$ und $v_0 = v_{t_0}$.

Das stochastische Integral wird berechnet:

$$C_1(\tilde{t}) = \int_0^{\tilde{t}} \exp(A(v_{n-1})s)dW_s \tag{5.86}$$

$$= \sum_{j=0}^{N-1} \exp(A(v_{n-1})(\frac{t_j + t_{j+1}}{2})) \, (W(t_{j+1}) - W(t_j)),$$

$$\Delta t = \tilde{t}/N, t_j = \Delta t + t_{j-1}, t_0 = 0, \tag{5.87}$$

und der Kommutator $[\cdot, \cdot]$ wird berechnet als:

$$C_2(t) = [B(v_{n-1}), C_1(t)] = B(v_{n-1})C_1(t) - C_1(t)B(v_{n-1}). \tag{5.88}$$

dabei ist der Kommutator aufgrund der verschiedenen Zufallsvariablen nicht gleich Null und muss berechnet werden.

### 5.7.2.5 MATLAB®-Programm (*Higher_Nonlinear_Problem.m*)

Nachfolgend ist ein Beispielprogramm in MATLAB® gegeben, wobei die besprochenen Verfahren implementiert sind.

```
clear ; % delete all variables;
N = 2^5;
```

```
I = 5;
AV(1,1) = 1;
EMV(1,1) = 1;
MilV(1,1) = 1;
iterV1(1,1) = 1;
iterV2(1,1) = 1;
t = 0;
T(1,1) = t;
h = 1/N;
for n = 1:1:N
    t = t+h;
    T(1,n+1) = t;
    Sum1 = 0;
    for n2 = 1:1:n
        Sum1 = Sum1 + rand;
    end
    %AV(1,n+1) = AV(1,1)*exp(((A2(AV(1,n))- ...
    %               B2(AV(1,n))^2/2)*t ...
    %               +B2(AV(1,n))*sqrt(h)*Sum1/sqrt(n));
    EMV(1,n+1) = EMV(1,n) + A2(EMV(1,n))*h ...
                    + B2(EMV(1,n))*sqrt(h)*rand;
    MilV(1,n+1) = MilV(1,n) + A2(MilV(1,n))*h ...
            + B2(MilV(1,n))*sqrt(h)*rand ...
      - 1/2*(MilV(1,n)+1)^(-1)*((sqrt(h)*rand)^2-h);
    iter1V1 = expm((A2(iterV1(1,n))- ...
        B2(iterV1(1,n))^2/2)*h)*iterV1(1,n);
    iterV1(1,n+1) = exp(B2(iterV1(1,n))*sqrt(h)*rand)...
                    *iter1V1;
    if (isnan(iterV1(1,n+1)))
        iterV1(1,n+1) = 0;
    end
    iter1V2 = expm(A2(iterV2(1,n))*h)*iterV2(1,n);
    C11 = 0;
    C12 = 0;
    for j=1:1:n
        C11 = C11 ...
            + expm(A(iterV2(1,n))*(h/n*j-h/n*(j-1))/2)...
                *sqrt(h/n)*rand;
        C12 = C12 ...
            + expm(A(iterV2(1,n))*(h/n*j-h/n*(j-1))/2)...
                *sqrt(h/n)*rand;
    end
```

```
C2 = abs(B2(iterV2(1,n))*C11 ...
        - C12*B2(iterV2(1,n)));
iterV2(1,n+1) = iter1V2 + iter1V2*C2;
if (isnan(iterV2(1,n+1)))
    iterV2(1,n+1) = 0;
end
end
for n = 1:1:(N+1)
  diffEMV(1,n) = MilV(1,n) - EMV(1,n);
  diffiterV1(1,n) = MilV(1,n) - iterV1(1,n);
  diffiterV2(1,n) = MilV(1,n) - iterV2(1,n);
end
figure;
plot(T(1,1:1:N+1), EMV(1,1:1:N+1), ...
    T(1,1:1:N+1), MilV(1,1:1:N+1), T(1,1:1:N+1), ...
        iterV1(1,1:1:N+1), ...
    T(1,1:1:N+1), iterV2(1,1:1:N+1));
xlabel('t');
ylabel('v');
gtext('EM');
gtext('Mil');
gtext('IterV1');
gtext('IterV2');
figure;
plot(T(1,1:1:N+1), diffEMV(1,1:1:N+1), ...
    T(1,1:1:N+1), diffiterV1(1,1:1:N+1), ...
    T(1,1:1:N+1), diffiterV2(1,1:1:N+1));
xlabel('t');
ylabel('v');
gtext('EM');
gtext('IterV1');
gtext('IterV2');
```

### 5.7.3  Übungsaufgabe: HMM-Verfahren

Wir haben folgende Konvektionsgleichung gegeben:

$$\frac{\partial u}{\partial t} = \frac{\partial}{\partial x}\left(f(x,\varepsilon)\frac{\partial}{\partial x}u\right), \tag{5.89}$$

wobei die Multiskalenfunktion gegeben ist mit $f(x, \varepsilon) = 2 + \sin(2\pi x/\varepsilon)$.

Die Anfangs- und Randbedingungen sind gegeben:

$$\Omega = [a, b] = [0, 1], \tag{5.90}$$

$$\text{Grobes Gitter (macro-cells) } N = 100, \tag{5.91}$$

$$\text{Fines Gitter (micro-cells) } n = 10N, \tag{5.92}$$

$$T_{end} = 0.2, \tag{5.93}$$

$$\text{Mikroskopischer Faktor}: \; \varepsilon, \tag{5.94}$$

$$\text{Periodische Randbedingungen.} \tag{5.95}$$

Wir wenden die HMM *Heterogeneous multiscale method* an

- Makroskopisches Problem:

$$U_i^{n+1} = \left( U_i^n - \frac{\Delta t}{\Delta X} \left( J_i^n - J_{i-1}^n \right) \right), \tag{5.96}$$

$$\text{mit } J_i^n = \frac{1}{M} \sum_{k=1}^{M} j_{i,k}^n, \tag{5.97}$$

und $j_k^n$ sind die mikroskopischen Flüsse.
- Mikroskopisches Problem am Punkt $x_j$ (gleiches auch bei $x_{j-1}$):

$$u_{i,k}^{n+1} = u_{i,k}^n + \frac{\delta t}{(\delta x)^2} (f(x_{i,k+1}, \varepsilon)u^n(x_{i,k+1}) \tag{5.98}$$

$$-(f(x_{i,k+1}, \varepsilon) + f(x_{i,k}, \varepsilon))u^n(x_{i,k}) + f(x_{i,k}, \varepsilon)u^n(x_{i,k-1})),$$

wobei $k = 1, 2, \ldots, M - 1$ mit $U_j^n = u_{j,0}^n$ und der Fluss $j_{i,k}^n = f(x_{i,k}, \varepsilon)\frac{u_{i,k}^n - u_{i,k-1}^n}{\delta x}$ ist.

Skizzieren Sie ein solches Programm in MATLAB®, es können auch modulare Anteile sein.

### 5.7.4  Fragen zum vorliegenden Kapitel

Schwerpunkt: Multiskalenmodellen und Multiskalenlöser

1) Können Sie etwas über einfache und komplexe Flüssigkeiten sagen?
2) Was sind die Modelle für die einfachen Flüssigkeiten?

3) Was sind die Modelle für die komplexen Flüssigkeiten?

4) Was versteht man unter *hybriden* numerische Verfahren?

5) Können Sie ein einfaches hybrides Verfahren nennen?

6) Welche Komponenten haben die Multiskalenlöser?

7) Was hat man für numerische Herausforderungen bzw. was für Probleme muss man bei Multiskalenmodellen überwinden?

8) Können Sie den HMM (Heterogeneous Multiscale Method) Algorithmus skizzieren und erläutern (Ideen, Konzepte usw.)?

9) Können Sie den EFM (Equation Free Method)-Algorithmus skizzieren und erläutern (Ideen, Konzepte usw.)?

10) Können Sie den MISM (Multiscale Iterative Splitting Method)-Algorithmus skizzieren und erläutern (Ideen, Konzepte usw.)?

11) Was für Programmpakete gibt es?

12) Was ist das Problem der kommerziellen Softwarepakete im Bezug auf Multiskalenmodelle?

13) Warum ist es notwendig, neue Programme zu entwickeln?

14) Was können Sie über die Wirtschaftlichkeit der neuen Verfahren im Vergleich zu den alten Verfahren sagen?

## Literatur


1. Antonic, N., van Duijn, C.J., Jäger, W., Mikelic, A.: Multiscale Problems in Science und Technology: Challenges to Mathematical Analysis und Perspectives. In: Antonic, N., van Duijn, C.J., Jäger, W., Mikelic, A. (Hrsg.) Proceedings of the Conference on Multiscale Problems in Science und Technology, Dubrovnik, 3–9 Sept 2000. Springer, Berlin/Heidelberg/New York (2002)

2. Ascher, M.U., Petzold, R.L.: Computer Methods for Ordinary Differential Equations and Differential-Algebraic Equations. SIAM, Philadelphia (1998)

3. Attinger, S., Koumoutsakos, P.: Multiscale Modelling and Simulation. Lecture Notes in Computational Science and Engineering, Bd. 39. Springer, Berlin/Heidelberg (2004)

4. Bear, J.: Dynamics of Fluids in Porous Media. American Elsevier, New York (1972)

5. Berger, J.M., Colella, P.: Local adaptive mesh refinement for shock hydrodynamics. J. Comput. Phys. **82**, 64–84 (1989)

6. Bergmann, L., Schaefer, C.: Lehrbuch der Experimentalphysik: Gase, Nanosysteme, Flüssigkeiten, 2. Aufl. Walter de Gruyter, Berlin/New York (2005)

7. Brandt, A.: Multiscale Scientific Computation: Review 2000. Multiscale and Multiresolution Methods, S. 1–96. Springer, Berlin/Heidelberg (2001)

8. Bungartz, H.-J., Schäfer, M.: Fluid-Structure Interaction: Modelling, Simulation, Optimization. Springer, Berlin/Heidelberg/New York (2006)

9. Clay, T.L.: Millennium Problems: Can a Solution Exists? Web-Seite: http://www.claymath.org/millennium-problems/navier-stokes-equation (2014)

10. Coenen, E.W.C., et al.: Multi-scale continuous-discontinuous framework for computational-homogenization-localization, J. Mech. Phys. Solids **60**(8), 1486–1507 (2012)

11. Daia, R., Wangb, Y., Zhanga, J.: Fast and high accuracy multiscale multigrid method with multiple coarse grid updating strategy for the 3D convection-diffusion equation. Comput. Math. Appl. **66**(4), 542–559 (2013)
12. de Baas, A.F.: Material Modelling. Report on EMMC International Workshop Materials Modelling (2015)
13. Deville, M., Gatski, B.T.: Mathematical Modeling for Complex Fluids and Flows. Springer, Berlin/Heidelberg (2012)
14. Donne, D.: Navier-Stokes and Cahn-Hilliard: Pure Analytic Solutions. LAP Lambert Academic Publishing, Saarbrücken (2011)
15. Eck, M., DeRose, T., Duchamp, T., Hoppe, H., Lounsbery, M., Stuetzle, W.: Multiresolution analysis of arbitrary meshes. In: ACM SIGGRAPH Proceedings, S. 173–182 (1995)
16. Engel, E., Dreizler, M.R.: Density Functional Theory: An Advanced Course. Theoretical and Mathematical Physics. Springer, Berlin/Heidelberg (2011)
17. Eymard, R., Gallouet, T., Herbin, R.: Finite volume methods. Handbook of Numerical Analysis, Bd. VII, S. 717–1020. North-Holland-Elsevier, Amsterdam (2000)
18. Fishman, G.: Monte Carlo. Springer Series in Operations Research and Financial Engineering. Springer, Berlin/Heidelberg/New York (1996)
19. Gander, J.M., Vandewalle, S.: Analysis of the parareal time-parallel time-integration method. SIAM J. Sci. Comput. **29**(2), 556–578 (2007)
20. Geiser, J.: Discretization methods with embedded analytical solutions for convection-diffusion dispersion-reaction equations and applications. J. Eng. Math. **57**(1), 79–98; Springer, Heidelberg (2007)
21. Geiser, J.: Discretization and Simulation of Systems for Convection-Diffusion-Dispersion Reactions with Applications in Groundwater Contamination. Monograph, Series: Groundwater Modelling, Management and Contamination. Nova Science Publishers, New York (2008)
22. Geiser, J.: Iterative Operator-Splitting Methods with Higher Order Time-Integration Methods and Applications for Parabolic Partial Differential Equations. J. Comput. Appl. Math. **217**, 227–242 (2008). Elsevier, Amsterdam
23. Geiser, J.: Iterative Splitting Methods for Differential Equations. Numerical Analysis and Scientific Computing Series. Taylor & Francis Group, Boca Raton/London/New York (2011)
24. Geiser, J.: Coupled NavierStokes molecular dynamics simulation: theory and applications based on iterative operator-splitting methods. Comput. Fluids **77**(1), 97–111 (2013)
25. Geiser, J.: Coupled Systems: Theory, Models, and Applications in Engineering. Numerical Analysis and Scientific Computing Series. Taylor & Francis Group, Boca Raton/London/New York (2014)
26. Geiser, J.: Recent Advances in Splitting Methods for Multiphysics and Multiscale: Theory and Applications. J. Algorithms Comput. Technol. **9**(1), 65–94; Multi-Science, Brentwood (2015)
27. Geiser, J.: Multicomponent and Multiscale Systems: Theory, Methods, and Applications in Engineering. Springer, Cham/Heidelberg/New York/Dordrecht/London (2016)
28. Geiser, J.: Multiscale Modeling of Solute Transport Through Porous Media Using Homogenisation and Splitting Methods. Math. Comput. Model. Dyn. Syst. **22**(3), 221–243. Taylor and Francis, Abingdon (2016)
29. Geiser, J., Arab, M.: Modelling, Optimization and Simulation for a Chemical Vapor Deposition. J. Porous Media, Begell House Inc., Redding **2**(9), 847–867 (2009)
30. Geiser, J., Güttel, S.: Coupling methods for heat transfer and heat flow: Operator splitting and the parareal algorithm. J. Math. Anal. Appl. **388**(2), 873–887 (2012)
31. Grossmann, Chr., Roos, G.H., Stynes, M.: Numerical Treatment of Partial Differential Equations. Universitext, 1st edn. Springer, Berlin/Heidelberg/New York (2007)

32. Hackbusch, W.: Multigrid Methods and Applications. Springer, Berlin/New York/Heidelberg (1985)
33. Hackbusch, W.: Iterative Solution of Large Sparse Systems of Equations. Applied Mathematical Sciences. Springer, Berlin/New York/Heidelberg (1994)
34. Hadamard, J.: Sur les problemes aux derivees partielles et leur signification physique. Princeton University Bulletin, S. 49–52 (1902)
35. Hairer, E., Wanner, G.: Solving Ordinary Differential Equations II, Bd. 14. SCM, Springer, Berlin/Heidelberg/New York (1996)
36. Hairer, E., Norsett, P.S., Wanner, G.: Solving Ordinary Differential Equations I, Bd. 8. SCM. Springer, Berlin/Heidelberg/New York (1992)
37. Harten, A.: Multiresolution Representation and Numerical Algorithms: A Brief Review. Nasa-Report (1994)
38. Hartmann, U.: Nanostrukturforschung und Nanotechnologie: Materialien und Systeme. De Gruyter Lehrbuch. Oldenbourg (2015)
39. Horizon 2020: Modelling Materials. European commision, web-sites: http://ec.europa.eu/research/industrial_technologies/materials_en.html (2017)
40. Horstemeyer, F.M.: Multiscale modeling: a review. In: Leszczynski, J., Shukla, K.M. (Hrsg.) Practical Aspects of Computational Chemistry: Methods, Concepts and Applications, S. 87–135. Springer, Dordrecht (2010)
41. John, V.: Finite Element Methods for Incompressible Flow Problems. Springer Series in Computational Mathematics. Springer, Berlin/Heidelberg/New York (2016)
42. Kevrekidis, G.I., Samaey, G.: Equation-free multiscale computation: Algorithms and applications. Annu. Rev. Phys. Chem. **60**, 321–344 (2009)
43. Kevrekidis, G.I., et al.: Equation-free, coarse-grained multiscale computation. Commun. Math. Sci. **1**(4), 715–762 (2003)
44. Knabner, P., Angermann, L.: Numerik partieller Differentialgleichungen: Eine anwendungsorientierte Einführung. Springer-Lehrbuch Masterclass. Springer, Berlin/Heidelberg (2000)
45. Kröner, D.: Numerical Schemes for Conservation Laws. Wiley-Teubner Series Advances in Numerical Mathematics. Wiley-Teubner, Chichester (1997)
46. Lamour, R., März, R., Tischendorf, C.: Differential-Algebraic Equations: A Projector Based Analysis. Differential-Algebraic Equations Forum. Springer, Berlin/Heidelberg (2013)
47. Le Bris, C., Lelievre, T.: Micro-macro models for viscoelastic fluids: Modelling, mathematics and numerics. Sci. China Math. **55**(2), 353–384 (2012)
48. Lions, L.P., Masmoudi, N.: Global solutions for some Oldroyd models of non-Newtonian flows. Chin. Ann. Math. **21B**(2), 131–146 (2000)
49. Markov, K., Preziosi, L.: Heterogeneous Media: Micromechanics Modeling Methods and Simulations. Series: Modeling and Simulation in Science, Engineering and Technology. Birkhäuser, Basel (2000)
50. Marx, D., Hutter, J.: Ab initio molecular dynamics: Theory and implementation. In: Grotendorst, J. (Hrsg.) Modern Methods and Algorithms of Quantum Chemistry. NIC Series, Bd. 1, S. 301–449. John von Neumann Institute for Computing, Jülich (2000)
51. McLachlan, I.R., Quispel, R.: Splitting methods. Acta Numer. **11**, 341–434 (2002)
52. Mehl, M.: Tackling the Multi-Challenge Multiphysics. IAS Inaugural Lecture (2010)
53. Millenium Problems: Millennium prize: the NavierStokes existence and uniqueness problem. https://en.wikipedia.org/wiki/Millennium_Prize_Problems (2017)
54. Nugroho, G., Ali, A.M.S., Karim, Z.A.A.: The Navier-Stokes Equations: On Special Classes and Properties of Exact Solutions of 3D Incompressible Flows. LAP LAMBERT Academic Publishing, Saarbrücken (2011)
55. Oden, T.J., Prudhomme, S., Romkes, A., Bauman, P.T.: Multiscale modeling of physical phenomena: adaptive control of models. SIAM J. Sci. Comput. **28**(6), 2359–2389 (2006)

56. Oksendal, B.: Stochastic Differential Equations: An Introduction with Applications. Springer, Berlin/Heidelberg (2002)
57. Ortiz, M.: Multiscale Modeling of Materials. Lecture Notes. Conference Krell Institute, 27 July 2012
58. Pavliotis, A.G., Stuart, M.A.: Multiscale Methods: Averaging and Homogenization. Springer, Heidelberg (2008)
59. Quarteroni, A., Valli, A.: Domain Decomposition Methods for Partial Differential Equations. Oxford University Press, Oxford (1999)
60. Russell, T.F., Celia, A.M.: An overview of research on Eulerian-Lagrangian localized adjoint methods (ELLAM). Adv. Water Resour. **25**, 1215–1231 (2002)
61. Russell, F.T., Heberton, I.C., Konikow, F.L., Hornberger, Z.G.: A finite-volume ELLAM for three-dimensional solute-transport modeling. Ground Water **41**(2), 258–272 (2003)
62. Samaey, G., Kevrekidis, G.I., Roose, D.: Patch dynamics with buffers for homogenization problems. J. Comput. Phys. **213**(1), 264–287 (2006)
63. Schade, H., Kunz, E.: Strömungslehre. de Gruyter, Berlin (2007)
64. Sencu, M.R., Yang, Z., Wang, C.Y.: An adaptive stochastic multi-scale method for cohesive fracture modelling of quasi-brittle heterogeneous materials under uniaxial tension. Eng. Fract. Mech. **163**, 499–522 (2016)
65. Shkoller, S.: An approximate homogenization scheme for nonperiodic materials. Comput. Math. Appl. **33**(4), 15–34 (1997)
66. Sidi, A.: Practical Extrapolation Methods. Cambridge Monographs on Applied and Computational Mathematics, Bd. 10. Cambridge University Press, Cambridge/New York/Melbourne/Madrid/Cape Town/Singapore/Sao Paulo (2003)
67. Steijl, R., Barakos, G.: Coupled NavierStokes/molecular dynamics simulations in nonperiodic domains based on particle forcing. Int. J. Numer. Meth. Fluids **69**, 1326–134 (2012)
68. Steinhauser, O.M.: Computational Multiscale Modeling of Fluids and Solids: Theory and Applications. Springer, Berlin/Heidelberg/New York (2008)
69. Vlachos, G.D.: A Review of Multiscale Analysis. Advances in Chemical Engineering (2005)
70. Wedeler, G.: Lehrbuch der Physikalischen Chemie, 5. Aufl. Wiley-VCH Verlag GmbH & Co. KGaA, Weinheim (2004)
71. Weinan, E., Engquist, B.: Multiscale modelling and computations. Not. AMS **50**(9), 1062–1070 (2003)
72. Weinan, E., Engquist, B.: Heterogeneous multiscale method. Commun. Math. Sci. **1**(1), 87–132 (2003)
73. Weinan, E.: Principle of Multiscale Modelling. Cambridge University Press, Cambridge (2010)

# Ergänzung zu Multiskalenverfahren und reale Ingenieursanwendungen

# 6

**Zusammenfassung**

Im folgenden Kapitel wird eine Erweiterung von den Multiskalenverfahren gegeben, wie sie in der Praxis und bei realen Anforderungen modifiziert und eingesetzt werden. Dabei hat man oft ganz andere Ansprüche in der Praxis und die Multiskalenverfahren müssen entsprechend modifiziert werden. Sie dienen dann oft als Kopplungsverfahren, mit denen man die Ergebnisse der unterschiedlichen skalenabhängigen Modellen ergänzt. So werden Daten zwischen dem mikroskopischen oder dem makroskopischen Modell austauscht und und das Verständnis des Gesamtmodells verbessert. Dabei müssen die Multiskalenverfahren den praktischen Anforderungen angepasst werden. Sie müssen schnell programmierbar sein und sich schnell in eine vorhandene Programmstruktur einfügen lassen. Dabei ist es wichtig, die Wiederverwendung von Softwarecode anzustreben und die vorhandenen Softwarepakete entsprechend um die neuen Multiskalenlöser zu erweitern. Eine Möglichkeit ist der modulare Aufbau eines Softwarepakete, hier werden die schon vorhandenen Softwarecodes, z. B. ein Softwareprogramm für ein mikroskopisches Modell und ein Softwareprogramm für ein makroskopisches Modell mit einem Kopplungsalgorithmus zusammengefügt und zu einem Multiskalenmodell ergänzt. Wir besprechen nun die mehr praktische Umsetzung und die Modifikation der Multiskalenmethoden für die Ingenieurspraxis an realen Ingenieursanwendungen.

## 6.1    Praxisnahe Kopplungsverfahren als Multiskalenmethoden

In der praktischen Umsetzung hat man oft andere Kriterien an die numerischen Methoden und diese sind sehr oft an die Bedingungen von vorhandenen Lösungsverfahren gebunden.

© Springer Fachmedien Wiesbaden GmbH, ein Teil von Springer Nature 2018
J. Geiser, *Computational Engineering*,
https://doi.org/10.1007/978-3-658-18708-8_6

Folgende Bedingungen können schon im Vorfeld möglich sein:

- Bei dem zu simulierenden Multiskalenmodell sind schon die einzelnen mikroskopischen und makroskopischen Modelle bekannt.
- Es sind schon die modularen Lösungen der einzelnen Modelle und ihrer Verfahren vorgegeben, d. h. es existieren schon fertige Softwareprogramme für die einzelnen Modelle.
- Es werden bestimmte Rechenzeiten erwartet, d. h. es müssen in Echtzeit bestimmte Ergebnisse simulierbar sein. Damit sind zu umfangreiche Modelle schon im Vorfeld nicht umsetzbar und es müssen reduzierte Modelle entwickelt werden.
- Die Rechenzeiten kann man durch spezielle Umformungen der Modellgleichungen mittels Transformation in stabilere Modelle reduzieren. Zum Beispiel im Bereich der Transformation von *Blow up* (explodierende)-Termen kann man durch die Umwandlung von einem multiplikativen zu einem additiven Wachstum die Terme beschränken und damit stabilisieren. Damit reduziert sich die Rechenzeit, d. h. größere Zeitschritte können verwendet werden, vgl. [33].

In der Praxis ist es oft entscheidend, dass man schon fertige Teilmodelle verwendet. Diese sind schon getestet und in Softwarepaketen implementiert. Man muß dann nochd die einzelnen Teilmodelle koppeln und als größeres und komplexeres Modell testen. Oft sind Software-Entwicklungen mit ganz neuen Methoden und neuen Modellgleichungen sehr teuer und zeitaufwendig. Man versucht so wenig wie möglich *von Grund auf* Programme zu entwickeln und versucht, stabile und bewährte Programme wiederzuverwenden. Die neuen Verfahren und Methoden können sehr oft in Standard-Codes eingebettet werden, vgl. [16].

## 6.2    Zerlegungsverfahren als Multiskalenmethoden

Eine weitere sehr praktische Multiskalenmethode sind die Operator-Splitting-Verfahren. Sie können gerade komplizierte Gleichungen in einfacher zu lösende Teilgleichungen zerlegen. Diese einfacher zu lösenden Teilgleichungen können dann mit schnelleren und angepassteren numerischen Verfahren behandelt werden.

Die Ergebnisse werden wiederum über eine Kopplungstechnik verknüpft. Zum Beispiel werden beim AB-Splitting-Verfahren die Ergebnissen der vorhergehenden Teilgleichungen als Anfangsbedingung für die nächsten Teilgleichungen verwendet.

Durch die Entkopplung ist es möglich, die Gleichungen individuell mit den entsprechenden Software-Paketen zu lösen und anschließend wieder zu koppeln, vgl. [9] und [11].

**Beispiel 6.1.** *Bei der Transport-Reaktions-Gleichung haben wir das vollständige Gleichungssystem:*

$$u_t + \mathbf{v} \cdot \nabla u - D\Delta u = R(u), \ \text{in } \Omega \times [0, T], \tag{6.1}$$

$$u(x, 0) = u_0(x), \ \text{in } \Omega, \tag{6.2}$$

$$u(x, t) = u_1(x, t), \ \text{auf } \partial\Omega \times [0, T]. \tag{6.3}$$

*Dieses Gleichungssystem wird dann in zwei Teilgleichungen zerlegt, die wie folgt sind:*

- *Transport-Problem: Sie wird gelöst mit partiellen Differentialgleichungslösern, z. B. mit Finite Elemente oder Finite Differenzen im Raum und IMEX-Verfahren in der Zeit und ist gegeben mit:*

$$u_{1,t} + \mathbf{v} \cdot \nabla u_1 - D\Delta u_1 = R(u_1), \ \text{in } \Omega \times [0, T], \tag{6.4}$$

$$u_1(x, 0) = u_{1,0}(x), \ \text{in } \Omega, \tag{6.5}$$

$$u_1(x, t) = u_{1,1}(x, t), \ \text{auf } \partial\Omega \times [0, T]. \tag{6.6}$$

- *Reaktions-Problem: Sie wird gelöst mit gewöhnlichen Differentialgleichungslösern, z. B. Runge-Kutta-Verfahren, und ist gegeben mit:*

$$u_{2,t} = R(u_2), \ \text{in } \Omega \times [0, T], \tag{6.7}$$

$$u_2(x, 0) = u_{2,0}(x), \ \text{in } \Omega, \tag{6.8}$$

$$u_2(x, t) = u_{2,1}(x, t), \ \text{auf } \partial\Omega \times [0, T]. \tag{6.9}$$

*Als Kopplungsverfahren verwenden wir ein AB-Splittingverfahren mit folgendem Algorithmus 6.2.*

***Algorithmus 6.2.** Man wendet die Raumdiskretisierung auf die Transportgleichung an und bindet die Randwerte ein. Man erhält eine Matrix A für das Transportproblem.*
*Weiter hat man die Zeitschritte $\Delta t = t^{n+1} - t^n$ für die Zeitpunkte $n = 0, \ldots, N - 1$ und führt folgende Schritte aus:*

- *Der Transport-Schritt wird mit einem sehr grobskaligen Zeitgitter gerechnet, z. B. mit einem Makrozeitschritt $\Delta t$. Man löst die Gleichung:*

$$u_{1,t} = Au_1, \ u_1(t^n) = u(t^n), \tag{6.10}$$

*und erhält das Ergebnis $u_1(t^{n+1})$. Dieses Ergebnis setzt man als Anfangswert für den Reaktionsschritt ein.*

- *Der Reaktions-Schritt wird mit einem sehr feinskaligen Zeitgitter gerechnet, z. B. mit $M$ Mikrozeitschritten, wobei ein Mikrozeitschritt $\delta t = \Delta/M$ ist. Man löst die Gleichung:*

$$u_{2,t} = R(u_2), \ u_2(t^n) = u_1(t^{n+1}), \tag{6.11}$$

*und erhält das Ergebnis $u^{n+1} = u_2(t^{n+1})$. Diese Ergebnis setzt man wiederum als Anfangswert für den nächsten Transportschritt ein und erhöht den Index $n = n + 1$. Man stoppt die Berechnung bei dem Ergebnis $u_2(t^N)$ und erhält das Endresultat.*

*In Abb. 6.1 hat man die Multiskalen-Simulationen einer Transport-Reaktions-Gleichung. Für jedes Teilproblem hat man die entsprechenden Löserverfahren verwendet.*

**Beispiel 6.3.** *Im nachfolgenden Beispiel hat man eine Multikomponenten- Transportgleichung, die aus einem System von Konvektions-Diffusions-Reaktions-Gleichungen besteht.*

*Dabei werden die einzelnen Spezies über den Reaktionsanteil gekoppelt. Die erste Spezies ist langsam fließend und hat eine langsamere Transportrate. Die zweite Spezies ist sehr schnell fließend und hat eine schnellere Transportrate. Diese Unterschiede können dann in einer Zerlegung berücksichtigt werden.*

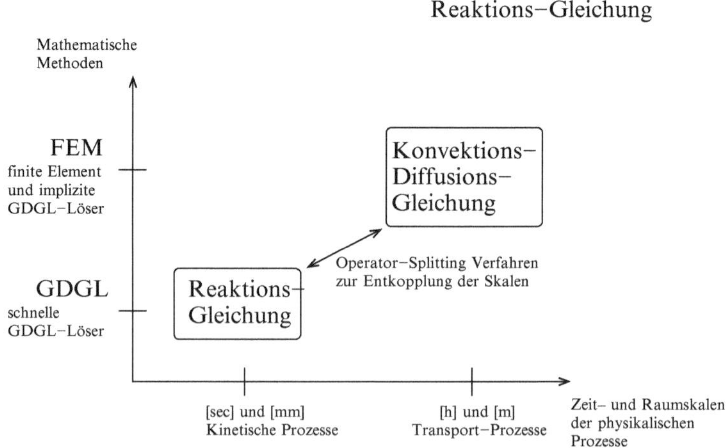


**Abb. 6.1** Verschiedenskalige Teilprobleme werden mit den entspechenden Software-Paketen gelöst. Dabei verwendet man das Softwarepaket 1 als FEM-Löser und Softwarepaket 2 als GDGL-Löser

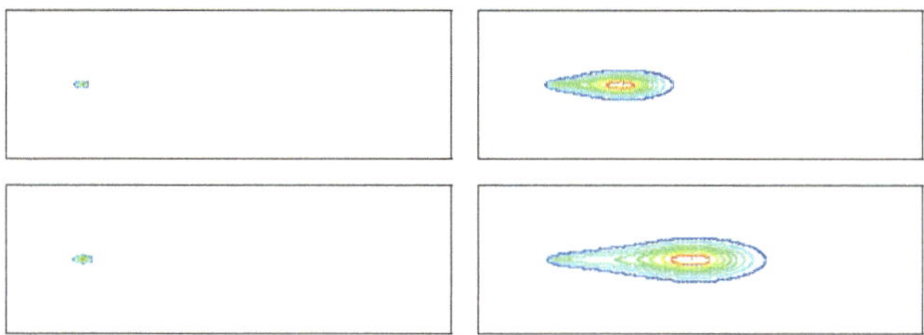

**Abb. 6.2** Die Bilder auf der linken Seite zeigen die Spezies zur Zeit $t^1 = 100$ [$a$]. Die Bilder auf der rechten Seite zeigen die Konzentration der Spezies zur Zeit $t^2 = 200$ [$a$] mit einer sehr ausgeprägten Interaktion. Weiter haben wir die Konzentration der Spezies $u_1(t^n)$, d. h. die makroskopische Spezies, und die Konzentration der Spezies $u_2(t^n)$, d. h. die mikroskopische Spezies

*Man kann wiederum beide Modelle entkoppeln und jeweils für sich rechnen, vgl.* [11]. *Mit einem einfachen AB-Splitting-Verfahren hätte man aber einen großen Kopplungsfehler, da der Anteil der Reaktionen nicht genügend aufgelöst ist.*

*Für dieses Problem verwendet man deshalb ein iteratives Splitting-Verfahren, welches die beiden Gleichungsanteile iterativ miteinander koppelt und dadurch bei jedem weiteren Iterationschritt den Kopplungsfehler verringert, vgl.* [9].

*In Abb.* 6.2 *sieht man die Multiskalen-Simulationen, die mit einem iterativen Splitting-verfahren durchgeführt wurden. Die Auflösung der Reaktionsfahne ist sehr gut sichtbar, vgl.* [8]. *Damit ist das Multiskalenproblem gut gelöst und der Austausch zwischen der feinen und groben Skala gegeben.*

### 6.2.1  Multiskalenverfahren als Multioperatoren-Splittingverfahren

Falls man die Kopplung von verschiedenen Teilproblemen mit unterschiedlichen Skalen mit skalenabhängigen Operatoren darstellen kann, verwendet man ein Multioperatoren-Splittingverfahren.

Voraussetzung ist eine Schreibweise in ein Differentialgleichungssystem in Abhängigkeit der jeweiligen physikalischen Prozesse in Multioperatoren, die gegeben ist als:

$$\partial_t u = A_1(u) + \ldots + A_m(u), \ 0 < t \leq T < +\infty, \tag{6.12}$$

$$u(0) = u_0, \tag{6.13}$$

wobei $A_1, \ldots, A_m$ sind gegebene nichtlineare Operatoren $A_i : \mathbb{R}^m \to \mathbb{R}^m$, $i = 1, \ldots, m$. Weiter ist $u_0 \in \mathbb{R}^m$ eine gegebene Anfangbedingung und der unbekannte Lösungsvektor ist $u : [0, T) \to \mathbb{R}^m$, wobei $m$ die Anzahl der Spezies ist.

Man löst dann die Aufgabe mit einer mehrfachen Anwendung des AB-Splitting-Verfahrens. Die jeweiligen Operatorengleichungen können dann jeweils für sich optimal mit den angepassten numerischen Verfahren gelöst werden. Wir starten mit der Initialisierung $u_1(t^0) = u(0)$ und lösen sukzessive für $n = 0, 1, \ldots, N - 1$ die Gleichungen:

$$u_{1,t} = A_1(u_1), \; u_1(t^n) = u(t^n), \tag{6.14}$$

$$u_{2,t} = A_2(u_2), \; u_2(t^n) = u_1(t^{n+1}), \tag{6.15}$$

$$\vdots$$

$$u_{m,t} = A_m(u_m), \; u_m(t^n) = u_{m-1}(t^{n+1}), \tag{6.16}$$

wobei man $u(t^{n+1}) = u_m(t^{n+1})$ als Lösung der Gleichung (6.12) zum Zeitpunkt $t^{n+1}$ hat. Nachdem man den Indexzähler $n$ hochgesetzt hat, d. h. $n = n + 1$, wird die Lösung wieder in die Gl. (6.14), (6.15) and (6.16) eingesetzt. Man wiederholt die Berechnungen, bis man $n = N$ erreicht hat.

## 6.3    Multiskalenmodelle im Bereich der Modularen-Modelle: Anwendung bei der Zellmodellierung (WCM: Whole Cell Model)

Bei sogenannten modularen Modellen hat man ein Gesamtmodell, das sich aus vielen einzelnen Modulen, d. h. Teil-Modellen, zusammensetzt, die miteinander gekoppelt sind. Insbesondere im Bereich der Zellmodellierung, vgl. [24], hat man sehr große Zeitunterschiede, z. B. unterschiedliche Reaktionszeiten. Man spricht deshalb auch von Multiskalenmodellen.

In dem nachfolgend beschriebenen Projekt im Bereich der Zellmodellierung sollen die einzelnen Modelleinheiten miteinander gekoppelt werden. Die Einheiten unterscheiden sich untereinander durch sehr große Skalenunterschiede. Weiter hat man auch unterschiedliche Modellgleichungen, z. B. partielle, gewöhnliche, diskrete, stochastische und logische Differentialgleichungen. Diese Gleichungen muss man miteinander durch entsprechende Interfaces gekoppeln, vgl. [24].

Abb. 6.3 zeigt den schematischen Aufbau der unterschiedlichen Anteile im Modell, wie man eine Zelle modellieren kann.

Nun werden die konkreten einzelnen Modellanteile herausgenommen und systematische die dazugehörigen mathematischen Gleichungen ermittelt, vgl. Abb. 6.4. Dazu gehört nun die Simulation jedes individuellen Modules. Dabei werden die entsprechenden Zeitskalen berücksichtigt. Weiter werden die Kopplungsoperatoren hinzugefügt und die Zustandsoperaten, die eine Rückkopplung zum System geben.

Die Modulariät ist sehr wichtig für das Multiskalenproblem, damit eine Zerlegung möglich wird. Dadurch, dass man in einzelne Module zerlegen kann, kann man das Verhalten der einzelnen Skalen in den Modulen untersuchen und optimal auflösen. Später werden dann die Module zusammengesetzt und man kann das Multiskalenverhalten besser verstehen und die Zusammenhänge zwischen den einzelnen Modulen bestimmen. In Abb. 6.5 ist der Aufbau des Multiskalenproblems skizziert.

Modularer Aufbau von Funktionseinheiten einer Zelle im Bereich der Glykolysis

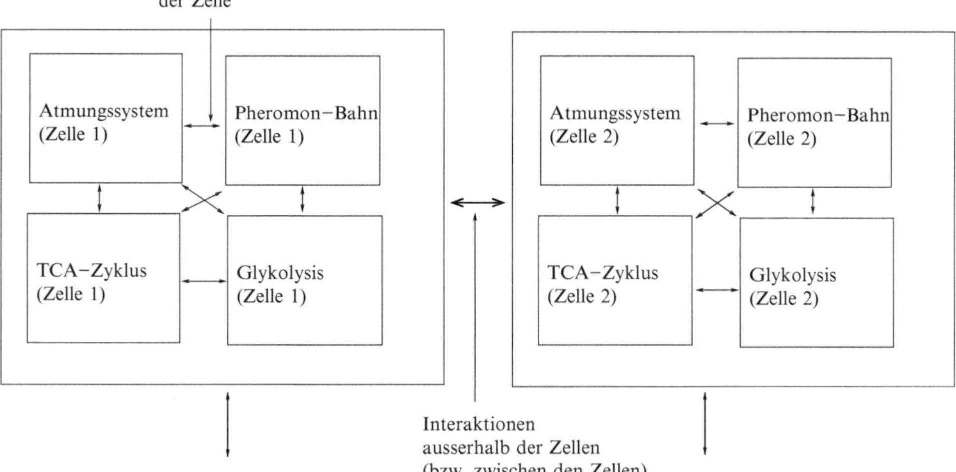


**Abb. 6.3**  Modellumsetzung einer biologischen Zelle, modularer Aufbau in der Zelle und zwischen den Zellen

Mathematisches Module zur Modellierung
von Zellprozessen (z. B. Glykolysis)

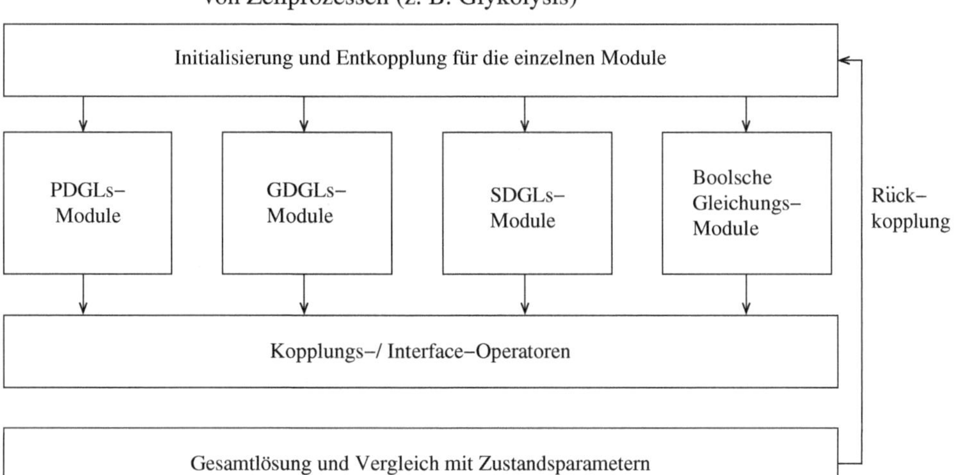


**Abb. 6.4**  Zuordnung der mathematischen Gleichungen zu spezifischen Bausteinen des Modells

Die Modularität des Multiskalenproblems einer Zelle wird wie folgt bestimmt:

- Man zerlegt das Gesamtmodell in einzelne Teilmodelle, die als modulare Blöcke für sich gelöst werden können. Eine typische Problemstellung im Bereich des Metabolismus einer Zelle ist in Beispiel 6.4 gegeben.

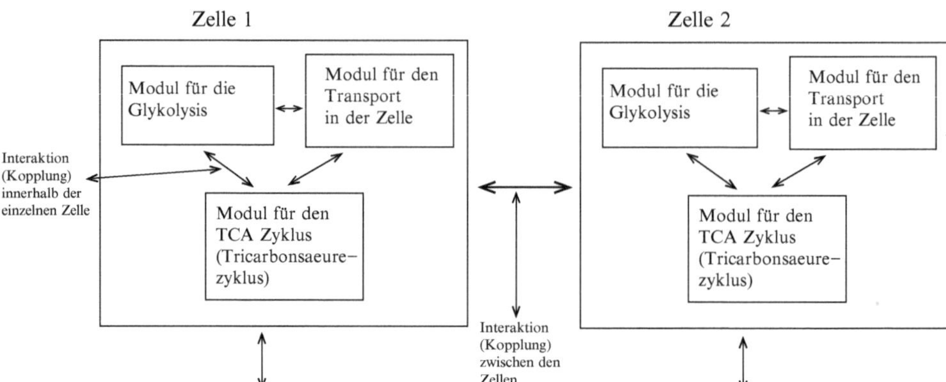


**Abb. 6.5**   Idee der Umsetzung eines Multiskalenmodells im Bereich des Stoffwechsels von einzelnen Zellen, vgl. [20]

- Die modularen Blöcke werden mittels Kopplungsoperatoren (Interface-Operatoren) miteinander verbunden (gekoppelt).

**Beispiel 6.4.** *Eine typische Problemstellung im Bereich des Metabolismus einer Zelle ist gegeben mit:*

- *30–50 Module,*
- *jedes Modul hat ca. 1000–1500 chemische Spezies,*
- *die Module sind in ca. 10–12 Obermodule (Anteile) eingeteilt,*
- *man hat individuelle Änderungen des Volumens eines Anteils,*
- *man hat einen aktiven Transport mit Advektion und Diffusion,*
- *man hat komplexe Regulationen (Kopplungen unter den Modulen und Anteilen),*
- *man hat Zyklen in den einzelnen Zellen und hat ausgehende Signale zu den Nachbarzellen.*

Die Umsetzung der modularen Anteile des Multiskalenmodells ist nun ein wichtiger Bestandteil. Im Bereich der biologischen Modelle gibt es schon Programmier-oberflächen, die helfen, komplizierte Teilmodelle einzubinden. Dabei sind folgende Kriterien wichtig:

- Software-Pakete brauchen einheitliche Schnittstellen zur Kopplung der einzelnen Module, z. B. MATLAB®[1] für mathematisch-physikalische Module, SBML[2] für biologische Module.

---

[1] MATLAB, *MATLAB and Simulink for simulation and Model − Based Design*, http://de.mathworks.com/, 2014.

[2] SBML, *System Biology Markup Language*, http://sbml.org/Main_Page/, 2017.

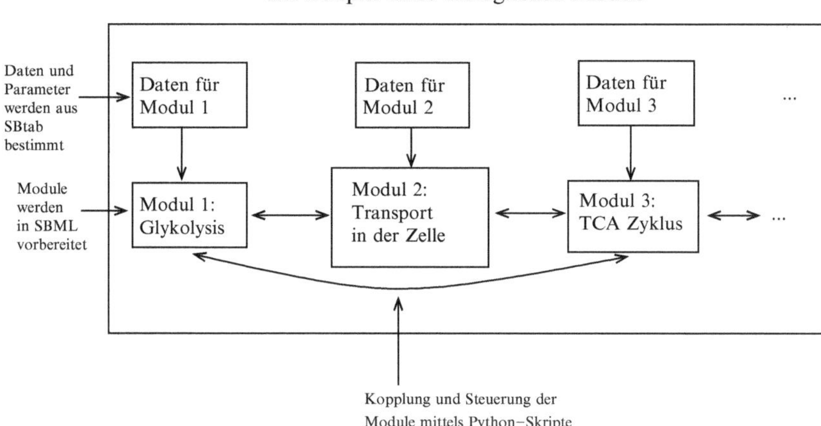


**Abb. 6.6**   Software-Pakete für die Umsetzung eines Multiskalenmodells im Bereich des Stoffwechsels von einzelnen Zellen, vgl.  [20]

- Spezielle Datenbanken müssen für die Module vorhanden sein, z. B. für biologischen Parameter: SBtab[3] oder für physikalischen Parameter: NIST[4] Datenbanken.
- Steuerungs- und Kopplungssoftware: Mit einfachen Skript-Dateien kann man die Steuerung und Kopplung des Gesamtmodells durchführen, z. B. mit Python[5] (Python-Skripte), oder mit MATLAB® (MATLAB®-Skripte).

Ein Beispiel von verschiedenen Programmierpaketen für die Programmierung des Gesamtmodells ist in Abb. 6.6 dargestellt.

In der folgenden Abb. 6.7 ist die numerische Umsetzung des Multiskalenlösers zur Kopplung der einzelnen Module dargestellt. Dabei werden die Differentialgleichungen der einzelnen Module mit einem Splittingverfahren miteinander gekoppelt.

**Bemerkung 6.5.**  *Die Kopplung von Differentialgleichungen kann man sowohl mit additiven als auch mit multiplikativen Splittingverfahren durchführen, vgl. [12] und [35]. Dabei unterscheidet man zwischen seriellen und parallelen Splittingverfahren, vgl. [17].*

---

[3] SBtab, *Standardised Data Tables for Biological Systems*, https://sbtab.net/, 2017.

[4] NIST, *National Instiute of Standards and Technology*, https://www.nist.gov/data, 2017.

[5] Python, *Python Opensourse Project : High − level programming language for general−purpose programming*, https://www.python.org/, 2017.

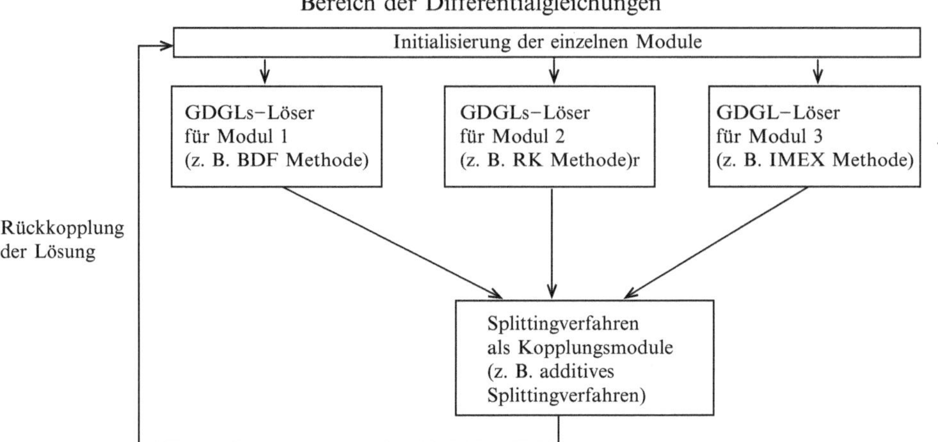


**Abb. 6.7**  Modulare Berechnung der einzelnen Differentialgleichungssystemen in den einzelnen Modulen und Kopplung mittels Splittingverfahren

### 6.3.1 Überblick der modularen Splitting-Verfahren

Im Folgenden werden wir verschiedene Splittingverfahren besprechen, die sich in der ingenieurswissenschaftlichen Praxis einfach anwenden lassen und mit denen man die einzelnen modularen Differentialgleichungen koppeln kann.

Wir wollen folgende Splittingverfahren und ihre Splittingfehler beschreiben:

- Additive Splitting-Verfahren (parallel),
- Multiplikative Splitting-Verfahren:
    - AB-Splitting-Verfahren (seriell),
    - Symmetrisches Splitting-Verfahren (parallel).

Dabei ist die Idee der additiven Splitting-Verfahren, vgl. [4, 12] und [44], die Ergebnisse der Teilgleichungen additiv zu koppeln. Die Idee der multiplikativen Splittingverfahren ist es die Ergebnisse der Teilgleichungen multiplikativ zu koppeln, vgl. [43, 41] und [35].

Im Folgenden wenden wir die Differentialgleichung an:

$$\frac{\partial c(t)}{\partial t} = \sum_{m=1}^{M} A_m c(t), t \in [0, T], \tag{6.17}$$

$$c^0 = c_0, \tag{6.18}$$

wobei $c_0$ die Anfangsbedingung, $M$ die Anzahl der Operatoren ist. Wir annehmen bei der späteren lokalen Behandlung an, dass wir das Zeitintervall $[0, T]$ in $N$ Zeitintervalle mit $T/N = \Delta t$ als Zeitschritt und $t_n$ mit $n = 0, \ldots, N$ als Zwischenzeiten haben.

Ohne Beschränkung der Allgemeinheit werden wir uns nachfolgend auf $m = 2$, d.h. auf zwei Operatoren, beschränken.

### 6.3.1.1 Additive Splitting-Verfahren

Ein einfaches additives Splitting-Verfahren ist die Zerlegung in zwei Differentialgleichungen, wobei die Kopplung der DGLen additiv erfolgt.

Die separaten DGLen können mit expliziten oder impliziten Zeitschrittverfahren im lokalen Zeitschritt gelöst werden und die Ergebnisse werden dann anschließend gekoppelt, vgl. [4].

Das additive Verfahren ist im Algorithmus 6.6 gegeben.

**Algorithmus 6.6.**

*1. Initialisierung: $c^0 = c(0)$ und $n = 0$.*
*2. Unabhängiges Lösen der Differentialgleichungen*

$$\frac{\partial c_1(t)}{\partial t} = A_1 c_1(t)\,, c_1(t^n) = c^n, \tag{6.19}$$

$$\frac{\partial c_2(t)}{\partial t} = A_2 c_2(t)\,, c_2(t^n) = c^n, \tag{6.20}$$

*mit dem Zeitschritt $\Delta t = t^{n+1} - t^n$ und man erhält die Ergebnisse $c_1(t^{n+1})$ und $c_2(t^{n+1})$.*
*3. Der additive Kopplungsschritt:*

$$c^{n+1} = c^n + \sum_{i=1}^{2} \left( c_i^{n+1} - c^n \right). \tag{6.21}$$

*4. $n = n + 1$ und wir gehen zu Schritt 2 bis $n = N$ ist.*

Das additive Verfahren hat nun folgenden Splittingfehler, der in Theorem 6.7 angegeben ist.

**Theorem 6.7.** *Das additive Splittingverfahren ist von erster Ordnung, d.h. $\mathcal{O}(\Delta t)$, für beschränkte Operatoren.*

**Beweis 6.8.** *Wir berechnen den lokalen Splittingfehler:*

$$err_{add} = c_{exakt}(t^{n+1}) - c_{add}(t^{n+1}), \tag{6.22}$$

*wobei* $c_{exakt}(t^{n+1}) = \exp((A_1 + A_2)\Delta t)c^n$ *und* $c_{add}(t^{n+1}) = (\exp(A_1\Delta t) + \exp(A_2\Delta t) - I)c^n$ *ist.*

*Durch Taylorentwicklung erhält man:*

$$
\begin{aligned}
err_{add,lokal} &= \left( I + (A_1 + A_2)\Delta t + \frac{1}{2!}(A_1 + A_2)^2 \Delta t^2 \right) \\
&\quad - \left( I + (A_1 + A_2)\Delta t + \frac{1}{2!}(A_1^2 + A_2^2)\Delta t^2 \right) + \mathcal{O}(\Delta t^3) \\
&= \frac{1}{2}\Delta t^2 (A_1 A_2 + A_2 A_1)c^n + \mathcal{O}(\Delta t^3).
\end{aligned}
\tag{6.23}
$$

*Durch die Summation der lokalen Fehler erhält man den den globalen Fehler:*

$$
\begin{aligned}
err_{add} &= \sum_{n=0}^{N-1} \frac{1}{2}\Delta t^2 (A_1 A_2 + A_2 A_1)c^0, \\
&= N\frac{1}{2}\Delta t^2 (A_1 A_2 + A_2 A_1)c^0, \\
&= T\frac{1}{2}\Delta t (A_1 A_2 + A_2 A_1)c^0 = C\ \Delta t = \mathcal{O}(\Delta t),
\end{aligned}
\tag{6.24}
$$

*wobei wir* $N = \frac{T}{\Delta t}$ *verwenden und* $C = T\frac{1}{2}(A_1 A_2 + A_2 A_1)c^0 \in \mathbb{R}^+$ *ist beschränkt.*

**Bemerkung 6.9.** *Man sieht, dass der Fehlerterm in Abhängigkeit von* $A_1 A_2 + A_2 A_1$ *anwächst. Man muss deshalb sehr kleine Zeitschritte verwenden, um den Fehler klein zu halten.*

**Bemerkung 6.10.** *Die Verallgemeinerung des Splittingfehlers für M Operatoren für das additive Splitting-Verfahren ist gegeben mit:*

$$
err_{add} = T\frac{1}{2}\Delta t \left( \sum_{i=1}^{M} \sum_{j=i+1}^{M} (A_i A_j + A_j A_i) \right) c^0,
\tag{6.25}
$$

*wobei wir* $N = \frac{T}{\Delta t}$ *verwenden.*

Eine Reduzierung des Fehlers von solchen additiven Splittingverfahren kann man durch die Verbesserung der Kopplung erreichen. Man erhält dann eine höheren Ordnung. Im Bereich von Crank-Nicolson-Verfahren kann man durch explizite und implizite Zwischenschritte die Kopplung der Splittingverfahren verbessern. Dadurch erhält man Verfahren von zweiter Ordnung und man kann mit größeren Zeitschrittweiten rechnen, vgl. [17] und [44].

### 6.3.1.2 Multiplikatives Splitting-Verfahren: AB-Splitting-Verfahren

Das einfachste multiplikative Splittingverfahren ist das bekannte Lie-Trotter- oder auch AB-Splitting-Verfahren genannt, vgl. [35] und [43]. Die Idee ist eine serielle Kopplung der Differentialgleichungen, diese werden initialisiert über die Lösung der vorhergenden Gleichungen.

Durch das serielle Verhalten muss man dann jeweils auf das Ergebnis des vorhergehenden Schrittes warten. Eine Parallelisierung lässt sich so nicht vornehmen. Im Vergleich zu dem einfachsten additiven Verfahren hat man aber einen geringeren Splittingfehler mit dem multiplikativen Verfahren, vgl. [15].

Das einfachste multiplikative Verfahren (AB-Splitting-Verfahren) ist im Algorithmus 6.11 beschrieben.

**Algorithmus 6.11.**

*1. Initialisierung: $c^0 = c(0)$ und $n = 0$.*
*2. Serielles Lösen der Differentialgleichungen und Kopplung mittels der Initialisierung der Lösung von der letzten Gleichung:*

$$\frac{\partial c_1(t)}{\partial t} = A_1 c_1(t) \, , c_1(t^n) = c^n, \tag{6.26}$$

*mit dem Zeitschritt $\Delta t = t^{n+1} - t^n$ und man erhält das Ergebnisse $c_1(t^{n+1})$.*

$$\frac{\partial c_2(t)}{\partial t} = A_2 c_2(t) \, , c_2(t^n) = c_1(t^{n+1}), \tag{6.27}$$

*mit dem Zeitschritt $\Delta t = t^{n+1} - t^n$ und man erhält das Ergebnisse $c_2(t^{n+1})$.*
*3. Das Ergebnis ist nun $c(t^{n+1}) = c_2(t^{n+1})$. Man erhöht den Index $n = n + 1$ und wir gehen zum nächsten Zeitschritt über, d. h. zu Schritt 2. Wir beenden den Algorithmus falls $n = N$ ist und haben das Ergebnis $c(t^N)$.*

In Theorem 6.12 geben wir den Splittingfehler des multiplikativen Verfahrens an.

**Theorem 6.12.** *Das multiplikative Splittingverfahren ist von erster Ordnung, d. h. $\mathcal{O}(\Delta t)$, für beschränkte Operatoren.*

**Beweis 6.13.** *Wir berechnen den lokalen Splittingfehler:*

$$err_{mult} = c_{exakt}(t^{n+1}) - c_{mult}(t^{n+1}), \tag{6.28}$$

*wobei $c_{exakt}(t^{n+1}) = \exp((A_1 + A_2)\Delta t)c^n$ und $c_{mult}(t^{n+1}) = \exp(A_1 \Delta t)\exp(A_2 \Delta t)c^n$ ist.*

*Durch Taylorentwicklung erhält man:*

$$err_{mult,lokal} = \left( I + (A_1 + A_2)\Delta t + \frac{1}{2!}(A_1 + A_2)^2 \Delta t^2 \right),$$

$$- \left( I + (A_1 + A_2)\Delta t + \Delta t^2 A_1 A_2 + \frac{1}{2!}(A_1^2 + A_2^2)\Delta t^2 \right) + \mathscr{O}(\Delta t^3)$$

$$= \frac{1}{2}\Delta t^2 (A_1 A_2 - A_2 A_1)c^n + \mathscr{O}(\Delta t^3),$$

$$= \frac{1}{2}\Delta t^2 [A_1, A_2]c^n + \mathscr{O}(\Delta t^3), \tag{6.29}$$

*wobei* $[A_1, A_2] = A_1 A_2 - A_2 A_1$ *der Kommutator ist.*

*Durch die Summation der lokalen Fehler erhält man den den globalen Fehler:*

$$err_{mult} = T\frac{1}{2}\Delta t [A_1, A_2]\, c^0 = C\,\Delta t = \mathscr{O}(\Delta t), \tag{6.30}$$

*wobei wir* $N = \frac{T}{\Delta t}$ *verwenden und* $C = T\frac{1}{2}[A_1, A_2]\, c^0 \in \mathbb{R}^+$ *ist beschränkt.*

**Bemerkung 6.14.** *Man sieht, dass der Fehlerterm in Abhängigkeit von* $A_1 A_2 - A_2 A_1$ *anwächst. Man erhält nun einen kleineren Fehler als bei dem additiven Verfahren. Trotzdem muss man kleine Zeitschritte verwenden, um den Fehler klein zu halten.*

**Bemerkung 6.15.** *Die Verallgemeinerung des Splittingfehlers für* $M$ *Operatoren für das multiplikative Splittingverfahren ist angegeben mit:*

$$err_{mult} = T\frac{1}{2}\Delta t \left( \sum_{i=1}^{M} \sum_{j=i+1}^{M} [A_i, A_j] \right) c^0, \tag{6.31}$$

*wobei wir* $N = \frac{T}{\Delta t}$ *verwenden.*

Eine Verbesserung von solchen multiplikativen Splittingverfahren ist im Bereich der sogenannten *exponentiellen* Splittingverfahren. Hierbei kann man Zwischenschritte einfügen, um eine höhere Ordnung zu erhalten, z. B. das Strang-Splitting-Verfahren, vgl. [41].

Eine andere Möglichkeit wird im Folgenden aufgezeigt.

### 6.3.1.3 Symmetrisches Splittingverfahren

Das symmetrische Splittingverfahren (englisch: Symmetrically Splitting Scheme or Parallel AB Splitting Scheme) ist eine Kombination von multiplikativen und additiven Elementen und man erzielt dadurch eine Verbesserung im Gegensatz zu dem einfachen additiven Verfahren. Bei dem einfachen additiven Splittingverfahren ist man auf eine erste Ordnung eingeschränkt. Durch die Mischung von additiven und mulplikativen Splittingverfahren erhält man dann eine zweite Ordnung beim symmetrischen Splittingverfahren. Dies bedeutet wiederum eine höhere Genauigkeit und die Möglichkeit zur Verwendung von größeren Zeitschritten. Damit kann man die Rechenzeit verkürzen und die Simulationen beschleunigen. In der Literatur wird das Verfahren auch symmetrisches Operator-Splitting-Verfahren genannt, vgl. [41], da man eine symmetrische Behandlung der Operatoren hat.

Das parallele Splittingverfahren, bzw. symmetrische Splittingverfahren ist im Algorithmus 6.16 angegeben.

**Algorithmus 6.16.**

1. *Initialisierung: $c^0 = c(0)$ und $n = 0$.*
2. *Paralleles Lösen der Differentialgleichungen, wobei man jeweils die Operatoren in den einzelnen multiplikativen Splittingverfahren vertauscht:*

   - *$A_1 A_2$-Splitting, d. h. multiplikatives Lösen der Differentialgleichung mit den $A_1$ und $A_2$ Teilgleichungen und Kopplung mittels der Initialisierung von der Vorgängerlösung:*

$$\frac{\partial c_1(t)}{\partial t} = A_1 c_1(t) \, , \, c_1(t^n) = c^n, \tag{6.32}$$

   *mit dem Zeitschritt $\Delta t = t^{n+1} - t^n$ und man erhält das Ergebnisse $c_1(t^{n+1})$.*

$$\frac{\partial c_2(t)}{\partial t} = A_2 c_2(t) \, , \, c_2(t^n) = c_1(t^{n+1}), \tag{6.33}$$

   *mit dem Zeitschritt $\Delta t = t^{n+1} - t^n$ und man erhält das Ergebnisse $c_2(t^{n+1})$.*

   - *$A_2 A_1$-Splitting, d. h. multiplikatives Lösen der Differentialgleichung mit den $A_2$ und $A_1$ Teilgleichungen und Kopplung mittels der Initialisierung von der Vorgängerlösung:*

$$\frac{\partial \tilde{c}_1(t)}{\partial t} = A_2 \tilde{c}_1(t) \, , \, \tilde{c}_1(t^n) = c^n, \tag{6.34}$$

   *mit dem Zeitschritt $\Delta t = t^{n+1} - t^n$ und man erhält das Ergebnisse $\tilde{c}_1(t^{n+1})$.*

$$\frac{\partial \tilde{c}_2(t)}{\partial t} = A_1 \tilde{c}_2(t) \, , \, \tilde{c}_2(t^n) = \tilde{c}_1(t^{n+1}), \tag{6.35}$$

   *mit dem Zeitschritt $\Delta t = t^{n+1} - t^n$ und man erhält das Ergebnisse $\tilde{c}_2(t^{n+1})$.*

*3. Der additive Kopplungschritt:*

$$c(t^{n+1}) = \frac{c_2(t^{n+1}) + \tilde{c}_2(t^{n+1})}{2}, \tag{6.36}$$

*und wir haben das Ergebnis für das parallele Splitting*
*4. $n = n + 1$ und wir gehen wieder zu Schritt 2 bis $n = N$ ist.*

In Theorem 6.17 hat man nun folgenden Splittingfehler für das parallele/symmetrische Splittingverfahren.

**Theorem 6.17.** *Das symmetrische Splittingverfahren ist von zweiter Ordnung, d. h. $\mathscr{O}(\Delta t^2)$, für beschränkte Operatoren.*

**Beweis 6.18.** *Wir berechnen den lokalen Splittingfehler:*

$$err_{mult} = c_{exakt}(t^{n+1}) - c_{sym}(t^{n+1}), \tag{6.37}$$

*wobei $c_{exakt}(t^{n+1}) = \exp((A_1 + A_2)\Delta t)c^n$ und*
*$c_{sym}(t^{n+1}) = \frac{1}{2}\left(\exp(A_1\Delta t)\exp(A_2\Delta t) + \exp(A_2\Delta t)\exp(A_1\Delta t)\right)c^n$ ist.*
*Durch Taylorentwicklung erhält man:*

$$
\begin{aligned}
err_{sym,lokal} = \frac{1}{2}&\left(\left(I + A_1\Delta t + \frac{1}{2!}A_1^2\Delta t^2 + \frac{1}{6}A_1^3\Delta t^3\right)\right.\\
&\cdot\left(I + A_2\Delta t + \frac{1}{2!}A_2^2\Delta t^2 + \frac{1}{6}A_2^3\Delta t^3\right)\\
&\cdot\left(I + A_2\Delta t + \frac{1}{2!}A_2^2\Delta t^2 + \frac{1}{6}A_2^3\Delta t^3\right)\\
&\left.\cdot\left(I + A_1\Delta t + \frac{1}{2!}A_1^2\Delta t^2 + \frac{1}{6}A_1^3\Delta t^3\right)\right) + \mathscr{O}(\Delta t^4), \tag{6.38}\\
= \frac{1}{12}&\Delta t^3(A_1^2 A_2 + A_1 A_2^2 + A_2^2 A_1 + A_2 A_1^2)c^n + \mathscr{O}(\Delta t^4). \tag{6.39}
\end{aligned}
$$

*Durch die Summation der lokalen Fehler erhält man den globalen Fehler:*

$$err_{mult} = T\frac{1}{12}\Delta t^2(A_1^2 A_2 + A_1 A_2^2 + A_2^2 A_1 + A_2 A_1^2)\,c^0, \tag{6.40}$$

*wobei wir $N = \frac{T}{\Delta t}$ verwenden.*

**Bemerkung 6.19.** *Man sieht, dass der Fehlerterm nun in der zweiten Ordnung ist und der Fehler in Abhängigkeit von $(A_1^2 A_2 + A_1 A_2^2 + A_2^2 A_1 + A_2 A_1^2)$ anwächst. Man kann damit dann deutlich größere Zeitschritte wie bei einem ersten Ordnungsverfahren anwenden, vgl. [9].*

**Bemerkung 6.20.** *Das symmetrischen Splittingverfahren kann man parallel einsetzen, d. h. ein Prozessor übernimmt das $A_1 A_2$-Splittingverfahren, wobei der andere Prozessor das $A_2 A_1$-Splittingverfahren übernimmt. Weiter hat es auch die Eigenschaft der Mittelung und bietet sich als Splittingverfahren zur Lösung von stochastischen Differentialgleichungen an, vgl. [34]. Durch die Mittelung hat man eine besonders gute Genauigkeit für die schwachen Fehler bei stochastischen Verfahren, vgl. [34].*

**Bemerkung 6.21.** *Bei der Verallgemeinerung des Verfahrens auf M Operatoren hat man einen erheblichen Aufwand, da man nun $2^{M-1}$ Summanden hat. Sprich man müsste $2^{M-1}$ Prozessoren für ein symmetrisches Splitting von M Operatoren verwenden. In der Praxis wird man eine solche Parallelisierung nicht umsetzten. Deshalb hat man hier die Idee, sich auf eine gewissen Anzahl von Summanden zu beschränken und dann die multiplikativen Splitting-Prozeduren entsprechend zu unterteilen in parallele Einheiten, vgl. [14].*

**Beispiel 6.22.** *Bei drei Operatoren $(A_1, A_2, A_3)$ hat man dann schon folgenden Aufwand bei der Summation von 4 Teilsummanden:*

$$c(t^{n+1}) = \frac{c_{2,1}(t^{n+1}) + c_{2,2}(t^{n+1}) + c_{2,3}(t^{n+1}) + c_{2,4}(t^{n+1})}{4}, \qquad (6.41)$$

*wobei man jeder Teilsummand folgende multiplikativen Anteile hat:*

$$c_{2,1}(t^{n+1}) = \exp(A_1 \Delta t) \exp(A_2 \Delta t) \exp(A_3 \Delta t) c^n, \qquad (6.42)$$

$$c_{2,2}(t^{n+1}) = \exp(A_1 \Delta t) \exp(A_3 \Delta t) \exp(A_2 \Delta t) c^n, \qquad (6.43)$$

$$c_{2,3}(t^{n+1}) = \exp(A_2 \Delta t) \exp(A_3 \Delta t) \exp(A_1 \Delta t) c^n, \qquad (6.44)$$

$$c_{2,4}(t^{n+1}) = \exp(A_3 \Delta t) \exp(A_2 \Delta t) \exp(A_1 \Delta t) c^n. \qquad (6.45)$$

*Diesen Aufwand kann man verringern, indem man die Operatoren in größere Super-Operatoren aufteilt, d. h. ein Super-Operator besteht aus vielen einzelnen Operatoren. Damit verringert man durch die Zusammenfassung (Clustering) der Operatoren den Parallelisierungsaufwand.*

## 6.4  Anwendungsbeispiel: Fokker-Planck-Gleichung mit Particle in Cell als Multiskalenmethode

Im Folgenden besprechen wir eine weitere Multiskalenmethode, die im Bereich der Zerlegung von mikroskopischen und makroskopischen Modellen angewendet wird. Ein wichtiges Verfahren, das in der Simulation von Plasmamodellen angewendet wird, ist das sogenannte *Particle in Cell*-Verfahren. Mit einem solchen Verfahren kann man die mikroskopischen Bereiche, d. h. den Transport der Teilchen oder Teilchenwolken, auch

Superpartikel (Superparticles) genannt, und den makroskopischen Bereich, d. h. die Lösung der Maxwellgleichung, entkoppeln, vgl. [23]. Das mikroskopische Modell wird mit einem schnellen gewöhnlichen Differentialgleichungslöser in dem Phasenraum gelöst. Das makroskopische Modell wird mit einem schnellen partiellen Differentialgleichungslöser auf dem Raumgitter gelöst. Die beiden Bereich werden mittels Interpolationspolynomen, den sogenannten Splines, miteinander gekoppelt. Man approximiert zwischen dem Raumgitter (makroskopisches Modell) und dem Phasenraum der Charakteristiken (mikroskopisches Modell), vgl. [23].

In dem dem nun folgenden Beispiel wird das PIC-Verfahren zur Lösung von Fokker-Planck-Gleichungen verwendet, vgl. [14] und [23].

Die Fokker-Planck-Gleichung wird im Bereich der statistischen Physik bei der Modellierung eingesetzt. Bei solchen Modellen interessieren nur die Aussagen über die Gesamtheit der Systeme von Teilchen, die wiederum aus einer großen Anzahl von Teilsystemen von Teilchen besteht, vgl. [39]. Die Idee ist die Betrachtung eines statistischen Ensembles, d. h. eine Menge gleichartig präparierter Systeme von Teilchen im thermodynamischen Gleichgewicht, vgl. [39].

Die Fokker-Planck-Gleichung wird daher im Bereich der Plasmaphysik verwendet, um statistische Verteilungsdichten vorherzusagen, vgl. [40]. Das gesamte mikroskopische Modell wäre zu aufwendig zum Berechnen, vgl. [39]. Man nimmt deshalb eine stochastische Beschreibung her. Man beschreibt das System mit makroskopischen Variablen, die aber stochastisch fluktuierern und so das mikroskopische Verhalten mitabbilden, vgl. [40].

In der Plasmamodellierung ist dies besonders wichtig im Bereich der Modellierung von Stoßtermen, vgl. [14]. Diese werden besonders aufwendig, wenn man keine Vereinfachungen annimmt, vgl. [10].

Im Bereich der Stoßterme für die kinetischen Gleichung, z. B. der Boltzmann-Gleichung, kann man durch die Beschreibung mit der Fokker-Planck-Gleichung die Charakteristiken der Stöße mittels stochastischer Terme beschreiben. Die Kollisionsterme der Fokker-Planck-Gleichung werden dadurch statistisch beschreibbar und können später numerisch einfacher mit stochastischen Differentialgleichungen gelöst werden, vgl. [39].

Durch die Annahme, dass die Kollision nur im Bereich der Debye-Länge, vgl. Definition 6.1, gilt, kann man im Allgemeinen die Kollision mittels einer Fokker-Planck-Gleichung beschreiben.

**Definition 6.1.** In der Plasmaphysik ist die Abschirmlänge $\lambda_D$ gegeben als:

$$\lambda_D = \sqrt{\frac{k_B T}{4\pi n e^2}}, \tag{6.46}$$

wobei $k_B$ die Boltzmann-Konstante, $T$ die Temperatur, $n$ die Partikeldichte und $e$ die Elementarladung ist. Sie gibt die charakteristische Länge an, auf welcher das elektrische Potential einer lokalen Überschussladung auf das $1/\exp(1)$-fache abfällt (wobei hier $\exp(1)$ die Eulersche Zahl ist). Sprich in einer lokalen Umgebung der Ladung befinden sich im statistischen Mittel weniger Ladungsträger gleicher Polarität und so wird die Ladung nach außen hin abgeschirmt.

Im Folgenden nehmen wir die zweidimensionale Fokker-Planck (FP)-Gleichung her. Diese ist gegeben als:

$$\frac{\partial f}{\partial t} + v\frac{\partial f}{\partial x} - E(x)\frac{\partial f}{\partial v} = \frac{\partial}{\partial v}\left(\gamma v f + \beta^{-1}\gamma\frac{\partial f}{\partial v}\right), \quad (x, v, t) \in \Omega \times [0, T], \quad (6.47)$$

$$f(x, v, 0) = f_1(x, v), \quad (x, v) \in \Omega, \quad (6.48)$$

$$f(x, v, t) = f_2(x, v, t), \quad (x, v, t) \in \partial\Omega \times [0, T], \quad (6.49)$$

wobei $\Omega = [0, X] \times [0, V]$ das Gebiet ist, $f_1$ die Anfangsbedingung, $f_2$ die Randbedingung und $\gamma = \frac{1}{\tau}, \beta^{-1} = \frac{k_B T}{m}$ Konstanten sind und $\tau$ die Relaxationszeit ist.

Man kann nun die Charakteristiken der FP-Gleichung angeben mit:

$$\frac{dx}{dt} = v, \quad (6.50)$$

$$\frac{dv}{dt} = -E(x) - \gamma v dt + \sqrt{2\beta^{-1}\gamma}\,dW, \quad (6.51)$$

wobei $E$ das elektrische Feld und $W$ ein Wiener-Prozess mit $\langle W(t)\rangle = 0$ und $\langle (W(t) - W(0))^2\rangle = 2\beta^{-1}\gamma\, t$ ist.

### 6.4.1  Lösung der Fokker-Planck-Gleichung mittels Multiskalenmethode

Wir wenden nun eine Multiskalenmethoden an, die die deterministischen und stochastischen Anteile voneinander entkoppelt, vgl. [14]. Diese Anteile können jeweils für sich gelöst werden. Später werden die Anteile dann mit einem AB-Splitting-Verfahren wieder gekoppelt, vgl. Abschn. 6.3.1.2.

Die deterministischen und stochastischen Operatoren haben unterschiedliche Skalenlängen. Dabei haben wir eine stark oszillierende und feine Skala im Bereich der stochastischen Operatoren. Weiter haben wir eine relaxierende und grobe Skala im Bereich der deterministischen Operatoren.

Deshalb ist die Idee der Entkopplung der Modellgleichung (6.47) in eine determinische und eine stochastische Teilgleichung gegeben. Damit kann man wiederum optimale numerische Methoden anwenden. Diese sind wie folgt gegeben:

- Deterministische Teilgleichung: Man verwendet zur Lösung die Particle in Cell-Methode, vgl. [23], und
- Stochastischen Teilgleichung: Man verwendet zur Lösung schnelle stochastische Gleichungslöser, sogenannte SDGL-Löser, vgl. [25] und [38].

Diese beiden Gleichungsanteile sind wie folgt beschrieben:

- Deterministische Teilgleichung

$$\frac{\partial f}{\partial t} + v\frac{\partial f}{\partial x} - E(x)\frac{\partial f}{\partial v} = 0, \tag{6.52}$$

- Stochastische Teilgleichung

$$\frac{\partial f}{\partial t} = \frac{\partial}{\partial v}\left(-\gamma v f + \beta^{-1}\gamma\frac{\partial f}{\partial v}\right). \tag{6.53}$$

Zur Lösung der Gleichungen nimmt man die Charakteristiken der Teilgleichungen her, sie beschreiben den Verlauf der Dichteverteilung in dem Phasenraum, vgl. [40].

Man hat wiederum zwei Teilgleichungen, die man später mit einem AB-Splitting-Verfahren koppelt.

Die Teilgleichungen der Charakteristiken sind wie folgt in den deterministischen und stochastischen Anteil entkoppelt:

- Deterministischer Anteil, der später mit einer PIC Methode gelöst wird:

$$\frac{dx}{dt} = v, \tag{6.54}$$

$$\frac{dv}{dt} = -E(x) = \frac{\partial\phi}{\partial x}, \tag{6.55}$$

wobei $\phi$ das elektrische Potential ist.
- Stochastischer Anteil, der später mit schnellen SDGL-Lösern gelöst wird:

$$\frac{dx}{dt} = 0, \tag{6.56}$$

$$dv = -\gamma v dt + \sqrt{2\beta^{-1}\gamma}\,dW. \tag{6.57}$$

Die beiden Gleichungen werden nun im Folgenden mit dem AB-Splitting-Verfahren gekoppelt.


### 6.4.2  Algorithmus zu Kopplung von PIC- und SDGLs-Anteil

Wir verwenden das AB-Splitting-Verfahren zum Koppeln der Gleichungen.

Dabei haben wir Teilchen mit den Indizes $i = 1, \ldots, I$, wobei $I$ die Anzahl der Teilchen ist. Der nachfolgende Algorithmus 6.23 muss dann für die $I$ Teilchen angewandt werden.

**Algorithmus 6.23.** *Das Splitting-Verfahren wird für das Teilchen i angewandt als:*

*1. Schritt 1: Initialisierung von $x_i(0) = x_{i,0}$ und $v_i(0) = v_{i,0}$ zum Zeitpunkt $t_0 = 0$.*

*2. Schritt 2 (A-Schritt): Anwenden des Particle in Cell-Verfahren, vgl. Sektion 6.4.3:*

$$\frac{d\tilde{x}_i}{dt} = \tilde{v}_i, \ t \in [t^n, t^{n+1}], \tag{6.58}$$

$$d\tilde{v}_i(t) = -\frac{\partial}{\partial \tilde{x}_i} E(\tilde{x}_i), \ t \in [t^n, t^{n+1}], \tag{6.59}$$

$$\tilde{x}_i(t^n) = x_i(t^n), \ \tilde{v}_i(t^n) = v_i(t^n), \tag{6.60}$$

*(Initialisierung vom letzten B-Schritt),*

*3. Schritt 3 (B-Schritt): Anwenden eines SDGLs-Lösers, hier wird ein Euler-Maruyama-Verfahren, vgl. [25], verwendet:*

$$\frac{dx_i}{dt} = 0, \tag{6.61}$$

$$dv_i(t) = -\gamma v_i dt + \sqrt{2\beta^{-1}\gamma} dW, \tag{6.62}$$

$$x_i(t^n) = \tilde{x}_i(t^{n+1}), \ v_i(t^n) = \tilde{v}_i(t^{n+1}), \tag{6.63}$$

*(Initialisierung vom letzten A-Schritt).*

*4. $n = n + 1$ und wir gehen zum Schritt 2 bis $n = N$.*

**Bemerkung 6.24.** *Mit dem Algorithmus kann man die Zeit- und Raumskalen der unterschiedlichen Gleichungen, d. h. der gewöhnlichen Differentialgleichungen mit dem elektrischen Feld und der stochastischen Differentialgleichungen mit den Kollisionstermen, trennen. Weiter kann man die gewöhnliche Differentialgleichung mit dem elektrischen Feld, das mit einer Maxwellgleichung modelliert wird, mittels eines PIC-Verfahren lösen. Dabei hat man wiederum einen GDGLs-Löser für den Phasenraum der Bewegungsgleichungen und einen PDGLs-Löser für das Raumgitter der Maxwellgleichungen. Damit erreicht man effiziente und schnelle Verfahren anstatt ein vollständiges System von gekoppelten gewöhnlichen, partiellen und stochastischen Differentialgleichungen zu lösen, vgl. [1] und [23].*

### 6.4.3  Particle in Cell-Verfahren

Das Particle In Cell (Teilchen in einer Zelle)-Verfahren wird für die Lösung von bestimmten Klassen von partiellen Differentialgleichungen, hier im Bereich der Plasmamodelle, hergenommen, vgl. [1]. Dabei ist die Idee, dass man die simulierten Teilchen oder Elemente eines Fluids in zwei verschiedenen Modellen lösen kann und später wieder mit Interpolationsfunktionen koppelt. Das Verfahren besteht aus drei Anteilen:

- Die Bewegungsgleichungen (gewöhnliche Differentialgleichungen) der Fluid-Elemente werden in einem kontinuierlichen Phasenraum gelöst (mikroskopisches Modell).
- Die Maxwellgleichungen (partielle Differentialgleichungen), d. h. die elektromagnetischen Felder, die auf die Teilchen wirken, werden auf stationären Gitterpunkten berechnet (makroskopisches Modell).
- Die Kopplung der Werte (Ladungsdichte, Ort- und Geschwindigkeit der Punkte, usw.) zwischen Phasenraum und dem stationären Gitterraum wird mittels Spline-Funktionen (Approximationen) durchgeführt.

Historisch ist das Verfahren schon in den 1950iger-Jahren bekannt gewesen, den Durchbruch hatte es im Bereich der Plasmasimulationen in den 1980er-Jahren, vgl. [1] und [23].

Die physikalische Anwendbarkeit der PIC-Methode ist im Bereich von schwach gekoppelten Systemen. Bei solchen schwach gekoppelten Systeme ist das charaktistisches Verhalten aus dem Mittelwert des Feldes zu sehen, das aus der Superposition von sehr vielen Teilchen entsteht. Durch die Superposition hat man ein Cluster von vielen Partikeln sogenannte Superpartikel, die ausreichen um das System zu repräsentieren. Die Trajektorien der Superpartikel sind glatt und ebenfalls hat man ein glattes elektromagnetische Feld. Damit kann man eine Mittelung durchführen, vgl. [27].

Im Gegensatz dazu hat man ein anderes Verhalten bei einem stark gekoppelten System. Durch das Vorhandensein von vielen sukzessiven Kollisionen hat man sehr stark oszillierende Trajektorien der Teilchen und ebenfalls stark oszillierende elektromagnetischen Felder, vgl. [27]. Diese sehr rauhen und stark oszillierenden Funktionen lassen sich schlecht mitteln. Man würde deshalb bei einer Anwendung mit dem PIC-Verfahren eine Mittelung von sehr stark oszillierenden Funktionen durchführen und damit das charakteristische Verhalten des stark gekoppelten Systems zerstören.

Wir beschränken uns im Folgenden auf ein gekoppeltes PDGLs-System, das aus der Vlasov-Gleichung (Dichtefunktion der Super-Teilchen) und der Poissongleichung (Elektrostatik) besteht. Dieses ist angegeben mit:

$$\frac{\partial f_s}{\partial t} + v\frac{\partial f_s}{\partial x} + \frac{q_s E}{m_s}\frac{\partial f_s}{\partial v} = 0, \tag{6.64}$$

$$E = -\nabla\phi, \tag{6.65}$$

$$-\Delta\phi = \frac{\rho}{\epsilon_0}, \tag{6.66}$$

wobei $s$ eine gegebene Spezies, die aus der Superposition von vielen Elemente, d. h. $f_s = \sum_p f_p$, ist. Wir haben wir die funktionale Abhängigkeit $f_p(x, v, t) = N_p S_x (x - x_p(t))S_v(v - v_p(t))$ im Phasenraum, wobei $S_x$ und $S_v$ Formfunktionen

(Shape-functions) sind. $N_p$ ist die Anzahl der Partikel in den Elementen vom Phasenraum. Weiter haben wir die Ladungsdichte gegeben mit $\rho(x, t) = \sum_s q_s \int f_s(x, v, t)\, dv$.

Die PIC-Methode ist nun wie folgt aufgebaut:

- Durch die Bildung der 1-ten Momente (Durchschnittsbildung) über die Vlasov-Gleichung erhält man die Charakteristiken. Diese sind Bewegungsgleichungen, vgl. [27], und wie folgt gegeben:

$$\frac{dx_p}{dt} = v_p, \tag{6.67}$$

$$\frac{dv_p}{dt} = \frac{q_s}{m_s} E_p. \tag{6.68}$$

- Die Kopplung zwischen dem Phasenraum und dem Raumgitter wird mittels Interpolationsfunktionen durchgeführt mit:

$$\rho_i = \sum_p \frac{q_p}{\Delta x} W(x_i - x_p), \tag{6.69}$$

wobei $W$ eine Splinefunktion, $x_p$ die Raumvariable im Phasenraum und $x_i$ die Raumvariable auf dem Gitter ist. Weiter ist $q_p = q_s N_p$ mit $N_p = \int f_p(x, v, t)\, dv$ gegeben, vgl. [27].

- Die Lösung des elektrischen Feldes auf dem Raumgitter wird mittels finiter Differenzen durchgeführt:

$$\frac{\phi_{i+1} - 2\phi_i + \phi_{i-1}}{\Delta x^2} = \frac{\rho_i}{\epsilon_0}, \tag{6.70}$$

$$E_i = -\frac{\phi_{i+1} - \phi_{i-1}}{\Delta x}, \tag{6.71}$$

wobei $i$ der Index der einzelnen Gitterpunkte ist.

- Die Kopplung zwischen dem festen Raumgitter und dem Phasenraum wird wiederum mittels Interpolationsfunktionen durchgeführt:

$$E_p = \sum_i E_i W(x_i - x_p), \tag{6.72}$$

wobei $W$ eine Splinefunktion und $E_i$ das elektrische Feld auf dem Raumgitter ist.

Im Bereich der Multiskalenlöser ist folgende Herangehensweise des PIC-Verfahrens möglich:

- Mikroskopisches Modell: Hier wird der Ort und die Geschwindigkeit der einzelnen Partikel mittels der Bewegungsgleichung im Phasenraum bestimmt.

- Makroskopisches Modell: Hier werden die elektromagnetischen Felder auf dem Raumgitter bestimmt. Es wird die Maxwellgleichung auf dem Raumgitter gelöst.
- Die Kopplung zwischen mikroskopischen und makroskopischen Modell, d. h. Phasenraum und festem Raumgitter, wird mittels Interpolationsfunktionen durchgeführt.

**Bemerkung 6.25.** *Für gute PIC-Simulationen ist die Gitterweite entscheidend. Sie ist so zu wählen, dass man mit bei der kleinsten Gitterweite noch die interessanten Phänomene auflösen kann.*

*Dadurch ist man bei der Wahl der Gitterweite auf den Einfluß der Ladungsveränderungen (elektrodynamische Phänomene) angewiesen. Es gibt eine kleinste untere Schranke, die sogenannte Debye-Länge, bei der man noch eine Ladungstrennung erkennt, vgl.* [23] *und* [32].

### 6.4.3.1 Einzelen Anteile des PIC-Zyklus

Mit der PIC-Methode lassen sich die makroskopischen (elektromagnetische Felder) und die mikroskopischen (kinetische Gleichungen, Newton'sche Bewegungsgleichung) Modelle koppeln.

Der PIC-Zyklus ist in der Abb. 6.8 dargestellt.

Der PIC-Zyklus hat nun folgende Methoden:

- Partikel Löser: Berechnen der Bewegungsgleichung mit schnellen GDGLs-Lösern.
- Gitter-Löser: Berechnung der elektromagnetischen Grössen, z. B. elektrisches Potential mit der Poisson-Gleichung, mit schnellen PDGLs-Lösern.

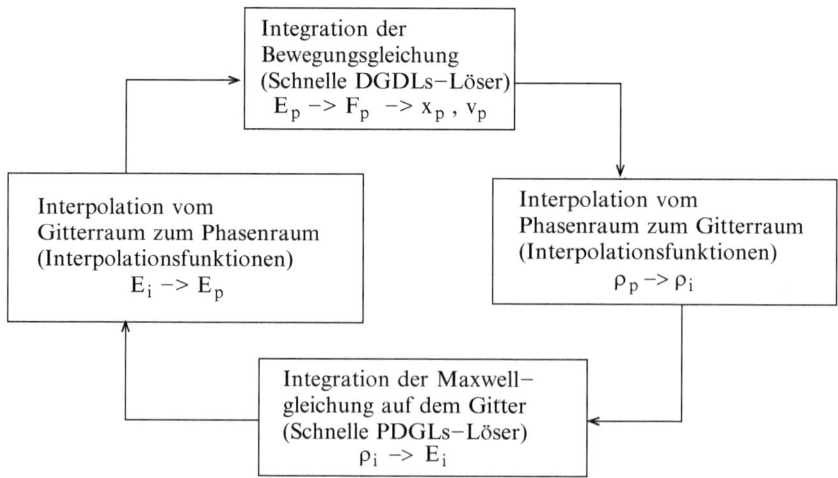


**Abb. 6.8** PIC-Zyklus

- Partikel- und Feld-Gewichtungen (Interpolationen): Interpolationsfunktionen, die die Partikelvariablen auf das Gitter projizieren und die Restriktionfunktionen, die die Feldvariablen auf die einzelnen Partikel projizieren.
- Partikel-Initialisierung: Initialisierung am Start jedes Zyklus (z. B. Initialisierung bei Plasma-Partikel)

Das PIC-Verfahren ist im Algorithmus 6.26 skizziert.

**Algorithmus 6.26.** *Der PIC-Algorithmus hat folgende Anteile:*

*1) Feldgleichung (z. B. Elektrostatik mit Poisson Gleichung)*

$$\nabla \cdot \nabla \phi = \frac{\rho}{\varepsilon_0}, \tag{6.73}$$

$$-E = \nabla \phi, \tag{6.74}$$

*welche als partielle Differentialgleichung auf einem Gitter gelöst wird.*
*2) Interpolation zwischen Phasenraumlösung und Gitterraumlösung, z. B. mit Splinefunktionen.*
*3) Bewegungsgleichung (Newton'sches Gesetz):*

$$\frac{dx}{dt} = v, \tag{6.75}$$

$$\frac{dv}{dt} = \frac{qE}{m}, \tag{6.76}$$

*welche als gewöhnliche Differentialgleichung im Phasenraum $(x, v)$ gelöst wird.*
*4) Interpolation zwischen Gitterraumlösung und Phasenraumlösung, z. B. mit Splinefunktionen, vgl. [27].*

**Bemerkung 6.27.** *Das PIC-Verfahren ist vielseitig entwickelt worden für verschiedene Plasmasimulationen, vgl. [23]. Für eine Verbesserung der Genauigkeit des Verfahrens muss man alle Teile des PIC-Verfahrens gleichzeitig verbessern, d. h. höhere Ordnungsverfahren für die Bewegungsgleichung, für den Gitterlöser und auch für die Interpolationsfunktionen, vgl. [14].*

## 6.5 Anwendungen im Bereich der komplexen Fluide: Modellierung und Lösungsverfahren

Im Folgenden beschreiben wir ein Multiskalenmodell im Bereich eines komplexen Fluids, wie es z. B. für Polymere verwendet wird, vgl. [2] und [29].

Die Modelle bauen auf Navier-Stokes-Gleichungen auf und werden dann erweitert durch einzelnen Operatoren. Ein Beispiel ist im Bereich der Modellierung von Polymeren, hier wird der Spannungstensor erweitert durch die mikroskopischen Deformationen in den Polymerketten, vgl. [2].

Wir haben folgende allgemeinen Ausgangsgleichungen für Fluide:

$$\rho(\frac{\partial}{\partial t} + \mathbf{u} \cdot \nabla)\mathbf{u} = -\nabla p + div(\sigma) + \mathbf{f}_{ext}, \tag{6.77}$$

$$div(\mathbf{u}) = 0, \tag{6.78}$$

wobei $\rho$ die Dichte des Fluids, $\mathbf{u}$ die zu berechnende Fliessgeschwindigkeit ist. Weiter ist $p$ der Druck und $\sigma$ der Spannungstensor.

Für ein einfaches Fluid haben wir folgenden Spannungstensor:

$$\sigma = \eta(\nabla\mathbf{u} + (\nabla\mathbf{u})^T), \tag{6.79}$$

wobei $(\cdot)^T$ der transponierte Vektor und $\eta$ die Viskosität ist.

Für ein komplexes Fluid wird der Spannnungstensor ergänzt durch:

$$\sigma = \eta(\nabla\mathbf{u} + (\nabla\mathbf{u})^T) + \tau, \tag{6.80}$$

wobei $\tau$ die zeitabhängige Deformation des Spannungstensors angibt. Damit lässt sich die Historie der Deformation, d. h. der Verlauf der Deformation von vergangenen Zeitpunkten bis zu aktuellen Zeitpunkten, modellieren, vgl. [29].

Die Erweiterung des Spannungstensors hat nun zur Folge, dass die Standardmethoden, die bisher für die Navier-Stokes-Gleichung verwendet wurden, in diesem Spezialfall nicht mehr ausreichend sind. Wir müssen die Standardmethoden nun um die Multiskalenmethoden erweitern. Diese erlauben es, die makroskopische und die mikroskopische Gleichung aufzulösen und miteinander zu koppeln.

Wir haben nun folgende Verfahren zu den unterschiedlichen Modellen, die man für die komplexen Fluide verwenden kann:

- Reine phänomenologische Modelle: Diese Modelle ergänzen die fehlenden mikroskopischen Einflüße über fluidmechanische Prinzipien.
- Mikroskopisch-Makroskopische Modelle: Diese Modelle verwenden ein mikroskopisches und makroskopisches Modell und trennen die unterschiedlichen Modellebenen auf. Die mikroskopische Ebene kann getrennt modelliert werden.

Man kann auch eine Unterscheidung zwischen verschiedenen Modellformulierungen durchführen:

- Differentielle Modelle: Man verwendet hier Differentialformulierungen, d. h. Differentialgleichungen zur Modellierung. Zum Beispiel kann man den Spannungstensor über eine Differentialgleichung wie folgt angeben:

$$\frac{\partial \tau}{\partial t} = f(\tau, \nabla u). \tag{6.81}$$

- Integrale Modelle: Man verwendet hier Integralformulierungen, d. h. Integro-Differentialgleichungen zur Modellierung. Zum Beispiel kann man den Spannungstensor mit einer Integralformulierung als Memory-Funktion angegeben mit:

$$\tau = \int_{-\infty}^{t} m(t - \tilde{t}) S_t(\tilde{t}) \, d\tilde{t}. \tag{6.82}$$

In Abb. 6.9 werden verschiedene Modellierungsansätze von komplexen Fluiden beschrieben.

Der Spannungstensor des komplexen Fluids kann man direkt analytisch berechnen aus einer Integralformulierung und man erhält:

$$\tau(\mathbf{x}, t) = n_p \left(-kT\mathbf{I} + \mathbf{E}(\mathbf{X_t} \otimes \mathbf{F}(\mathbf{X_t}))\right), \tag{6.83}$$

wobei $\otimes$ das dyadische Produkt ist, weiter sind $\mathbf{X_t}$ stochastische Prozesse, $\mathbf{E}$ ist der Erwartungswert. $\mathbf{F}$ ist die Kraft auf die Polymerkette, $T$ ist die Temperatur, $k$ ist die

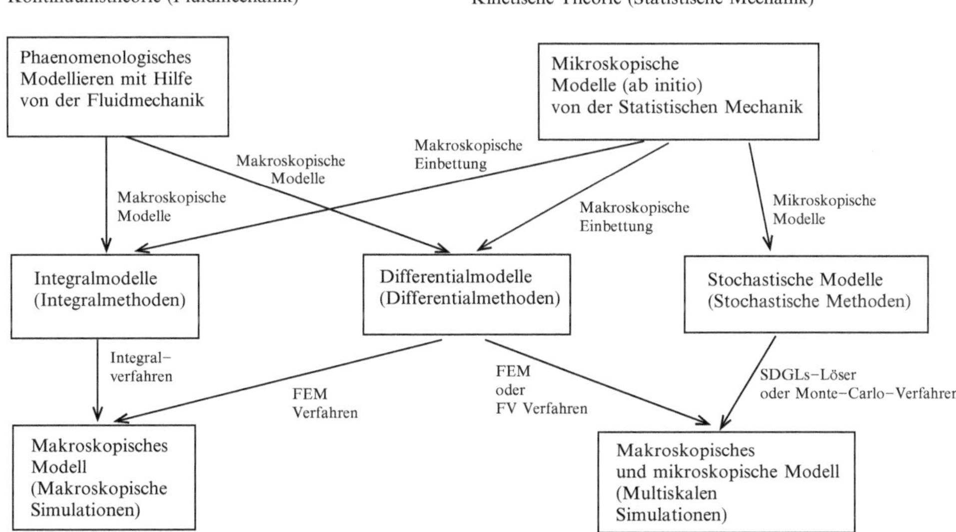


**Abb. 6.9** Modellierung von komplexen Fluiden im Bereich der makroskopischen und mikroskopischen Modellierungsansätze

Boltzmannkonstante und $n_p = N_p/V$ ist die Dichte der Polymerketten, vgl. [28]. Man hat hier den Spannungstensor aus einer Mittelung bekommen, d. h. man nimmt ein homogenes System an, vgl. auch Kramer'sche Annahme [28].

Die Erweiterung des Navier-Stokes-Modells hin zu einem mikroskopischen und makroskopischen Modell ist gegeben durch die Darstellung des Spannungstensors im mikroskopischen Modell. Man verwendet dazu SDGLen, die die Fluktuationen mittels eines Zufallsprozesses beschreiben, vgl. Abb. 6.9.

Die Modellgleichungen können dann mit der erweiterten Navier-Stokes-Gleichung und der Langevin-Gleichung beschrieben werden. Diese sind angegeben als:

$$\rho \left( \frac{\partial}{\partial t} + \mathbf{u} \cdot \nabla \right) \mathbf{u} = -\nabla p + \eta \Delta \mathbf{u} + div(\sigma) + \mathbf{f}_{ext}, \tag{6.84}$$

$$div(\mathbf{u}) = 0, \tag{6.85}$$

$$\tau(\mathbf{x}, t) = n_p \left( -kT\mathbf{I} + \mathbf{E}(\mathbf{X_t} \otimes \mathbf{F}(\mathbf{X_t})) \right), \tag{6.86}$$

$$d\mathbf{X_t} + \mathbf{u} \cdot \nabla_\mathbf{x} \mathbf{X_t} dt = \left( \nabla \mathbf{u} \mathbf{X_t} - \frac{2}{\xi} \mathbf{F}(\mathbf{X_t}) \right) dt + \sqrt{\frac{4kT}{\xi}} d\mathbf{W}_t, \tag{6.87}$$

wobei $\xi$ der Reibungskoeffizient ist. Weiter haben wir die Kopplung der stochastischen Differentialgleichung mit der Gleichung des Spannungstensors mittels des Erwartungswerts $\mathbf{E}(\theta(\mathbf{X_t})) = \int \theta(\mathbf{X})\phi((x, t, \mathbf{X})\, d\mathbf{X}$. Die Dichtefunktion ist $\phi$ und ist materialabhängig.

Die stochastische Differentialgleichung (Langevin Gleichung) lässt sich in eine Fokker-Planck-Gleichung umschreiben. Dabei ist die Langevin-Gleichung die Lösung der Charakteristiken der Fokker-Planck-Gleichung. Diese Charakteristiken kann man dann in die FP-Gleichung (partielle Differentialgleichung) einsetzen, vgl. [39] und [40].

Man erhält dann die Fokker-Planck-Gleichung und die Kopplung mit dem zugehörigen Spannungstensor:

$$\frac{\partial \phi}{\partial t} + \mathbf{u} \cdot \nabla_\mathbf{x} \phi = -div_\mathbf{X} \left( (\nabla \mathbf{u}\, \mathbf{X} - \frac{2}{\xi} \mathbf{F}(\mathbf{X}))\phi \right) + \frac{2kT}{\xi} \Delta_\mathbf{X} \phi, \tag{6.88}$$

$$\tau(\mathbf{x}, t) = n_p \left( -kT\mathbf{I} + \int_{\mathbb{R}^n} (\mathbf{X_t} \otimes \mathbf{F}(\mathbf{X_t}))\phi(\mathbf{x}, t, \mathbf{X}) d\mathbf{X} \right), \tag{6.89}$$

wobei $\phi$ die Dichtefunktion der Polymerketten ist.

Man löst nun ein mikroskopisches Modell (Fokker-Planck-Gleichung) mit einem makroskopischen Modell (Navier-Stokes-Gleichung mit modifizierten Spannungstensor).

Um zeitaufwendigen Rechnungen zu vermeiden, kann man alternative ein reines makroskopisches Modell anwenden, vgl. [28]. Dabei hat man eine differentielle Formulierung des Spannungstensors. Man kommt dann auf die Formulierung von den Oldroyd-B-Modellen, die viskoelastische Fluide beschreiben, vgl. [3]. Hier hat man das

Problem von exponentiellen Wachstumstermen, d. h. man muss sehr kleine Zeitschritte wählen, vgl. [5]. Durch eine logarithmische Transformation kann man aber das Problem beheben, vgl. Abschn. 6.5.1 und [33].

Das makroskopische Modell ist nun angegeben als Oldroyd-B-Modelle mit einem System von partiellen Differentialgleichungen:

$$Re\left(\frac{\partial}{\partial t} + \mathbf{u} \cdot \nabla\right)\mathbf{u} = -\nabla p + (1 - \varepsilon)\Delta\mathbf{u} + div(\sigma) + \mathbf{f}_{ext}, \quad (6.90)$$

$$div(\mathbf{u}) = 0, \quad (6.91)$$

$$\frac{\partial \tau}{\partial t} + \mathbf{u} \cdot \nabla\tau - \nabla\mathbf{u}\tau - \tau(\nabla\mathbf{u})^T = -\frac{1}{We}\tau + \frac{\varepsilon}{We}(\nabla\mathbf{u} + (\nabla\mathbf{u})^T), \quad (6.92)$$

wobei $Re = \frac{\rho UL}{\eta}$ die Reynolds-Zahl, $We = \frac{\lambda U}{L}$ die Weissenberg-Zahl und $\varepsilon = \frac{\eta_p}{\eta}$ das Verhältnis zwischen Polymer- und Fluidviskosität ist. Weiter ist $\lambda = \frac{\xi}{4H}$ die Relaxationszeit des Polymers wobei $H$ eine Konstante ist, $\eta_p = n_p kT\lambda$ die Viskosität des Polymers und $U$, $L$ sind die charakteristische Geschwindigkeit und Länge.

**Bemerkung 6.28.** *Man hat nun bei solchen makroskopischen Modellen eine zusätzliche Schwierigkeit beim Lösen, da man ein exponentielles Wachtum bei großen Weissenberg-Zahlen hat. Das Problem ist als high-Weissenberg number problem (HWNP) bekannt und tritt auch bei der dimensionslosen Darstellung der Mikro- und Makromodelle auf. Man kann dieses Problem umgehen indem man eine sogenannte logaritmische Repräsentation wählt.*

### 6.5.1  Problem des exponentiellen Wachstums und Repräsentation mit logarithmischer Formulierung

Bei der Modellierung der Polymere in dem letzten Abschn. 6.5 haben wir das Problem eines exponentiellen Wachstums.

Solche Modelle haben dann mit den herkömmlichen Diskretisierungsverfahren erhebliche Stabilitätsprobleme. Man kann nun sehr kleine Zeitschritte verwenden, d. h. man hat ein steifes Problem, vgl. Abschn. 4.2 und in der Literatur [21].

Wir wollen nun anhand der differentiellen Formulierung der Spannungsgleichung zeigen, wie man durch eine logarithmische Transformation das Problem beheben kann.

Die Differentialgleichung für den Spannungsvektor ist gegeben mit:

$$\frac{\partial \tau}{\partial t} + (u \cdot \nabla)\tau = (\nabla u)\tau + \tau(\nabla u)^t - \frac{1}{We}\tau + \frac{1 - \varepsilon}{We}(\nabla u + \nabla u^t). \quad (6.93)$$

Man hat nun das Problem, dass die Terme $((\nabla u)\tau + \tau(\nabla u)^t - \frac{1}{We}\tau)$ exponentiell in der Zeit für große Weissenberg-Zahlen wachsen. Man kann den sogenannten *Blow-up*, d. h.

das exponentielle Wachstum, dieser Terme nur noch mit dem Konvektionsterm $(u \cdot \nabla)\tau$ kontrollieren und beschränken.

Man kann nun das exponentielle Wachstum in einer logarithmischen Formulierung zu einem additiven Wachstum beschränken und damit für numerische Verfahren stabilisieren, vgl. [5].

### 6.5.1.1 Problemlösung mit logarithmischen Termen

Ohne Beschränkung der Allgemeinheit, vereinfachen wir die mehrdimensionale partielle Differentialgleichung (6.93) in die folgende eindimensionale partielle Differentialgleichung, vgl. [5]:

$$\phi_t + a\phi_x = b\phi. \tag{6.94}$$

An dieser einfacheren Gleichung können wir dann das zeitlich exponentielle Wachstum analysieren.

Wir haben folgende stationären Lösung, d. h. wir setzen $t \to \infty$ und erhalten:

$$a\phi_x = b\phi. \tag{6.95}$$

Die Lösung ist $\phi(x) = \exp(bx/a)$. Man muß für die numerische Stabilität $x \leq b/a$ voraussetzen. Damit müsste man eine entsprechend große Konvektion $a \approx b$ anwenden, um das Wachstum zu kontrollieren.

Für die vereinfachte Differentialgleichung (6.94) können wir nun folgende logarithmische Transformation anwenden:

$$\psi = \log(\psi), \tag{6.96}$$

damit erhält man:

$$\psi_t + a\psi_x = b. \tag{6.97}$$

Die Stabilisierung kann über das additive Wachstum erfolgen und man vermeidet ein exponentielles Wachstum.

Bei der Anwendung für die mehrdimensionale partielle Differentialgleichung (6.93) ist es wichtig, dass der Spannungstensor $\rho$ strikt positiv ist. Man muss hier eine sogenannte angepasste Transformation (englisch: conformation transformation) durchführen, damit der Tensor $\rho$ wieder symmetrisch positiv-definit ist, vgl. [5].

Man hat dann folgenden angepassten Spannungstensor für das Multiskalenmodell:

$$\tau = \frac{g(\sigma)}{We}(\sigma - I), \tag{6.98}$$

wobei $g(\sigma)$ eine skalar-wertige Funktion ist.

Nun kann man durch Ersetzen mit $\sigma$ die logarithmische Tansformation durchführen und hat damit ein stabiles numerisches Verfahren, vgl. [5].

### 6.5.1.2 Wirtschaftlichkeit und Anwendung der Multiskalenmodelle für komplexe Flüssigkeiten

Bei den Multiskalenmodellen im Bereich der komplexen Flüssigkeiten hat man bei dem Mikro-Makro Modell, vgl. Differentialgleichungen (6.84), (6.85), (6.86) und (6.87), einen erheblichen Aufwand durch die zusätzliche Berechnung des mikroskopischen Modells. Man muss zusätzlich eine hochdimensionale FP-Gleichung lösen, vgl. [40].

Eine alternative Möglichkeit der Modellierung ist eine Vereinfachung durch die Makro-Makro Modelle, vgl. Differentialgleichungen (6.90), (6.91) und (6.92). Man kann sich nun auf ein System von partiellen Differentialgleichungen beschränken, hat aber durch diese Vereinfachung die mikroskopischen Prozesse gemittelt, bzw. herausgefiltert. In späteren Simulationen können dann diese mikroskopischen Prozesse nicht mehr in den eingebetteten (homogenisierten) makroskopischen Modellen dargestellt werden, vgl. [28].

Für beide Modelle hat man nochzusätzlich das HWNP, d. h. das exponentielle Wachstum durch eine große Weissenberg-Zahl, die man dann mit logarithmischen Transformationen lösen muss.

Man muss deshalb den Zusatzaufwand abschätzen, der für die Auslösung der mikroskopischen Modelle benötigt wird. Dabei muß das mikroskopische Modell in das Standard-Softwarepaket programmiert werden. Zusätzlich hat man einen größeren zeitlichen Aufwand, um die hochdimensionalen Differentialgleichungen mit den neuen Lösungsverfahren zu berechnen, vgl. [14].

Insgesamt ist ein Multiskalenmodell im Bereich der komplexen Flüssigkeit eine Verbesserung. Diese Modelle werden aber noch weitgehend im Bereich der akademischen Forschung angewandt, vgl. Tab. 6.1.

**Tab. 6.1**  Wirtschaftlichkeit und Verbreitung der Multiskalenmodellierung bei komplexen Fluiden, z. B. bei Polymeren

| | Makro-Makro | Mikro-Makro |
|---|---|---|
| Feinheit der Modellierung | gering | hoch |
| Anwendungsbereich | Industrie | Forschung |
| Lösermethoden | FEM (PDGLen) | FEM (PDGLen) + Monte-Carlo (SDGLen) oder |
| | | FEM (PDGLen) + hochdim. FVM (Fokker-Planck) |
| Kosten der Rechenzeit | gering | hoch |
| Schwierigkeiten bei der Umsetzung | HWNP  geringe Auflösung | HWNP + Varianz durch stoch. Verfahren oder |
| | | HWNP + hochdimensionale Probleme |

## 6.6      Anwendungen im Bereich der Magnetohydrodynamik

Im Bereich der Elektrotechnik ist die Modellierung und Simulation von Plasmen ein Spezialthema und wird Plasmamodellierung genannt. Hier werden zur Modellierung unterschiedliche Raum- und Zeitskalen für die Systemen von partiellen und stochastischen Differentialgleichungen verwendet. Damit ist man im Bereich der Multiskalenmodelle ist, vgl. [14].

Im Bereich der Plasmamodellierung kann man unterschiedliche Beschreibungsebenen einnehmen:

- Statistische Beschreibung (Teilchenmodelle): Beschreibung des 6N-dim. Phasenraums (Liouville Gleichung), vgl. [37].
- Kinetische Beschreibung (kinetische Modelle): Beschreibung der Einteilchenverteilungsfunktion im 6-dim. Phasenraum (FP-, Vlasov- und Boltzmanngleichung), vgl. [39].
- Flüssigkeitsbeschreibung (kontinuierliche Modelle): Beschreibung der makroskopischen Transportvorgänge mittels Kontinuummechanik (Navier-Stokes- und Maxwell-Gleichungen, magnetohydrodynamische Gleichungen), vgl. [32].

Dabei hat man mit den Teilchenmodellen eine sehr feine Beschreibung, d. h. mikroskopisches Modell. Hier befindet man sich auf der atomaren Ebene. Ein nächst gröberes mikroskopisches Modell ist im Bereich der kinetischen Modelle. Man nimmt hier die Verteilungsfunktion an und hat eine statistische Beschreibung von größeren Teilchenansammlungen. Damit erhält man eine gröbere Auflösung. Die gröbste Beschreibung ist dann im Bereich der Mittelung der kinetischen Modelle. Man erhält eine makroskopische Beschreibung und ist im Bereich der kontinuierlichen Modelle. Hier wird das Plasma als Flüssigkeit beschrieben, vgl. [36].

### 6.6.1   Magnetohydrodynamik (MHD)

Im Folgenden geben wir ein kleine Einführung in die Modellierung und Lösung von magnetohydrodynamischen Modellen, vgl. [18].

Die Magnetohydrodynamik (MHD) beschreibt das Verhalten von elektrisch leitenden Fluiden. Diese sind wiederum von magnetischen und elektrischen Feldern beeinflusst. Man behandelt Flüssigkeiten (Fluide), d. h. die Plasmen werden als Flüssigkeiten (Fluide) beschrieben. Die Modellierung ist deshalb im Bereich der kontinuierlichen Modelle und man verwendet die Navier-Stokes-Gleichungen aus der Hydrodynamik und die Maxwell-Gleichungen aus der Elektrodynamik. Damit kann man mit den Navier-Stokes-Gleichungen das Strömungsverhalten der Flüssigkeiten und mit den Maxwell-Gleichungen die elektromagnetischen Felder beschreiben.

Man wendet diese Modelle bei der Beschreibung von Anwendungen in der Strömungs-
beeinflussung von Halbleitereinkristallzüchtung, oder bei der Beschreibung von Plasmen
in stellaren Atmosphären oder in Fusionsreaktoren an, vgl. [45].

### 6.6.2  Grundgleichungen der idealen MHD

Man kann die idealen MHD-Gleichungen im Bereich der Erhaltungsgesetze, d. h. Erhaltungsgleichungen mittels der Kombination aus Navier-Stokes- und Maxwell-Gleichungen,
aufschreiben. Damit erhält man ein System aus hyperbolischen Differentialgleichungen.
Dieses System ist gegeben mit folgenden PDGLen:

$$
\frac{\partial}{\partial t}
\begin{bmatrix}
\rho \\
\rho\mathbf{u} \\
\frac{\rho u}{2} + \frac{p}{\gamma-1} + \frac{B^2}{2} \\
\mathbf{B}
\end{bmatrix}
+ \nabla \cdot
\begin{bmatrix}
\rho\mathbf{u} \\
\rho\mathbf{u}\mathbf{u} + (p + \frac{B^2}{2})\mathbf{I} - \mathbf{B}\mathbf{B} \\
\left(\frac{\rho u}{2} + \frac{p}{\gamma-1} + p\right)\mathbf{u} - (\mathbf{u} \times \mathbf{B}) \times \mathbf{B} \\
\mathbf{u}\mathbf{B} - \mathbf{B}\mathbf{u}
\end{bmatrix}
= 0, \quad (6.99)
$$

wobei $\rho$ die Dichte ist, $\mathbf{u}$ ist die Geschwindigkeit des Fluids, $p$ ist der Druck, $\mathbf{B}$ ist der
Vektor des magnetischen Feldes und $\gamma$ ist die adiabatische Konstante. Weiter hat man
als Bedingung $\nabla \cdot \mathbf{B} = 0$, d. h. ein quellenfreies magnetisches Feld. Hier hat man eine
Kombination aus einer Navier-Stokes-Gleichung und Maxwellgleichung.
   Im Idealfall hat man eine Euler-Gleichung und eine Maxwellgleichung. In der konser-
vativen Notation erhält man die Erhaltungsgleichungen:

- Euler-Gleichungen (Hydrodynamik):
  - Massenerhaltung

$$
\frac{\partial \rho}{\partial t} - \nabla(\rho\mathbf{u}) = 0, \tag{6.100}
$$

  - Impulserhaltung

$$
\frac{\partial}{\partial t}(\rho\mathbf{u}) + \nabla \cdot \left(\rho\mathbf{u}\mathbf{u} + \left(p + \frac{B^2}{2}\right)\mathbf{I} - \mathbf{B}\mathbf{B}\right) = 0, \tag{6.101}
$$

– Energieerhaltung

$$\frac{\partial}{\partial t}\left(\frac{\rho u}{2}+\frac{p}{\gamma-1}+\frac{B^2}{2}\right)+$$
$$+\nabla\cdot\left(\left(\frac{\rho u}{2}+\frac{p}{\gamma-1}+p\right)\mathbf{u}-(\mathbf{u}\times\mathbf{B})\times\mathbf{B}\right)=0. \tag{6.102}$$

- Maxwellgleichung (Magnetodynamik):
  – Faraday'sches Gesetz

$$\frac{\partial\mathbf{B}}{\partial t}+\nabla\cdot(\mathbf{u}\mathbf{B}-\mathbf{B}\mathbf{u})=0. \tag{6.103}$$

Man kann nun die Gleichungen als ein System von hyperbolischen Erhaltungsgleichungen umschreiben als:

$$\frac{\partial\mathbf{U}}{\partial t}+\nabla\cdot\mathbf{F}(\mathbf{U})=0. \tag{6.104}$$

wobei $\mathbf{U}=(\rho,\rho\mathbf{u},\frac{\rho u}{2}+\frac{p}{\gamma-1}+\frac{B^2}{2},\mathbf{B})^T$, weiter hat man die nichtlineare Flussfunktion $\mathbf{F}(\mathbf{U})$.

Damit lassen sich nun die MHD-Gleichungen mit Diskretisierungsmethoden im Bereich von Erhaltungsgleichungen lösen, z. B. mit Finite-Volumen-Methoden, vgl. [26] und [45].

Im folgenden Beispiel 6.29 stellen wir das einfachste Verfahren für die quasilineare 1D-Gleichung vor.

**Beispiel 6.29.** *Wir haben die 1D-Gleichung gegeben als:*

$$\frac{\partial\mathbf{U}}{\partial t}+\frac{\partial\mathbf{F}(\mathbf{U})}{\partial x}=0, \tag{6.105}$$

*mit $\mathbf{U}=(u_1,\ldots,u_n)^T\in\mathbb{R}^n$ ist.*

*Die Gleichung wird dann mit einer massenerhaltenden Methode (konservative Methode) diskretisiert. Wir nehmen die einfachste explizite Diskretisierung in der Zeit und einen gemittelten Flussterm im Raum an. Wir erhalten somit ein Verfahren von erster Ordnung in der Zeit und zweiter Ordnung im Raum. Das Verfahren ist in der diskretisierten Notation angegeben mit:*

$$\mathbf{U}_i^{n+1}=\mathbf{U}_i^n-\frac{\Delta t}{\Delta x}\left[\mathbf{F}_{i+1/2}^n-\mathbf{F}_{i-1/2}^n\right], \tag{6.106}$$

*wobei i der Raumgitterpunkt und n der Zeitgitterpunkt ist. Weiter ist der numerische Fluss*
$\mathbf{F}^n_{i+1/2}$ *ein gemittelter Fluss über den Zellpunkt* $x_i + \frac{1}{2}\Delta x = x_{i+1/2}$, *d. h. wir haben hier*
*eine zentrale Differenz.*

*Weiter gibt es Diskretisierungsverfahren von höherer Ordnung, um die Genauigkeit zu*
*verbessern. Diese sind im Bereich der TVD (Total Variation Diminishing)-Verfahren, vgl.*
*[22] und [46]. Die Idee ist dabei, ein Verfahren von höherer Ordnung so zu modifizieren,*
*dass man die numerische Dissipation erhöht und damit die Oszillationen verringern kann.*
*Diese Verfahren verbessern die Auflösung des numerischen Flusses und erreichen damit*
*eine höhere Genauigkeit, vgl. [30] und [31].*

### 6.6.3  Vom physikalischen Prinzip zu den Methoden: Anwendung im Bereich von MHD-Modellen

Im Computational Engineering ist es sehr wichtig, schon im Bereich der Modellierung
eine Zuordnung zu den späteren Lösungsverfahren zu haben.

Dabei kann man schon sehr früh anhand von den verwendeten Modellierungsmethoden
passende Lösungsmethoden finden.

Zum Beispiel bei der Modellierung von MHD-Problemen kann man für die
Modellgleichungen die Erhaltungsgleichungen wählen. Damit ist man dann im Bereich
von Erhaltungsmethoden. Bei der Auswahl kann man dann FV-Verfahren oder
TVM-Verfahren für die Diskretisierungsverfahren und iterative Verfahren, die die
Struktur der schwachbesetzten Gleichungen erhalten, für die Lösungsverfahren wählen,
vgl. [14].

Im Bereich der MHD-Modellierung werden weitere spezielle Methoden verwendet,
die die Erhaltungsgleichungen der einzelnen Teilgleichungen erhalten. So wird bei
der Navier-Stokes-Gleichung eine konservative Methode zur Mittelung des Flusses
verwendet, vgl. [31], und bei der Maxwellgleichung eine konservative Methode zur
Stabilisierung der Zeit- und Raumdiskretisierung verwendet, vgl. [42].

Weiter kann man bei der Verwendung von höheren Ordnungsverfahren schon im
Vorfeld genauere Methoden einsetzen, die ein verbessertes Ergebnis erreichen, z. B. TVD-
und FDTD-Methoden.

Im Folgenden wird die Einordnung der Modellierung und die weitere Verwendung
von numerischen Verfahren anhand der Simulation von MHD-Problemen in Abb. 6.10
erläutert.

## 6.7  Eigene Softwareentwicklung: Programmentwicklung

Im letzten Kapitel haben wir umfangreiche Modelle beschrieben. Das Ziel im Bereich des
Computational Engineering ist es, solche Modelle in Softwareprogramme zu übersetzen,
um später Simulationen durchzuführen.

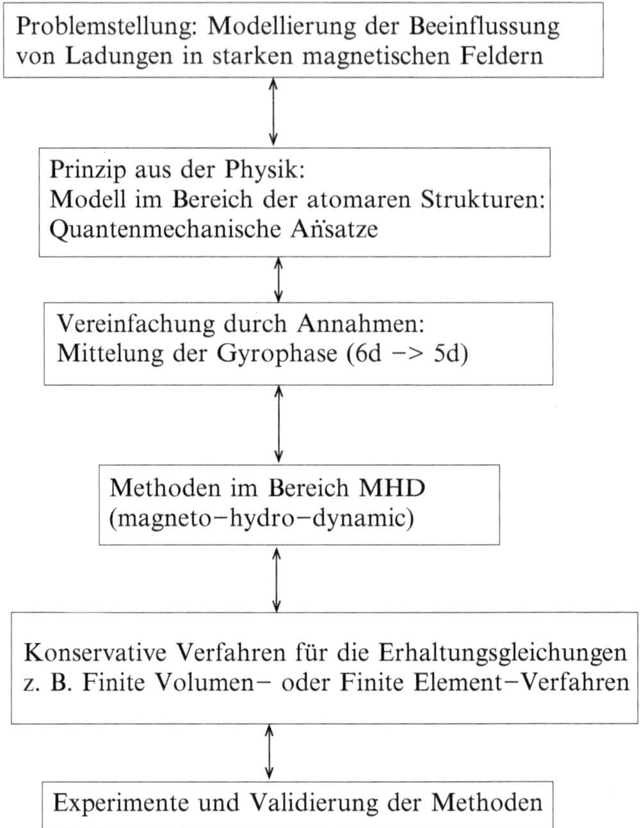



**Abb. 6.10**  Von der Problemstellung zur Umsetzung in das Softwarepaket

Dabei kann man folgendes Vorgehen bei der Progammentwicklung im Bereich der Multiskalenmodelle wählen:

- Modellformulierung mit den Vorgaben aus dem jeweiligen Fachgebiet: Hier ist die Verwendung von physikalischen Gesetzen wichtig, z. B. die Formulierungen zur Erhaltung von Eigenschaften oder Substanzen.
- Auswahl der passenden numerischen Verfahren: Hier ist ein numerisches Verfahren zu überprüfen oder zu entwickeln, dass die physikalischen Gesetzmässigkeiten berücksichtigt und den numerischen Fehler minimiert.
- Anwenden der mathematischen Gleichungen: Die mathematischen Gleichungen werden auf die Verfahren angewendet und in eine diskrete Formulierung umgeschrieben, d. h. man hat assembliert die einzelnen Operatoren der Gleichung mit Hilfe des Diskretisierungsverfahrens, vgl. [19].

- Umsetzung in einen Programmcode: Die diskreten Gleichungen werden nun als lineares Gleichungssystem (LGS) geschrieben und können so in der diskreten Notation in einen mathematische Programmcode, z. B. MATLAB®, MATHE-MATICA®, MAPLE®, programmiert werden.
- Verifikation des Programms: Anhand von Test- oder Benchmarkbeispielen wird nun die Genauigkeit und die Qualität der Simulation getestet.
- Simulation des realen Beispiels (*real-life problem*): Es werden nun die realen Beispiele getestet.
- Anpassung und Vergleich des mathematischen Modells: Weiterführende Tests werden mit realen Experimenten oder mit Test-Vorgaben durchgeführt. Es wird entschieden, wie zuverlässig die Simulation ist und ob weitere Modifikationen von dem Modell oder den Methoden notwendig sind.

Eine detailierte Skizze der Umsetzung vom realen Problem hin zu der Rechnersimulation ist in Abb. 6.11 dargestellt.

### 6.7.1 Eigene Programmpakete im Bereich der Multiskalenlöser

Im Bereich der Multiskalenlöser sind folgende Programmpakete von meiner Gruppe und mir entwickelt worden (Teile daraus sind öffentlich zugänglich):

- Opera-Splitt-Programmpaket: Operator-Splitting wurde an der Humboldt- Universität zu Berlin von 2006 bis 2007 entwickelt und es ist ein MATLAB®-Code mit Hilfe von J. Gedicke entstanden. Dabei werden die Anteile der Transportgleichungen, d. h. Konvektion, Diffusion und Reaktion mittels Operator-Splitting-Verfahren zerlegt und einzeln gelöst und die Ergebnisse wieder gekoppelt. Es wurden Konvergenztests programmiert und verschiedene Anwendungen gerechnet, vgl. [6].
- FIDOS: Finite Difference Operator Splitting wurde ebenfalls an der Humboldt-Universität zu Berlin von 2007 bis 2008 entwickelt und es ist ein MATLAB®-Code mit Hilfe von L. Noack entstanden. Es ist ein Programmcode, der speziell für Wellengleichungen programmiert wurde. Dabei werden auch wiederum Splittingverfahren verwendet, die in die einzelnen Raumdimensionen zerlegen und die eindimensionalen Gleichungen rechnen. Später werden die Ergebnisse wieder zum Gesamtproblem zusammengekoppelt, vgl. [7].
- MULTI-OPERA: Multiscale Operator Splitting wurde an der Universität Greifswald ab 2012 entwickelt und es ist ein MATLAB®-Code mit Hilfe von Th. Zacher entstanden. Hier ist ein Multiskalenprogramm entstanden, das die Ansätze aus den iterativen Splittingverfahren und die Ideen aus dem HMM-Verfahren hernimmt und kombiniert. So konnten Beispiele im Bereich der Kopplung von deterministischen und stochastischen Gleichungen gelöst werden, vgl. [13].

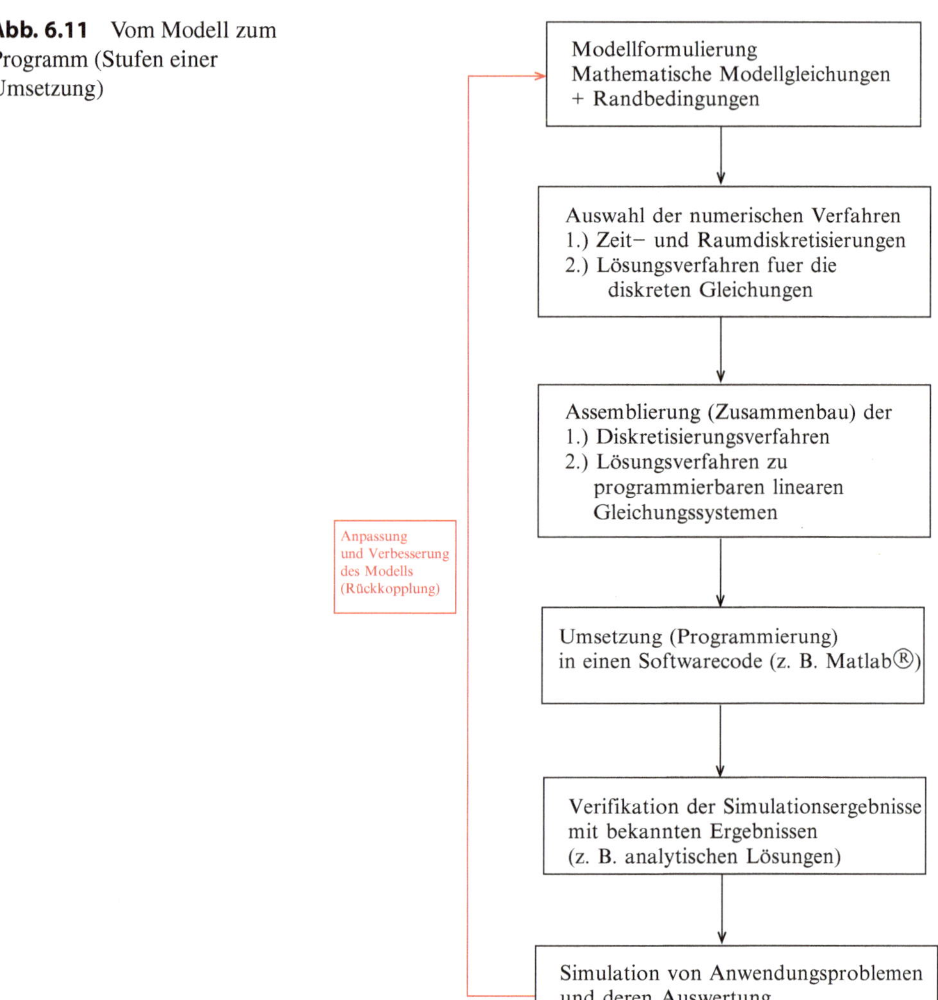


**Abb. 6.11** Vom Modell zum Programm (Stufen einer Umsetzung)

### 6.7.2   Vom Modell zum Programmpaket: Beispiel anhand einer Konvektions-Diffusions-Reaktions-Gleichung

Im Folgenden wollen wir das Vorgehen der Umsetzung vom Modell zum Programm anhand einer Konvektions-Diffusions-Reaktions-Gleichung zeigen.

Dabei ist es notwendig die bisher eingeführten Diskretisierungs- und Lösungsverfahren für eine Konvektions-Diffusions-Reaktions-Gleichung zu implementieren.

Die Schnittstelle von der Gleichung in den Programmcode ist dabei die Assemblierung. Sie kann wie folgt in der Definition 6.2 angegeben werden.

**Definition 6.2.** Die Assemblierung ist das Umsetzen von diskret beschriebenen Gleichungen (durch die Diskretisierungs- und Löserverfahren durchgeführt) in ein programmierbares Gleichungssystem.

### 6.7.2.1 Assemblierung von Diskretisierungsverfahren und Löserverfahren

Im Folgenden beschrieben wird die Umsetzung eines finiten Differenzenschemas in ein MATLAB$^\circledR$-Code aufgezeigt. Das Beispiel ist in dem Programmpaket OPERA-SPLITT umgesetzt.

Wir haben die Konvektions-Diffusions-Reaktions-Gleichung gegeben als:

$$Ru_t + vu_x - Du_{xx} = -\lambda\, u, \tag{6.107}$$

wobei die Parameter und die Rechengebiete von Raum und Zeit vorgegeben sind.

Folgende Verfahren sind anzuwenden:

- Finite Differenzen für die Raumdiskretisierung.
- Iteratives Splitting mit impliziter Zeitdiskretisierung (BDF-Verfahren).

**Wir haben nun folgende Diskretisierungsverfahren:**

1. Schritt 1 (Umsetzung der Diskretisierung in Finite-Differenzen-Notation):
   Wir schreiben die einzelnen Terme der Differentialgleichung in der Finiten-Differenzen-Notation:
   a. Diffusionsterm:

$$- D\partial_x^+ \partial_x^- C_j^n = -D\frac{C_{j+1}^n - 2C_j^n + C_{j-1}^n}{\Delta x^2}, \tag{6.108}$$

   wobei man hier die zweite Ordnungsdifferenz anwendet. Man erhält eine Genauigkeit von zweiter Ordnung im Raum.
   b. Konvektionsterm:

$$v\partial_x^+ C_j^n = v\frac{C_j^n - C_{j-1}^n}{\Delta x}, \tag{6.109}$$

   wobei man hier das Upwinding-Verfahren für den Konvektionsterm anwendet. Man erhält eine Genauigkeit von erster Ordnung im Raum.
   c. Reaktionsterm:

$$- \lambda C_j^n = -\lambda C_j^n, \tag{6.110}$$

   wobei man hier den linearen Term übernimmt, da man keinen räumlich abhängigen Operator hat und in der Zeit explizit diskretisiert.

2. Schritt 2 (Umsetzung der Diskretisierung in MATLAB®-Code,
   vgl. *SkriptPDGL2_opsp.m*):
   a. Diffusionsterm:

```
dx = L/N;
D1= spdiags([ones(N+1,1),...
   -2*ones(N+1,1),ones(N+1,1)],...
   [-1,0,1],N+1,N+1);
D1 = 1/R*D/(dx^2)*D1;
D1(1,1)=0;D1(1,2)=0;
D1(N+1,N)=0;D1(N+1,N+1)=0;
```

   b. Konvektions- und Reaktionsterm:

```
D2= spdiags([-ones(N+1,1),ones(N+1,1)],...
   [-1,0],N+1,N+1);
D2 = -lambda/R*eye(N+1)-v/(dx*R)*D2;
D2(1,1)=0;D2(1,2)=0;
D2(N+1,N)=0;D2(N+1,N+1)=0;
```

**Wir haben folgendes Lösungsverfahren:**

1. Schritt 1 (Umsetzung des Lösers in der iterativen Version):
   a. Iteratives Splitting-Verfahren als Löser:

$$\frac{\partial c_i}{\partial t} = Ac_i + Bc_{i-1}, \tag{6.111}$$

$$\frac{\partial c_{i+1}}{\partial t} = Ac_i + Bc_{i+1}, \tag{6.112}$$

   wobei der Operator $A$ den Diffusionsterm und der Operator $B$ den Konvektions- und
   Reaktionsterm enthält.
   b. Kopplung des iterativen Splitting-Verfahrens mit einem Zeitlöser. Hier wird ein
   BDF-Löser verwendet, bzw. ein BDF1-Verfahren:

$$c_i(t^{n+1}) = (I - \Delta t A)^{-1} \left( c_i(t^n) + \Delta t Bc_{i-1}\left(t^{n+1}\right)\right), \tag{6.113}$$

$$c_{i+1}(t^{n+1}) = (I - \Delta t B)^{-1} \left( c_i(t^n) + \Delta t Ac_i\left(t^{n+1}\right)\right), \tag{6.114}$$

   wobei man nun in dem iterativen Schritt $i$ den Operator $A$ löst und den Operator $B$
   als rechte Seite hat. In dem nächsten iterativen Schritt $i + 1$ den Operator $B$ löst und
   den Operator $A$ als rechte Seite hat.
2. Schritt 2 (Umsetzung des iterativen Lösers in MATLAB®-Code,
   vgl. *BDF_itopsp.m*):

```
for i = 2: 2 : NIter+1
    %x2' = A*x2 +B*x1(T)   x1(0)=x0
    e = D2*x(:,:,i-1);
    x(:,:,i) = LinBDF(D1,e,x0,t0,T,Nt,k);
    if i < NIter+1
        %x3' = A*x2(T) + B*x3 , x3(0)=x2(T)
        e = D1*x(:,:,i);
        x(:,:,i+1) = LinBDF(D2,e,x0,t0,T,Nt,k);
    end
end
```

3. Schritt 3 (Umsetzung der Zeitdiskretisierung mit dem BDF-Verfahren,
   vgl. *LinBDF.m*)

```
function erg = LinBDF(A,b,x0,t0,T,Nt,k)
h = (T-t0)/Nt; % Time steps
x = zeros(length(x0),Nt+1);
x(:,1)=x0;
if k==1 && Nt>=1
    %x' = Ax , x(0) = x0
    C = eye(size(A))- h*A;
    for i = 2 : Nt+1
        x(:,i) = C \ (x(:,i-1)+h*b(:,i) ); %BDF1
    end
end
erg = x;
```

Die einzelnen Verfahren für die Diskretisierung und der Lösungsverfahren sind für
die diskreten Gleichungen modular und in MATLAB® programmiert. Damit kann
man die einzelnen Programmteile auswechseln und entsprechend den Anforderungen
modifizieren.

**Vollständige MATLAB®-Datei mit den modularen Komponenten der Konvektions-Diffusions-Reaktions-Gleichung**

```
function SkriptPDGL2_opsp

% Konvektions-Diffusions-Reaktions-Gleichung
%R*u_t + v*u_x-Du_xx = -lambda*u

% Parameter der Gleichung
D= 0.0001;
R= 1;
```

```matlab
v = 0.001;
lambda = 10^(-5);

% Raum- und Zeitintervall
L=30;
t0 = 10000;
T=20000;
N = 300;Nx=N;


% Assemblierung der Matrizen

dx = L/N;
D1= spdiags([ones(N+1,1),-2*ones(N+1,1),...
    ones(N+1,1)],[-1,0,1],N+1,N+1);
D1 = 1/R*D/(dx^2)*D1;
D1(1,1)=0;D1(1,2)=0;
D1(N+1,N)=0;D1(N+1,N+1)=0;

D2= spdiags([-ones(N+1,1),ones(N+1,1)],...
    [-1,0],N+1,N+1);
D2 = -lambda/R*eye(N+1)-v/(dx*R)*D2;
D2(1,1)=0;D2(1,2)=0;
D2(N+1,N)=0;D2(N+1,N+1)=0;

% Initialisierung der exakten Loesung

for i = 1 : N+1
    x0(i) = uexact((i-1)*dx,t0,D,v,lambda);
end
x0 = x0';
x0(1) = uexact(0,T,D,v,lambda);
x0(end) = uexact(L,T,D,v,lambda);
for i = 1 : N+1
    exact(i) = uexact((i-1)*dx,T,D,v,lambda);
end
exact = exact';

n = [10];
ni = [1,2,3,4,20];
nt = 100;
```

```
% Loeserroutinen

for k = 1: length(ni)
    for l = 1 : length(n)
        N = n(l);
        NIter = ni(k);
        Nt = nt/N;
        erg=x0;
        %Null
        c0 = repmat(zeros(length(x0),1)',...
            Nt+1,1)';
        for i = 1 : N
          erg = BDF_itopsp(D1,D2,erg,c0,t0 + ...
            (T-t0)*(i-1)/N,t0+(T-t0)*i/N,Nt,NIter,3);
        end
        error((k-1)*length(n)+l,:) = abs(erg-exact);
        ergM((k-1)*length(n)+l,:) = erg;
    end
end

format short
ExactSol = exact;
format short e
D=D1+D2;
b =zeros(length(x0),nt+1);
erg_BDF = LinBDF(D,b,x0,t0,T,nt,3);
NumGes = abs(erg_BDF(:,end)-exact)

format short e
error

% Ausgabe der Ergebnisse

figure(1);
plot(0:dx:L,x0);
figure(3)
clf
hold all
for i= 1:length(ni)
plot(0:dx:L,ergM(i,:));
end
figure(2)
```

```
plot(0:dx:L,ergM(end,:))
%Dateiausgabe
I = repmat(ni,length(n),1);
J = repmat(n,length(ni),1)';
fid = fopen('erg.txt','w');
C = [I(:),J(:),error(:,[181,201,221])];
%C = [I(:),J(:),error(:,[20,40,60])];
fprintf(fid,'%4i & %4i & %1.4e & %1.4e ...
        & %1.4e  \\\\ \n',C');
fclose(fid);

function val=u0(x)
val=1;


function val=uexact(x,t,D,v,lambda)
val=u0(x)/(2*sqrt(D*pi*t))*...
            exp(-(x-v*t)^2/(4*D*t))*...
            exp(-lambda*t);
```

## 6.8 Fragen zum vorliegenden Kapitel

Schwerpunkt: Ergänzung zu den Multiskalenmodellen, den Multiskalenmethoden, den Anwendungsbeispielen und der programmtechnischen Umsetzung:

1) Kennen Sie praxisnahe Kopplungsverfahren, die man als Multiskalenverfahren einsetzen kann?
2) Was ist ein modulares Splittingverfahren?
3) Können Sie grob die Fokker-Planck-Gleichung skizzieren?
4) wo wird die FP-Gleichung angewendet?
5) Was ist ein PIC-Verfahren?
6) Können Sie die einzelnen Komponenten des PIC-Verfahrens skizzieren?
7) Wie kann man eine Fokker-Planck-Gleichung mit einem PIC-Verfahren lösen?
8) Was sind komplexe Fluide und welche Anwendungen kennen Sie?
9) Welche Probleme gibt es bei der Lösung von komplexen Fluiden im Bereich der Polymere?
10) Was sind Anwendungen der Magentohydrodynamik und was ist die Magentohydrodynamik?
11) Können Sie die Grundgleichung der MHD skizzieren?
12) Aus welchen Gleichungen besteht die MHD-Gleichung?
13) Auf welche Eigenschaften muss man bei der Löserauswahl für die MHD-Gleichung achten?

14)  Was ist modulares Programmieren?
15)  Können Sie das modulare Programmieren für eine Konvektions-Diffusions-Reaktions-Gleichung skizzieren (Tipp: Wir nehmen an, dass wir ein Splittingverfahren verwenden)?

## Literatur


1. Birdsall, K.C., Langdon, B.A.: Plasma Physics via Computer Simulation. Series in Plasma Physics. Taylor & Francis, New York (1985)
2. Deville, M., Gatski, B.T.: Mathematical Modeling for Complex Fluids and Flows. Springer, Berlin/Heidelberg (2012)
3. Duarte, A.S.R., Miranda, A.I.P., Oliveira, J.P.: Numerical and analytical modeling of unsteady viscoelastic flows: The start-up and pulsating test case problems. J. Non-Newtonian Fluid Mech. **154**, 153–169 (2008)
4. Farago, I., Thomsen, G.P., Zlatev, Z.: On the additive splitting procedures and their computer realization. Appl. Math. Model. **32**(8), 1552–1569 (2008)
5. Fattal, R., Kupferman, R.: Time-dependent simulation of viscoelastic flows at high Weissenberg number using the log-conformation representation. J. Non-Newtonian Fluid Mech. **126**, 23–37 (2005)
6. Geiser, J.: Iterative operator-splitting methods with higher order time-integration methods and applications for parabolic partial differential equations. J. Comput. Appl. Math. **217**, 227–242 (2008). Elsevier, Amsterdam
7. Geiser, J.: A higher order splitting method for elastic wave propagation. Int. J. Math. Math. Sci. **2008**, 31, Article ID 291968 (2008). Hindawi Publishing Corp., New York
8. Geiser, J.: Decomposition Methods for Partial Differential Equations: Theory and Applications in Multiphysics Problems. Numerical Analysis and Scientific Computing Series. Taylor & Francis Group, Boca Raton/London (2009)
9. Geiser, J.: Iterative Splitting Methods for Differential Equations. Numerical Analysis and Scientific Computing Series. Taylor & Francis Group, Boca Raton/London/New York (2011)
10. Geiser, J.: Model order reduction for numerical simulation of particle transport based on numerical integration approaches. Math. Comput. Modell. Dyn. Syst. **20**(4), 317–344 (2014)
11. Geiser, J.: Coupled Systems: Theory, Models, and Applications in Engineering. Numerical Analysis and Scientific Computing Series. Taylor & Francis Group, Boca Raton/London/New York (2014)
12. Geiser, J.: Additive via Iterative Splitting Schemes: Algorithms and Applications in Heat-Transfer Problems. In: Ivanyi, P., Topping, B.H.V. (Hrsg.) Proceedings of the Ninth International Conference on Engineering Computational Technology, Civil-Comp Press, Stirlingshire, Paper 51 (2014). https://doi.org/10.4203/ccp.105.51
13. Geiser, J.: Modelling of langevin equations by the method of multiple scales. IFAC-PapersOnLine **48**(1), 341–345 (2015)
14. Geiser, J.: Multicomponent and Multiscale Systems: Theory, Methods, and Applications in Engineering. Springer, Cham/Heidelberg/New York/Dordrecht/London (2016)
15. Geiser, J.: Additive and Iterative Splitting Methods for Multiscale and Multiphase Coupled Problems. J. Coupled Syst. Multiscale Dyn. **4**(4), 271–291 (2016)
16. Geiser, J., Ewing, E.R., Liu, J.: Operator splitting methods for transport equations with nonlinear reactions. In: Bathe, K.J. (Hrsg.) Computational Fluid and Solid Mechanics 2005, S. 105–1108. Elsevier, Amsterdam (2005)

17. Geiser, J., Hueso, L.J., Martinez, E.: New versions of iterative splitting methods for the momentum equation. J. Comput. Appl. Math. **309**, 1359–370 (2017)
18. Goedbloed, J.P.H., Poedts, S.: Principles of Magnetohydrodynamics: With Applications to Laboratory and Astrophysical Plasmas. Cambridge University Press, Cambridge (2004)
19. Hackbusch, W.: Theorie und Numerik elliptischer Differentialgleichungen. Teubner Studienbücher, Stuttgart (1986)
20. Hahn, J.: Implementation of a simulation environment for the successive integration of mathematical models for cellular processes exemplified for central carbon metabolism in yeast, Master-Thesis, Theoretical Biophysics. Humboldt University of Berlin, Berlin (2013)
21. Hairer, E., Wanner, G.: Solving Ordinary Differential Equations II. Springer Series in Computational Mathematics, Bd. 14. Springer, Berlin/Heidelberg (1996)
22. Harten, A.: High resolution schemes for hyperbolic conservation laws. J. Comput. Phys. **49**, 357–393 (1983)
23. Hockney, R., Eastwood, J.: Computer Simulation Using Particles. Taylor & Francis Group, New York (1988)
24. Hynne, F., Dano, S., Sorensen, G.P.: Full-scale model of glycolysis in Saccharomyces cerevisiae. Biophys. Chem. **94**(1–2), 121–163 (2001)
25. Kloeden, E.P., Platen, E.: The Numerical Solution of Stochastic Differential Equations. Springer, Berlin (1992)
26. Kröner, D.: Numerical Schemes for Conservation Laws. Wiley-Teubner Series Advances in Numerical Mathematics. Wiley-Teubner, Chichester (1997)
27. Lapenta, G.: The particle-in-cell method – a brief introduction of the PIC method lecture-notes (2010). https://pers, www.kuleuven.be/~u0052182/teaching.html
28. Le Bris, C., Lelievre, T.: Multiscale modelling of complex fluids: A mathematical initiation. In: Engquist, B., Lötstedt, P., Runborg, O. (Hrsg.) Multiscale Modeling and Simulation in Science Series. Lecture Notes in Computational Science and Engineering, Bd. 66, S. 49–138, Springer, Berlin/Heidelberg (2009)
29. Le Bris, C., Lelievre, T.: Micro-macro models for viscoelastic fluids: Modelling, mathematics and numerics. Sci. China Math. **55**(2), 353–384 (2012)
30. LeVeque, J.R.: Numerical Methods for Conservation Laws. Lectures in Mathematics. ETH-Zurich/Birkhauser-Verlag, Basel (1990)
31. LeVeque, J.R.: Finite Volume Methods for Hyperbolic Problems. Cambridge Texts in Applied Mathematics. Cambridge University Press, Cambridge (2002)
32. Lieberman, A.M., Lichtenberg, J.A.: Principle of Plasma Discharges and Materials Processing, 2. Aufl. Wiley, Hoboken (2005)
33. Lukacova-Medvidova, M., Notsu, H., She, B.: Energy dissipative characteristic schemes for the diffusive Oldroyd-B viscoelastic fluid. Int. J. Numer. Methods Fluids **81**(9), 523–557 (2016)
34. MacNamara, S., Strang, G.: Operator Splitting. In: Glowinski, R., Osher, J.S., Yin, W. (Hrsg.) Splitting Methods in Communication, Imaging, Science, and Engineering. Scientific Computation, chapter 3, S. 95–114. Springer, Cham (2016)
35. McLachlan, I.R., Quispel, R.: Splitting methods. Acta Numer. **11**, 341–434 (2002)
36. Mitchner, M., Kruger, H.C.: Partially Ionized Gases Wiley Series in Plasma Physics, 1. Aufl. Wiley, Hoboken (1973)
37. Nicholson, R.D.: Introduction to Plasma Theory. Wiley, New York (1983)
38. Oksendal, B.: Stochastic Differential Equations: An Introduction with Applications. Springer, Berlin/Heidelberg (2002)
39. Peeters, G.A., Strintzi, D.: The Fokker-Planck equation, and its application in plasma physics. Ann. Phys. **17**(2–3), 142–157 (2008). Berlin

40. Risken, H.: The Fokker-Planck Equation: Methods of Solutions and Applications, 2. Aufl. Springer, Berlin (1996)
41. Strang, G.: On the construction and comparison of difference schemes. SIAM J. Numer. Anal **5**, 506–517 (1968)
42. Taflove, A., Hagness, C.S.: Computational Electrodynamics. Artech House, Boston (2005)
43. Trotter, F.H.: On the product of semi-groups of operators. Proc. Am. Math. Soc. **10**(4), 545–551 (1959)
44. Vabishchevich, N.P.: Additive Operator-Difference Schemes. Walter de Gruyter, Berlin/Boston (2014)
45. Warnecke, G.: Analysis and Numerics for Conservation Laws. Springer, Berlin/Heidelberg (2005)
46. Wesseling, P.: Principles of Computational Fluid Dynamics. Springer, Berlin/New York (2001)

# Ergänzung zu den numerischen Umsetzungen und zu weiteren realen Anwendungen

**7**


**Zusammenfassung**

Im folgenden Kapitel haben wir Ergänzungen im Bereich der numerischen Methoden für die Parallelisierung in Raum und Zeit. Wir besprechen Problemstellungen im Bereich von großen Raumgebieten, bei dem das Raumsplitting wichtig ist und damit eine parallele Umsetzung ermöglicht wird. Weiter auch Problemstellungen für große Zeitgebiete, bei denen ebenfalls eine Parallelisierung in der Zeit wichtig wird. Die Ergänzungen zu den numerischen Umsetzungen im Bereich der Parallelisierung ermöglicht dann weitere reale Anwendungen aus der Ingenieurspraxis. Mittels der parallelen Algorithmen kann man zeitnah große Problemstellungen berechnen, für die man vorher viele Stunden oder sogar Wochen auf einem einzelnen PC gebraucht hätte. Damit ist es möglich die Simulationsergebnisse für weitere Entscheidungen bei der Modellierung oder bei der Vorhersage von Experimenten zu verwenden. Weiter besprechen wir verschiedene Anwendungen aus der Ingenieurspraxis und deren Umsetzung in verschiedene Softwarepakete.


## 7.1  Raumsplitting und Parallelisierung

Die Raumzerlegungsverfahren sind schon in den 1960er-Jahren aufgekommen. Diese wurden für die Lösung von großen Randwertproblemen verwendet, vgl. [29]. Dabei zerlegt man ein großes Randwertproblem in viele kleinere Sub-Randwertprobleme. Die einzelnen Sub-Randwertprobleme werden dann man dann schneller auf einzelnen Prozessoren gelöst.


© Springer Fachmedien Wiesbaden GmbH, ein Teil von Springer Nature 2018
J. Geiser, *Computational Engineering*,
https://doi.org/10.1007/978-3-658-18708-8_7

Es gibt folgende Unterscheidungen:

1. Nicht-iterative Raumzerlegungsverfahren
   (im Englischen auch *domain-decomposition methods* genannt):
   Es sind Verfahren im Bereich der Stelkov-Poincare-Operatoren, vgl. [27]. Diese führen sogenannte Lagrange-Variablen mit denen man die nichtüberlappenden Ränder verbinden kann, z. B. FETI oder Mortar Elemente, vgl. [27]. Man muss dann zusätzlich noch die Lagrange-Operatoren lösen, z. B. mit Schurkomplement-Lösern.
2. Iterative Raumzerlegungsverfahren
   (im Englischen auch *classical iterative domain-decomposition methods* genannt):
   Mittels iterativer Zyklen, oder auch Relaxationszyklen genannt, kann man die angrenzenden Lösungen von den nichtüberlappenden oder überlappenden Randgebieten miteinander koppeln. Damit relaxieren die Lösungen aus den gekoppelten Gebieten zu konvergenten Gesamtlösungen. Man wendet in diesem Bereich die additiven Schwartz-Waveform-Relaxationsverfahren oder multiplikativen Schwartz-Waveform-Relaxationsverfahren an, vgl. [32].

Dadurch, dass die Sub-Gebiete unabhängig von den anderen Gebieten sind, kann man deshalb eine Parallelisierung anwenden, vgl. [32].

### 7.1.1   Verschieden Ansätze für Raumzerlegungsverfahren

Man hat verschiedene Möglichkeiten Raumzerlegungsverfahren zu konstruieren. Die Ideen sind dabei, Verfahren zu konstruieren, welche folgende Eigenschaften haben:

- die Gebietskopplung ohne Überlappung oder mit Überlappung durchzuführen,
- das Kopplungsverfahren als iteratives Verfahren oder als nicht-iteratives Verfahren zu entwickeln.

Dabei hat man zwei Möglichkeiten der Überlappung, vgl. auch Abb. 7.1.

Die verschiedenen Überlappungsansätze brauchen auch verschiedene Verfahrensansätze, so haben wir:

- Verfahren für nichtüberlappende Gebiete: Hier werden nicht-iterative Verfahren, d. h. Ansätze mit Lagrange-Operatoren, z. B. FETI, vgl. [6], oder iterative Verfahren, z. B. Schwartz-Waveform-Relaxation-Verfahren, hergenommen, gl. [32].
- Verfahren für überlappende Gebiete: Hier werden nur iterative Verfahren, z. B. additive Schwartz-Waveform-Relaxation-Verfahren oder multiplikative Schwartz-Waveform-Relaxation-Verfahren, verwendet, vgl. [32].

Verschiedene Überlappungsansätze
bei Raumzerlegungsverfahren

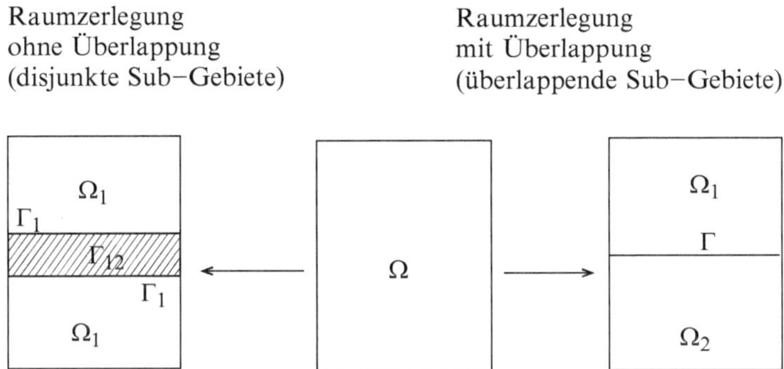



**Abb. 7.1**   Verschieden Überlappungsansätze bei Raumzerlegungsverfahren, wobei im linken Bild die Überlappung mit $\Gamma_{12} = \Omega_1 \cap \Omega_2$ (überlappend) und im rechten Bild die Überlappung mit $\Gamma = \Omega_1 \cap \Omega_2$ (disjunkt) gegeben ist

Im Folgenden skizzieren wir die Vorteile und Nachteile der verschiedenen Verfahren:

- Nicht-iterative Verfahren:
  - Vorteil: Der Austausch der Ergebnisse zwischen den Gebieten kann in einem Operator ausgetauscht werden. Es werden keine iterativen Zyklen benötigt. Für den Austausch der Lösungen zwischen den einzelnen Gebieten wird eine Erweiterung im Bereich der nicht-überlappenden Grenzen durchgeführt, vgl. [27].
  - Nachteil: Durch die Erweiterung im Bereich der nicht-überlappenden Gebiete, erhält man gekoppelte lineare Gleichungssysteme. Diese brauchen wiederum zur Lösung des LGS einen iterativen Gleichungslöser, z. B. konjugierte Gradienten-Verfahren (conjugate gradients method), vgl. [1] und [19]. Damit hat man einen Mehraufwand bei dem Lösungsverfahren.
- Iterative Verfahren
  - Vorteil: Eine einfache Parallelisierung hat man bei nicht-überlappenden oder überlappenden Gebieten, da die Kopplung iterativ erfolgt und keine Erweiterung des LGS benötigt wird. Man hat einen einfachen Austausch der Ergebnisse, da man zur Initialisieren des Verfahrens die vorhergehende iterative Lösung im Überlappungsbereich hernimmt. Eine Verbesserung der Konvergenzresultate kann durch größere überlappende Gebiete erreicht werden.
  - Nachteil: Die iterative Methoden benötigen mehrere Durchläufe bis zu einem guten konvergenten Ergebnis. Eine Verbesserung und Reduzierung der Durchläufe kann mit größeren Überlappung erhalten werden, damit hat man aber einen höheren Aufwand bei der Parallelisierung.

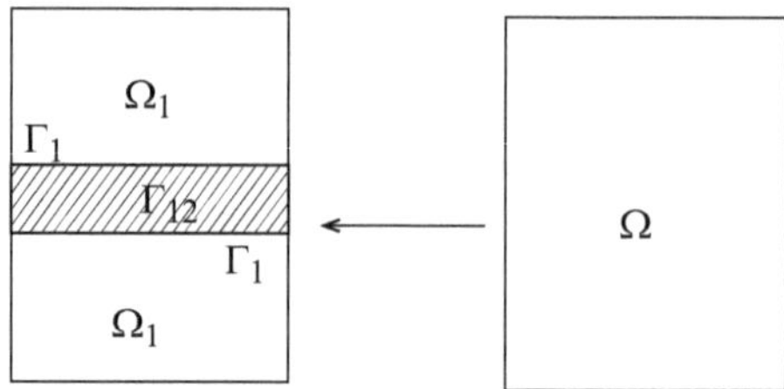

**Abb. 7.2**  Überlappung von Gebieten bei der Anwendung der Schwartz-Waveform-Relaxationsmethode (linkes Bild: zerlegte Gebiete mit überlappenden Rändern, rechtes Bild: unzerlegtes und originales Gebiet)

### 7.1.1.1 Iterative Verfahren

Im Folgenden besprechen wir ein einfaches iteratives Raumzerlegungsverfahren, das sogenannte Schwartz-Waveform-Relaxationsverfahren (im Englischen: Schwartz Waveform Relaxation method).

Die Idee ist es, das räumliche Rechengebiet in kleinere Rechengebiete zu zerlegen und jeweils unabhängig zu berechnen. Die Kopplung erfolgt zwischen den Gebieten am Rand bzw. im Bereich der überlappenden Gebiete. Diese werden dann iterativ miteinander gekoppelt und relaxieren zu einem konvergenten Ergebnis, vgl. [32].

Wir betrachten die folgende elliptische Differentialgleichung (Randwertproblem):

$$Lu = f, \ x \in \Omega, \tag{7.1}$$

$$u = 0, \ x \in \partial\Omega, \tag{7.2}$$

wobei $u : \Omega \to \mathbb{R}$ und $L = -\Delta$ ein Laplace-Operator ist. Weiter haben wir Dirichlet-Randbedingungen.

Die Schwartz-Waveform-Relaxationsmethode mit der Zerlegung des Gebiets in zwei Untergebiete, vgl. Abb. 7.2, ist gegeben als:

- Additive Schwartz-Methode (additive Schwartz method)

$$\text{Lösung von Prozessor 1} \begin{cases} Lu_1^k = f, & x \in \Omega_1, \\ u_1^k = u_2^{k-1}, & x \in \Gamma_1, \\ u_1^k = 0, & x \in \partial\Omega_1 \backslash \Gamma_1, \end{cases} \tag{7.3}$$

$$\text{Lösung von Prozessor 2} \begin{cases} Lu_2^k = f, & x \in \Omega_2, \\ u_2^k = u_2^{k-1}, & x \in \Gamma_2, \\ u_2^k = 0, & x \in \partial\Omega_2 \backslash \Gamma_2. \end{cases} \tag{7.4}$$

- Multiplikative Schwartz-Methode (multiplicative Schwartz method)

$$\text{Lösung von Prozessor 1} \begin{cases} Lu_1^k = f, & x \in \Omega_1, \\ u_1^k = u_2^{k-1}, & x \in \Gamma_1, \\ u_1^k = 0, & x \in \partial\Omega_1 \backslash \Gamma_1, \end{cases} \tag{7.5}$$

$$\text{Lösung von Prozessor 2} \begin{cases} Lu_2^k = f, & x \in \Omega_2, \\ u_2^k = u_2^k, & x \in \Gamma_2, \\ u_2^k = 0, & x \in \partial\Omega_2 \backslash \Gamma_2. \end{cases} \tag{7.6}$$

**Bemerkung 7.1.** *Bei der additiven Schwartz-Methode verwendet man für alle Prozessoren das Ergebnis der letzten iterativen Lösung am Überlappungsgebiet (d. h. $u_1^{k-1}$ und $u_2^{k-1}$). Die Prozessoren können gleichzeitig arbeiten. Bei der multiplikativen Schwartz-Methode verwendet man für die nachfolgenden Prozessoren das Ergebnis der aktuellen iterativen Lösung am Überlappungsgebiet vom vorhergehenden Prozessor (d. h. $u_1^{k-1}$ und $u_2^k$). Die Prozessoren müssen damit warten, bis das Ergebnis des vorausgehenden Prozessors fertig ist. Damit ist die Parallelisierung von multiplikativen Schwartz-Verfahren deutlich schwieriger, aber die Ergebnisse sind genauer, vgl. [32].*

**Bemerkung 7.2.** *Bei dem Beispiel haben wir zwei elliptische Randwertprobleme hergenommen mit Dirichlet-Randbedingungen in den beiden Sub-Gebieten $\Omega_1$ und $\Omega_2$. Bei Anwendung der Schwartz-Waveform-Relaxationsmethode hat man immer eine Konvergenz, vgl. [31]. Wir haben folgende Konvergenz:*

$$\lim_{k \to \infty} u_1^k = u|_{\Omega_1}, \tag{7.7}$$

$$\lim_{k \to \infty} u_2^k = u|_{\Omega_2}. \tag{7.8}$$

*Dabei hat man eine schnellere Konvergenz bei einer grösseren Überlappung $\Gamma_{12}$, vgl.* [22].

Nachfolgend ist ein eindimensionales Beispiele, vgl. Beispiel 7.3, einer elliptischen Differentialgleichung gegeben.

**Beispiel 7.3.** *Wir haben das 1D-Randwertproblem gegeben mit:*

$$-\Delta u + \eta u = f, \; x \in \Omega, \tag{7.9}$$

$$u = u_{bound}, \; x \in \partial\Omega, \tag{7.10}$$

*mit $u : \Omega \to \mathbb{R}$ ist die Lösung. Weiter ist $\Omega = [0, 1]$ das Rechengebiet mit der Konstanten $\eta \in \mathbb{R}$ und den Randwerten $u(0) = u_{bound,1}$, $u(1) = u_{bound,2}$ und $u_{bound,1}, u_{bound,2} \in \mathbb{R}$.*

**Gebietszerlegungen**

**Überlappungsgebiete**

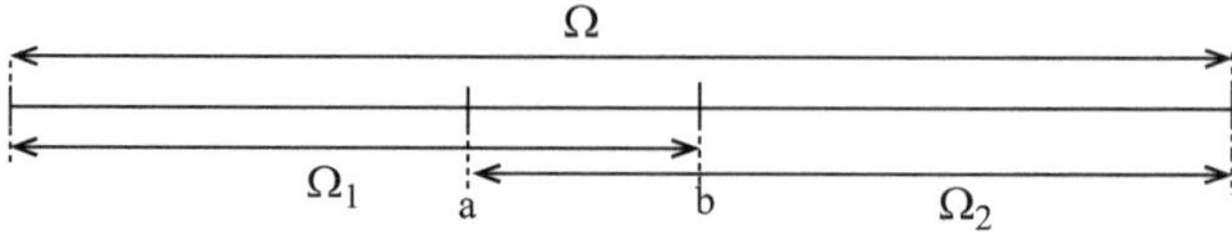

**Nicht−Überlappungsgebiete**

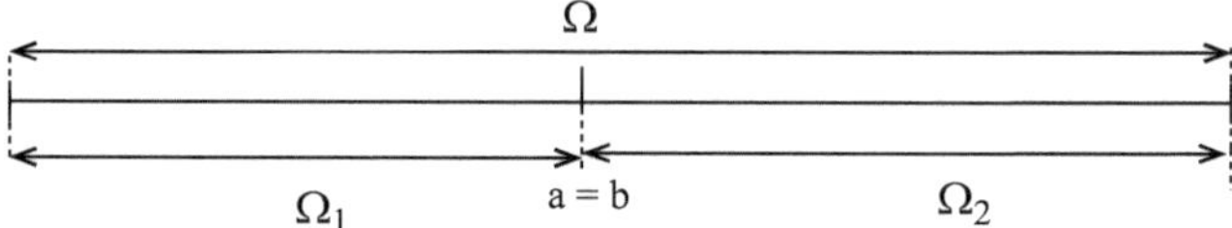

**Abb. 7.3** Gebietszerlegung mit überlappender und nicht-überlappender Version

*Die Gebietszerlegung soll dabei in einer überlappenden bzw. einer nicht-überlappenden Version durchgeführt werden, vgl. Abb. 7.3.*

*Die elliptische Differentialgleichung wird mit finiten Differenzen diskretisiert und ist angegeben mit:*

$$-\frac{u_{j+1} - 2u_j + u_{j-1}}{h^2} + \eta u_j = f_j, \ 1 \le j \le J, \tag{7.11}$$

*wobei $u_0 = u_{bound,1}$ und $u_{J+1} = u_{bound,2}$ und h ist die Raumschrittweite.*

*Für das Gebietszerlegungsverfahren verwenden wir die Schwartz-Waveform-Relaxationsmethode, die gegeben ist mit:*

$$-\frac{(u_1^{n+1})_{j+1} - 2(u_1^{n+1})_j + (u_1^{n+1})_{j-1}}{h^2} + \eta(u_1^{n+1})_j = f_j, \ 1 \le j \le b - 1, \tag{7.12}$$

$$(u_1^{n+1})_b = (u_2^n)_b,$$

$$(u_1^{n+1})_0 = u_{bound,1},$$

$$-\frac{(u_2^{n+1})_{j+1} - 2(u_2^{n+1})_j + (u_2^{n+1})_{j-1}}{h^2} + \eta(u_2^{n+1})_j = f_j, \ a + 1 \le j \le J, \tag{7.13}$$

$$(u_2^{n+1})_a = (u_1^{n+1})_a,$$

$$(u_2^{n+1})_{J+1} = u_{bound,2}.$$

*Das Ergebnis der Schwartz-Waveform-Relaxationsmethode ist dann in den iterativen Schritten in den Abb. 7.4 gegeben.*

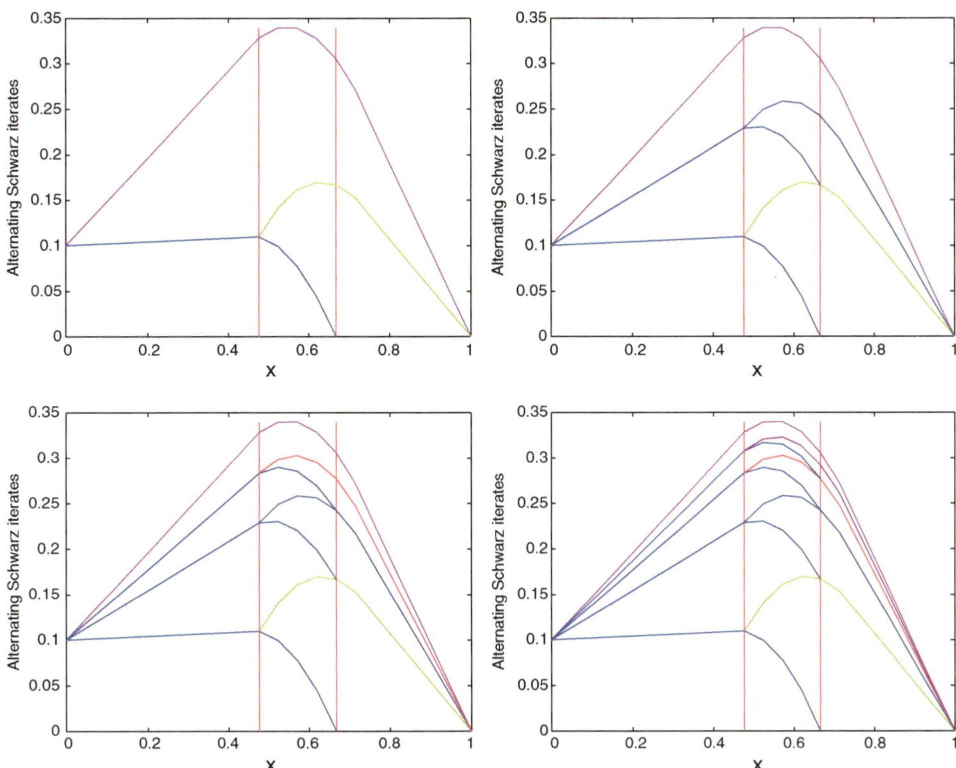

**Abb. 7.4**  Das Bild oben links zeigt die Lösung der 0-ten Iteration, weiter das Bild oben rechts zeigt die Lösung der 1-ten Iteration, das Bild unten links zeigt die Lösung der 2-ten Iteration und das Bild unten rechts zeigt die Lösung der 3-ten Iteration

*Nach mehreren Iterationsschritten nähert man sich dann von beiden Seiten an die exakte Lösung des Randwertproblems. Dabei erreicht man bei größeren Überlappungen schnellere Konvergenzresultate.*

### 7.1.1.2 Nicht-iterative Verfahren

Bei den nicht-iterativen Verfahren muss man eine Kopplung mittels eines weiteren Operators, z. B. mittels des Stelklov-Poincare-Operators, durchführen, vgl. [21] und [27].

Wir wollen folgendes nichtüberlappende Gebiet hernehmen, vgl. Abb. 7.5.

Wir wollen das nicht-iterative Verfahren für die elliptische Differentialgleichung (Poisson-Gleichung) verwenden. Dies ist gegeben mit:

$$- \Delta u = f, \; x \in \Omega, \tag{7.14}$$

$$u = 0, \; x \in \partial\Omega. \tag{7.15}$$

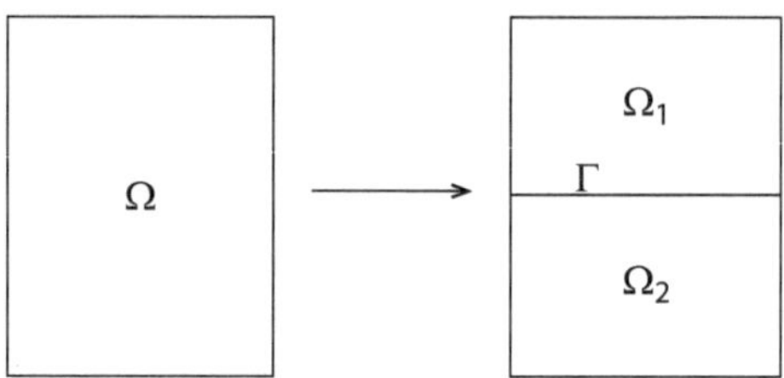

**Abb. 7.5**  Nichtüberlappung von Gebieten bei der Anwendung der nicht-iterative Zerlegungs-verfahren (linkes Bild: unzerlegtes und originales Gebiet, rechtes Bild: zerlegte Gebiete mit nichtüberlappenden Rändern)

Für die Zerlegung in zwei Subgebiete erhält man dann die äquivalente Multigebietsfor-mulierung:

$$
\begin{aligned}
-\Delta u_1 &= f, \quad x \in \Omega_1, \\
u_1 &= 0, \quad x \in \partial\Omega_1 \backslash \Gamma, \\
-\Delta u_2 &= f, \quad x \in \Omega_2, \\
u_2 &= 0, \quad x \in \partial\Omega_2 \backslash \Gamma, \\
u_1 &= u_2, \quad x \in \Gamma, \\
\tfrac{\partial u_1}{\partial n} &= \tfrac{\partial u_2}{\partial n}, \, x \in \Gamma,
\end{aligned}
\tag{7.16}
$$

Man muss eine zusätzliche Gleichung auf dem nichtüberlappenden Gebiet lösen. Damit erweitert sich dann das spätere lineare Gleichungssystem mit den sogenannten Interface-Matrizen, vgl. [21].

Wir verwenden eine finite Element-Methode, vgl auch [27] und [29], mit $u_h \in V_h$ mit

$$
a(u_h, v_h) = F(v_h), \ \forall v_h \in V_h \in \Omega,
\tag{7.17}
$$

wobei $a(\cdot, \cdot)$ eine bilineare Form zum Operator $L = -\Delta$ ist. Die Triangulierung von $\Omega$ ist $\mathcal{T}_h$. Weiter haben wir den Finite-Element-Raum mit $V_h = \{v_h \in C^0(\overline{\Omega}) : v_h|_T \in \mathbb{E}_r, \forall T \in \mathcal{T}_h, v_h = 0$ auf $\partial\Omega\}$ und die Basisfunktionen als $\{\phi_j\}_{j=1}^{N_h}$ vom Grad $r$. Weiter ist $\mathbb{E}_r$ der Polynomraum vom Grad $r$.

Die Subgebiete werden wie folgt mit den Gitterpunkten definiert:

- Das Subgebiet $\Omega_1$ hat die Gitterpunkte: $\{x_{1,j}, 1 \le j \le N_1\}$.
- Das Subgebiet $\Omega_1$ hat die Gitterpunkte: $\{x_{2,j}, 1 \le j \le N_2\}$.
- Das Interface $\Gamma$ hat die Gitterpunkte: $\{x_{\Gamma,j}, 1 \le j \le N_\Gamma\}$.

Dann kann man die Galerkin-Formulierung einsetzen und erhält das lineare Gleichungs-system mit:

$$A\mathbf{u} = \mathbf{f}, \tag{7.18}$$

mit

$$A = \begin{pmatrix} A_{1,1} & 0 & A_{1,\Gamma} \\ 0 & A_{2,2} & A_{2,\Gamma} \\ A_{\Gamma,1} & A_{\Gamma,2} & A_{\Gamma,\Gamma} \end{pmatrix}, \quad \mathbf{u} = \begin{pmatrix} \mathbf{u}_1 \\ \mathbf{u}_2 \\ \lambda \end{pmatrix}, \mathbf{f} = \begin{pmatrix} \mathbf{f}_1 \\ \mathbf{f}_2 \\ \mathbf{f}_\Gamma \end{pmatrix}, \tag{7.19}$$

mit $A_{\Gamma,\Gamma} = A_{\Gamma,\Gamma,1} + A_{\Gamma,\Gamma,2}$ und $\mathbf{f}_\Gamma = \mathbf{f}_{\Gamma,1} + \mathbf{f}_{\Gamma,2}$.

Die Gleichung $A\mathbf{u} = \mathbf{f}$ lässt sich mit Hilfe von zwei Randwertproblemen und eines Schurkomplement-Systems lösen.

Die Randwertprobleme sind angegeben mit:

$$\mathbf{u}_1 = A_{1,1}^{-1}(\mathbf{f}_1 - A_{1,\Gamma}\lambda), \tag{7.20}$$

$$\mathbf{u}_2 = A_{2,2}^{-1}(\mathbf{f}_2 - A_{2,\Gamma}\lambda). \tag{7.21}$$

Das Schurkomplement-System ist gegeben mit:

$$\left[\left(A_{\Gamma,\Gamma,1} - A_{\Gamma,1}A_{1,1}^{-1}A_{1,\Gamma}\right) + \left(A_{\Gamma,\Gamma,2} - A_{\Gamma,2}A_{2,2}^{-1}A_{2,\Gamma}\right)\right]\lambda \tag{7.22}$$

$$= \mathbf{f}_\Gamma - A_{\Gamma,1}A_{1,1}^{-1}\mathbf{f}_{\Gamma,1} - A_{\Gamma,2}A_{2,2}^{-1}\mathbf{f}_{\Gamma,2},$$

wobei der Operator $[(A_{\Gamma,\Gamma,1} - A_{\Gamma,1}A_{1,1}^{-1}A_{1,\Gamma}) + (A_{\Gamma,\Gamma,2} - A_{\Gamma,2}A_{2,2}^{-1}A_{2,\Gamma})]$ das sogenannte Schurkomplement ist.

**Bemerkung 7.4.** *Diese Gleichungen können nun wiederum mit iterative Methoden, z. B. vorkonditionierte konjugierte Gradientenmethoden (englisch: Preconditioned conjugate gradients method), gelöst werden, vgl.* [21].

### 7.1.2  Parallelisierung der Raumzerlegungsverfahren

Im Bereich der Raumzerlegungsverfahren kommt man schnell in den Bereich der Parallelisierung. Man kann die einzelnen Sub-Gebiete unabhängig mit einzelnen Prozessoren lösen, ohne eine Kommunikation mit anderen Sub-Gebieten zu haben. Erst in einem Synchonisierungsschritt muss man die Informationen zu den Nachbargebieten am Rand oder in den Überlappungsgebieten austauschen, vgl. [32]. Dabei ist es effektiver, disjunkte Überlappungen zu parallelisieren, vgl. [20], da man weniger kommunizieren muss unter den Nachbargebieten.

Weiter kann man ein speicherintensives Problem, z. B. ein sehr großes Raumgebiet in kleine Sub-Gebiete zerlegen, die dann auf den lokalen Speichern der einzelnen PC

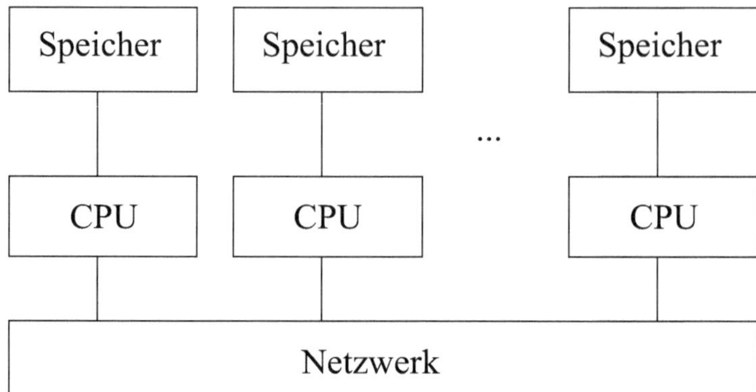


**Abb. 7.6**   Aufteilung des Speichers, d. h. man verwendet einen verteilten Speicher (englisch: distributed memory). Bei dem Raumzerlegungsverfahren kann so die Abspeicherung von großen Rechengebiete in lokal kleine Rechengebiete vorgenommen werden. Man verteilt die Abspeicherung des großen Gebiets in lokale Speicher der einzelnen Prozessoren

abspeicherbar sind. Hier wird bei der Parallelisierung die Idee des verteilten Speichers verwendet, vgl. Abb. 7.6.

**Beispiel 7.5.** *Mit Raumzerlegungsalgorithmen kann man eine Effektivität von 70–85 % erreichen, vgl. [20].*

*Wenn wir annehmen, dass eine bisherige Rechnungzeit mit einem Prozessor 48 [h] dauert, wobei wir annehmen, dass man das gesamte Gebiet auf dem lokalen Speicher abspeichern kann. So erreichen wir mit der Parallelisierung, mit der Berechnung mit 128 Prozessoren und der Annahme einer Effizienz von 70 % mit dem Zerlegungsalgorithmus nun eine Zeit von 32.14 [min].*

*Damit können wir ca. 90 mal schneller rechnen, vgl. [20].*

## 7.2   Zeitparallelisierung: Parareal Algorithms

Eine weitere wichtige Parallelisierung ist die Zeitparallelisierung. Dabei zerlegt man ein großes Zeitgebiet in kleine lokale Sub-Zeitgebiete und rechnete diese für sich parallel.

Durch die instationäre Problemstellung ist die Zeitparallelisierung schwieriger und auch die Effizienz der parallelen Algorithmen sind weniger effektiv als bei der Raumparallelisierungen. Da man nun eine Lösung hat, die sich zeitlich entwickelt und man von den jeweiligen Lösungen des vorhergehenden Zeitabschnitts abhängig ist, muss man viel stärker kommunizieren mit den Nachbargebieten, um die instationäre Lösung auf dem gesamten Zeitgebiet zu erreichen, vgl. [9].

Ein wichtiger Algorithmus in diesem Bereich ist der Parareal-Algorithmus, vgl. [23] und [8], der für die Zeitparallelisierung von parabolischen Differentialgleichungen verwendet wird.

Die Idee ist dabei das Anfangswertproblem bzw. die raumdiskretisierte parabolische Differentialgleichung, in lokale Zeitabschnitte zu partitionieren und diese möglichst für sich unabhängig zu rechnen.

Wir haben nun folgendes Anfangswertproblem:

$$\frac{du}{dt} = f(u), \ u \in \Omega, \tag{7.23}$$

$$u(0) = u_0, \tag{7.24}$$

wobei die nichtlineare rechte Seite $f : \mathbb{R}^M \to \mathbb{R}^M$, der Lösungsvektor $u : \mathbb{R} \to \mathbb{R}^M$ und die Initialisierung $u_0 \in \mathbb{R}^+$ ist.

Wir nehmen eine Partitionierung des Zeitgebiets $\Omega = [t_0, t_N]$ in $N$ Sub-Zeitgebiete $\Omega_n = [t_{n-1}, t_n]$ mit $n = 1, 2, \ldots, N$ an.

Weiter definiere man zwei unterschiedliche Löser:

1. Grober Löser (coarse propagator): $G_{Grob}(T_n, T_{n-1}, x)$,
2. Feiner Löser (fine propagator): $F_{Fein}(T_n, T_{n-1}, x)$.

Dabei soll der grobe Löser ein Zeitschrittverfahren von niedriger Ordnung sein, z. B. ein explizites Eulerverfahren, das schnell ist und sequentiell über das gesamte Zeitgebiet auszuführbar ist. Der feine Löser soll ein Zeitschrittverfahren von höherer Ordnung sein. Diese feine Löser kann man parallel für die einzelnen Sub-Zeitgebiete ausführen.

Durch die Parallelisierung erreicht man schneller die Ergebnisse. Man hat nun viele kleine Zeitintervalle, die mit vielen Prozessoren gerechnet werden, und man kann damit das Gesamtzeitintervall schneller lösen, vgl. [8].

### 7.2.1  Diskussion und Herleitung des Parareal-Algorithmus

Das Anfangswertproblem (7.23) wird nun in $N$ Anfangswertprobleme zerlegt:

$$u_0' = f(u_0), \ u_0(t_0) = U_0, \tag{7.25}$$

$$u_1' = f(u_1), \ u_1(t_1) = U_1, \tag{7.26}$$

$$\vdots$$

$$u_{N-1}' = f(u_{N-1}), \ u_{N-1}(t_{N-1}) = U_{N-1}, \tag{7.27}$$

wobei das Gesamtzeitintervall mit $[t_0, t_N]$ und die lokalen Zeitintervalle mit $\Delta t = (t_N - t_0)/N$ gegeben sind. Weiter haben wir die nichtlineare Funktion $f : \mathbb{R}^M \to \mathbb{R}^M$, die Lösungen $u_i : \mathbb{R} \to \mathbb{R}^M$ und die Anfangsbedingungen $U_i : \mathbb{R} \to \mathbb{R}^M$ mit $i = 0, \ldots, N-1$ gegeben. $M$ ist die Anzahl der Komponenten und $N$ ist die Anzahl der Zeitintervalle.

Die $N$-Anfangswertprobleme müssen nun gekoppelt werden. Hier hat man nun folgende Bedingungen für die Kopplung:

$$U_0 - u_0 = 0, \tag{7.28}$$

$$U_1 - u_0(t_1, U_0) = 0, \tag{7.29}$$

$$\vdots \tag{7.30}$$

$$U_N - u_{N-1}(t_N, U_{N-1}) = 0. \tag{7.31}$$

Man koppelt nun die Anfangsbedingungen mit der Lösung der vorhergenden Gleichung.

Damit erhält man ein System von nichtlinearen Gleichungen.

Das ist wie folgt gegeben:

$$F(U) = 0, \quad U = (U_0, \ldots, U_{N-1})^T, \tag{7.32}$$

wobei $F : \mathbb{R}^{MN} \to \mathbb{R}^{MN}$ die vektorielle nichtlineare Funktion, $M$ die Anzahl der Komponenten und $N$ die Anzahl der Zeit-Gebiete (englisch: time domains) ist. Die Komponenten von der nichtlinearen Funktion $F$ sind $F_i(U) = U_{i+1} - u_i$ mit $i = 0, \ldots, N - 1$.

Das nichtlineare Problem wird nun mit einer Newton'schen Methode gelöst und man erhält:

$$U^{k+1} = U^k - J_F^{-1}(U^k)F(U^k), \tag{7.33}$$

wobei die Jacobi-Matrix geschrieben wird als:

$$J_F(U^k)(U^{k+1} - U^k) = F(U^k). \tag{7.34}$$

Die Funktion $F(U^k)$ hat die Kopplungsbedingungen:

$$F(U^k) = \left( U_0^k - u_0, U_1^k - u_1(t_1, U_0^k), \ldots, U_N^k - u_{n-1}\left(T, U_{N-1}^k\right) \right)^t. \tag{7.35}$$

Wir erhalten nun den Parareal-Algorithmus mit der Newton'schen Methode als:

$$\begin{cases} U_0^{k+1} = u_0, \\ U_{n+1}^{k+1} = u_n(t_{n+1}, U_n^k) + \frac{\partial u_n}{\partial U_n}(t_{n+1}, U_n^k)(U_n^{k+1} - U_n^k), \end{cases} \tag{7.36}$$

mit der Ableitung $\frac{\partial u_n}{\partial U_n}(t_{n+1}, U_n^k) = J_F(U_n^k)$.

Man verwendet nun für die Jacobi-Matrix $J_F$ (d. h. die erste Ableitung von $F$) eine Approximation von erster Ordnung (d. h. die Sekantensteigung) und erhält damit:

$$\frac{\partial u_n}{\partial U_n}(t_{n+1}, U_n^k)(U_n^{k+1} - U_n^k)$$

$$= G_{Grob}(t_{n+1}, t_n, U_n^{k+1}) - G_{Grob}(t_{n+1}, t_n, U_n^k), \tag{7.37}$$

wobei $G_{Grob}$ der grobe Löser (Coarse Propagator)ist.

Man löst hier mit dem groben Löser $G_{Grob}(t_{n+1}, t_n, U_n^{k+1})$ die lokale Gleichung $u' = f(u)$, $u(t^n) = U_n^{k+1}$ mit dem Zeitschritt $\Delta t = t^{n+1} - t^n$ im Iterationsschritt $k$. Ebenfalls wird man die lokale Gleichung mit dem groben Löser $G_{Grob}(t_{n+1}, t_n, U_n^k)$ und der Anfangsbedingung $U_n^k$ im Iterationsschritt $k$ lösen.

Dann erhalten wir den Parareal-Algorithmus mit der approximierten Jacobi-Matrix:

$$\begin{cases} U_0^{k+1} = u_0, \\ U_{n+1}^{k+1} = F_{Fein}(t_n, t_{n+1}, U_n^k) + G_{Grob}(t_{n+1}, t_n, U_n^{k+1}) - G_{Grob}(t_{n+1}, t_n, U_n^k), \end{cases} \tag{7.38}$$

dabei ist $F_{Fein}$ der feine Löser, der parallel für die lokalen Sub-Zeitgebiete durchgeführt wird und $G_{Grob}$ ist der grobe Löser, der vorab seriell über das gesamte Zeitgebiet berechnet wird. Damit hat man eine ideale Kombination zwischen einem schnellen und von niederer Ordnung seriellen Löser und einem langsameren und von höherer Ordnung parallelen Löser, vgl [9].

## 7.2.2 Parareal Algorithmus als Prediktor-Korrektor-Methode

Man kann den Parareal-Algorithmus auch als Prediktor-Korrektor-Methode (englisch: predictor-corrector method) schreiben, vgl [33].

Die Idee ist dabei, die Lösung $U_n^{k+1}$ mit einem Prediktor-Schritt (Differenz des feinen und groben Lösers im iterativen Schritt $k$) und einem Korrektor-Schritt (grober Löser) auf den Intervallen ($n = 1, 2, \ldots, N$) iterativ zu verbessern.

Für den iterativen Schritt $k + 1$ kann man den Algorithmus schreiben als:

$$U_n^{k+1} = \underbrace{G(T_n, T_{n-1}, U_{n-1}^{k+1})}_{Korrektor}$$

$$+ \underbrace{F(T_n, T_{n-1}, U_{n-1}^k) - G(T_n, T_{n-1}, U_{n-1}^k)}_{Prediktor}, \tag{7.39}$$

mit $k = 0, 1, 2, \ldots$ und der Stoppbedingung $||U_n^{k+1} - U_n^k|| \leq err$. Dabei ist $err \in \mathbb{R}^+$ die Fehlerschranke. Der Parareal-Algorithmus wird auch oft als Mehrfachschießverfahren (im Englischen: *Multiple shooting method*) bezeichnet. Dieses Verfahren wird in der Numerik zum Lösen von gewöhnlichen Differentialgleichungen mit Randwertproblemen verwendet.

Nachfolgend stellen wir graphish den Parareal-Algorithmus in Abb. 7.7, 7.8, 7.9, 7.10 und 7.11 dar.

Im Folgenden wird die Effektivität des Parareal-Algorithmus in einem Beispiel gezeigt, vgl. Beispiel 7.6.

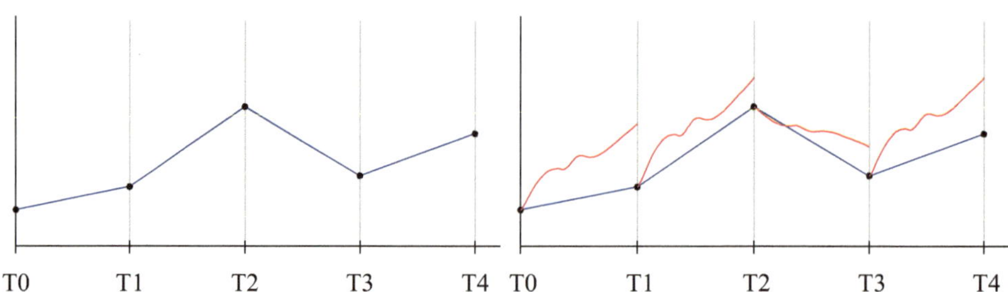

**Abb. 7.7**  Das Bild links zeigt die 1-te Iteration, d. h. die Berechnung der groben Lösung. Der grobe Löser wird dabei seriell, d. h. von einem Prozessor, über das gesamte Zeitintervall verwendet. Das Bild rechts zeigt die feinen Lösungen mit dem feinen Löser. Der feine Löser wird parallel mit $N$ Prozessoren über die $N$ lokalen Zeitintervalle verwendet

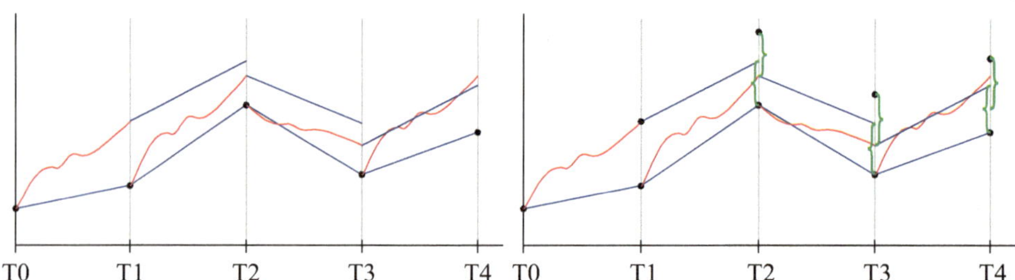

**Abb. 7.8**  Das Bild links zeigt die 2-te Iteration, d. h. die Berechnung der groben Lösung mit dem groben Löser (seriell). Das Bild rechts zeigt die Korrektur zwischen dem Ergebnis des Prediktor- und Korrektor-Schritts

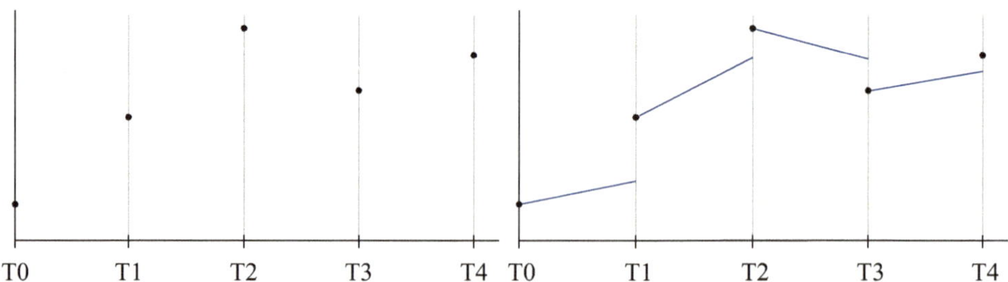

**Abb. 7.9**  Das Bild links zeigt die Initialisierung nach dem zweiten Durchlauf. Das Bild rechts zeigt die groben Lösungen nach dem zweiten Durchgang

**Beispiel 7.6.**  *Mit dem Parareal-Algorithmus kann man eine Effektivität von 20–50 % erreichen, vgl.* [9].

*Man nimmt an, dass eine bisherige Berechnung mit einem Prozessor* 48 [$h$] *dauert.*

*Man nimmt an, dass man eine Effizienz von* 20 % *hat, dann kann man mit* 128 *Prozessoren, das gleiche Problem in* 2 − 3 [$h$] *rechnen. Man konnte um das 24-fache den Lösungsprozess beschleunigen.*

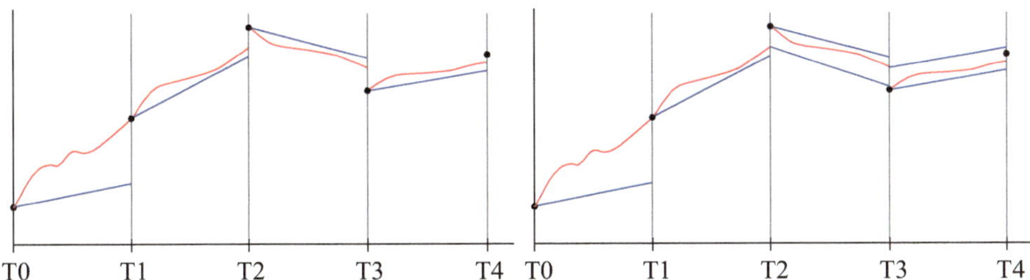

**Abb. 7.10**  Das Bild links zeigt die feinen Lösungen nach der Korrektur. Das Bild rechts zeigt die 3-te Iteration, d. h. feinen und groben Lösungen ab dem fertigen Intervall $T_2$

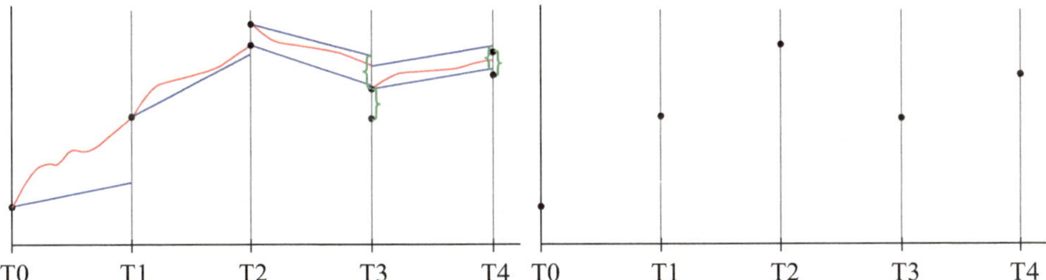

**Abb. 7.11**  Das Bild links zeigt die Korrektur zwischen dem Prediktor- und Korrektor-Schritt. Das Bild rechts zeigt die Initialisierung nach dem zweiten Durchlauf. Man hat nun zwei lokale Zeitintervalle fertig gerechnet und kann nun das Zeitintervall verschieben. Die zwei freiwerdenden Prozessoren können nun anschliessend für die nächsten Zeitintervalle verwendet werden, vgl. auch Windowing (zu deutsch etwa: Verschieben der Intervalle) [35]

## 7.3  Parallelisierung

Die Idee der Parallelisierung ist eine Beschleunigung der Simulation, vgl. auch [4] und [30], d. h.:

- Verbesserung der Effizienz durch Aufteilung von großen Raum- und Zeitgebieten, die man parallel auf vielen Prozessoren mit kleinen Raum- und Zeitgebieten rechnen kann.
- Verbesserung der Effizienz durch Aufteilung von großen Operatoren, die man parallel mit vielen Prozessoren mit kleineren Operatoren rechnen kann.
- Verbesserung der Effizienz durch Aufteilung von speicherintensiven großen Operatoren und Gebieten, die man dann mit vielen Prozessoren mit kleinen Operatoren und kleinen Gebieten, die weniger speicherintensiven sind, rechnen kann.

Im Beispiel 7.7 geben wir ein anschauliches Problem, wie die Parallelisierung die Rechenzeit reduziert

**Beispiel 7.7.**  *Wir nehmen an, dass wir eine große Summation von Skalaren durchführen wollen, d. h. wir haben das Problem:*

$$S = \sum_{i=1}^{n} x_i, \tag{7.40}$$

*wobei $n \gg 1$ und $x_i \in \mathbb{R}$ für alle $i = 1, \ldots, n$.*

*Wir haben nun die folgenden Rechenoperationen im Parallelen bzw. im Seriellen:*

1. *Parallel: Wir nehmen an $p$ Prozessoren zu haben, für die jeder $n/p$ Operationen durchführen kann (weiter nehmen wir an, dass $n$ teilbar ist durch $p$).*

   *Dann haben wir folgende Dauer bzw. Aufwand für die verschiedenen Verfahren:*

   * *Die Gesamtdauer der Addition auf $p$ Prozessoren (parallel) ist: $\frac{n}{p} - 1$.*
   * *Die Synchronisierung, d. h. die paarweise Addition von den Teilsummen dauert: $\log_2(p)$.*
   * *Die Gesamtdauer und eben die Kosten sind dann für die Addition: $\frac{n}{p} + \log_2(p) - 1$.*

2. *Seriell: Für die serielle Methode haben wir den Aufwand von: $n - 1$.*

*Damit erhalten wir eine Reduzierung der Rechenzeit für das parallele Verfahren mit:*

$$\frac{n}{p} - \log_2(p) - 1 \ll n - 1, \tag{7.41}$$

*sprich wir erhalten eine Beschleunigung mit dem parellelen Verfahren im Verhältnis zum seriellen Verfahren von:*

$$c = \frac{n - 1}{\frac{n}{p} - \log_2(p) - 1}, \tag{7.42}$$

*wobei $c \gg 1$ ist.*

Wichtig für die Parallelisierung ist weiter auch die Frage, ob ein Algorithmus überhaupt parallelisierbar ist. Die Fragestellung ist dann: Lässt sich die Aufgabe in viele kleine Aufgaben zerlegen, die man unabhängig voneinander lösen kann und dann später die Teilergebnisse zu dem Gesamtergebnis koppeln kann, vgl. [30].

Eine Charakterisierung der Algorithmen im Bereich von nichtiterativen/iterativen Verfahren ist in der Bemerkung 7.8 gegeben und deren Möglichkeit zur Parallelisierung.

**Bemerkung 7.8.** *Für die Parallelisierung haben wir folgende Klassifikation der Algorithmen:*

* *Direkte Algorithmen: Das Problem wird mit dem Verfahren in einem Schritt (one step) direkt gelöst (z. B. nichtiterative Raumzerlegungsverfahren). Hier muss eine Verteilung*

*am Anfang (z. B. Zerlegung des Problems in Teilprobleme) und die Balance der Verteilung (d. h. wieviel jeder Prozessor vom Problem bekommt) durchgeführt werden. Weiter haben wir dann am Ende der Lösung von den Teilproblemen wieder eine Kommunikation, d. h. hier müssen nun die Ergebnisse der Teilprobleme miteinander verbunden (gathering step) werden. Damit haben wir sehr wenig Kommunikation zwischen den Prozessoren, d. h. Verteilung am Anfang und Zusammenfügen am Ende wird dann kommuniziert bzw. ist dann seriell durchzuführen.*

- *Iterative Algorithmen (im Englischen: Successive Approximations): Hier kann man am Anfang die Aufgaben verteilen und hat dann nur noch die Kommunikation zwischen den einzelnen Prozessoren bei dem Synchronisieren, d. h. die Resultate der einzelnen Prozessoren wird in jedem Iterationszyklen relaxiert bzw. zusammengefügt. Sprich nach jedem Schritt müssen die Ergebnisse wieder gesammelt bzw. kommuniziert werden. Man hat dadurch einen geringeren Aufwand in den einzelnen Zyklen und die Methode kann in jedem Zyklus schneller arbeiten. Nachteilig ist dann die Relaxation, die über viele Iterationsschritte gehen kann, bis die Lösungen konvergieren. Hier hat man dann wieder die zusätzliche Kommunikation bis zu einem konvergenten Ergebnis.*

*Beide Algorithmen lassen sich gut parallelisieren, dabei muss man eben darauf achten, dass man nicht zu viele Kommunikationen an den einzelnen Schnittstellen zwischen den Prozessoren hat. Zum Beispiel zu große Überlappung bei iterativen Raumzerlegungsverfahren ergeben einen hohen Rechenaufwand oder zu kleine Zeitintervalle bei dem Parareal-Algorithmus haben ebenfalls einen hohen Rechenaufwand zur Folge, so dass der Parallelisierungsvorteil wieder reduziert wird, vgl. [5, 9] und [22].*

### 7.3.1 Synchrone und asynchrone Methoden

Ein weiteres wichtiges Merkmal bei den parallelen Algorithmen sind die synchronen bzw. asynchronen Methoden. Diese sind wir folgt in Definition 7.1 gegeben.

**Definition 7.1.**

- Synchrone Methoden: Diese Methoden haben sogenannte Synchronisierungsschritte, d. h. das Resultat von allen Prozessoren wird gesammelt und alle Prozessoren müssen warten, bis alle Resultate der einzelnen Prozessoren vorhanden sind. Dann wir das Gesamtresultat wieder an die einzelnen Prozessoren verteilt.
- Asynchrone Methoden: Diese Methoden sind desynchronisiert, sprich die Prozessoren müssen nicht warten und können. Falls sie Ergebnisse von anderen Prozessoren für ihre aktuelle Rechnung brauchen, können sie auf einen gemeinsamen Lösungsvorrat von abgespeicherten Lösungen von den anderen Prozessoren zurückgreifen. Damit können alle unabhängig voneinander arbeiten und müssen eben ihre Ergebnisse in den gemeinsamen Lösungsvorrat abspeichern, bzw. können bei Bedarf auf diesen zugreifen.

Problematisch ist dabei die Überwachung der Gesamtkonvergenz der Lösung. Hier muss man sicher sein, dass kein Resultat zu *spät* geliefert wird, da sonst die anderen Prozessoren mit zu *alten* Ergebnissen weiterrechnen und eine Konvergenz so nicht mehr möglich ist, vgl. [4] und [7]. Deshalb gibt es in der Praxis *partielle* asynchrone Methoden, die nach einer bestimmten Zeit alle Werte der Prozessoren abfragen und eventuelle die schnelleren Prozesse warten lassen, bis die langsamen Prozesse fertig sind. Damit tritt keine Verzögerung auf und eine schnelle Konvergenz wird möglich, vgl. [2, 4] und [7].

### 7.3.2 Beispiel einer Parallelisierung: Jacobi-Verfahren

Im Folgenden zeigen wir die Parallelisierung des Jacobi-Verfahrens mit Hilfe von synchronen und asynchronen Methoden.

Wir haben das lineare Gleichungssystem:

$$Ax = b, \tag{7.43}$$

wobei $A \in \mathbb{R}^M \times \mathbb{R}^M$ die Matrix, $b \in \mathbb{R}^M$ die rechte Seite und $x \in \mathbb{R}^M$ der Lösungsvektor ist.

Wir lösen das LGS (7.43) mit einer iterativen Methode, z. B. einem Jacobi-Verfahren, und erhalten:

$$x^{k+1} = Tx^k + M^{-1}b, \tag{7.44}$$

mit $T = M^{-1}N$ und $A = M - N$, wobei $M$ die Diagonalmatrix und $N$ die Restmatrix ist, vgl. Abb. 7.12.

### 7.3.2.1 Synchrone Parallelisierung eines Jacobi-Verfahrens

Das synchrone Block-Jacobi-Verfahren ist gegeben mit:

$$x_i^{k+1} = A_{ii}^{-1}b_i - \sum_{j=1, j \neq i}^{m} A_{ij}x_j^k. \tag{7.45}$$

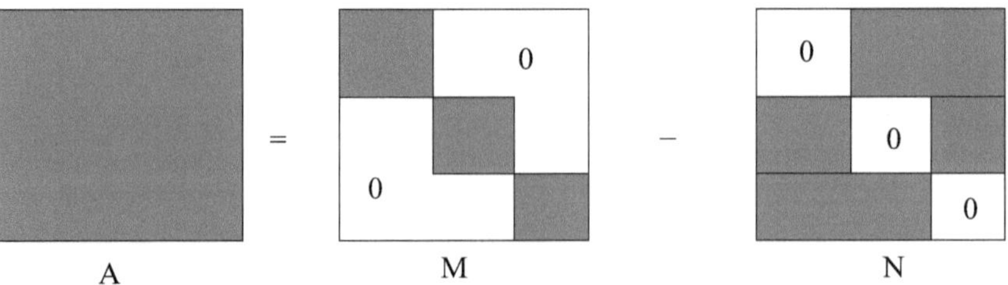


**Abb. 7.12**  Blockzerlegung einer Matrix $A$ für das Block-Jacobi-Verfahren

Dabei können die einzelnen Blöcke parallel und unabhängig in den jeweiligen Prozessoren berechnet werden mit:

$$A_{ii}^{-1}b_i, \quad i = 1, \ldots, m, \tag{7.46}$$

$$A_{ij}x_j^k, \quad j = 1, \ldots, m. \tag{7.47}$$

Der Synchronisierungsschritt ist gegeben mit:

$$\sum_{j=1, j \neq i}^{m} A_{ij}x_j^k, \tag{7.48}$$

dabei werden alle Resultate der einzelnen Prozessoren für jeden Block zu einer Gesamtlösung addiert.

### 7.3.2.2 Asynchrone Parallelisierung eines Jacobi-Verfahrens

Das asynchrone Block-Jacobi-Verfahren ist gegeben mit:

$$x_i^{k+1} = A_{ii}^{-1}b_i - \sum_{j=1, j \neq i}^{m} A_{ij}x_j^{s_j(k)}. \tag{7.49}$$

Dabei können alle Blöcke unabhängig und parallel berechnet werden:

$$A_{ii}^{-1}b_i, \quad i = 1, \ldots, m, \tag{7.50}$$

$$A_{ij}x_j^{s_j(k)}, \quad j = 1, \ldots, m, \tag{7.51}$$

wobei die Iterationsvariable $s_j(k) \leq k$ die letzte Version von der Lösung des $j$-ten Prozessors angibt, die zur $k$-ten Iteration verfügbar ist.

Damit kann nun jeder einzelne Prozessor die Summation

$$\sum_{j=1, j \neq i}^{m} A_{ij}x_j^{s_j(k)}, \tag{7.52}$$

errechnen, da jedem Prozessor eine lokale Lösung (z. B. auch ältere Lösung) von jedem Prozessor vorliegt. Ein Synchronisierungsschritt ist damit nicht mehr notwendig.

Dadurch entsteht eine asynchrone Kommunikation unter den Prozessoren, die auf die jeweiligen lokalen Ergebnisse der einzelnen Prozessoren zurückgreifen kann, vgl. Abb. 7.13.

Eine weitere praktische Anwendung von asynchronen Algorithmen ist im Bereich der iterativen Löser von nichtlinearen Gleichungssystemen, vgl. [7].

Eine einfache Asynchronisierung eines solchen Algorithmus ist im Beispiel 7.9 angegeben.

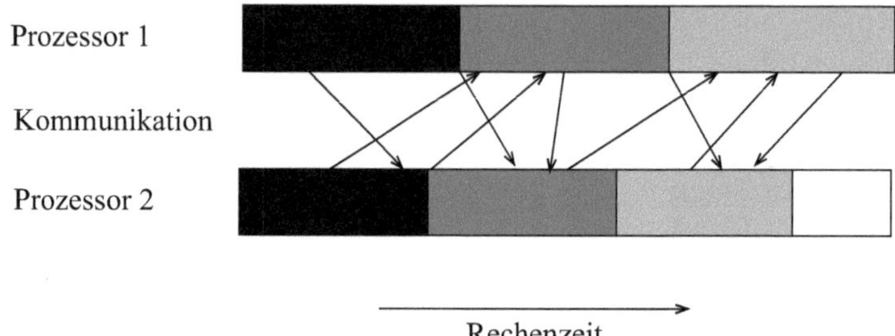


**Abb. 7.13**  Beispiel einer asynchronen Kommunikation zwischen zwei Prozessoren, vgl. [2]

**Beispiel 7.9.** *Wir haben den synchronen Algorithmus für die Lösung eines nichtlinearen Gleichungssystem, z. B. Fixpunkt-Iteration, angeben mit:*

$$x_i^{k+1} = F_i\left(x_1^k, \ldots, x_m^k\right), \; i = 1, \ldots, m. \tag{7.53}$$

*Dieser Algorithmus lässt sich nun in einen asynchronen Algorithmus umformulieren, wie folgt:*

$$x_i^{k+1} = \begin{cases} F_i\left(x_1^{s_1^i(k)}, \ldots, x_m^{s_m^i(k)}\right), & \forall k \in T_i, \\ x_i^k, & \forall k \notin T_i, \end{cases} \tag{7.54}$$

$$i = 1, \ldots, m, \tag{7.55}$$

*wobei $T_i$ die Zeitserien ist, für welches $x_i$ erneuert wird. Ferner haben wir $s_j^i(k) = k - r_j^i(k)$, die Indexmenge der Resultate von Prozessor $j$, wobei $r_j^i(k)$ der Verzögerungsindex des Prozessors $j$ zum Prozessor $i$ und $k$ der Iterationsindex ist. Es gilt weiter $0 \le s_j^i(k) \le k$, d. h. $s_j^i(k)$ ist die zurückliegende Lösung von Prozessor $j$, die für den Prozessor $i$ zum Iterationsschritt $k$ verwendet wird. Zum Beispiel ist $s_j^i(k) = 5 \le k$ die Lösung im 5-ten Iterationsschritt von Prozessor $j$, die für Prozessor $i$ zum Iterationsschritt $k$ verwendet wird.*

*Damit lassen sich iterative Verfahren in asynchron iterative Verfahren erweitern. Wichtig ist es aber, die Konvergenz eines jeden einzelnen Prozessors zu überprüfen um zu große Verzögerungsindizes zu vermeiden.*

## 7.4    Von der Modellierung zum Programm

In diesem Abschnitt skizzieren wir die Vorgehensweise von der Modellierung eines technischen oder physikalischen Problems bis hin zu dem lauffähigen Programmcode.

Dabei ist die wissenschaftliche Vorbereitung wichtig, um das vorgegebene Modellproblem zu verstehen.

Ein Beispiel im Bereich der Multiskalenmodellierung ist wir folgt:

1. Erfassung der physikalische Fragestellung: Was soll verstanden werden bzw. was kann vernachlässigt werden? Hat man bestimmte Eigenschaften oder physikalische Gesetze und Bedingungen, die eingehalten werden müssen?
2. Aufteilung der Phänomene in die einzelnen physikalischen Ebenen: Herleiten eines Multiskalenmodels, das die physikalischen Modelle in den einzelnen Ebenen abbildet.
3. Herleitung des mathematisches Modells: Herleitung der Modellgleichung, die die interessanten physikalischen Phänomene abbildet.

Im Bereich des Computational Engineering hat man daher die einzelnen Blöche wie folgt aufgeteilt, vgl. Abb. 7.14.
   Wir haben die Ebenen:

- Simulationsmodell: Hier ist die Herleitung des Modells wichtig.
- Simulationsproblem: Hier muss die Modellgleichung in lauffähigen Softwarecode umgesetzt werden.

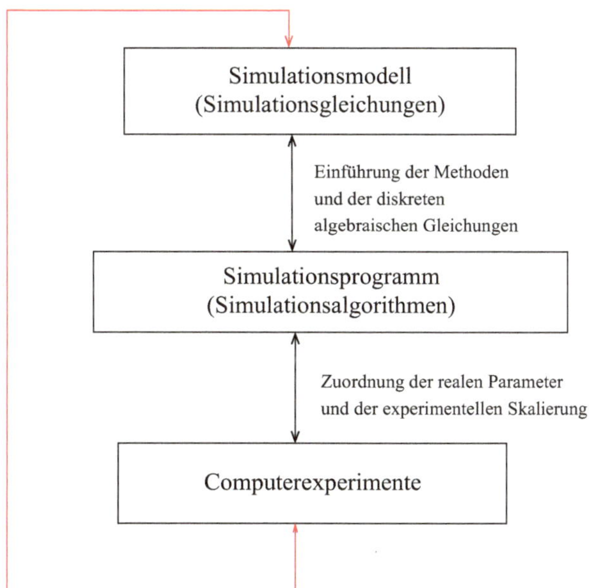


**Abb. 7.14**  Vorgehensweise vom Modell bis zum Experiment im Bereich des Computational Engineerings

- Computerexperimente: Hier wird die Software getestet und angewendet auf die realen Experimente.

Dabei sind die einzelnen Ebenen miteinander gekoppelt und man muss sich immer wieder einer Überprüfung des Modells, des Programms und des Experiments stellen. Gegebenenfalls müssen dann die einzelnen Komponenten erweitert und verbessert werden.

Im Bereich der Umsetzung der Modellgleichungen in ein Programm ist die Auswahl der numerischen Methoden wichtig, um eine weitere Einteilung des Programmiervorgangs zu erreichen. In Abb. 7.15 ist die Aufgliederung der Diskretisierung und der Lösung der Modellgleichungen aufgezeigt.

Ein wichtiger Punkt bei der Umsetzung der numerischen Methoden ist die Validierung und Verifizierung der Methoden. Es wird überprüft, ob die Methoden für das Modell funktionieren und wie groß die numerischen Fehler sind.

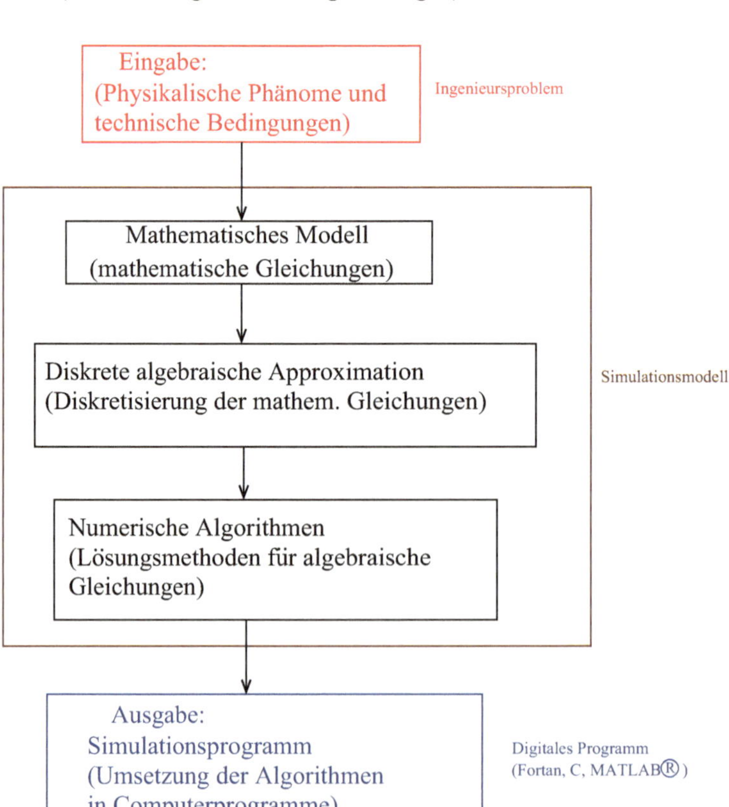


**Abb. 7.15** Vorgehensweise bei der Lösung des Simulationsmodells

In Abb. 7.16 sind die einzelnen Schritte vom Problem bis zur Validierung und Verifizierung der Methoden dargestellt.

**Bemerkung 7.10.** *Der Schritt von den Methoden hin zu dem lauffähigen Programmcode ist sehr umfangreich und oft macht es viel Sinn, kommerzielle oder akademische Softwarepakete herzunehmen. Eine eigene Entwicklung von Softwarepaketen dauert oft zu*

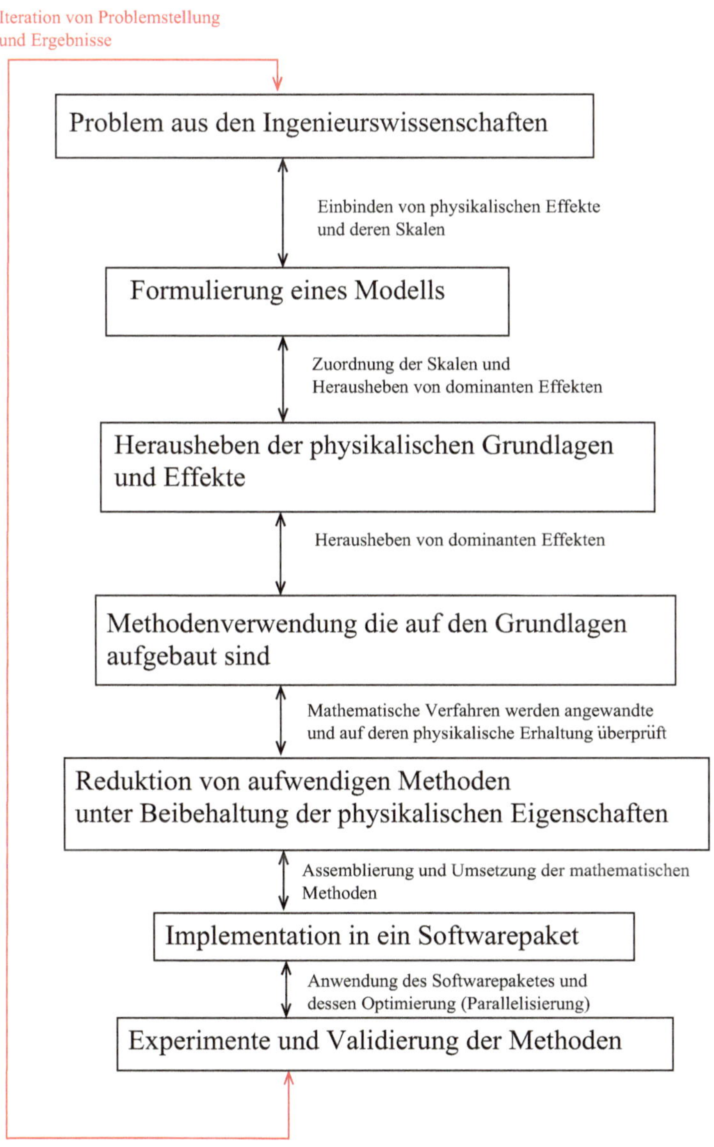


**Abb. 7.16** Von der Anwendung über das Modell zu den Verfahren

*lange bei kurzfristigen Projekten. Oft kann man bei kommerziellen Programmschnittstellen seine eigenen Methoden mit einbinden oder Modifizierungen an schon vorhandenen lauffähigen Methoden durchführen. Mit dieser Vorgehensweise kann man ein sicheres und schnelleres Ergebnis erreichen, vgl. [14]. Bei speziellen Methoden, z. B. im Bereich der Multiskalenmethoden, muss man hingegen neue und eigene Softwarepakete entwickeln. Hier helfen sogenannte mathematische Programmcodes, wie MATLAB®, MAPLE®, MATHEMATICA®, die auf mathematischer und formelbasierter Programmierung aufbauen und die das Programmieren erleichtern, vgl. [3, 34] und [36].*

## 7.5  Kommerzielle Softwarepakete

Im Bereich der Simulation von Transportproblemen gibt es schon viele fertige Softwarepakete, die man kommerziell kaufen kann.

Wir wollen die kommerzielle Software in der nachfolgenden Definition 7.2 beschreiben.

**Definition 7.2.** Eine kommerzielle Software ist eine frei käufliche Software. Im Bereich der technischen Simulation von Ingenieursproblemen hat man solche Softwarepakete, die schon fertige Module haben, z. B. Simulation von Flüssigkeitstransporten, vgl. [26]. Weiter hat man sehr oft eine sehr gute Benutzeroberfläche, d. h. Eingabe des Rechengitters, Eingabe der Gleichungsparameter und Auswahl der Lösungsverfahren. Der SoftwareCode ist nicht frei verfügbar und man muss für die Benutzung des Pakets eine Lizenz erwerben.

Im Folgenden sind einige Beispiele von kommerziellen Softwarepaketen beschrieben.

1. COMSOL Multiphysics:
   - Graphische Benutzeroberfäche mit vordefinierten Modellen, Parameter- und Ein-/Ausgabeschnittstellen. Hinzu kommen fertige *add-on products* im Bereich der multiphysikalischen Simulationen, z. B. ein CFD Modul.
   - Seit November 2005 werden regelmäßig COMSOL-Konferenz abgehalten, bei dem sich die Entwickler absprechen und eine gemeinsame Plattform für standardisierte Anwendungen anbieten.
   - Das Programm basiert auf einer Finite-Elemente-Methode (FEM) und kann gekoppelte Gleichungssysteme simultan gelösen.
   - Es gibt für die verschiedenen technischen Anwendungen und Simulationen eigene entwickelte Module, vgl. Abb. 7.17.

2. ANSYS (Analysis System) ist ein Finite-Element-Software-Paket, dass von Dr. John Swanson ab 1970 entwickelt wurde.
   - Das Programm kann für die Lösung von linearen und nichtlinearen Problemen aus der Strukturmechanik, Fluidmechanik, Akustik, Thermodynamik, Piezoelektrizität,

COMSOL Multiphysics®

| ELECTRICAL | MECHANICAL | FLUID | CHEMICAL |
|---|---|---|---|
| AC/DC Module | Heat Transfer Module | CFD Module | Chemical Reaction Engineering Module |
| RF Module | Structural Mechanics Module | Microfluidics Module | Batteries & Fuel Cells Module |
| Wave Optics Module | Nonlinear Structural Materials Module | Subsurface Flow Module | Electrodeposition Module |
| MEMS Module | Geomechanics Module | Pipe Flow Module | Corrosion Module |
| Plasma Module | Fatigue Module | Molecular Flow Module | Electrochemistry Module |
| Semiconductor Module | Multibody Dynamics Module | | |
| | Acoustics Module | | |

**Abb. 7.17**  Verschiedene Module in COMSOL, aktuelles Angebot der verschiedenen Modelle, vgl. http://www.comsol.com/products

Elektromagnetismus sowie von kombinierten Aufgabenstellungen, d. h. der Multiphysik, verwendet werden.
- Es besitzt FEM für 1-, 2-, und 3-dimensionale Aufgaben.
- Man hat zwei Versionen:
  a. klassische Version (*ANSYS Classic*) und
  b. Version mit graphischer Bedienerführung (*ANSYS Workbench*).

3. ADINA (Automatic Dynamic Incremental Nonlinear Analysis) ist ein Finite-Element-Programmsystem, das von Prof. K. J. Bathe (MIT, Cambridge, MA, USA) entwickelt wurde. Seit 1986 wird es als kommerzieller Code von ADINA Research & Development, Inc. entwickelt.

- Das Programm kann lineare und nichtlineare, quasistatische und dynamische Problemstellungen im Bereich der Strukturmechanik, der Strömungsmechanik, der Akustik, der Thermodynamik und des Elektromagnetismus simulieren.
- Ein Merkmal ist die Kopplung von Fluid-Struktur-Interaktion (FSI). Hier kann man Lösungen für Problemstellungen, die das flexible Verhalten von Strukturen unter beliebigen Strömungsbedingungen und deren wechselseitige Beeinflussungen, z. B. bei Fallschirm, in Blutadern und bei Ventilfedern, berechnen.
- Es hat 1-, 2-, und 3-dimensionale Elementformulierungen und hat eine Vielzahl von Materialgesetzen implementiert.

**Bemerkung 7.11.** *Weiter gibt es noch viele verschiedene kommerzielle Produkte, die sich dann speziell auf die technischen Anwendungen, z. B. Problemstellung in der Plasmasimulation, konzentrieren. Solche kommerziellen Programmpakete muss man dann gezielt auf Tagungen oder Ausstellungen im Bereich der jeweiligen Spezialisierung suchen.*

### 7.5.1  Numerische Umsetzung in einem kommerziellen Software-Paket COMSOL am Beispiel einer Beschichtungssimulation

Im Bereich der Beschichtungssimulation von nanobeschichteten metallischen Bipolarplatten für PEFC, vgl. [18], wurde im Bereich der Simulation das kommerzielles Softwarepaket COMSOL hergenommen.

Es wurde eine Simulation des Gastransports durch die Anlage (makroskopisches Modell) berechnet. Weiter wurde die reaktive Umwandlung (mikroskopisches Modell) der sogenannten Präkursor-Gase (englisch: precusor gas) in die Beschichtungsprodukte berechnet.

Es wurde folgendes Multiskalenmodell aufgestellt:

- Makroskopisches Modell: Das Strömungsmodell wurde mit Navier-Stokes-Gleichungen modelliert.
- Mikroskopisches Modell: Das Transport-Reaktions-Modell wurde mit Konvektions-Diffusions-Reaktions-Gleichungen modelliert.
- Kopplung: Die Modelle wurden mit der Geschwindigkeit gekoppelt, d. h. die makroskopische Geschwindigkeit wurde in das mikroskopische Modell als Konvektionsgeschwindigkeit eingebettet.

Das Multiskalenmodell ist im Folgenden beschrieben.

1. Die Navier-Stokes-Gleichung wird als makroskopische Modellgleichung verwendet. Man hat folgende Gleichungen:

$$\frac{\partial}{\partial t}(\rho \mathbf{u}) + \nabla \cdot (\rho \mathbf{u}) + \nabla p = \mu \Delta \mathbf{u}, \text{ in } \Omega \times (0, T), \tag{7.56}$$

$$\nabla \cdot \mathbf{u} = 0, \text{ in } \Omega \times (0, T), \tag{7.57}$$

$$p(\mathbf{x}, 0) = p_{init}, \text{ in } \Omega, \tag{7.58}$$

$$\mathbf{u}(\mathbf{x}, 0) = \mathbf{u}_{init}, \text{ in } \Omega, \tag{7.59}$$

$$\frac{\partial \mathbf{u}(\mathbf{x}, 0)}{\partial n} = 0, \text{ auf } \partial \Omega \times [0, T], \tag{7.60}$$

wobei $\rho$ ist die Dichte der Plasmaspezie (Argon), $\mathbf{u}$ ist die Geschwindigkeit der Spezies. $p$ ist der Druck in der Beschichtungsanlage und $\mathbf{x} \in \Omega \subset \mathbb{R}^3$ ist die drei-dimensionale Raumvariable.

2. Für das mikroskopische Modell im Bereich der Beschichtungsebene wurden die Reaktionsgleichungen, die die Präkursoren in die Beschichtungsgase umwandeln, mit den folgenden Reaktionsprozessen simuliert:

$$SiC_4H_{12} + Si \rightarrow 2SiC + 2CH_3 + 3H_2, \tag{7.61}$$

$$TiC_8H_{20} + 2Ti + 2SiC + 3H_2 \rightarrow Ti_3SiC_2 + 8CH_3 + SiH_2, \tag{7.62}$$

$$Si + H_2 \rightarrow SiH_2, \tag{7.63}$$

$$2C + 3H_2 \rightarrow 2CH_3. \tag{7.64}$$

Die dazugehörigen Reaktionsgleichungen sind dann gegeben mit:

$$\frac{dc_{SiC_4H_{12}}}{dt} = \frac{dc_{Si}}{dt} = -k_1 c_{SiC_4H_{12}} c_{Si} + k_{-1} c_{SiC} c_{CH_3} c_{H_2}, \tag{7.65}$$

$$\frac{dc_{TiC_8H_{20}}}{dt} = \frac{1}{2}\frac{dc_{Ti}}{dt} = \frac{1}{2}\frac{dc_{SiC}}{dt} = \frac{1}{3}\frac{dc_{H_2}}{dt},$$

$$= -k_2 c_{TiC_8H_{20}} c_{Ti} c_{SiC} + k_{-2} c_{Ti_3} c_{SiC_2} c_{CH_3} c_{SiH_2}, \tag{7.66}$$

$$\frac{dc_{Si}}{dt} = \frac{dc_{H_2}}{dt} = -k_3 c_{Si} c_{H_2} + k_{-3} c_{SiH_2}, \tag{7.67}$$

$$\frac{1}{2}\frac{dc_C}{dt} + \frac{1}{3}\frac{dc_{H_2}}{dt} = -k_4 c_C c_{H_2} + k_{-4} c_{CH_3}. \tag{7.68}$$

Diese werden nun in das mikroskopische Modell einer Transportgleichung eingebettet, die für die jeweiligen Spezies angegeben ist mit:

$$\frac{\partial}{\partial t} c_i + L(c_i) = f_i(c_1, \dots, c_{10}), \tag{7.69}$$

$$\frac{\partial c_i}{\partial n} = 0, \text{ auf } \partial\Omega \times [0, T], \ i = 1, \dots, 10, \tag{7.70}$$

wobei der Transportoperator $L(c_i) = \mathbf{u} \cdot \nabla c_i - D\Delta c_i$ ist und $f_i$ ist der Reaktionsoperator (gegeben durch die chem. Reaktionen) mit $i = 1, \dots, 10$.

3. Die Kopplung zwischen makroskopischen und mikroskopischen Modell wird über die Geschwindigkeit $\mathbf{u}$ durchgeführt.

Damit ist es möglich, mit der Strömungssimulation (makroskopisches Modell), die in der Apparatur besteht, die Präkursorgase an die Beschichtungsstellen zu transportieren. Dann werden diese Gase im mikroskopischen Modell mittels Transport- und Reaktionsgleichung für die Beschichtung am zu beschichtenden Material (Target) simuliert, vgl. [16] und [17]. Die zugehörige Geometrie der Beschichtungsapparatur mit dem makroskopischen

**Abb. 7.18** Geometrie der Beschichtungsapparatur und des Beschichtungsbereichs (Target-Geometrie)

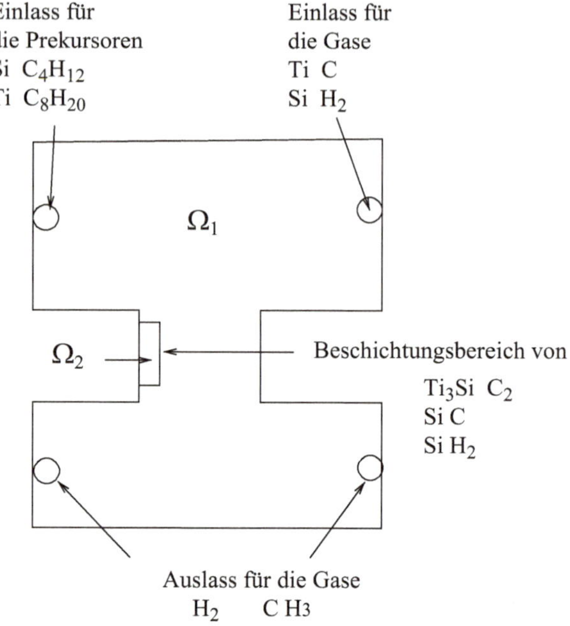


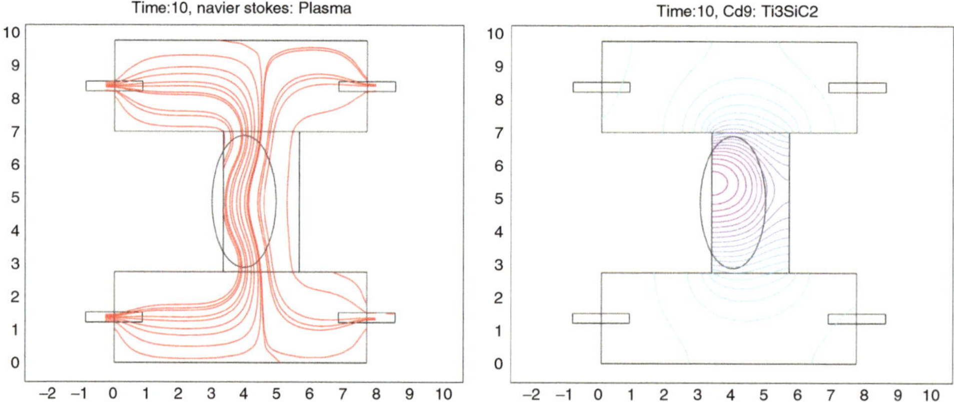


**Abb. 7.19** Simulationsergebnisse der makroskopischen Simulation des Geschwindigkeitsfeldes in der Beschichtungsapparatur (linkes Bild) und der mikroskopischen Simulation am Beschichtungsbereich vor dem Target (rechtes Bild). Beide Simulationen sind mit COMSOL-Multiphysics gerechnet, vgl. [16]

Gebiet (Gesamtapparatur) und dem mikroskopischen Gebiet (Beschichtungsbereich) ist in Abb. 7.18 dargestellt

Die makroskopische und mikroskopische Simulation der gekoppelten Strömungs- und Transport-Reaktionsgleichung ist in Abb. 7.19 dargestellt

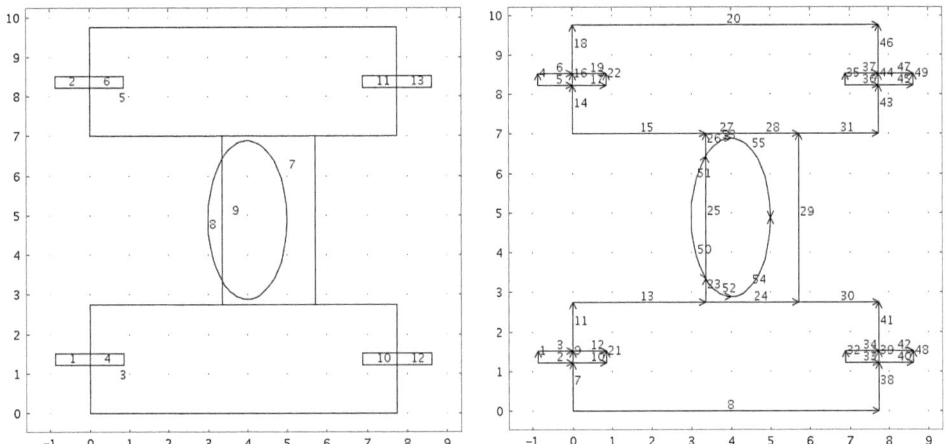

**Abb. 7.20**  Die Erstellung der Teilgebiete der Apparatur ist auf dem rechten Bild angegeben, weiter ist die Eingabe der Randbedingungen im linken Bild zu sehen

#### 7.5.1.1 Vorgehen bei der Erstellung des Simulationsmodells in COMSOL

Für die Beschichtungssimulation mit COMSOL, vgl. die Modelle in [12, 15] und [16], hat man nun folgende Vorgehensweise in der Eingabe bei COMSOL:

- Eingabe der Geometrie mit Sub-Gebieten und Rändern.
- Erzeugung des finites Gitters mit einem Gittergenerator für die Finite-Elemente-Diskretisierung.
- Eingabe der Modellgleichung für die mikrokopische und makroskopische Simulation und Auswahl der numerischen Methoden zur Lösung des nichtlinearen Gleichungssystems.
- Simulation des Multiskalenmodells.

Die einzelnen Schritte zur Umsetzung in ein COMSOL-Programmpaket sind nachfolgend beschrieben:

- Gebietseingabe:
  Das Rechengebiet mit den Sub-Gebieten und den Randbedingungen ist in Abb. 7.20 dargestellt.
- Erzeugung des finites Gitters:
  Die Vernetzung mit finiten Elementen des Rechengebiets ist in Abb. 7.21 präsentiert.
- Eingabe der Modellgleichung und Auswahl der numerischen Methoden:
  Zur Eingabe der Modellgleichungen kann man die benutzerorientierte Oberfläche von COMSOL verwendet werden. Dabei wird die Verbindung der Gleichungen und den zu lösenden Unbekannten der Gleichungen mit den jeweiligen Gebieten und

**Abb. 7.21**  Die Erzeugung des finiten Gitters mit dem Gittergenerator und Geometrie der Apparatur

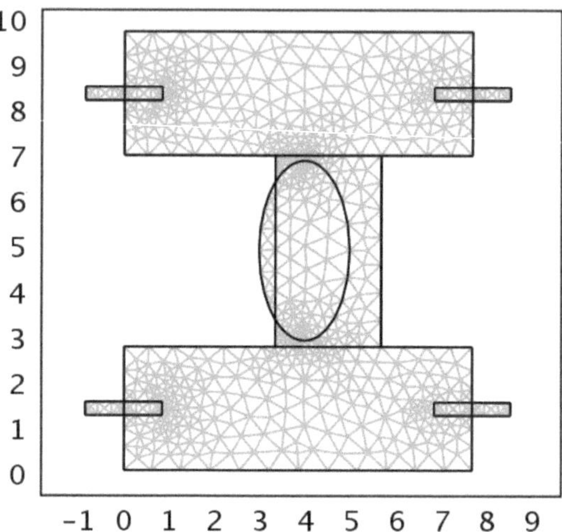

**Tab. 7.1**  Tabelle zur Verbindung von Gleichungen und Rechengebeiten, die zur Vorbereitung für die Eingabe in COMSOL-Multiphysics benötigt wird

| Stoff | Equ | Input | Reac | Source | Deposition | Outflow |
|---|---|---|---|---|---|---|
| SiC4H12 | cd | x | | Left | | x |
| Silicium | cd2 | x | | Right | | x |
| TiC8H20 | cd3 | x | | Left | | x |
| Titan | cd4 | x | | Right | | x |
| Carbon | cd5 | x | | Right | | x |
| SiC | cd6 | | x | | x | |
| CH3 | cd7 | | x | | | x |
| Hydrogen | cd8 | x | x | Right | | x |
| Ti3SiC2 | cd9 | | x | | x | |
| SiH2 | cd10 | | x | | | x |

Randbedingungen verknüpft. Die Tab. 7.1 zeigt eine solche Verknüpfung zwischen Gleichungsvariablen und Rechengebiet auf.

Zur Eingabe der Lösungsmethoden kann ebenfalls die benutzerorientierte Oberfläche von COMSOL verwenden. Die Tab. 7.2 zeigt die Eingabe des verwendeten Löser und Parameter der Zeit- und Raumdiskretisierung.

- Simulation des Multiskalenmodells:

In einem ersten Schritt wird die Konvergenz der verwendeten Löser durchgeführt, vgl. Abb. 7.22. Damit überprüft man die Genauigkeit und Qualität der verwendeten Verfahren.

Danach kann man nun die Ergebnisse mit COMSOL berechnen.

Die Simulationsergebnisse der Anfangskonzentration in der Apparatur und Endkonzentrationen am zu beschichtenden Target sind in Abb. 7.23 dargestellt.

Die Simulationsergebnisse der wichtigen Endkonzentration an einem Beschichtungspunkt am Target und die Beschichtungskonzentrationen um das Target sind in Abb. 7.24 dargestellt.

**Tab. 7.2** Tabelle zur Auswahl der Lösungsverfahren und Zeit- und Raumschrittweiten für die Eingabe in COMSOL-Multiphysics vorbereitet

| Time step | $t = 0 : 0.1 : 10$ |
|---|---|
| Solver | **GMRES** |
| Mesh | 1398 |
| freedom | 38089 |
| Solver time | 176.6 sec |

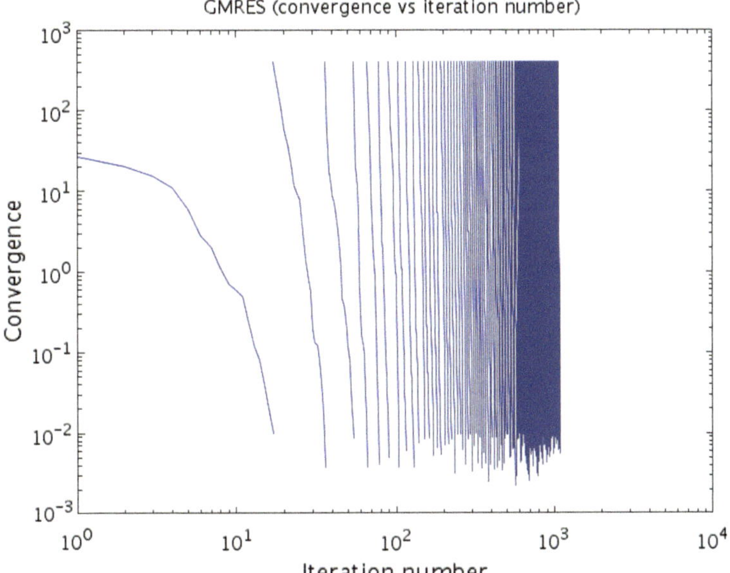


**Abb. 7.22** Konvergenztest der Löser für das Beschichtungsmodell

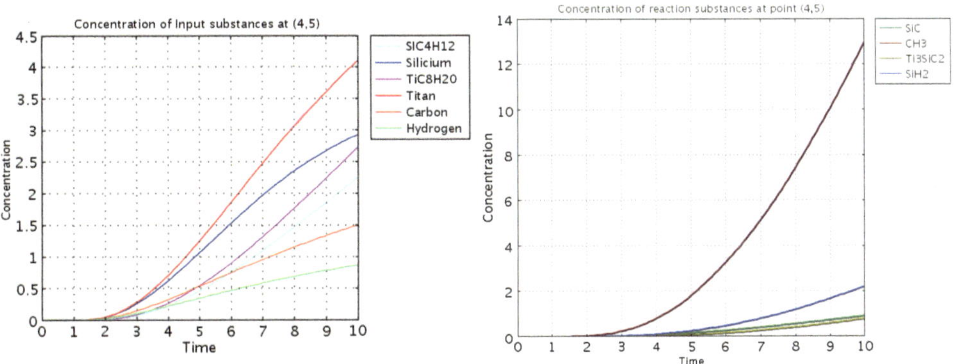


**Abb. 7.23** Die Anfangskonzentrationen der Spezies in der Reaktionskammer ist im linken Bild präsentiert. Die Spezies im Reaktionsbereich sind im rechten Bild präsentiert

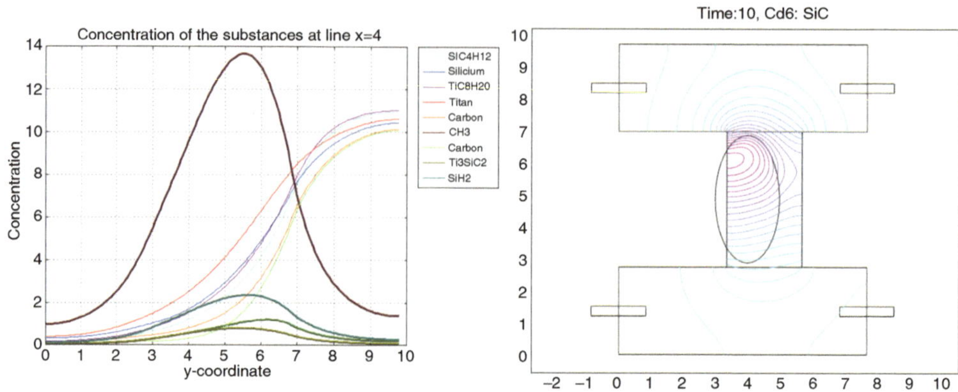



**Abb. 7.24**  Die Konzentrationsraten bei $x = 4$ ist im linken Bild präsentiert und die Beschichtungskonzentration der Spezies $SiC$ ist im linken Bild dargestellt

## 7.6    Beispiel einer Softwareentwicklung im akademischen Bereich

Eine eigene Software im akademischen Forschungsbereich hat den Vorteil, eigene Verfahren weiterzuentwickeln und spezielle Anwendungen zu implementieren, die bisher noch nicht in kommerziellen Softwarepaketen enthalten sind. Dabei konnten wir in dem Bereich der Multiskalenlöser speziellen Software-Code in MATLAB®, vgl. [24, 25] und [28], entwickeln.

Das Ergebnis von Simulationsprogrammen ist in folgenden Paketen eingegangen:

- Opera-Splitt: Das Programmpaket Opera-Splitt wurde an der Humboldt-Universität zu Berlin von 2006–2007 entwickelt und ist ein MATLAB®-Code (mit J. Gedicke zusammen entwickelt), vgl. [11].
- FIDOS: Finite Difference Operator Splitting wurde ebenfalls an der Humboldt-Universität zu Berlin von 2007–2008 entwickelt und ist ein MATLAB®-Code (mit L. Noack zusammen entwickelt), vgl. [16].
- MULTI-OPERA: Multiscale Operator Splitting wurde an der Universität Greifswald ab 2012 entwickelt und ist ein MATLAB®-Code (mit Th. Zacher zusammen entwickelt), vgl. [13].

Die Grundlagen der Programmentwicklung in dem Bereich der Multiskalenmodelle wurde nach folgenden Stufen vorgenommen, vgl. Abb. 7.25.

Im nachfolgenden Beispiel wird eine Konvektions-Diffusions-Reaktions-Gleichung für das Transportproblem verwendet:

Die einzelnen Schritte bei der Softwareentwicklung sind wie folgt beschrieben:

- Auswahl der Modellgleichung und Bestimmung der Geometrie und Methoden.

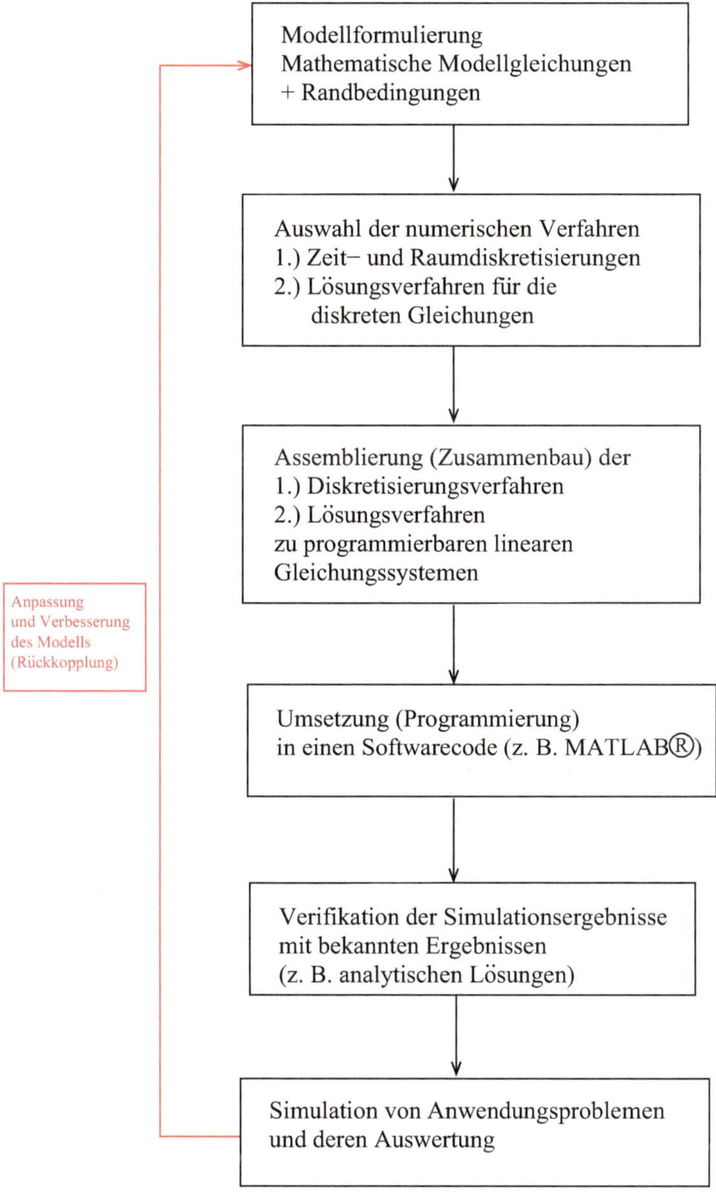


**Abb. 7.25**   Vom Modell zum Programm, die einzelnen Stufen einer Umsetzung im Bereich der Multiskalensimulation

- Auswahl der Diskretisierungs- und Splittingverfahren.
- Eingabe der Modellgleichung und der Methoden in MATLAB®.
- Numerische Simulation in MATLAB®.

1. Bestimmung der Modellgleichung und Bestimmung der Geometrie und Methoden:

   Für die Modellgleichung wird eine Konvektions-Diffusions-Reaktionsgleichung verwendet. Diese ist wie folgt angegeben:

$$Ru_t + vu_x - Du_{xx} = -\lambda\, u, \text{ in } \Omega \times [0, T], \tag{7.71}$$

mit $R, v, D \in \mathbb{R}^+$, $u : \Omega \times [0, T] \to \mathbb{R}^+$ ist die zu lösende Unbekannte, und $\Omega = [0, L]$ ist das räumliche und $[0, T]$ ist das zeitliche Rechengebiet. Ferner nehmen wir Dirichlet-Randbedingungen an.

   Dabei sollen folgende numerische Verfahren zur Lösung verwendet werden:

- Finite Differenzen für die Raumdiskretisierung.
- Iteratives Splitting mit implizitem Zeitdiskretisierung (BDF-Verfahren).

2. Diskretisierungs- und Splittingverfahren:

   Wir verwenden das iterative Splittingverfahren und die Gl. (7.72) wird in einen Konvektions-Reaktions- und Diffusionsanteil zerlegt:

$$\frac{\partial}{\partial t} u_i = A u_i + B u_{i-1}, \tag{7.72}$$

$$\frac{\partial}{\partial t} u_{i+1} = A u_i + B u_{i+1}, \tag{7.73}$$

wobei wir $A = -\frac{v}{R}\frac{\partial}{\partial x} - \frac{\lambda}{R}$ und $B = -\frac{D}{R}\frac{\partial^2}{\partial x^2}$ als Operatoren haben.

   Die Umsetzung der Diskretisierung wird mit finiten Differenzen in folgender Notation durchgeführt:

a. Diffusionsterm:

$$-D\partial_x^+\partial_x^- C_j^n = -D\frac{C_{j+1} - 2C_j + C_{j-1}}{\Delta x^2} \tag{7.74}$$

   (zweite Ordnungsdifferenz für die Diffusion).

b. Konvektionsterm:

$$v\partial_x^+ C_j^n = v\frac{C_j - C_{j-1}}{\Delta x} \tag{7.75}$$

   (erste Ordnungsdifferenz, d. h. upwinding, für die Konvektion).

3. Eingabe der Modellgleichung und der Methoden in MATLAB®.

   Umsetzung der Diskretisierung in MATLAB® Notation ( *SkriptPDGL2_opsp.m*):

a. Diffusion:

```
dx = L/N;  \\
D1= spdiags([ones(N+1,1),-2*ones(N+1,1),...
    ones(N+1,1)],[-1,0,1],N+1,N+1);
D1 = 1/R*D/(dx^2)*D1;
D1(1,1)=0;D1(1,2)=0;
D1(N+1,N)=0;D1(N+1,N+1)=0;
```

b. Konvektion:

```
D2= spdiags([-ones(N+1,1),...
    ones(N+1,1)],[-1,0],N+1,N+1);
D2 = -lambda/R*eye(N+1)-v/(dx*R)*D2;
D2(1,1)=0;D2(1,2)=0;
D2(N+1,N)=0;D2(N+1,N+1)=0;
```

Beim Lösungsverfahren verwenden wir den iterativen Löser (Iterative Splitting method), wie folgt:

a. Iterativer Löser:

$$\frac{\partial c_i}{\partial t} = A c_i + B c_{i-1}, \tag{7.76}$$

$$\frac{\partial c_{i+1}}{\partial t} = A c_i + B c_{i+1}. \tag{7.77}$$

Nachfolgend ist die Umsetzung des iterativen Lösers in MATLAB® Notation
(*BDF_itopsp.m*) skizziert:

```
for i = 2: 2 : NIter+1
    %x2' = A*x2 +B*x1(T)   x1(0)=x0
    e = D2*x(:,:,i-1);
    x(:,:,i) = LinBDF(D1,e,x0,t0,T,Nt,k);

    if i < NIter+1
        %x3' = A*x2(T) + B*x3 , x3(0)=x2(T)
        e = D1*x(:,:,i);
        x(:,:,i+1) = LinBDF(D2,e,x0,t0,T,Nt,k);
    end

end
```

b. Zeitdiskretisierung (BDF-Löser, hier BDF1-Verfahren):

$$c_i(t^{n+1}) = (I - \Delta t A)^{-1}\left(c_i(t^n) + \Delta t B c_{i-1}(t^{n+1})\right), \tag{7.78}$$

$$c_{i+1}(t^{n+1}) = (I - \Delta t B)^{-1}\left(c_i(t^n) + \Delta t A c_i(t^{n+1})\right). \tag{7.79}$$

Nachfolgend ist die Umsetzung der Zeitdiskretisierung im MATLAB®-Programm (*LinBDF.m*) skizziert:

```matlab
function erg = LinBDF(A,b,x0,t0,T,Nt,k)

h = (T-t0)/Nt; % Time steps

x = zeros(length(x0),Nt+1);
x(:,1)=x0;

if k==1 && Nt>=1
    %x' = Ax , x(0) = x0
    C = eye(size(A))- h*A;
    for i = 2 : Nt+1
        x(:,i) = C \ (x(:,i-1)+h*b(:,i) ); %BDF1
    end

end
erg = x;
```

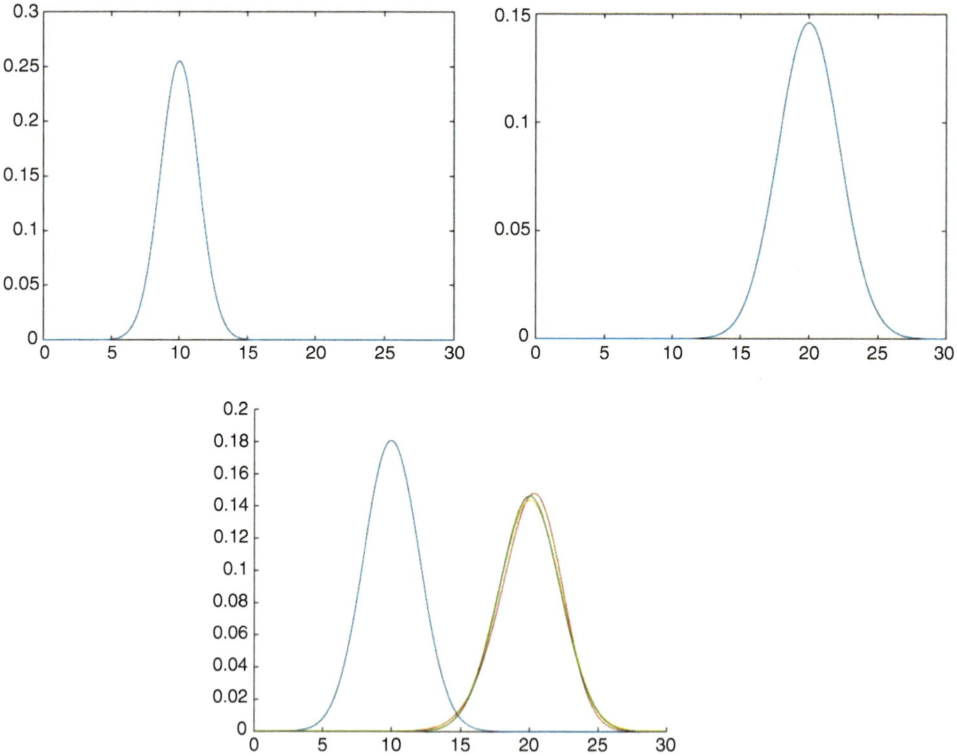

**Abb. 7.26** Die Initialisierung ist im linken Bild gegeben. Die Endkonzentration ist im mittleren Bild gegeben. Die iterative Verbesserung nach einigen iterativen Zyklen ist im rechten Bild gegeben

4. Numerische Ergebnisse der Zerlegungsmethoden:

Im letzten Schritt werden nun die Verfahren getestet und die numerischen Simulationen durchgeführt. In Abb. 7.26 sind die Ergebnisse der numerischen Simulation präsentiert. Es zeigt die Relaxation von einem Iterationsverfahren (iterative Splittingmethode).

Dabei wird das iterative Verfahren auf die Konvergenz nach einigen Iterationsschritten getestet, d. h. ob eine Verringerung des Fehlers erreicht wird, vgl. [10].

**Bemerkung 7.12.** *Die Implementierung des iterativen Verfahrens hat hier den Vorteil, dass man nun ausführliche Tests durchführen kann. Weiter lassen sich nun auch andere Operatoren, wie z. B. einen stochastischen Term, programmieren und austesten.*

## 7.7   Zusammenfassung Multiskalenmodelle und Prüfungsfragen

Die Multiskalenmodell und ihre Umsetzung und Einbindung in akademische und kommerzielle Softwarepaketen wurden in diesem Kapitel besprochen.

Nachfolgend sind nochmal die Vor- bzw. Nachteile der Einbindung von Multiskalenmodelle in akademische bzw. kommerzielle Softwarpakete beschrieben.

- Vorteile der akademischen Softwarepakete sind das Einbinden von neuen Verfahren und die direkte Veränderung des Softwarecodes, d. h.:
  1) Skalenunterschiede, die bei bisherigen Standardverfahren nicht mehr aufgelöst wurden, werden aufgelöst.
  2) Spezielle Multiskalenverfahren optimieren die Rechengeschwindigkeit durch Aufteilung in unterschiedliche skalenabhängige Gleichungen.
  3) Der Aufwand der Implementierung der neuen Verfahren lohnt sich im Hinblick auf die Verbesserung der Modelle und der Einsparung an Rechenzeiten.
- Nachteile der akademischen Softwarepakete sind, dass keine Benutzeroberflächen vorhanden sind und die Einarbeitungszeit in die Programmierung und die Methoden notwendig ist, d. h.:
  1) Mehraufwand durch die Programmierung und Einarbeitungszeit in neue Verfahren.
  2) Programme sind oft nur in den Programm-Codes veränderbar, d. h. keine zusätzliche Bedienungsoberfläche, d. h. eine zusätzliche Einarbeitungszeit ist notwendig.
- Vorteile der kommerziellen Softwarepakete sind die benutzerfreundlichen Anwendungen und die voreingestellten Beispiele, d. h.:
  1) Direktes Arbeiten ohne eine große Vorbereitungszeit ist möglich. Es muss nur eine Benutzeroberfläche bedient werden.
  2) Oft sind schon viele Grundmodelle vorhanden, die man nur erweitern muss.

3) Numerische Verfahren sind ausgetestet und müssen nicht nochmals überprüft werden.

- Nachteile der kommerziellen Softwarepakete sind der fehlende Zugang zum Code, die Spezialisierung auf wenige Modellbeispiele und die Kosten von Lizenzen, d. h.:

1) Man kann den Code nicht mehr verändern, d. h. eigene Methoden kann man nicht ausprobieren und testen.
2) Oft sind nur sehr spezielle Modelle und Methoden vorhanden und man kann diese nicht für die eigenen Modelle und Methoden anpassen.
3) Jedes kommerzielle Softwarepaket kostet Geld, d. h. Lizenzgebühren, Support- und Installationskosten.

**Bemerkung 7.13.** *Fazit: Neue Multiskalenmodelle und deren Verfahren sind sehr wichtig, da eine bessere Beschreibung der physikalischen Phänomene erreicht wird. Der zeitliche Aufwand der Neuprogrammierung und Analyse der Verfahren ist überschaubar. Man sollte daher die aktuellsten Modelle und Methoden verwenden, um auch die fortschrittlichsten und neuesten Ergebnisse aus der Forschung und Lehre zu nutzen.*

### 7.7.1   Fragen zum Kapitel und zu der numerische Umsetzung und Softwarepakete

1) Welche kommerziellen Softwarepakete im Bereich der Transport- und Strömungsmodelle kennen Sie?
2) Was ist das Problem der kommerziellen Softwarepakete?
3) Sind schon neue Verfahren, z. B. Multiskalenlöser, in kommerziellen Softwarepaketen enthalten?
4) Was sind *Opensource* Softwarepakete und welche kennen Sie?
5) Was versteht man unter der Assemblierung einer Gleichung?
6) Was ist der Vorteil der eigenen Entwicklung von Programmpaketen?
7) Wie geht man bei der Umsetzung einer Modellgleichung bis hin zur Programmierung in MATLAB® vor?
8) Erläutern Sie die Schritte für die Umsetzung vom Modell bis zum Simulationsprogramm.
9) Wie bewerten Sie die Multiskalenmodelle (Vorteil/Nachteil)?

## Literatur

1. Axelsson, O.: Iterative Solution Methods. Cambridge University Press, Cambridge/New York (1996)
2. Bahi, J.M., Couturier, R., Mazouzi, K., Salomon, M.: Synchronous and asynchronous solution of a 3D transport model in a grid computing environment. Appl. Math. Model. **30**(7), 616–628 (2006)

3. Benker, H.: MATHEMATICA kompakt: Mathematische Problemlösungen fr Ingenieure, Mathematiker und Naturwissenschaftler. Springer, Wiesbaden (2016)
4. Bertsekas, D.P., Tsitsiklis, J.N.: Parallel and Distributed Computation: Numerical Methods. Prentice Hall, Englewood Cliffs (1989)
5. Culler, D.E., Singh, J.P., Gupta, A.: Parallel Computer Architecture: A Hardware/Software Approach. The Morgan Kaufmann Series in Computer Architecture and Design. Morgan Kaufmann, Burlington (1990)
6. Farhat, C., Roux, F.X.: A method of finite element tearing and interconnecting and its parallel solution algorithm. Int. J. Numer. Meth. Eng. **32**, 1205–1227 (1991)
7. Frommer, A., Szyld, D.B.: On asynchronous iterations. J. Comput. Appl. Math. **123**, 201–216 (2000)
8. Gander, M.J.: 50 years of time parallel time integration. In: Carraro, T., Geiger, M., Körkel, S., Rannacher, R. (Hrsg.) Multiple Shooting and Time Domain Decomposition. Springer, Berlin/Heidelberg/New York (2015)
9. Gander, M.J., Vandewalle, S.: Analysis of the parareal time-parallel time-integration method. SIAM J. Sci. Comput. **29**(2), 556–578 (2007)
10. Geiser, J.: Iterative operator-splitting methods with higher order time-integration methods and applications for parabolic partial differential equations. J. Comput. Appl. Math. **217**, 227–242 (2008). Elsevier, Amsterdam
11. Geiser, J.: A higher order splitting method for elastic wave propagation. Int. J. Math. Math. Sci. **2008**, 31. Article ID 291968. Hindawi Publishing Corp., New York (2008)
12. Geiser, J.: Models and Simulation of Deposition Processes with CVD Apparatus: Theory and Applications. Nova Science Publishers Inc., New York (2009)
13. Geiser, J.: Modelling of Langevin Equations by the Method of Multiple Scales. IFAC-PapersOnLine **48**(1), 341–345 (2015)
14. Geiser, J.: Multicomponent and Multiscale Systems: Theory, Methods, and Applications in Engineering. Springer, Cham/Heidelberg/New York/Dordrecht/London (2016)
15. Geiser, J., Arab, M.: Simulation of Deposition Processes with PECVD Apparatus: Theory and Applications. Series: Materials Science and Technologies. Nova Science Publishers Inc., New York (2012)
16. Geiser, J., Fleck, Chr.: Adaptive Step-size Control in Simulation of diffusive CVD Processes. Mathematical Problems in Engineering, Bd. 2009, Article ID 728105, S. 34. Hindawi Publishing Corp., New York (2009)
17. Geiser, J., Buck, V., Arab, M.: Model of PE-CVD Apparatus: Verification and Simulations. Mathematical Problems in Engineering, Bd. 2010, Article ID 407561, S. 32, Hindawi Publishing Corp., New York (2010)
18. Griewank, A., Geiser, J.: Nanobeschichtete, metallische Bipolarplatte fr PEFC: Schlussbericht, Berichtszeitraum: 01.07.2007–30.06.2011. Abschlussbericht Humboldt-Universität zu Berlin, Institut für Mathematik von Berlin, Berlin, Reportnr. 03SF0325E, Förderkennzeichen 01057312 (2011)
19. Kelley, C.T.: Iterative Methods for Linear and Nonlinear Equations. SIAM Frontiers in Applied Mathematics, Bd. 16. SIAM, Philadelphia (1995)
20. Keyes, D.E.: How scalable is domain decomposition in practice? In: Lai, C.H., et al. (Hrsg.) Proceedings of the 11th International Conference on Domain Decomposition Methods, S. 282–293 (1997)
21. Khoromskij, B.N., Wittum, G.: Numerical Solution of Elliptic Differential Equations by Reduction to the Interface. Lecture Notes in Computational Science and Engineering, Bd. 36. Springer, Berlin/Heidelberg (2004)

22. Lions, P.-L.: On the Schwarz alternating method. I. In: Glowinski, R., Golub, G.H., Meurant, G.A., P eriaux, J. (Hrsg.) First International Symposium on Domain Decomposition Methods for Partial Differential Equations, S. 1–42. SIAM (1988)

23. Lions, J.L., Maday, Y., Turincini, G.: A „parareal" in time discretization of PDEs. C. R. Acad. Sci. Paris Sér. I Math. **332**, 661–668 (2001)

24. MATLAB-Software: MATLAB (matrix laboratory). Official Website: https://de.mathworks.com/products/matlab.html (2017)

25. Moler, C.: The Origins of MATLAB. Cleve's Corner (in the MathWorks Newsletter), Dec 2004

26. Pryor, R.W.: Multiphysics Modeling Using COMSOL?4: A First Principles Approach. Mercury Learning and Information LLC, Dulles (2012)

27. Quarteroni, A.: Introduction to Domain Decomposition Methods. Lecture-notes, 6th Summer School in Analysis and Applied Mathematics Rome, 20–24 June 2011

28. Quarteroni, A., Saleri, F.: Scientific Computing with MATLAB and Octave. Texts in Computational Science and Engineering. Springer, Berlin/Heidelberg (2006)

29. Quarteroni, A., Valli, A.: Domain Decomposition Methods for Partial Differential Equations. Oxford University Press, Oxford (1999)

30. Schwandt, H.: Parallele Numerik: Eine Einführung. Vieweg and Teubner Verlag, Wiesbaden (2003)

31. Schwarz, H.A.: Über einige abbildungsaufgaben. J. Reine Angew. Math. **70**, 105–120 (1869)

32. Smith, B., Bjorstad, P., Gropp, W.: Domain Decomposition: Parallel Multilevel Methods for Elliptic Partial Differential Equations. Cambridge University Press, Cambridge, revised version (2008)

33. Staff, G.A., Ronquist, E.M.: Stability of the parareal algorithm. Lect. Notes Comput. Sci. Eng. **40**, 449–454 (2003)

34. Stein, U.: Programmieren mit MATLAB: Programmiersprache, Grafische Benutzeroberflächen, Anwendungen. Carl Hanser Verlag GmbH & Co KG, München (2015)

35. Vandewalle, S.: Parallel Multigrid Waveform Relaxation for Parabolic Problems. Teubner Skripten zur Numerik. B.G. Teubner, Stuttgart (1993)

36. Westermann, T.: Mathematische Probleme lösen mit Maple: Ein Kurzeinstieg, 5. Aufl. Springer, Wiesbaden (2014)

## Zusammenfassung und Ausblick

Das Buch gibt einen Überblick von dem *Computational Engineering*, wie man es aktuell im Bereich der Forschung und Lehre in den Ingenieurs- und Naturwissenschaften in der Anwendung findet. Dabei sind sowohl die theoretischen Grundlagen, die zu den numerischen Verfahren und Modellen führen, wie auch die praktische Umsetzung und Simulation, die zu den Softwareprogrammen führen, vertreten.

Das Buch setzt dabei den Schwerpunkt auf die Transportmodelle, die in den ingenieurs-wissenschaftlichen Anwendungen heute weit verbreitet sind, vgl. [2] und [4].

Gerade heute ist es sehr wichtig, die besten und aktuellsten numerischen Verfahren im Bereich der Transportprobleme zu verstehen und umzusetzen, vgl. [5]. Die Modelle werden ständig feiner und detaillierter entwickelt, insbesondere im Bereich der Multiskalenmodellierung, bei dem mehr und mehr Modellierungsebenen hinzukommen. Hier müssen nun die numerischen Verfahren ständig weiterentwickelt werden, damit man effiziente Multiskalenmethoden erhält, die es erlauben die Details aufzulösen.

Hier gibt das Buch einen Überblick und setzt den Schwerpunkt von den Grundlagen der Modellentwicklung, hin zu den Grundlagen der entsprechenden numerischen Methoden zur Lösung solche Multiskalenmodelle, bis hin zu der Implementierung in ein Software-paket, mit dem man die Modelle simulieren kann.

Weiter ist es besonders wichtig, bei den aktuellen numerischen Methoden auch auf die Parallelisierbarkeit zu achten. Gerade durch die Herausforderungen zu mehrdimensionalen Problemstellungen und umfangreichen Zeit- und Raumgebieten, kommt man heute nicht mehr um die Parallelisierung herum, vgl. [3].

Das Computational Engineering soll gerade in diesen aktuellen Bereichen der Multiskalenmodellierung, Multiskalenmethoden und der Parallelisierung der Methoden neue Impulse geben und ein grundlegendes Verständnis vom Modell bis zur Simulation geben.

In Zukunft müssen dabei noch allgemeinere Modelle gelöst werden, bei dem gewöhnliche, partielle und stochastische Differentialgleichungen miteinander wechselwirken und gekoppelt sind. So muss eine bisherige Spezialisierung bei bestimmten Gleichungstypen,

© Springer Fachmedien Wiesbaden GmbH, ein Teil von Springer Nature 2018
J. Geiser, *Computational Engineering*,
https://doi.org/10.1007/978-3-658-18708-8

z. B. den partiellen Differentialgleichungen, erweitert werden auf allgemeinere Differentialgleichungssysteme, die mit unterschiedlichen Lösern gelöst werden müssen. Hier soll das Buch weiter motivieren, Grundlagen und die Anwendung von solchen Multiskalenmodellen mit unterschiedlichen Differentialgleichungstypen zu vertiefen. Gerade hier fängt ein neuer Abschnitt im Bereich des Computational Engineering (berechnendes Ingenieurswesen) an, neue Modelle im Bereich von Multisystemen und Multimodellen zu lösen, die bisher nur als einzelne Systeme lösbar waren, vgl. [1, 4] und [7].

# Appendix

---

## Berechnung von multiplen stochastischen Integralen

In Kap. 6 haben wir mit stochastischen Integralen gearbeitet. Eine Erweiterung sind sogenannte multiplen stochastischen Integrale, die mehrfache stochastische Terme haben.

Wir nehmen an, dass wir ein solches Integral berechnenn wollen:

$$\int_0^1 W_j(s)\,dW_i(s) = \sum_{k=1}^{N} W_j\left(\frac{t_j + t_{j+1}}{2}\right) \Delta W_i, \tag{A.1}$$

$$\delta t = 1/N,\, t_{j+1} = \delta t + t_j,\, t_1 = 0, \tag{A.2}$$

wobei die Zwischenwerte von $W_j$ mit der sogenannten *Brownian bridge*, vgl. [6], angegeben sind:

$$W(t) = (1+t)B\left(\frac{t}{1+t}\right). \tag{A.3}$$

Die *Brownian bridge* kann man mittels Fourierreihenentwicklung mit stochastischen Koeffizienten entwickeln. Diese werden wie folgt in einer Reihendarstellung berechnet:

$$B_t = \sum_{k=1}^{\infty} Z_k \frac{\sqrt{2}\sin(k\pi t)}{k\pi}, \tag{A.4}$$

wobei $Z_1, Z_2, \ldots$ unabhängige identisch standardnormalverteilte Zufallsvariablen (d. h. $N(0,1)$ verteilt) sind, vgl. das Karhunen-Loeve Theorem [6].

© Springer Fachmedien Wiesbaden GmbH, ein Teil von Springer Nature 2018
J. Geiser, *Computational Engineering*,
https://doi.org/10.1007/978-3-658-18708-8

# Glossar (Nomenklatur)

Im Folgenden habe ich die verwendeten Notationen in dem vorliegenden Buch aufgelistet.

## Notationen

| | |
|---|---|
| $D(B)$ | Gebiet (Domain) von $B$, |
| $\mathbf{X}, \mathbf{X}_E$ | Banach Raum, |
| $\mathbf{X}^n = \Pi_{i=1}^n \mathbf{X}_i$ | Produktraum von $\mathbf{X}_i$, |
| $W^{m,p}(\Omega)$ | Sobolev-Raum, der aus allen lokalen summierbaren Funktionen $u : \Omega \to \mathbb{R}$ besteht, so dass für jeden Multi-Index $\alpha$ mit $|\alpha| \leq m$ gilt, $\partial_\alpha u$ existiert in schwacher Form und gehört zu $L^p(\Omega)$, |
| $\partial\Omega$ | Rand von $\Omega$, |
| $\mathscr{L}(\mathbf{X}) = L(\mathbf{X}, \mathbf{X})$ | Operatorraum von $\mathbf{X}$, d. h. ein Banachraum, |
| $\Omega_h$ | Diskretisierter Gebiet $\Omega$ mit der zugehörigen Raumschrittweite $h$, |
| $H^m$ | Sobolev-Raum $W^{m,2}$, |
| $H_0^1(\Omega)$ | Abschluss von $C_c^\infty(\Omega)$ in den Sobolev-Raum $W^{1,2}$, |
| $\|\cdot\|_{L^p}$ | $L^p$-Norm, |
| $\|\cdot\|_{H^m}$ | $H^m$-Norm, |
| $\|\cdot\|$ | Maximum-Norm, |
| $\|\cdot\|_{\mathbf{X}}$ | Norm eines Banachraumes $\mathbf{X}$, |
| $\|\cdot\|_\infty = \sup_{t \in I} \|\cdot\|$ | Maximumnorm auf Intervall $I$, |
| $(x, y)$ | Skalarprodukt von $x$ und $y$ in einem Hilbert-Raum, |
| $\mathscr{O}(\tau)$ | Landausymbol, d. h. erste Ordnung in der Zeit mit Zeitschritt $\tau$, |
| $U = (u, v)^T$ | Vektorielle Lösung mit zwei Komponenten, |

© Springer Fachmedien Wiesbaden GmbH, ein Teil von Springer Nature 2018
J. Geiser, *Computational Engineering*,
https://doi.org/10.1007/978-3-658-18708-8

$$U = (u, v, w)^T \qquad \text{Vektorielle Lösung mit drei Komponenten,}$$

$$(x_1, \ldots, x_n)^T = \begin{pmatrix} x_1 \\ \vdots \\ x_n \end{pmatrix} \qquad \text{Vektorielle Lösung mit } n \text{ Komponenten,}$$

$\mathscr{T}_h \qquad$ Triangulierung von $\Omega$,

$\mathbb{E}_r \qquad$ Polynomraum vom Grad $r$,

$a(\cdot, \cdot) \qquad$ Bilineare Form, z. B. zum Operator $L = -\Delta$,

$F(\cdot) \qquad$ Funktional, z. B. rechte Seite bei ein FEM Diskretisierung .

## Literatur

1. Alauzet, F., et al.: Multi-model and multi-scale optimization strategies. Eur. J. Comput. Mech. **10**, 1–20 (2007)
2. Böhme, G.: Strömungsmechanik nichtnewtonscher Fluide. Teubner, Leipzig (2000)
3. Dubitzky, W., Kurowski, K., Schott, B.: Large-Scale Computing Techniques for Complex System Simulations. Wiley Series on Parallel and Distributed Computing. Wiley, Hoboken (2011)
4. Geiser, J.: Multicomponent and Multiscale Systems: Theory, Methods, and Applications in Engineering. Springer, Cham/Heidelberg/New York/Dordrecht/London (2016)
5. Horizon 2020: Modelling Materials. European commision. http://ec.europa.eu/research/industrial_technologies/materials_en.html (2017)
6. Kloeden, P.E., Platen, E.: The Numerical Solution of Stochastic Differential Equations. Springer, Berlin (1992)
7. Weinan, E.: Principle of Multiscale Modelling. Cambridge University Press, Cambridge (2010)

# Sachverzeichnis




© Springer Fachmedien Wiesbaden GmbH, ein Teil von Springer Nature 2018
J. Geiser, *Computational Engineering*,
https://doi.org/10.1007/978-3-658-18708-8